向海图强

——中国海洋经济发展史论

朱坚真　周珊珊　杨伦庆　等著

中国财经出版传媒集团
中国财政经济出版社
·北京·

图书在版编目（CIP）数据

向海图强：中国海洋经济发展史论 / 朱坚真等著 . 北京：中国财政经济出版社，2024. 10. -- ISBN 978 - 7 - 5223 - 3452 - 3

Ⅰ. P74

中国国家版本馆 CIP 数据核字第 2024QR4622 号

责任编辑：彭　波　　责任印制：史大鹏

封面设计：孙俪铭　　责任校对：胡永立

向海图强

——中国海洋经济发展史论

XIANGHAI TUQIANG

——ZHONGGUO HAIYANG JINGJI FAZHAN SHILUN

中国财政经济出版社 出版

URL：http：//www. cfeph. cn

E - mail：cfeph@ cfeph. cn

社址：北京市海淀区阜成路甲 28 号　邮政编码：100142

营销中心电话：010 - 88191522

天猫网店：中国财政经济出版社旗舰店

网址：https：//zgczjjcbs. tmall. com

中煤（北京）印务有限公司印刷　各地新华书店经销

成品尺寸：170mm × 240mm　16 开　22. 75 印张　362 000 字

2024 年 10 月第 1 版　2024 年 10 月北京第 1 次印刷

定价：88. 00 元

ISBN 978 - 7 - 5223 - 3452 - 3

（图书出现印装问题，本社负责调换，电话：010 - 88190548）

本社图书质量投诉电话：010 - 88190744

打击盗版举报热线：010 - 88191661　QQ：2242791300

广东海洋大学2020年度人文社会科学研究“建党100周年献礼红色著作专项丛书”，广东海洋大学经济学院、管理学院，广东省海洋发展规划研究中心，广东省人文社科重点研究基地——广东海洋经济与管理研究中心资助出版

序　言

自远古以来，中国就形成并发展了海洋经济。虽然在中国古代，重农抑商是中国固有的古老经济政策，这种政策导致了中国海洋经济在漫长时间内的不发达，但这并不能说明中国海洋经济就可有可无。诚然，海洋经济是国民经济的有机部分，海洋经济离不开国民经济。国民经济发展是海洋经济发展的前提和基础，但两者毕竟在内涵和外延上有着明显不同，所以我们主张将海洋经济和国民经济区分开来是有必要的。交换的出现是社会分工的产物，而海洋产品流通交换是海洋经济活动的表现形式。海洋产品流通越频繁，交换的级别越高，说明海洋经济越发展。通过历史考察看到，不同国家国情不同，不同国度由于时代背景不同，国民经济发展程度不一，海洋经济发展程度也就具有很大的差异性。但作为海洋经济活动，毕竟是一种有规律可循的经济活动。只要是经济活动，它就必须遵循一定的经济规律，因此我们可以看到，不同国度在同一个时代或者在经济发展程度相当的不同时代，它可能会产生相同或近似的海洋经济活动。

在1840年鸦片战争以前，中国由于其特殊的地理位置加上其长期领先世界的政治经济优势，对外界的了解并不主动，因此在这之前的漫长时间里中国的海洋经济具有明显的中国本土特征，最为典型的就是政府把重农抑商奉为圭臬。鸦片战争以后外国资本入侵，中国接触国外的有识之士开始重新审视中国在世界上的历史方位，对国外经济技术文化成果开始重视起来，从比较中看到了中国的落后现实，特别是在第一次世界海洋浪潮和国内实业救国的影响下，中国一批批先进的知识分子认识到要改变中国社会落后面貌，就必须学习西方先进的经济技术文化，清政府在与西方接触的过程中尤其是屡次遭受西方欺凌的过程中也认识到必须进行变革一些具体的经济政治制度。于是，我们看到从西方殖民者入侵以来古老的东方大国虽然是不情愿的，但也的确作了一些回应。事实上，从鸦片战争以后中国社会经济结构逐渐发生变化，海洋经济活动日益增多，海洋经济一开始就带有被动融入和“西化”的成分。从鸦片战争到今天，虽然不到200年，但这200年确是中国历史长河中变化最为深刻、经济技术和生活方式发生翻天覆地变化的时期，也是海洋经济最为活跃与丰富的时期，它所创造的社会生产力和财富比过去任何时期所创造的还要多、还要大。

改革开放40多年来，中国经济蓬勃发展，与此相适应的则是海洋经济技术与国际贸易活动直线上升。从国内市场看，由长时间以来的短缺经济进入相对过剩经济，也即经济学上所讲的由“卖方市场”进入“买方市场”；从国际贸易来说，中国的进出口贸易已经跃居世界第二位。当代中国与过去两三千年相比，无论是从沿海区域经济、人口、财税占整个国民经济、人口、财税比重，到城市、产业、技术、文化先进程度，中国海洋经济从来没有这么繁荣，海洋产业也从来没有这么齐全，有关海洋经济方面的研究更是令人眼花缭乱。

海洋经济作为一种社会经济活动，我们认为有几点必须加以说明。

第一，海洋经济活动就其主体的社会地位而言，它可能有两种现象，一种是官方的，另一种是民间的。作为代表官方地位的海洋经济活动又可以分为两种情况：其一，统治者的主张得以变成国家的法规政策，以国家的行政权力为后盾推行的海洋经济活动；其二，就是当政者征集群臣意见或民间实践经验综合起来，形成一套改革方案在实践中加以推行。作为民间的海洋经济活动，虽然只是代表民间的经济行为，但代表了当时社会的客观走向并具有一定的实践意义，尽管这些行为统治者不允许推行，但仍然具有积极意义，有的实际上也产生过不小的作用。在中国历史上出现的民间海洋经济活动不乏史料，但其活动得到官方认可的却不多。进入近代以来，中国沿海不同区域的海洋经济和海洋产业得到了前所未有的发展，但在要不要融入世界海洋经济浪潮问题上存在很大的分歧，在具体的做法上往往也有不同的意见。通过我们系统研究可以看出，中国历史上很长时期统治者为了维护统治秩序，不愿将海洋经济融入世界分工体系，这不能不说是相当遗憾的国策。

第二，如何选取有代表性的海洋经济政策法规、社会环境来论述中国几千年海洋经济发展进程？对古代部分的阐述，我们能从那些流传到后世的史料、国内外学者著述中，提炼中国海洋经济演变进程，相对于近代、现代和当代比较简单，因为中国古代长期执行重农抑商政策，惧怕开放、宁愿闭关对海洋经济发展不支持，因而中国古代尽管几千年时间跨度，但有标志性的海洋经济发展大事并不多，每个朝代几乎都是简单的经济结构与生产方式重构与循环。但从1840年鸦片战争到1949年中华人民共和国成立，尤其对当代海洋经济发展事件来说，问题就变得十分复杂。一方面，就全世界而言，海洋经济、海洋产业、海洋行业及技术结构越来越多复杂，海洋社会文化事业日益繁多。另一方面，中国海洋经济发展尽管带有某些共性但更多的还是特殊性。①

第三，对海洋经济发展演变所包含的范畴、内容和理论、史料、法规政策主张的浏览与概述难以把握。当代全球有一定影响力的经济学家有近一万人，中国被称为经济学家的也大有人在。由于各国不同的执政者对海洋经济发展所持理论、史料、法规政策主张不同，那么我们是不是也按照古代的标准来选几个有代表性的海洋经济史料、法规政策主张来描述，还是将各个执政者的海洋经济史料、法规政策主张全部罗列呢？这确实是十分棘手的问题。

第四，目前社会科学领域的学术研究与编辑出版工作中必须强调政治标准。我们也不能不这么做。因为对中国海洋经济发展演变研究经费和出版必须得到管理部门的认可与支持，照搬西方自由学术研究方法可能比较麻烦，所以时常面临十分尴尬的学术争论。当然，我们尽量站在正确的政治角度来重新审视世界海洋浪潮对中国发展进程的影响问题。

总体来看，原来写作组近80万字的书稿经近几年多次讨论整理成40万字左右，受到作者、主持者认识水平及经费等多种因素的影响，海洋经济发展史论的多样性明显不足。我们在阐述中国海洋经济发展史论时，最后坚守一个标准就是以正确的政治标准来阐述中国几千年海洋经济演变历程并描述其发展趋势。

是为序。

孙书贤

① 朱坚真等．中国海洋经济发展重大问题研究．北京：海洋出版社，2015：2－15.

目录

第一篇　总论

第二篇　三次世界海洋经济浪潮背景下的中国近现代海洋经济发展进程

第一篇

总　论

第一章　世界海洋经济浪潮前的中国古代海洋经济发展

第一节　古代中国海洋经济发展概述

一、远古海洋经济

在漫长的人类社会经济活动中，早期的人类逐水而居，海洋成为必然的选择之一。生活在远古中国沿海地区的原始人，最早与海洋发生接触。他们最初是在沿海滩涂采拾海贝、虾蟹和下海捕鱼，向海洋索取一些可以直接利用的资源。中国考古发现证明，在原始社会初期，生活在沿海地区的先民就已开始直接利用海洋资源，进行原始的海洋捕捞和海产品采集活动。在18000多年前的北京山顶洞人遗址中，就找到不少食剩下来的鱼骨和用作装饰品的穿了孔的海贝壳，以及经过磨制、钻孔的鱼骨等。

在距今4000多年前的原始社会末期，定居在沿海地区的居民开始大规模采拾贝类作为食品。海水制盐在中国起源也很早，据古文献《世本》记载，居住在山东沿海地区的居民早在4000多年前就开始“煮海为盐”了。海上航行可能与海洋捕捞同时或稍迟一些开始。从古籍《物原》中所述“遂人氏以匏（葫芦）济水，伏羲氏始乘桴（筏）”的传说记载看，在距今1万多年前，以渔猎为生的先人们不但与海洋发生了接触，而且已经能用植物的蔓茎来捆扎树干或竹条以进行短距离的海上漂浮。

新近史学家们发现，中国南方的古越人是典型的海洋民族。他们在7000年以前已擅长驾舟出海并向海外迁徙。在河姆渡遗存中发现的大量鲸鱼、鲨鱼的遗骸及出土的木浆，都证明人类很早就开始了海上航行。

二、古代海洋经济

原始社会末期商品交换已经产生。据已有的各种史料和考古发现，古代中国沿海捕捞、制盐、运输与贸易等行业发展程度，尽管还不如同时代的欧洲地中海沿岸国家，但古代海洋产业、海洋经济关系是一个客观的存在。因此，我们不同意有些学者认为海洋产业、海洋经济只是中国近代、现代社会经济关系产物的片面看法和认识。

原始社会的中国沿海居民已经重视海洋产业、海洋经济发展，并把海洋产业、流通、交换作为海洋经济和日常社会活动的重要内容。黄帝、炎帝、唐尧、虞舜这几个古代传说中的人物都比较重视商品交换，积极为不同区域扩大商品流通与交换创造便利条件，或者是亲自参与内地和沿海的商品交换活动。

夏代是中国历史上第一个进入阶级社会的朝代，尤为值得一提的是，货币在夏朝已经产生，此外这一时期中国沿海地区商品流通交换有利于海洋经济的产生。

夏朝之后的商王朝势力强大，沿海地区的商品流通与交换活动更加频繁，海洋经济规模有所扩大，是当时世界东方陆海经济比较发达的奴隶制文明大国，也是古代中国沿海商贸进一步发展的时代。在商代，沿海地区专门从事商品流通与交换的人已经形成一个稳定的社会阶层，交换已经成为一种专门的行业，沿海捕捞、制盐、运输与贸易已成为必不可少的一种社会分工，海贝在某些沿海地区作为流通和交换的媒介。在商代，沿海居民从事捕捞、制盐、运输与贸易等行业明显增加；官府十分重视沿海产品的流通与交换，沿海城市的设施逐步完备，相关的配套服务日益成熟。整个社会对沿海捕捞、制盐、运输与贸易等行业的重视程度进一步提高，人们已普遍认识到内地、沿海以及不同地区间的海产品贩运贸易活动能够调剂余缺、促进生产、方便生活、造福人类。从事海产品生产和贩运贸易活动的逐利性比较明显。西周晚期还出现了较完善的沿海中心城市、集贸市场，国家重视对集贸市场的干预和控制。西周官府对沿海集贸市场的严格管理，在中国古代市场管理史上也极为罕见。此外，西周官府对海产品市场的价格也给予严格的管制。

西周的海洋生产力水平比商代又有进步。在沿海城市商品交易中，不仅有各类海产品，而且奴隶也被当作商品来运输和交换。值得注意的是，西周中后期，华北、华东沿海区域之间的各类商品运输贸易往来也较以前增多，作为交换的媒介除金属货币广泛使用外，还有海螺、海贝、玉、布、帛等。海贝仍用于流通。沿海捕捞、制盐、运输与贸易等行业逐步独立出来成为古代传统的海洋产业，在海洋产业及行业日益增多的基础上，华北、华东沿海城市在西周日渐形成，中国古代沿海商贸管理形成于西周。

春秋战国时期是中国古代历史上大变革的时代，海洋产业经济规模也进入了一个新的发展阶段，沿海捕捞、制盐、运输与贸易等行业比起以往更为细致。中国古代劳动人民在开发利用海洋的长期实践中，对海洋的认识也在不断提高和深化，逐步发展了海洋科学和文化事业。早在古代人们就开始研究地球和海洋潮汐现象。中国战国时期的哲学家惠施就提出过地球为一球形的看法。到公元前4世纪，欧洲亚里士多德才首次证明地球为球状体。

秦始皇统一中国后采取系列政策，对内地与沿海产品运输与贸易发展起了重要作用。秦始皇下令开发古琅琊港市，并派遣徐福船队从琅琊港启航东渡，开创“海上丝绸之路”的东方航线。秦朝统一文字、货币、度量衡等具体有效的措施为内地与沿海产品运输与贸易经济更大发展创造了极为有利的环境。当然，秦朝作为商鞅改革的直接受益国，秦王朝建立后继承了商鞅的“重本抑末”政策，在抑商方面采取的系列政策措施实际上又大大限制了海洋产业和海洋经济的发展。

西汉在农业、手工业广泛发展的基础上，出现了中国古代海洋产业、海洋经济发展的小高峰期。内地与沿海区域间的商品流通、贩运贸易迅速发展，开始出现中国与外国之间的陆海贸易往来，沿海都市的兴起及其贸易市场的繁盛，促进了沿海民间自由贸易的广泛发展。因战乱人口锐减、“重本抑末”政策的严格执行，东汉时期中国海洋产业、海洋经济发展的规模、范围、水平始终没有超出西汉时的最高水平。在汉代古籍中，已有台风和风暴潮记载，不少天文学家从事风暴潮灾害研究。汉武帝下令开通印度洋航线，使汉代中国兴起大批著名的海港和造船基地。西汉时，中国远洋船队东航至朝鲜、日本，南下印度洋，“海上丝绸之路”正式形成。公元1世纪，东汉王充在《论衡》一书中，正确地指出了潮汐和月亮运行的对应关系，“涛之起也，随月盛衰，大小满损不齐同”。东汉时，东西方两大强国中国与罗马的海上直接通航成功，经济和文化交流日益频繁，海上丝绸之路越来越繁荣，中国海洋事业走向了世界。

三国、两晋时期，政局动荡，陆海纷争不断，海洋经济受到了较大的影响，但仍有一定的突破。东吴的孙权也是大规模航海的倡导者。东吴拥有规模很大的海上舰队，北航至辽东，南航至广东，并派人到台湾，派使者出使南海诸国。

隋、唐、五代时期，伴随着封建社会到达鼎盛，中国航海进入了繁荣时期。隋唐时期，环渤海湾渔民就掌握了日本海的海流季风特点。赴日航行秋末启航，先循海流南下，然后转向东南，顺西北风驶抵梧部海岸；第二年乘东南风回航。唐代窦叔蒙写成了潮汐专著《海涛志》，系统总结了古代潮汐学，还进行了潮汐预报与观测记录。此时中国沿海渔民还创造了著名的“八分算潮法”，可以简便算出潮时。由于海洋运输业的需要，隋、唐、五代中国沿海渔民也很重视研究海流和天气现象。东南沿海的交州、广州、泉州、扬州、登州等地成为当时著名的贸易港口城市。隋唐时，沿海地区北起辽东半岛南至海南岛都有频繁的海上往来，通往朝鲜、日本以及南海诸国的航次增多、规模扩大。番禺（广州）、潮州、福州、温州、明州（宁波），泉州、杭州和扬州等地，也都成了重要的海港城市。隋、唐、五代“海上丝绸之路”形成了直接沟通亚、非两大洲的长达万余里的远洋航线，航迹遍及东南亚、南亚、阿拉伯湾与波斯湾沿岸，远达红海和东非海岸，成为中外贸易与东西方文明交流高峰时代的重要通道和桥梁。

宋朝政府鼓励海洋经济贸易活动。北宋政府为扩大财源、取得丰厚利益，在沿海城市设置市舶司，开辟了众多国际航线，积极鼓励海外贸易。北宋政府的开放政策极大地促进了航海事业和海外贸易的发展。这一时期，船尾舵、指南针的发明和应用，天文导航术、季风航海术、地文航海术和海洋潮汐知识的进步，使中国长期雄居世界航海第一强国的地位。海外贸易的发展，带动了宋朝海外关系的发展和影响的扩大，据记载，当时经过海道来中国的国家和地区有十几个。沿海兴起许多著名海港城市，经济文化与对外贸易空前繁荣。

元代海陆交通的空前扩展与畅通，对外交往和经贸往来达到了历史上前所未有的程度。元代开辟了 3 条自长江口沿东海、黄海北上渤海湾的运粮航线，就考虑到了利用季风和黑潮的作用。元代的航海家汪大渊在《岛夷志略》中记载，元时中国与 120 多个国家和地区直接或间接建立了海上贸易往来，福建的泉州港成为当时世界上最大的贸易港口之一。这种交往盛况的出现，代表着以航海为重要标志的中国传统海洋经济已经发展到一个较高水平。

明代初期，中国的航海事业发展达到高峰，创造了世界航海史上的奇迹。公元1405～1433年，郑和率领当时世界上规模最大的远洋船队，7次往返于太平洋和印度洋之间，每次出动一二百艘船只，2万多人，南达爪哇，西至赤道以南的非洲东岸，航程10余万里，访问了30多个国家，发展了海上交通和通商贸易。

至此，古代早中期中国海洋事业进入全盛时期，那时不仅中华科技水平领先于世界文明，而且在1100～1450年，中国的海军无疑是世界上强大海军之一。

第二节　古代中国早中期的海洋经济政策概述

海洋经济政策伴随海洋经济活动而产生。从远古时代简单的海洋捕捞与航行，到近代纷繁复杂的海洋产业构成的海洋产业经济体系，古代人类对海洋的探索和利用经历了漫长的过程。一部海洋经济史，就是海洋经济政策不断发展的历史。古代海洋产业经济，包括海洋捕捞业、海盐业、海洋运输业组成的生产、服务行业及由此形成的经济社会关系。源于对海洋经济的认知程度以及技术进步的局限，人类从事海洋经济活动最开始是传统海洋捕捞、海洋运输，且在相当长时间内没有突破“渔盐之利”“交通之便”的传统格局。总的说来，古代中国海洋经济政策演变经历了以下主要历史阶段。

一、夏商周至春秋战国时期

经历数万年之久，人类对海洋的利用才告别原始的、取而食的方式，逐步形成海洋渔业、海上交通运输业、海洋盐业等传统海洋产业。中国的先秦时代从夏朝开始，经历了商、周，一直到春秋战国时期。生产力和文化创造力空前发展，制造业、造船业、航海业、海洋渔业和盐业、商贸业、海洋科技事业、海洋探险纷纷兴起并蓬勃发展。夏朝海洋捕捞和海岸带制盐已有一定的规模。

沿海地区缴纳的实物贡税主要是各种海货和海盐。在夏朝的中期，近海航行的捕捞比较多了。到了商朝，除渔盐和航行外，依托海洋进行军事征战也开始了，一时威力四播。殷商时期，远距离的海上航行较之从前有了较大的发展。特别是商朝末年殷人航海抵达美洲之说，尤为令人注意。

夏商周时期，夏朝沿海地区缴纳的实物贡税主要是海货和海盐，海洋捕捞和海岸带制盐初具规模。商朝时期，除渔盐之外，依托水域环境的海洋管理政策开始出现。从已有商朝和商朝前后的历史资料研究证明，这一时期传统的海洋开发，即以“渔盐之利、舟楫之便”为核心的海洋经济政策已初步形成。商朝官府鼓励的海洋捕捞技术有了进一步发展，产业规模也扩大了许多，沿海渔民创造了各种渔具和捕鱼方法。西周时期，山东和浙江沿海的居民就开始了航海活动。

春秋时期，齐国和越国的航海活动有较大发展，并进行了较大规模的海洋产业竞争。早在先秦时期，中国沿海地区就开始海河航运联系，开始建造在海上航行的大船。在春秋时期，甚至爆发了中国古代第一场海战——吴国和齐国的黄海海战。沿海居民利用海洋、认识海洋更进一步，如战国时惠施曾提出地球为球形的见解。齐国的海水制盐业已成为国家主要财富来源之一。吴、越等沿海诸侯国也有海盐生产。秦汉、隋唐时期，海洋渔业、海水制盐业和航海事业有了长足发展，特别是航海事业发展尤为显著。政府经济实力雄厚，航海活动日益频繁，开辟了通往交趾、朝鲜、日本和南海的航线。

战国时期，人们对海洋产业、海洋经济关系的认识有所进步，而且不论是主张重商的还是主张抑商，对沿海区域的海产品流通功能以及捕捞、制盐、运输业都给予了不同程度的肯定。如孟子从社会分工的角度肯定了海产品流通的“通功易事”功能。作为反映管仲及其门徒的思想《管子》一书的作者也从调剂余缺、互通有无的角度说明了产品流通的好处。荀子对商贸的流通功能、作用给予较系统的分析及肯定。其他一些思想家，如著名的“事本禁末”论者商鞅认为商贸有流通货物的作用。战国时期，涉及内地与沿海产品运输与贸易问题的代表人物有齐国的管仲、郑国的子产。

春秋战国时期，随着冶铁技术的发展和铁制工具的出现，使得造船技术得到了提高，航海范围扩大，沿海大国海上军事力量增强，海洋军事活动频繁。齐国依靠发展近海渔业和盐业，成为当时综合国力最强“海王之国”。商朝和商朝前后的历史资料研究证明，这一时期传统内容的海洋开发，即以渔盐之利、舟楫之便为主的海洋产业已经初步形成。[①]

二、秦汉至三国魏晋南北朝时期

在秦统一中国之前就已实现了江河与海路联通的水路交通运输，北至燕云、南至吴越的海路联系已经形成，造船技术也在不断进步。秦朝发大兵平岭南，在两广地区设置南海、桂林、象郡，中国海路交通借势延伸到中南半岛（今天越南、柬埔寨、老挝）的南部地区。

古代探索海路交通有其必然性，因为陆地交通运输可能会遇到坎坷不平的地貌和寸步难行的密林，从而大大增加运输的人力、财力和时间成本，而走水路就没有陆地上的这些阻碍，只要顺风顺水就能以稳定的速度抵达目的地，在古代还不用烧船油。古代道路交通网远没有近现代发达便利，陆地运输在山地丘陵区域更犯难，这是古代帝王特别重视运河挖掘和疏浚的主要原因。

西汉时期，中国造船业发展到新台阶，开始建造体积庞大、有多层建筑的“楼船”。这一时期西汉远洋船队驶出马六甲海峡，抵达印度半岛南端，开辟了第一条印度洋远洋航线——“海上丝绸之路”。汉武帝时期，汉军就是凭借此等舰船，水陆并进击破卫氏朝鲜的，打了一场漂亮的海战。除了楼船之外，当时的天文导航可以通过北斗星等星体识别海上航向。随着造船技术、导航手段的进步，汉代海路交通网扩展到了整个东南亚地区。在汉武帝消灭南越国之后，南越国首都番禺（现广州）逐渐成为了对外海路交通的第一前沿，主要是沿着百越古民在南海海域航行路线继续探寻，一路绕过中南半岛经马六甲海峡，到达斯里兰卡、印度半岛南端。可见，中印交往也源远流长。两千多年前双方的海路交通就中印往来搭建起来了。张骞行使西域之后，东西方国家的交往越来越频繁，遥远的西亚安息帝国、欧洲的罗马共和国（后成为帝国）纷纷派出使节、商队与中国交往。因为通过陆路交往实在太遥远而且很不便利，以当时的交通技术、地理知识无法实现东西方国家交往。据史料记载，东汉时期中国商人从广州走海路运送丝绸、瓷器，一般由马六甲经苏门答腊岛到印度

---

① 管华诗，王曙光．海洋管理学概论．青岛：中国海洋大学出版社，2003.

等南亚国家沿海，在南亚采购香料、染料海运回中国；印度商人把丝绸、瓷器经过红海运往埃及的开罗港，或经波斯湾进入两河流域到达安条克，再由希腊、罗马商人经地中海船运往希腊、罗马的各个城邦。可见，遥远的西方与中国的交往主要是通过海路进行的，印度半岛是中国商人与西方商人交流的主要中转站。①

东汉以后，中国和日本列岛的海上交通逐步构建起来，日本邪马台女王卑弥呼被魏明帝封为“亲魏倭王”，东晋安帝隆安三年（公元399年），已经年逾花甲的法显大师和1000名志同道合的僧侣从长安西行，跨越西域前往天竺求法。法显正是在东亚和南亚海上交通网成型的基础上，才有条件从海路返回中国。狮子国（斯里兰卡）作为北印度洋上重要的交通枢纽，从这里出发穿过孟加拉湾，经马六甲海峡进入中国南海，再北上抵达中原，是经营南洋的商旅再熟悉不过的路线。到三国时期，掌控南洋贸易的吴国造船业更上一层楼，不仅有了多桅多帆的构型，还掌握了偏风时的驶帆技术。除了继续保持和南洋地区海洋贸易交流外，还联通了台湾航线（卫温赴台湾航线）。晋代发明的水密舱壁构造，更是中国造船技术的重大发明，大大提高了船只海上航行的稳定性与安全性，为远洋航行创造了更有利的技术条件。马六甲海峡成为连通东印度洋和中国南海最快捷的水道，宽度最窄处只有37千米，20米深的深水航道宽超过2.7千米，可以同时通行多艘大型船只，而且马六甲海峡地处赤道无风带，一年中绝大部分时间风力微小，没有热带风暴的袭扰，其便利程度远超其他水道。除了马六甲海峡之外，中南半岛南部的林邑（今越南南部）、真腊（柬埔寨）因重要的地理位置和优良的港口条件，通常是往来各处的商船必经的停靠补给地。②

三国魏晋南北朝时期，中国社会海洋生产力布局有了新变化。第一，广大内陆地区经济重心开始向东南沿海转移，给东南沿海带来了先进的生产技术、工艺和劳动力，促进了东南沿海海洋经济的进一步发展。由于北方内地战乱频繁，民不聊生，社会生产力遭受巨大破坏，居民迁往战祸较少的东南沿海，东南沿海经济发展迎来了历史机遇，海洋产业和海洋经济相对繁荣。北方经长期

---

① 朱坚真，等. 中国商贸经济思想史纲. 北京：海洋出版社，2008.

② 朱坚真，等. 21世纪中国海洋经济发展战略. 北京：海洋出版社，2007.

战乱，商贸兴衰不定，更多的时候海洋产业和海洋经济呈现一派萧条，几乎陷于停顿。第二，官僚在东南沿海经商的现象特别多。由于土地兼并现象严重，有些居民不得不弃农经商，增加了沿海城市从事商品流通的人口，从而促进了沿海城市的流通经济繁荣。海产品贩运、交换虽然在国内国际进行但不很发达，官府专卖的商品流通交换有较大发展但其主要是为了增加官府收入，而不是从繁荣市场出发。

三、隋唐至宋元时期

公元581年，杨坚建立隋朝，中国历史重新进入一个新的统一阶段。此后的300多年间，中国历史步入古代繁荣时期，古代海洋产业、海洋经济关系比以往历朝有了明显的进步，沿海区域的国内贸易、国际贸易较早期更为频繁和发达。值得注意的是，官府不像以前一样一味地重本抑末，限制商品生产流通与海洋贸易业务。隋唐政府从促进商品生产流通与海洋贸易业务角度出发，改革经济管理体制，大力推动基础设施建设，重新统一货币、采取一定的措施鼓励商品生产流通与海洋贸易活动，海洋经济活动较之早期有了明显的提高。

隋朝时，东南沿海城市海洋经济进一步繁荣，出现了一批较大规模的海洋商贸都市，沿海地区海洋产业尤其运输业发展较快。到唐朝时期，重农政策虽然仍居统治地位，但不少封建官吏士大夫、理财家对沿海工商业者及工商贸的认识已有进步，轻商思想日趋淡薄，对手工业、商贸者的限制得到部分取消，手工业商贸得到某些发展，产品大量增加，工商业者的社会地位也得到提高，从而有利于海洋经济发展。扬州、广州是当时世界著名的沿海工商业城市，在这些著名的工商业城市中除了大量的本国商人外还有不少外国商人。隋唐时，沿海地区北起辽东半岛、南至海南岛都有频繁的海上往来，通往朝鲜、日本以及南海诸国的航次增多、规模扩大。番禺（广州）、潮州、福州、温州、明州（宁波）、泉州、杭州和扬州等成了重要的海港城市。

在对待海洋贸易问题上，唐代统治者采取区别对待的外贸政策，坚持向友好国家和地区开放国际贸易的原则。唐朝海洋国际贸易相当繁荣，与海洋国际贸易、海洋运输业密切相关的造船业和航海技术十分发达。唐代东南沿海出现了许多对外贸易港口，海上丝绸之路的海洋航运与贸易相当繁荣。随着海洋经济日益拓展，商贾势力显著提升，沿海商人大量入仕做官，商人社会政治地位已有较大提高。在唐代，国人逐渐掌握了日本海的洋流和季风的特点，并应用于日益繁荣的海洋运输业。唐朝窦叔蒙所著《海涛志》是古代研究潮汐的专著，书中对古代潮汐研究进行了系统总结，创立了观测和预报潮汐理论。

如果说隋唐之前的中国商旅还止步于印度半岛的话，隋唐时期的南洋航线则往西绕过了印度半岛和狮子国（斯里兰卡），抵达了波斯湾沿岸及阿拉伯半岛地区，直接搭建起了中国和中东地区的海洋贸易交通网络。其主要原因有三个：第一，是航海技术再次升级，该时期的海员具有识别季风、海洋潮汐运动的规律并运用在航海中的技术能力，从而极大地提升了海洋航行效率。同时，航海导航技术也有进步，可以帮助航船更好地定位、识别路途，避免迷路、触礁沉没的风险。第二，西域各国之间的纷争战乱，给构建海上丝绸之路提供了机会。当时西突厥、隋唐帝国和其他部族政权在西域反复拉锯争夺，使得陆上丝绸之路战火不断，安稳性大大降低，东来西去的各国使节和商队选择探索更远更便捷的海上航线，促使中国人的航船继续西行，直接绕过赚差价的“中间商”印度，与中东搭上联系。第三，就是阿拉伯帝国的兴起。从公元7世纪初起，阿拉伯帝国同东亚的唐帝国几乎同时崛起和扩张，短短20年间就将地盘扩张到了中亚葱岭附近。阿拉伯人向来精于航海和贸易，在建立了庞大的帝国后，加强了与中国的经贸联系。阿拉伯人的航海技术也十分先进，大批阿拉伯商人和使节也通过旧有的海上航道与中国互通有无。这条航线从东南沿海的广州出发，通往东南亚、印度洋北部诸国、红海沿岸、东北非和波斯湾诸国，在当时被称作“广州通海夷道”，这就是海上丝绸之路的初始形态。

唐初著名的玄奘大师前往天竺取经，与法显走的基本上是同一条西行路线。但两者有一个巨大不同：玄奘取经完成后，沿原路返回；法显返程是海路，从狮子国（今斯里兰卡）出发，航行穿过南洋最终到达中国。这件事说明至少在1600年前，中国到南亚印度地区的海上交通线就已经贯通。唐政权在广州专门设置了市舶使管理外贸，广州成为此时中国第一大港。此时通过这条通道往外输出的商品主要是丝绸、瓷器、茶叶和铜铁器，往回输入的主要是香料、花草等一些供宫廷赏玩的奇珍异宝。中国丝、瓷、茶、铁，与西方香、花、兽的交流形式贯穿了两千多年的中西海洋贸易。除广州之外，浙江的明州（今宁波）、温州和舟山群岛，以及江苏的扬州也承担着海洋国际贸易港口的重要职能。东亚的新罗、日本等国的朝贡贸易，主要通过明州港及沿海港口，而舟山群岛是其中转站和避风港。唐玄宗在舟山设置了翁山县，进一步加强了官府管理海洋国际贸易的职能。东南沿海各海洋国际贸易港口城市从隋唐到宋元时期，是中国海洋运输与贸易比较发达的时代。①

宋朝的海洋国际贸易、海洋运输业达到了中国古代社会海洋经济的发达阶段。和两宋贸易往来的国家很多，南宋外贸最发达时，来往国家多达50多个国家。进出口货物一般都由中国海船担任运输，因为中国的造船业在当时世界上居于领先地位。宋代对外贸易港口城市主要是广州、泉州。为了管理对外贸易，政府还在一些沿海港口城市设立了“市舶司”。市舶司的主要职责就是管理船舶、征收舶税、低价收买舶货。通过加强管理，宋代外贸收入相当可观。宋代的海洋国际贸易、海洋运输、海产品流通活动已不限于特定的区域以内，沿海城乡内外都有商贩叫卖，交易时间也没有限制，商人白天黑夜以至通宵都在营业。农村集市贸易也很发达，有的沿海小镇集市的商税收入甚至可以超过县城。宋代海洋国际贸易、海洋运输、海产品流通分工更细。宋代海产品流通种类的构成较以往有了明显的变化，种类大幅度增加。宋代海洋国际贸易、海洋运输、海产品流通的营业额相当可观，其经营管理水平也很高。当时的海洋国际贸易、海洋运输、海产品流通技术也相当熟练，行会组织比以前更加发达。由于海洋国际贸易、海洋运输、海产品流通发达，纸币的产生才成为可能。北宋每年铸造大量钢铁钱，但仍不能满足流通需要，以致四川地区出现了中国最早的纸币，也是世界上最早的纸币，证明当时的海洋经济比较发达。

宋元时期，是整个古代中国最具海洋文明特征的时期。首先，是海洋贸易航线进一步拓展。尽管印度洋还不能直连地中海区域，但当时的欧洲人可以将客、货通过陆路运到红海沿岸，再通过海上丝绸之路前往中国沿海各地。即便苏伊士运河还没有开通，但欧罗巴商人与中国商人趋利的市场运行规律始终在发挥作用。随着各国航海技术的不断升级，宋元时期的航船已经开始运用升降舵、多副舵以及用游碇稳定船身等技术。泉州后港出土的宋代海船证明了当时的船尖底、吃水深、适于远洋航行。除了造船之外，四大发明之一的罗盘导航（指南针）、天文定位以及航迹推算，让跨洋远程航行成为可能，叙述性的航

① 朱坚真，等．21世纪中国海洋经济发展战略．北京：海洋出版社，2007．

路指南和航用海图，显示中国人已经成熟地掌握和利用了海洋季风和潮汐规律。宋元时期的统治者对海上贸易持积极态度，在对外开放与国际交往的开明程度比后来明清时期统治者心态强多了。该时期的海洋贸易利润和收入不错。据史料载，北宋神宗后期在国家税赋总收入中，以海洋贸易收入为主的工商税就占到了70%左右。到南宋时期，由于失去中原核心地带，国家收入更加依赖海外贸易，每年工商税占总收入比重达80%以上。[①]

元代，蒙古人基本上保持了原来的海洋国际贸易政策和经济交流活动。更重要的是，蒙古帝国的西征扩张连结了整个欧亚大陆，使各国海陆国际贸易更加频繁。成吉思汗祖孙三代发动的三次大规模西征，客观上将原本相距遥远的多个不同文明与政权，在地理上联系在一起。在同是蒙古人政权统治下的各国商人进行海洋贸易交流，无疑是更加频繁便利，此时的中国东南沿海港口城市处于经济最兴盛的时期。元代对海洋风暴潮灾害有进一步研究。由于地理远近的原因，欧洲和阿拉伯地区商人希望中国沿海港口贸易向南推进，而日本等东亚国家的商人希望中国的港口更向北一些。取个中间值，处在居中位置的福建泉州正好满足了双方的期待，在元代一度超过广州，成为当时中国的第一大港口城市，朝廷设置的泉州市舶司曾是全中国最挣钱的部门。

元代完成了中国古代版图与社会政治上的大统一，随着国内农业、手工业生产的恢复和发展，完善的国际国内交通体系构建，元代的海洋国际贸易、海洋运输业得到了较快恢复和发展。元代最值得注意的商品是棉纺品和奴隶。棉花很早以前就传入中国，但棉花的广泛种植和棉纺织业的推广都在元朝取得较大的成就。元代沿海城市海洋经济基本上保持了发达状态。北方的扬州和南方的广州、泉州，都是当时举世闻名的海洋中心城市。与元代海洋经济发达相适应，海洋产业的行业组织增多，其主要作用是为了应对官府勒索和维护同行利益。但从海洋经济总体生产力水平来看，元代没有超过南宋，但海洋贸易有的方面却比南宋发达。元代海上贸易范围更广，东到日本、朝鲜，西到波斯湾沿岸、阿拉伯半岛以及非洲沿海等地区。南海诸国与中国通商的有20多国。翻开史册，华夏文明拥抱海洋、面向海洋自古有之。当然，与西方海洋文明长期特别浓厚相比，中国的确存在某些先天不足。

---

① 续资治通鉴长编．卷233.

第三节　古代中国晚期的海洋经济

明朝至清中期，属于古代中国晚期，这是第一次世界海洋经济浪潮酝酿与形成的重要时期，也是中国与西方国家社会经济发展逐步拉开差距的重要转折时期。明清之际的中国古代晚期海洋经济发展进入了一个“L”形的发展阶段。

一、明朝时期的海洋经济

到明朝，最高统治者多实行“海禁”和“闭关锁国”政策，宋元时期海洋文明已成过去式。而同时期的西欧各国的航海家不断探索从大西洋出发、绕过非洲南部、到印度洋的海洋国际贸易新航线。明朝初年，大船巨舰和航运技术有所进步，中国的航海事业发展达到高峰，创造了世界航海史奇迹。如公元1405～1433年，郑和率领当时世界上规模最大的远洋船队，船队最大的宝船长度已经超过了150米，放在现代海洋航运也是一艘大型舰船，且掌握了转动船帆和操舵相结合等关键技术，这时的造船与航海技术已达到中国古典时代的巅峰水平，正在这种先进航海技术引导下，郑和船队才能完成经马六甲海峡后横跨印度洋抵达东非沿岸各国的壮举，不用再与以往一样过了印度就必须往波斯湾沿岸航行补给。郑和船队继续往非洲南部探索，几乎探索到莫桑比克海峡。但郑和下西洋的本质，只是政治外交而不是经济需要的产物，是一场大规模的官方外交、朝贡贸易活动，是在明成祖和明宣宗的自我意志推动下完成非经济活动。明代“海禁”政策始终未解除，官方的下西洋并未带来民间下海和海洋产业开发的热潮。[①]

整个明朝，最高统治者基本上采取闭关自守和传统的重本抑末政策，统治者无视开始急剧变动的第一次世界海洋经济浪潮酝酿与形成时期，错过了这一时期难得的参与国际产业分工的历史机遇。明朝历代封建帝王全面推行重农抑

① 朱坚真，等．21世纪中国海洋经济发展战略．北京：海洋出版社，2007.

工商政策，将重本抑末政策作为基本国策并长期处于绝对的支配主导地位，他们一直将打击工商贸、压抑商品经济增长，作为自己治理国家的根本决策。明朝统治者严格限制甚至禁绝中国沿海对外贸易活动，以种种强制规定对沿海居民的通商活动，尤其对私人海上贸易活动严加限制，不准沿海居民违禁私自出海从事贸易，严重限制了中国人民与世界人民的双向交流，阻碍了中国沿海地区乃至整个中国社会该时期席卷全球的海洋经济发展。

整个明朝作为中国古代社会晚期，其社会经济具有明显的两重性。一方面，整个明朝所处的社会经济时代客观上要求海洋经济和产业结构转型，其时中国东南沿海地区的商品生产和商品流通也有一定程度的发展；另一方面，与明朝统治者维护政权本性需要相适应，统治者千方百计维护和构造与资本主义经济关系不相容的社会经济基础，尽量削弱和工商阶层相适应的经济关系和生产力。所以，尽管整个明朝的社会经济虽比以往有所发展，商品生产和流通比以往有所进步，但永远只是封闭式小农经济结构中的有限度的商品经济，这种商品经济尚没有足够力量与自给自足的自然经济力量相抗衡，也不能够将家庭手工业从农业内部的封建经济关系中彻底分裂开来。商人阶层在各地得到不同程度的壮大且日益成为一个相对独立的社会集团时，出于他们自身的利益要求，他们渴望冲破封建经济关系的重重束缚，使工商贸经济得以顺利发展。该时期海洋经济政策出现的新思潮，只是当时外部世界社会经济关系与生产力发展的客观表露。然而，新生产力的成长时时受到经济关系不成熟的限制，在农业经济尤其是传统的封闭式小农经济占绝对统治地位的时候，新生产力仅仅存在于占绝对统治地位的传统思想的缝隙中。在不成熟的商品经济关系下，人们总摆脱不了传统观念的束缚，何况那些以小农经济为基础的利益阶层呢？因而该时期传统的重本抑末政策始终垄断着社会经济领域，不可能成长为强大的海洋生产力。

纵观整个明朝时期的进步思想家政治家们对海洋经济发展的主张，可以看到他们在不同程度上批判和否定正统的农本工商末政策，要求解除束缚社会财富增长的经济关系。他们对重本抑末政策的批判，反映了当时社会经济中新经济增长与地主经济关系之间的矛盾。因为重本抑末政策是自然经济结构在人们意识方面的反映，在封闭式小农经济结构中没有新经济成分出现，尚没有足够的力量来突破农地关系的重大束缚，工商业和海洋经济只是自然经济辅助成分。但在农业经济有了较大增长，工商业、海外贸易有了发展基础后，代表新兴工商利益的经济政策必然产生，并与传统的经济政策相对立。但整个明朝时期所产生的这种反映商人阶层利益要求的海洋经济政策相当微弱，只零碎表现在一些士大夫和地主阶级思想家的个别著作里，只就某个问题发表某些合乎海洋经济发展的主张，恰如黑暗里透射出来的一线光明。在大多数问题上，他们却仍旧抱着传统的重本抑末政策。许多士大夫和地主阶级思想家受明朝正统的重本抑末政策影响而无法突破认识界限，仍长期处于传统思维状态。因为历代封建帝王一直将打击工商、压抑新经济增长，作为治理国家的根本决策。该时期社会经济虽比以往有所发展，国内外商品流通比以往有所进步，但还只是封闭式小农经济结构中的有限度的商品经济，这种商品经济尚没有足够力量与自给自足的自然经济力量相抗衡，也不能够将家庭手工业从农业内部的封建经济关系中彻底分裂开来。商人阶层在各地得到不同程度的壮大且成为相对独立的社会集团时，出于他们自身的利益要求，他们渴望冲破封建经济关系的重重束缚，使工商贸经济得以顺利发展。

二、清朝早期的海洋经济

1644年满洲贵族联合汉族地主，在推翻明朝统治基础上建立清王朝，逐步恢复和发展原有封建经济关系。截至康熙时期，清朝的文治武功已较强盛，社会经济有所发展。康熙前期海外政策比较开明的，到后期因顽固保守势力阻碍，康熙实行了消极的闭关锁国政策，将中国与世界其他国家隔绝开来，与外部正在蓬勃兴起的地理大发现、海洋文明和资本主义制度隔绝开来，从而使中国科学技术日趋落后，海洋经济文化发展极其缓慢，扩大了海洋文明时代中国与西方国家之间的发展差距。清朝时期的闭关自守政策，与处于中国封建统治者顶端的皇帝本人所持的意愿有极大关系。他们的意愿一旦变成圣旨付诸社会，就是王法和政策并在社会上产生全面而深刻的影响。康熙、雍正、乾隆等就是全面推行传统重本抑末政策的最高统治者，他们接受了中国古代传统的本末思想，在大力发展农业、奖励垦耕的同时，对正在恢复和成长的商品生产和商品流通加以严厉限制和压抑；他们实施了一系列抑商政策，如在交通要道设置征收商税的钞关，任意提高商税税额，限制商品生产与流通的数量、规模，由国家严格垄断控制重要商品经营等。他们推行抑商政策及其措施的结果是严重地阻碍了国内商品经济增长，延缓了中国社会经济发展的历史进程，使封闭式小农经济结构得以长期保存，与资本主义经济关系相距遥远。

康熙、雍正、乾隆时期的海洋经济，受传统重农抑商政策的挤压，只是封闭式小农经济所造就的自然经济的补充。从维护地主阶级统治秩序出发，清朝全面推行传统的重农抑工商政策，为此制定了一系列打击工商业和海洋贸易的政策法令。最高统治者深受儒家传统思想熏陶，高度重视“民以食为天”的农业，为农业经济增长励精图治，使中国地主经济结构得以重新恢复并日益稳固，出现历史上的康乾盛世，显示了非凡的治国才能。另一方面，他们偏重小农经济，压制与自然经济相对立的工商业和海洋贸易，千方百计地抑制海洋产业和海洋经济增长，阻碍中国社会经济进步，给往后中国发展进程造成了非常被动的格局。在康熙、雍正、乾隆统治时期，实行了一系列不利于工商业成长的海洋经济贸易政策，如对工商业征收重税、限制海洋经济贸易规模、降低商人的社会地位等，让从事工商业、海洋贸易者转而从事农业生产，困守在封闭的小农经济结构里。在海洋贸易政策方面，该时期采取严格限制的国策，限制海洋贸易的区域，限制进出口商品数量和品种，限制外商在华活动的范围，实行官商性质的公行制度等，将海洋国际贸易被限定在一个极狭窄的范围之内。乾隆时期进一步紧缩海洋贸易体制，仅准广州港与国外通商往来。

清朝时期的统治者严格限制甚至禁绝中国的海外贸易活动，对沿海居民的通商活动加以种种强制规定，尤其对私人海上贸易活动严加限制，不准人民违禁私自出海从事贸易，严重限制了中国东南沿海地区乃至整个国内工商业的成长。同时，防御国人与国外往来，避免瓦解封闭的自然经济结构，他们的海洋经济思想及其压制与自然经济相对立的工商业和海洋贸易政策，阻碍了中国先进生产力和生产关系的诞生，延续了中国愚昧保守落后的历史进程。将中国与世界其他国家的经济技术文化交流隔离起来，使中国长期停滞不前，逐步酿成中国近代社会日益落后于西方的结局。

康熙执政期间，为了巩固封建统治秩序，推行“摊丁入亩”的税收制度，刺激了农民的生产积极性，使全国人口与耕地面积成倍增长，粮食及其他作物产量有较大幅度增长，从而为全国各地商品流通奠定了基础。康熙时期的经济政策仍是传统的重本抑末、闭关自守政策，对民间工商业和海洋经济贸易不重视。在康熙最初统治时期，实行过奖励海洋贸易政策，对外来先进科技不盲目排斥，思想较为开明。“商舶交于四省……缓耳雕脚之伦，贯领横裙之众，莫不累译款关叩贡，蒲伏请命下吏。凡藏山隐谷、方物瑰宝可效之珍，毕至阙下，输积于内府。”[①] 这时期海洋贸易的主要目的是进口而不是出口商品，进口除了征收关税外，输入外国瑰宝异物是为了满足权贵奢侈生活的需要。中国起初输往海外的商品大部分是茶叶、大黄等，对丝绸等手工业品的出口有一定限制，对铜铁等制造品的出口更有严格限制。康熙统治初期，商品经济有一定发展，但没有为资本主义经济关系的成长创造条件，与康熙所持经济观点、主张是密切相关的。康熙是清代帝王中受过系统儒家教育的第一人，儒家思想支配了他一生的行动。作为封建帝王，康熙千方百计维护封建制度及其赖以存在的经济基础和秩序。农业是封建经济的根本大业，在没有足够力量将家庭手工业从农业内部彻底分离出来的条件下，商品流通永远只是自然经济的奴仆，这就决定了康熙在国内外经济政策方面，仍循着原来的封建关系迈进，对待海洋产业与国际贸易仍采用传统的轻视压抑政策。

1684 年，鉴于清朝统治日趋稳固，三藩平定、台湾统一，康熙不顾大臣们的反对，改变原来“寸板不许下海”的禁海政策，实行有限制的海外贸易政策。在进行海外贸易前，须“预行禀明地方官，登记姓名，取具保结”，方可“听百姓以装载五百担以下船只，往海上贸易捕鱼”；以广州、漳州、宁波、云台山（今连云港）4 处为对外通商口岸，在上述 4 处口岸准许与外商贸易；在闽、粤、江、浙 4 省设置海关，管理来往商贾及船物，负责征收赋税；“将硫磺、军器等物私藏在船，出洋贸易者，仍照旧处分”。[②] 康熙统治初期的海洋贸易政策，只是其休养生息政策的补充，共延续了 33 年，一定程度上促进了东南沿海地区商品经济的发展，对海外贸易有一定成效，但上述政策实惠多为大地主绅士沾享，留给民间工商业者甚少。康熙推行休养生息政策，是循着明朝封建经济秩序演进的，目的在于恢复封建式小农经济结构并促进满族贵族进一步封建地主化。在这种政策支配下，重视传统农业而忽视工商业，与明代朱元璋推行的安养生息政策相比，康熙的休养生息政策基本同出一辙。如果

① 姜宸黄．大清一统志．海防总论；姜先生全集·湛园未定稿，卷 1（12）．
② 姜宸黄．大清一统志．海防总论；姜先生全集·湛园未定稿，卷 1（17）．

说他前期废止禁海令的让步政策尚有进步意义的话，那么他在1717年重新恢复禁海令就完全否定了原来的主张。在海洋贸易上，康熙虽在1684年实行了海外通商政策，但范围、规模和品种极其有限。第一，对外开放的空间场所极其狭窄。1684～1717年开放海禁，允许中国人与外国商人海洋贸易往来，但又限制海洋贸易区域，只允许在广州等4处沿海城市往来，对其他沿海地区仍严加禁绝。第二，严格限制进出口商品种类、数量，下令严禁五金、硝磺、粮食、史地经典等输出，严格限制商品输出数量，对海洋贸易商品种类和数量有严格限制。第三，推行垄断海洋贸易的行商制度。他下令在广州设置行商，专事海洋贸易业务。1720年，为了控制海洋贸易内部竞争并限制外商又批准成立公行，规定由公行垄断进出口货物，传达政府政令，管理外洋商船人员，保证向海关缴纳外商应付的进出口税款。第四，严格限制外商来华活动的范围，如禁止外商在广州过冬，禁止外商带妇女住馆，禁止外商偷运枪炮等。第五，对私人海外贸易严加禁止，违者处以重刑。以上海洋贸易政策措施，是当时康熙维护封建地主经济的补充，是自然经济占绝对优势前提下商品流通被允许以极其狭隘形式存在的表现。尽管商品流通规模狭隘，但这种趋势如果能继续下去，也许将逐步扩大，中国资本主义经济关系可得到较有利的产生条件，也许不会出现封建社会晚期的停滞不前。然而这毕竟是一种假设而已。在保守势力的影响下，1717年实行了严格的闭关锁国政策，完全否定了前期的海洋贸易政策。这些压抑海洋贸易与人为地限制国际商品流通的政策措施，使中国海洋经济增长停滞不前，既不利于海洋产业成长，也不利于新经济关系的产生，给中国社会进步造成极大障碍。

雍正执政期间所推行的海洋贸易政策措施基本沿袭康熙后期原样。从雍正执政时期所实施的海洋贸易政策与指导思想来看，仍执行康熙晚期重农抑工商政策，将打击工商贸，压抑海洋贸易和资本主义萌芽作为治理大清帝国的最基本政策。他认为农业是关系国计民生的根本大业，工商业和海洋贸易须依赖于农业。雍正在1727年上谕中说："朕观四民之业，士之外，农为最贵。凡士工商贾皆赖食于农，以故农为天下之本务，而工贾皆其末也。今若于器用服玩，争尚华巧，必将多用工匠。市肆中多一工作之人，则田亩中少一耕稼之人。"①

① 大清世宗宪皇帝实录，卷57.

在海洋贸易方面，雍正仍袭康熙之制。雍正五年（1727年），虽下令取消华人往南洋各国贸易的海禁政策，但仍规定“其从前逗留外洋之人，不准回籍”,[①] 违者严加惩罚。雍正九年（1731年），规定严禁铁制品及其原料出口，对粮食、茶叶、丝绸等货物的出口严加限制。这种海洋贸易政策将中国与国际之间的经济技术交流隔离开来，使封闭式小农经济结构不断巩固。他们实施严格的重农抑工商政策，将以往历代封建统治者实行过的重本抑末政策措施全部继承下来，并加以全面地贯彻和实施。

乾隆中叶，商贸和城市手工业有所发展，有了零碎资本主义萌芽和一定范围的海洋经济，如扬州制盐业规模较大，扬州聚集了全国各地富商大贾，“侨寄户居者，不下数十万”。[②] 乾隆沿袭重本抑末思想，将压抑工商业、限制海洋经济作为治国的根本策略。他说：“朕欲天下民，使皆尽力南亩……将使逐末者渐少，奢靡者知戒，蓄积者知劝。”[③] 主张全民从事农业，压缩工商贸经济。在海洋贸易方面，乾隆基本上采用康熙以来的外贸政策。应对西方殖民主义者、海盗商人的侵扰，乾隆采取了消极的紧缩海洋贸易政策，1751年取消其他海洋贸易口岸，只允许广州港从事海洋贸易活动。1759年批准两广总督李侍尧提出的《防范外夷规条》，次年颁布《防夷五事》，对海洋贸易和外国人在华活动加以严格限制。在外贸体制上，长期沿用行商居间贸易制度，规定由行商对来华贸易的外商给予以限制，严格禁止某些货物的进出口，限制进出口商品的种类、数量，规定外商购买茶叶、大黄等须以银购买。乾隆认为中国无须外国商品，倒是外国很需要中国商品。1793年，乾隆给英吉利国王的敕书中说：“天朝物产丰盈，无所不有，原不借外夷货物，以通有无。”[④] 这种海洋贸易思想，是当时封闭的小农自然经济关系的反映，也说明了封建统治者自高自大的心理。乾隆的海洋经济观，与康熙、雍正的海洋经济观基本相同，所推行的重农抑商政策是连贯的、有继承性的，都是中国保守落后的封建蒙昧主义思想的产物。他们所推崇的本末思想，统治和支配清代社会经济思想界，所推行的重本抑末政策，长期支配着清代社会经济，阻碍中国海洋经济成长的历

① 皇朝政典类纂．卷118：2；转引自姚贤镐．中国近代史贸易资料，北京：中华书局版，1957.

② 乾隆．淮安府志．盐法.

③ 皇朝通典．食货一.

④ 皇朝掌故汇编，外编．卷8，乾隆58年，赐英吉利国王敕书.

史进程。

在对外贸易方面，明清之际的统治者并重视对外贸易往来，他们基本上采取闭关自守与重本抑末国策，极力反对发展国际经济贸易。认为，发展海外贸易业务，至多是“以有易无”，“以海外之余补内地之不足”。①为此，他们不仅不开放沿海地区贸易，反而执行严格的闭关海禁政策，勒令沿海居民内迁；除了广州一处特许，不允许其他沿海居民与外国人自由通商往来，开展经济技术文化交流；不允许沿海地区人民自造船舶，赴他国贸易经商等。由于清代统治者长期执行重视农业、抑制工商业、闭关锁国的政策，沿海区域海洋经济贸易与运输网长期处于萎缩状态，航海技术也没什么进步。官府靠着广州十三行维系有限的海外贸易，广州港是唯一开展特许海洋经济贸易的港口，泉州港等大港则风光不再，逐步走向衰落。等到被西方列强踹开国门后，中国人才重新开眼看世界。

纵观清朝时期的海洋经济政策可以看到，当时社会经济中商品经济增长与封建主义经济关系之间的矛盾突出。因为重本抑末政策是封建自然经济结构在社会生产方式中的反映，在封闭式小农经济结构中没有新经济成分出现，也没有足够的力量来突破封建关系的重大束缚，工商业和海洋贸易只是自然经济辅助成分。从明末到清初即17世纪至18世纪中叶，西方科学技术知识在中国社会逐渐渗透，尽管其影响甚微但给当时的有识之士增长了见识，渐渐感觉到专制主义落后，对正在萌芽状态中的新经济因素产生了若明若暗的认识。

第四节　对古代中国海洋经济政策的整体评述

一、古代中国与西方各国海洋经济政策具有明显的禀赋差异

秦汉以来中国海洋经济一度兴盛，由原始的、取而为食的海洋生产方式，逐步演化并形成海洋渔业、海上交通运输业和海洋盐业等古老海洋产业，中国

① 蓝鼎元．鹿州全集．藏稿．论南洋事宜书．

古代劳动人民在开发利用海洋渔业资源、盐业资源，发展海洋航运事业和海洋科学研究事业中所创造的光辉业绩，在古代世界海洋开发利用史上占有重要地位。但总体来看，与西欧相比，从远古到古代晚期，中国海洋经济长期处于不发达的状况，其主要原因是早在战国时期便形成了与西欧畜牧业和种植业并重的混合型农业结构不同的单一种植结构，传统农业中虽有动物生产部门，但其数量与规模远不能与种植业相匹，只是种植业的附属补充部分。畜牧业产品在农民收入结构和生活必需品消费结构中处于从属地位；主要以舍饲养的家禽家畜在很大程度上以粮食为饲料，从物质能量循环系统角度看从属于种植业，与西欧中世纪以户外放牧为主要形式的畜牧业有别。这种差别在某种程度上决定了中国与西欧往后社会经济结构发展的不同走向，从而决定了两者社会生产力发展的不同层次。西欧中世纪生产协作不断发展、土地利用走向集中化经营；中国则朝着土地耕作不断细分化、生产经营分散个体化方向迈进，在此基础上形成了单一封闭的小农经济结构。这种经济结构阻碍生产技术进步和生产工具改良，阻碍统一国内市场的形成，给近代资本主义商品生产交换和海洋经济发展造成了极大的困难。

古代中国传统海洋产业经济已有一定规模和地位，在长期海洋经济实践中对海洋的认知也不断深化，形成了早期的海洋科技和海洋文化。到 15 世纪航海探险家开创大航海时代前后，中国已开拓了系列航线，拥有了一定的航海技术，为迎接后来的世界海洋经济浪潮奠定了基础。但总的来说，还有许多无法对接的地方，特别是早在春秋战国时期就已产生的重农抑商政策的基础与土壤。与同时代的西欧各国相比，中国在战国时期便形成了与西欧封建领主——农奴制经济不同的封建地主——农民制经济，这种差别在某种程度上决定了中国与西欧往后社会经济结构发展的不同走向，从而决定了中欧两者社会经济发展形态与生产力发展的不同水平。与欧洲中世纪生产协作不断发展、土地利用走向集中化趋势背道而驰，中国社会经济发展的趋势朝着土地耕种不断细分化、生产经营分散个体化方向迈进，在此基础上形成了单一封闭的小农经济结构。这种经济结构阻碍生产技术进步和生产工具改良，阻碍统一国内市场的形成，给资本主义商品生产和交换造成了极大的困难。单一封闭的小农经济结构使有限的耕地不断细分，形成无数分散的劳动密集型个体农业，这种传统农业又反过来刺激农业人口（尤其是男性人口）的增长，不断复制出众多的宗法式小农。这种小农经济结构在近代虽受外力冲击，却因封建土地所有制关系原封不动而相当稳固，未能具备近代工业化起飞的条件。

二、古代中国海洋经济政策具有长期稳固与重复特性

最早提出重农抑工商政策的是战国初年的著名政治家李悝。商鞅以法令形式把李悝“禁技巧”的观点上升为重农抑工商的政策主张，并在中国古代经济发展史上第一次提出了“事本禁末”的概念。在商鞅看来，必须禁止末业发展农业国家才能富裕起来。荀子是继商鞅之后继续主张重农抑工商的著名代表人物，主张扫荡那些末业之民。到韩非那里，春秋末期、战国初期出现的重农轻商政策进一步系统化，成为中国古代社会官府一直遵循的治国理政的根本国策，即长达两千多年的“重农抑工商”或“重本抑末”政策法令。两汉时期，坚持重本抑末政策的政治家主要有贾谊、晁错、司马迁、桑弘羊、王莽、王符等。如司马迁反对国家直接经营工商贸与民争利，鼓励通过合理的手段致富，同时反对奸商的所作所为。桑弘羊从地域之间自然资源的差异及地域分工去说明内地与沿海区域间的商品流通、贩运贸易的必要性，以此来论证非重商不可。他重视和倡导发展贸易经济的观点十分突出，但又主张由政府垄断一些行业的内地与沿海区域间的商品流通、贩运贸易，尤其是他的均输、平准思想对后世社会经济政策影响较大。重本抑末政策使封闭式小农经济结构得以不断稳固，由此派生的封建政治专制体制得以不断完善。同时使诱发资本主义生产方式的商品生产和商品流通始终遭到压抑，使工商贸始终不能摆脱自然经济结构的束缚而成为相对独立的经济部门。中国古代社会经济停滞不前，与其传统政治专制体制、传统经济政策及经济基础有很大关系，这种状况在很大程度上制约着近代中国人的思想意识，制约往后中国海洋经济发展进程。中国社会盛行重本抑末思想及其政策使封闭式小农经济结构得以不断稳固，由此派生的封建政治专制体制得以不断循环；同时又使诱发资本主义生产方式的商品生产和商品流通始终遭到压抑，使工商业始终不能摆脱自然经济结构的束缚而成为相对独立的经济部门。

与古代同时期其他国家相比，中国海洋经济发展滞后特点明显。公元前8世纪，欧洲腓尼基人及希腊人，对地中海已有相当的了解，他们把贸易范围，

甚至战争范围，扩大到整个地中海和地中海以外地区。公元前6世纪，已有人宣称地球是浮在大海上的。至公元前4世纪，古希腊科学家亚里士多德根据月食时月球上的地影为圆弧形，第一次证明了地球为一球状体。他还在《动物志》中描述和记载了170多种爱琴海的动物。至15世纪，欧洲沿海各国涌现出一批伟大的航海家，他们的航海创举至今仍令世人佩服。1488年葡萄牙人迪亚士首次航行至好望角，10年后达·伽马绕过好望角，发现了通往印度洋的航路。16～18世纪期间哥伦布、麦哲伦和库克等人，进行了环球航行，促进了航海技术的发展，为欧洲以外的其他地区带来了欧洲的大量移民，这一时期欧洲的科技成就，既推动了航海探险，又直接为海洋经济浪潮的形成发展奠定了基础。17世纪到19世纪中叶，第一次世界海洋经济浪潮席卷全球，西方先进科学技术知识在东方社会逐渐渗透，尽管其影响甚微，但给中国知识分子意识形态增添了新元素，渐渐感觉到专制独裁与经济发展的历史局限，对正在萌芽状态中的新经济因素产生了若明若暗的认识，在对过去政策法令思索评论过程中产生了一股新的思潮，他们抨击传统的重农抑工商、贵义贱利政策，阐发对工商业、海洋贸易的见解和主张。从自私自利的人类本性出发，论述每个人追求利益的合理性，认为专制妨碍人民利益，统治者垄断天下之利是天下之大害，要求统治者改变传统的重农抑工商政策，允许工商业、海洋贸易得到充分自由发展以实现国富民裕。在海洋贸易政策上，进步思想家主张政府实行自由通商，认为对外通商是互通有无、增加财政税收的重要途径。由于条件限制，这时期的启蒙思想家仍对海洋贸易和海洋经济缺乏深刻了解，有的仍将海洋贸易看成是中国对外国的施予，只是单方面的，有的甚至对海洋贸易持消极态度。与他们的启蒙政治思想相比，进步思想家的海洋贸易、海洋经济政策主张要逊色不少。这固然与他们所处的社会环境、经济条件以及本身认识水平有很大关系，同时又与他们深受前人思想束缚有较大关系。随着第一次世界海洋经济浪潮的全面推进，鸦片战争前夕的中国统治者不可避免地对海洋贸易与产业活动提出自己的主张及见解。同时，还有代表尚在成长过程中的沿海工商业阶层利益的实业家和心忧天下的有识之士为适应变化的外部形势，或多或少开展了对传统重本（农业）抑末（工商业）政策的批判，促使该时期中国海洋经济发展进入一个新阶段。这既是该时期世界海洋经济关系在中国的反映，也是与现实经济政策措施全面执行的传统重本抑末、贵义贱利思想斗争的体现。

总体来看，该时期封建统治者运用政权力量、封建法令强制推行的重农抑工商、重陆轻海、闭关自守等政策措施仍占主流，新的海洋经济政策显得十分零碎、微弱。

三、古代中国海洋经济政策具有长期封闭内循环特征

纵观古代中国各个不同的历史时期，由于中国人所拥有的海洋科技知识极为有限，海洋的开发利用仅停留在沿海居民对海洋资源的直接开发利用上，对新的海洋经济领域并无多大拓展。中国近代海洋经济发展经历了艰难曲折的历史进程。到清朝建立，清王朝统治者仍实行严格的海禁政策，封锁海域，不准寸板下海，严禁外国商人和商品进入。1683 年清王朝收复台湾后，曾一度开放海禁，但仍然不准大船出海。明清统治者实行海禁政策期间，正是西方资本主义经济和近代自然科学迅速发展的时期，这种愚蠢的海禁政策严重阻碍了中国商品经济的发展和中西科技文化合作交流，从而阻碍了中国近代海洋经济和国民经济发展。1840 年，英国侵略者的炮舰轰开了中国大门，此后一系列战争失败与不平等条约签订，清王朝的闭关政策终于失败，中国民众深受其害。

中国古代社会晚期，明清统治者顽固奉行闭关自守、重本抑末的国策，使盛行两三千年的中国社会小农经济广泛存在，没有也不可能进行传统农业变革，极大地制约了中国近代社会生产力和海洋经济合理增长。从世界主要资本主义发展史来看，传统农业变革是产业革命和工业化得以进行的必要前提，是资本主义经济得以产生发展的重要条件。传统农业要发展资本主义，必须废除封建土地所有制及其剥削关系，进行旧式土地所有制关系的变革。如产业革命的先驱英国，早在 14 世纪末就废除了农奴制，自 15 世纪末期起就开始了“圈地运动”，逐步建立起新兴贵族经营的资本主义大农场，促使传统农业发生根本性变革。从某种意义上说，英国传统农业变革是其首先发生产业革命的根本原因。通过变革传统农业，将土地等生产资料集中于农场主经营，被剥夺土地的农奴成为农场工人，促使农业领域商品货币关系不断发展，国内外市场日趋扩大，从而为殖民扩张提供内在冲动力。而殖民扩张积累的巨额货币资本及不断扩大的商品市场，反过来刺激资本主义生产关系的进一步成长，最终引发了使社会生产方式发生根本性变革的产业革命，通过工业化在全社会确立起资本

主义经济制度。再如美国，独立战争扫除了本来就不成熟的封建土地所有制关系，而后经南北战争废除了南部种植园经济，并通过大规模的“西进运动”开辟了广泛的自有土地，迅速建立起资本主义大农场。在 19 世纪的前 60 年里，美国农业生产量增长 50 余倍，农产品商品率高达 90% 以上，有 80% 左右的农产品出口创汇，换取工业化所需要的资金和技术设备。直至第一次世界大战前后美国农业一直是持续稳定增长的，其年均增速达 3% 左右，农业始终是美国资本主义发展的重要前提和主要推动力，这是其他资本主义国家无法比拟的。法国经过 3 次资产阶级革命废除了封建土地所有制关系，采取加剧剥削农民迫使其出卖份地的方式建立起资本主义农场；德国通过 19 世纪自上而下的农奴制改革，俄国通过 1861 年自上而下的农奴制改革，日本通过 1868 年的明治维新运动，均不同程度地变革了旧式土地所有制关系，建立起资本主义农业，从而为整个资本主义发展开辟了道路。由于各国土地所有制变革的程度不同，因而形成了 3 条农业资本主义发展道路，其中法、德、俄、日因旧式土地所有制变革不彻底，农业资本主义发展缓慢，且带有浓厚的封建色彩。著名发展经济学家刘易斯认为，工业革命首先发生在英国，是由于当时英国农业生产率最高；北美、西欧先后发生了工业革命，也是由于这些国家和地区农业生产率比亚非拉国家和地区高出 6 ~ 7 倍。[①] 只有在农业资本主义已相当发展的基础上，资本主义才能发展壮大。从整个中国古代史考察，农业领域从来没有发生过摧毁封建土地所有制关系的传统农业革命，历代政府也从来没有进行过自上而下的土地所有制变革，外国资本主义的商品重炮也没有改变这种土地所有制关系，因它们入侵中国的目的决非想帮助中国发展资本主义，而是企图变中国为其殖民地。它们在中国扶植封建势力，保留了赖以生存的社会经济基础——封建土地所有制关系。殖民主义者还在中国购置土地，从事着落后的封建剥削，传统农业原封不动，先进科学技术与生产手段无法运用，农业劳动生产率极低，阻碍了近代工业化的规模与速度，从而阻碍了近代和现代中国社会生产力的发展。

中国古代社会晚期，世界处于新旧社会经济关系及其运行机制剧烈变动的第一次海洋经济浪潮酝酿形成时代，是一个充满矛盾而有新希望的复杂、剧痛

---

① 朱坚真．历史与现实．北京：经济科学出版社，2015．

时代。对迈入近代社会前夕的中国而言，既没有主动参与海洋经济浪潮的国内环境和基础，也没有与之相适应的外部海洋经济关系。最后，只能被动地拖入到第一次世界海洋经济浪潮中，接受西方列强的挤压、掠夺和凌辱，处于国际分工体系的低端位置。鸦片战争后的近代中国——被动艰难步入第一次世界海洋浪潮。鸦片战争至1949年中华人民共和国成立，中国经济政治文化技术逐步进入近代社会时期。该时期，随着第一次世界海洋经济浪潮在全球逐步推进，中国海洋经济发展进入了一个新阶段。近代中国海洋经济贸易活动，既是该时期国际经济关系在中国的反映，代表国际资本主义在中国沿海区域利益的集中体现，也是传统的重农抑商和闭关自守经济日益破产的历史性转变，是西方对中国两千多年传统重本抑末政策、自然经济、小农经济结构的逐步摧毁与分解。由此，被迫对外开放的沿海港口城市逐步成长壮大，发展成为近代中国沿海中心城市、工业化城市化最早区域，也是近代中国海洋产业比较集中的区域。同时，传统的重本抑末、重陆轻海等社会经济政策逐步发生根本性的历史转变，资产阶级民主革命和民族资本主义发展成为时代主流。

第二章　世界海洋经济浪潮与中国发展进程简要回顾

第一次世界海洋经济发展浪潮的产生与人类广泛从事海洋经济活动并形成一种普遍趋利的潮流紧密相关。海洋经济活动，是指人类以大海及其资源为劳动对象，通过一定形式的劳动支出来获取产品和效益的经济活动。[①] 一般包括为开发海洋资源和依赖海洋空间而进行的生产活动，以及直接或间接开发海洋资源及空间的相关产业活动，由这样一些产业活动形成的经济集合均被看作现代海洋经济范畴。海洋作为人类生活的空间，是人类社会的重要组成部分，不断影响和塑造着人类的活动行为。历史告诉我们，在原始社会时期人类的祖先就开始海洋鱼类、贝类的捕食。人类文明的进程洋溢着鲜明的海洋气息，人类依托海洋、探索海洋的生计活动在历史进程中逐步兴盛。海洋经济发展经历了一个从小到大、从弱到强的发展历程。从世界范围看，三次海洋浪潮对全球经济社会文化影响极其深远。[②]

以第一次世界海洋经济浪潮为引擎的第一次工业革命（产业革命），是由以下资本主义经济发展的客观要求所决定的：第一，资产阶级革命废除了封建制度，消除了不利于资本主义发展的种种束缚，为工业革命创造了重要的政治前提。第二，消除农业中的封建制度和小农经济，为资本主义大工业的发展提供了充足的劳动力和一定的国内市场（英国圈地运动）。第三，资本主义原始积累过程，提供了资本主义大工业所必需的大批自由劳动力和巨额的货币资本（殖民掠夺）。第四，资本主义工场手工业长期的发展，为大机器生产的出现准备了技术条件。随着人类对海洋认识的不断深入，相关海洋实践经验不断积累，海洋开发利用有了开拓新领域的可能。

---

① 杨克平．试论海洋经济学的研究对象与基本内容．中国经济问题，1985（1）：24－27.

② 朱坚真等．海洋经济学．北京：高等教育出版社，2010.

第一节　第一次世界海洋经济浪潮概述

从远古到古代再到中世纪，在第一次世界海洋经济浪潮之前的漫长岁月里，世界没有连接成为一个整体，整体的世界历史也就无从谈起。海洋经济是整体世界历史的产物，在世界成为一个整体之前，大规模、主动的、综合的海洋经济更无从谈起。在海洋经济成为世界历史扳道工之前，以欧亚大陆为中心的历史舞台还不到整个大陆面积的三分之一。要想将整个世界（地球）作为历史舞台，就必须将五大洲和三大洋连接在一起。直到人类开辟出“海上航线”之后，世界才成为一个整体。①

一、第一次世界海洋经济浪潮的酝酿期

1492 年 8 月，哥伦布驾船“圣玛利亚”号出发，越过大西洋，发现新大陆，开启了世界历史的新纪元。1493 年，教皇子午线划定，亚历山大六世为西班牙和葡萄牙划定新世界领土。1498 年，哥伦布航行发现南美大陆，开辟出作为海洋经济标志的远洋航线，开启了现代世界作为一个整体的历史。1519 年，葡萄牙的费迪南·麦哲伦开始环球航行，发现了沟通太平洋和大西洋的海峡。16 世纪末，达·伽马终于绕过好望角到达印度。再过十几年葡萄牙人到达中国，利用季风在大西洋上航行的消息在欧洲传开之后，重达几十吨的大型船只经常在大西洋上往来航行。横跨大西洋的远洋航线的诞生，直观上将欧洲海域与加勒比海连成一片，意味着欧亚大陆与加勒比海相连，这无疑预示远洋航海、航运乃至世界历史的第一次海洋经济发展浪潮到来。②

1504 年，法国开始与西班牙发生海上冲突，16 世纪 30 年代开始，两国的海上战争打响。葡萄牙人对印度洋和马六甲海峡的控制遭到越来越多的挑

① ［日］宫崎正胜．航海图的世界史．朱悦玮，译．北京：中信出版社，2014．

② 朱坚真等．海洋经济学第二版．北京：高等教育出版社，2016．

战。[①] 早期殖民事业的崩溃和16世纪后半世纪爆发的法国宗教战争，为新的更为强大的闯入者——英国打开了通道。英国人相比较先入者，更加精通航海技术，航海业的发展也非常迅速。[②] 到1580～1590年，海战空前激烈。1588年，英国舰队摧毁西班牙无敌舰队，由此开启序幕，催生了第一次海洋经济浪潮中的日不落帝国——英国。[③]

1577年，因《中华大帝国史》而驰名欧洲的西班牙门多萨神甫认为："中国人害怕大海，不习惯远航。[④] 当时的中华帝国停滞不前，长期执行"片甲不许下海"政策，错过了这一场盛宴。而西班牙、葡萄牙、荷兰、英国和法国主动引领航海时代潮流，成为时代和世界的主角。放眼欧洲，情况就是如此，从分散到整体的世界史的过程，正是海洋经济的腾飞时期。在这一进程中，以海洋为最重要依托且有别于传统世界性帝国的现代早期世界强国陆续登场，从西班牙到葡萄牙，从荷兰到法国，从德国到英国。世界历史上第一次海洋经济发展浪潮引起经济变动及经济增长方式快速改变。正是远洋运输使得南美新大陆的廉价白银通过两条远洋航线被输送到欧洲，进而输送到远东乃至中国江南，将殖民地、欧洲和亚洲三个世界连在一起。从最初的几十吨载重的船只，到100吨左右的船只——卡瑞克帆船。[⑤]

资本主义天生需要海洋。14～15世纪初，在意大利热那亚、威尼斯出现了稀疏的资本主义萌芽和经济的繁荣，这无疑与意大利航运业的发达有关。意大利的小舟载着商品往来于塞浦路斯、君士坦丁堡等地，把巨额利润装进"载不动太多钱"的小舟运回意大利。更重要的是，海洋催生了工业资本，一种有巨大经济生产能力的资本。巨额利润加产业资本使意大利一度成为古代西方世界的重心。中世纪的欧洲，资本主义萌芽的产生比较容易，却不是所有的萌芽都可以长成参天大树，它需要灌溉，而这个灌溉之水就来自海洋。在地中海沿岸意大利半岛出现的稀疏的资本主义萌芽，没有长成参天大树。西班牙、

---

① ［美］伊曼纽尔·沃勒斯坦．现代世界体系：16世纪的资本主义农业与欧洲世界经济体的起源（第1卷）．尤来寅，路爱国，等，译．北京：高等教育出版社，1998.

② ［英］约翰·史蒂文森．欧洲史（1001～1848）．董晓黎，译．北京：中国友谊出版公司，2007.

③ 朱坚真等．海洋经济学第二版．北京：高等教育出版社，2016.

④ ［法］布罗代尔．15～18世纪的物质文明、经济和资本主义（第一卷）．顾良，施康强，译．北京：生活·读书·新知三联书店，2013.

⑤ ［日］宫崎正胜．航海图的世界史．朱悦玮，译．北京：中信出版社，2014.

葡萄牙大航海活动带来的是大量财富进入西欧，像现在的荷兰、比利时、法国北部，以至于英国，这样，资本主义的参天大树在西欧成长起来。产业革命以后，大量的机器产品像洪流般涌入东方，打破了东方自然经济的关闸。当时西方殖民主义者入侵东方靠的是两炮，一个是廉价商品的重炮，一个是强大的舰队火炮。1756～1763年，在七年战争中，利用海上优势，英国人击败了法国人。英国获得遍及全球的殖民地。英国经济学家杰文斯1865年说："北美和俄国的平原是我们的玉米地；芝加哥和敖德萨是我们的粮仓；加拿大和波罗的海是我们的林场；澳大利亚、西亚有我们的牧羊地；阿根廷和北美的西部草原有我们的牛群；秘鲁运来它的白银；南非和澳大利亚的黄金则流到伦敦；印度人和中国人为我们种植茶叶；而我们的咖啡、甘蔗和香料种植园则遍及印度群岛。西班牙和法国是我们的葡萄园；地中海是我们的果园；长期以来早就生长在美国南部的我们的棉花地，现在正在向地球的所有的温暖区域扩展。"① 这大大扩充了英国的海外贸易，由此也刺激了英国本土经济的发展，要求扩大工业生产，这种扩大不是数量型扩大，而是倍增型扩大，促使英国的工业革命爆发。可以说，没有海洋，便没有工业革命；没有工业革命，便没有世界历史。

总体来看，海洋使早期欧洲殖民主义国家葡萄牙、西班牙从争夺香料贸易通道、掠夺黄金、猎取奴隶和象牙中获得财富，成为经济重心。荷兰在英、西大战中摆脱西班牙的封建统治，成为以商业资本为主的海洋性商业资本主义国家，17世纪有成千上万的荷兰商船航行于全球海洋，他们经营外国商品，充当各地贸易的中介人和承担商品的运转业务，被誉为"海上马车夫"。商业与贸易的发展是荷兰经济的重要支柱，而动力来自海洋，保护神则是产权。现存的强制性的契约函件变成了汇票，从而扩大了商人的支付手段。重商主义流行使战争成本剧增，银行、信托机制得以发明，具有殖民地性质的专属经营权（如东印度公司）得以设立。海洋贸易的扩展，货币流通的加快，使各类投资商、证券商、贸易商、谷物商、军备供货商、公债经纪人等逐渐占据历史舞台。从17世纪中叶起，由民族历史时代进入世界历史时代，即各国历史的发展越来越显示出全球影响。马克思说："荷兰作为一个占统治地位的商业国家

① ［美］加里·沃尔顿，休·罗考夫．美国经济史．王珏，钟红英，等，译．北京：中国人民大学出版社，2014．

走向衰落的历史，就是一部商业资本从属于工业资本的历史。”① 英国战胜荷兰的历史，实际上就是工业经济战胜商业经济的历史。世界从此进入一个以海洋为通道的相互作用、以工业生产品为战略武器四面出击的世界历史时代。

二、第一次世界海洋经济浪潮的发酵期

到16世纪中叶，发展出载重500～600吨的大型船只，远洋运输船的制造技术更替很快以加速度的方式促进了远洋运输，和过去相比，载重1000吨以上，船身细长、吃水很浅、速度极快的大型商船——盖伦帆船应运而生。美洲新世界、欧洲和亚洲三个世界间的远洋贸易额大幅增加。② 西欧大国意识到航海、远洋航运和制海权的意义和利益所在，海路和远洋航线意味着自由贸易的开始，而贸易是西欧各国争先的必由之路。③

1600年，哥伦布航行新大陆101年后，英国旨在东方远洋贸易的东印度公司成立。16世纪的荷兰雄心勃勃，近洋和远洋贸易都有荷兰人的身影。阿姆斯特丹的九大商业巨头联合组建了大型的远洋公司，以财团形式插足印度群岛贸易，远洋航运的成功和获利让荷兰商人浮想联翩。截至1601年，有超过65艘荷兰商船扬帆起航，1602年，联合东印度公司牌成立，是18世纪之前最强大的商业集团之一，并且迅速成为东亚贸易和远洋运输的霸主。至此第一次海洋经济时代的白热化竞争由此拉开序幕。荷兰在第一次海洋经济浪潮中的第一阶段表现优异，为了运输更多的货物，荷兰制造了大量被称为“荷兰商船”的标准化船只，而且只需要过去一半不到的船员，加上高效的造船业，运输成本只有其他国家的一半。荷兰由此走上了称霸海洋经济的道路。④到17世纪50年代，荷兰拥有船舶总数达1.6万艘。同时，荷兰的海洋渔业从此进入高速发展时代。以1669年为例，从事鲜鱼捕捞与加工从业人口就超过45万人，时人评价说：“阿姆斯特丹这座城市，是由鲱鱼建造而成的。”不但如此，荷兰还

---

① 《马克思恩格斯文集》第5卷．北京：人民出版社，2009.

② ［日］宫崎正胜．航海图的世界史．朱悦玮，译．北京：中信出版社，2014.

③ ［法］布罗代尔．15～18世纪的物质文明、经济和资本主义（第1卷）．顾良，施康强，译．北京：生活·读书·新知三联书店，2013.

④ 朱坚真等．海洋经济学第二版．北京：高等教育出版社，2016.

垄断了冰岛的鳕鱼捕捞和鲸鱼捕捞，后者则是工业原料，用来制造肥皂灯油和衣料。① 通过远洋运输和远洋贸易以及海洋渔业，欧洲各国迅速积累了大量财富，与此同时，经过海运的贸易创造财富的观念在商圈和民众中渐渐传播。

三、第一次世界海洋经济浪潮的成熟期

18 世纪 60 年代至 19 世纪 60 年代，是第一次世界海洋经济浪潮进入成熟期。其主要标志，是人类开始进入蒸汽时代。伴随着第一次工业革命核心技术"蒸汽机"的发明，人类第一次获得通用的、便捷的、可移动的动力解决方案。在此之前，动力主要来自于生物的能量——要么是人力，要么是畜力，也有一些风车、水车之类的从自然界获取能量的手段，但在大规模生产应用中十分受限。对于蒸汽机来说，其所需要的资源输入——煤和水既是标准物资，也接近于无限供给。因此，这样的动力设施用起来非常方便，放到纺织厂就可以驱动织布机，安上轮子就是汽车、火车，蒸汽机安在船舶上就出现了运输规模与速度巨变。而且，蒸汽机相对于畜力来说更加干净。在马车的年代，整个城市那可是粪水横流、臭气熏天啊。更为重要的是，蒸汽机这样的动力解决方案，催生了工厂和海洋工业的出现，让人类从农耕文明迈向了工业与海洋文明时代。18 世纪下半叶英国工业革命后，大机器以及新的组织方式的产生推动了近代资本主义工商业发展，为人类更大范围认识、开发和利用海洋提供了物质基础与技术支撑。到 19 世纪后期陆续展开的全球海洋调查以及海洋探险活动，标志着近代海洋经济活动成为世界潮流。到 19 世纪 70 年代，英国"挑战者"号考察船进行为时 3 年多遍及四大洋的科学考察，获得了大量第一手资料和标本。此后，德、法、意、俄、美等国对各自濒临海域进行多次专业性综合性考察。大量海洋科考调研活动不断深化人们对全球海洋的认知。

18 世纪下半叶工业革命后，机器和机器系统的使用不仅促进了资本主义近代工业技术的发展，为人类更大规模地进入海洋、探测海洋环境和资源基础状况、研究海洋现象变化规律，开发利用海洋等提供了可能性。19 世纪 70 年

① ［美］伊曼纽尔·沃勒斯坦．现代世界体系：重商主义与欧洲世界经济体的巩固（第 2 卷）．吕丹，候树栋，等，译．北京：高等教育出版社，1998．

代英国“挑战者”号考察船的环球调查，具有开发利用海洋事业的代表性和开创性。这次调查从1872年1月开始，至1876年5月结束。持续了3年又5个月，调查区域遍及太平洋、大西洋、印度洋和南极海，在362个测量站进行了水深测量以及生物、化学和底质等要素的取样调查，获得了大量的实测资料和标本。继“挑战者”号考察之后，又有德国、法国、意大利、俄国、美国和丹麦等国的调查船，分别对大西洋、太平洋，以及地中海、加勒比海、鄂霍次克海、日本海和中国海等洋区和海域进行多专业的综合考察、调查和探险活动。19世纪后期大规模的全球海洋调查和探险活动陆续展开，标志着近代世界海洋经济时代的开始。[①]

四、第一次世界海洋经济浪潮对全球社会发展进程的影响

18世纪60年代至19世纪60年代，可以看作是世界历史上海洋经济发展的第一波浪潮。第一次世界海洋经济浪潮对全球社会发展进程的影响，主要体现在催生了主要资本主义国家的近代工业化，工业化对全球社会、政治、经济、文化和东西方实力对比产生了深远的影响。可以说，第一次世界海洋经济浪潮引发的工业化是第一次全球化一个多世纪以来社会发展进程演变总画面的中轴线，是全球社会经济发展史上开天辟地的大事件，它对近代社会发展进程产生了巨大而深远的影响。18世纪60年代英国首次爆发了人类历史上第一次工业革命（产业革命），至19世纪上半期美、法、德、俄等国先后掀起了工业化浪潮。在这样广阔的国际背景下，日本通过明治维新也出现了以引进西方先进科技文化，创办沿海机器工业为主要内容的海洋经济浪潮。首先，海洋文明是人类历史上最具活力和创造性的文明，它经常扮演历史火车头的角色。海外贸易与强大海权支撑的基本社会结构，保证这种开放性社会与外部异质文明世界的接触、交流、碰撞、融合和互动，不断刺激人们的想象力和思维力，从而形成精神创造和物质创造的肥沃土壤。其次，海洋文明是一种科学探索性文明，注重可控性实践及对有关的自然假说进行数理化分析，从中找到事物的内在规律并加以阐释，形成公理、原理，以便更深入探索。海洋文明从古希腊产

① 朱坚真等．海洋经济学．北京：高等教育出版社，2010．

生以来，有两个重要影响：一是促使区域贸易中心不断变动，使经济变得日常活跃流动。海洋文明很容易扩散技术和改变产品的相对价格，从而使区域经济贸易中心不局限一时一地；二是加快区域性历史的转速，海洋贸易的发展促使沿海国家出现经济快速增长，进而带动民主政治和社会文化发展与繁荣，使沿海国家的人类历史以高于其他国家历史的转速在发展。跨海迁移产生的最大结果是契约经济和契约社会制度。由于跨海迁移的环境和目的所规定，人们都习惯于默契自己放弃一部分权力和利益，以保护最根本性的利益；人们习惯用利益和契约的眼光来看待彼此间的经济活动，从而产生契约经济，这种契约经济深刻影响到西方社会制度。海洋使荷兰人建立了促使商业与贸易发展的法律结构与产权，由此影响到社会各层面，从香料贸易、对金银的追逐到茶叶、丝绸贸易，日常生活必需品，如马铃薯、玉米、咖啡等，都是通过海洋遍及世界深刻地改变人们日常生活，使世界人口大幅度增长。总体来看，主要资本主义国家在第一次世界海洋经济浪潮中发挥了以下促进和推动作用。

（一）重商政策成为此时各国资本积累的主要策略

如果说 17 世纪的海洋霸主属于荷兰，而 18 世纪之后则属于英国。不只是近代早期资本主义经济，在漫长的近代早期，包括英国在内的几个主要西欧国家，都是奉行重商主义经济发展策略，而英国的海上霸权乃至海洋经济大阔步迈进与重商主义政策不无关系。[①] 作为重商主义的直接结果，1651 年，英国颁布一项航海法，规定“亚洲、非洲以及美洲的英国领地，只能与英国商船进行贸易活动”，加上三次英荷战争，荷兰的国力急剧下降。1696 年，英国颁布《英国航海法》并建立贸易委员会，标志着政府对远洋贸易和海洋经济的关注。[②]

（二）农业劳动人口向工商贸易转移使就业结构发生了历史性改变

在第一次世界性的海洋经济发展浪潮之前，农业依旧吸收着每一个国家 80% 以上的劳动人口。18 世纪中叶后，随着世界海洋经济浪潮席卷欧美各国，

---

① ［美］弗雷德里克·努斯鲍姆．现代欧洲经济制度史．罗礼平，秦传安，译．上海：上海财经大学出版社，2012.

② ［美］伊曼纽尔·沃勒斯坦．现代世界体系：重商主义与欧洲世界经济体的巩固（第 2 卷）．北京：社会科学文献出版社，2013.

各主要资本主义国家农业劳动人口逐步向工商贸易转移，在农业领域就业的第一产业劳动人口逐渐减少，第二、第三产业劳动人口比重逐渐增加，从而使各国的就业结构发生了从来没有过的历史性改变。到17世纪大规模海洋贸易和探险将亚洲、欧洲和美洲链接在一起的时候，全球所有的国家第一次无法排除受千里之外的大事的影响①。

（三）海洋贸易与相关海洋产业空前发展

18世纪中叶后，逐渐完善和发达的远洋航海线路及内河航运系统，让欧洲的商业贸易与相关海洋产业得以迅速发展，最终影响了所有的欧洲、美洲甚至非洲、亚洲人的生活。巨大的商业利润使原本经济落后的西欧各国大步迈进了全球经济前列，伦敦、阿姆斯特丹和安特卫普等大型远洋港口城市应运而生，出现了囊括产品全部生产过程的特大型工厂。1818年，在纽约和利物浦之间开启了每周横跨大西洋的定期客运商业服务。到1845年，纽约大约有52条横跨大西洋的航线经营沿海和跨洋贸易。同年，具有革命性意义的快速帆船下水，其容量是老式商船的两倍。②

（四）海洋科技与装备制造业迅猛发展

18世纪60年代至19世纪60年代，借助第一次世界海洋经济发展浪潮，西欧各国着力发展新的航海技术和装备，成为新兴海洋产业的开拓者，也是最早一批高新海洋产业的最大受益者。在高新海洋产业发展和工业化进程几乎重叠的第一次海洋经济浪潮过程中，英国借助工业革命、制度创新、海上霸权和高新海洋产业，成为全球历史上第一个工业强国，其海洋经济发展最为显著。到1850年，在自由贸易政策刺激下英国制造业的贸易量占到世界贸易总量的一半以上。从1820～1870年，英国设备制造业贸易增长了9.9倍，同时段法国设备制造业贸易增长为6.21倍、西班牙设备制造业贸易增长为5.5倍。③

---

① ［美］乔伊斯·阿普尔比．无情的革命：资本主义的历史．宋非，译．北京：社会科学文献出版社，2014.

② ［美］乔治·廷德尔，大卫·施．美国史．宫齐，李国庆，等，译．广州：南方日报出版社，2015.

③ Stephen Broadberry and Kein O'Rourke, ed., the Cambridge Economic History of Modern Europe (Volume 1: 1700－1870), Cambridge University Press, 2010, p. 104.

（五）海洋渔业成为海洋经济发展的重要产业

海洋渔业是传统的海洋产业部门。早在16世纪，纽芬兰就已经是法国、英国和伊比利亚人延伸的海洋渔业基地。每年春天都会有大量船只来到纽芬兰捕捞鳕鱼。18世纪60年代后，在海洋科学技术的推动下欧美各国借助先进的海洋技术装备开发利用丰富的海洋渔业资源，拓展新的海洋领域越来越多。到19世纪初已形成包括海洋捕捞、海产品加工等多个部门的海洋产业经济，海洋渔业成为当时世界海洋经济产值持续高速增长的重要来源。在当时的北美、西欧和新英格兰、纽芬兰，海洋经济增长的重要部分来源于海洋渔业。

19世纪60年代，第一次世界海洋经济浪潮不断聚集英国工业革命所需要的各种要素并朝着纵深方向拓展，由此引发了全球经济与社会的巨大变革，在为全球经济增长贡献动力的同时也让英国最终成为“日不落帝国”。随着工业革命和海洋产业的拓展，以英国为首的欧洲列强高举“自由贸易”大旗，迫使亚洲诸国做出改变，加入大西洋商圈和飞跃提升的海洋经济浪潮。由于英国海洋战略、工业革命、技术革新、政治制度等因素的有机组合，使得它可以挑战各国的海上霸权，并最终取得胜利。①

在大英帝国之前，大国不见得就是海洋大国，比如古罗马帝国、大秦帝国。而从第一次世界海洋经济浪潮英国崛起开始，历史上的大国或者大国的崛起就再也离不开海洋。从此，海洋强国就成为世界强国的前提和标志。人类70%的资源尤其能源都来源于海洋。如果不是海洋大国，不能利用海洋资源，连生存都会出现问题。这就是第一次海洋经济发展浪潮带来的世界历史的意义。

五、第一次世界海洋经济浪潮对中国社会经济的影响

从一个整体世界史观察的角度看，全球海洋经济最初发展的原动力是财富积累和资本积累。哥伦布发现新大陆之后，欧洲对美洲、亚洲白银的掠夺和开发，在一定时期内将中国和美洲、亚洲及世界各地贸易连接在一起，包括随后

---

① ［美］乔伊斯·阿普尔比．无情的革命：资本主义的历史．宋非，译．北京：社会科学文献出版社，2014．

的非洲黑奴贸易。中国沿海处于欧洲、美洲、亚洲和非洲的重要枢纽，主要资本主义国家对中国大陆贸易的跌宕起伏，决定了当时世界海上贸易的起伏。白银成为全球贸易和远洋贸易兴起的一个至关重要的推手。[①] 当时，以中国为中心之一的全球多边贸易，因海洋贸易带来的美洲白银得到急速扩张。

在以中国为中心之一的全球多边贸易迅速扩张的国际背景下，中国近代出现了以引进先进技术，创办机器工业为主要内容的近代工业化[②]运动。早在1843年中国就开始出现近代工业，即外国资本在华工业，它成为中国近代工业化的前奏。中国民族资本的近代工业化运动，是从19世纪60年代出现的“洋务运动”开始的，它随着资本主义经济关系的扩展和深化而不断发展。[③]其主要表现在：第一，作为工业化投资主体的中国政府、私人以及外国资本等的工业投资额不断增加；第二，投资规模不断增长，工业企业增加，行业增多，工业经济结构得以不断改善；第三，工业生技术、劳动生产率以及资本有机构成不断提高；第四，工业产品产量、产值不断增加，工业发展速度不断上升。总体来看，中国近代工业化主要经历了以下四个时期：1843～1894年近代沿海工业化的起步时期、1895～1920年近代工业化的进一步发展时期、1921～1936年近代沿海工业化深入时期以及1937～1949年近代工业化曲折发展时期。也就是说，当第一次世界海洋经济发展浪潮接近尾声的时候，古老的中华帝国才被动地接受近代工业化、纳入到全球化的门槛。

第一次世界海洋经济浪潮对1843～1894年近代沿海工业化起步阶段的影响。《南京条约》签订后，外国资本在中国开埠设立为国际贸易服务的船舶修造企业，然后又陆续建立了制茶、制蚕、缫丝等出口加工企业。中国近代的海洋运输事业在19世纪中后期才开始出现。1865年，李鸿章等人在上海创办江南制造局，营造轮船和机器，并于1868年8月制造出第一艘轮船，命名为“恬吉”号。这是中国自己制造的第一艘近代海轮。这艘海轮的下水开启了中国近代海洋运输业的发展历程。截至1894年，外国资本在华工业企业达100

---

① ［德］贡德·弗兰克．白银资本：重视经济全球化中的东方．刘北成，译．北京：中央编译出版社，2001.

② 中国近代有无工业化问题，学术界尚有分歧，对此笔者持肯定态度。工业的投入与产出及它在国民经济中比重的不断增长，可以认为就是“化”的过程。

③ 传统观点认为中国近代工业增长在第一次世界大战后不再上升，对此笔者另有看法。

余家，创业资本总额达5433.5万元。[①] 在外国资本的刺激下，中国民族资本包括官营资本和民营资本[②]也投资创办近代工业企业。19世纪60年代清朝政府中少数有识官员开始创办近代军事工业，随后又创办纺织、冶矿、航运、缫丝等民用工业，截至1894年共建立24家军工企业和造船企业、23家民用工业企业，创业资本总额达8796.6万元；19世纪60年代末部分商人、政府官员、地主、华侨等投资于近代工业，由此建立起民营资本工业即私人资本工业。截至1894年民营资本工业企业约200家，创业资本额为722.5万元。[③] 该时期工业资本规模不大，但投资不断增长，如1870~1894年中国民族工业资本年均投资300~400万元。[④] 该时期工业经济结构很不合理，重工业即军事工业所占比重很大，而轻工业甚微。1894年仅军械工业就拥有同时期中国全部产业资本额和产业工人数的65.7%和73.4%，加上机械、五金、冶炼、铸钱等行业，则重工业的资本额和工人数占全部产业资本额和工人数的90%以上。[⑤] 整个工业部门残缺不全，部门之间极不协调。工业企业数量少、规模小，资本有机构成很低。这说明了中国沿海近代工业并非自轻工业起步且起步的诱发力来自外部因素的事实。

第一，由世界海洋经济浪潮带动的中国近代工业化开始深度改变中国的经济关系、产业结构和生产力布局。它第一次使工业真正脱离传统农业，成为一个完全独立的物质生产部门和经济单元；它将工业经济关系从束缚它的小农经济结构中解放出来，造就出完全不同于原有“地主——农民”关系的新经济关系，即“资本家——工人”关系。这种新经济关系具有与旧式经济关系不同的更高的生活制度、家庭关系及劳动制度。如果没有近代工业化产生的这种新经济关系，就不可能产生先进的资产阶级——无产阶级，就不可能出现近代中国社会经济由低级阶段向高级阶段的推进，便没有现代中国社会。

---

① 孙毓棠．中日甲午战争前外国资本在中国经营的近代工业，历史研究，1954（5）：89－112.

② 笔者主张，“民族资本”只是相对于“外国资本”而言的．“官营资本”和“民营资本”是近代经济范畴中的两种不同性质的资本形态，两者均属“民族资本”范畴，下同.

③ 吴承明．中国资本主义的发展述略，中华学术论文集，北京：中华书局，1981.

④ 根据汪敬虞．中国近代工业史资料，Vol，2（下）．北京：中华书局，1961．附录；严中平等．中国近代经济史统计资料选辑，北京：中国社会科学出版社，1981，表2；孙毓棠．中国近代工业史资料，Vol，1．三联书店，1959.

⑤ 根据陈真．中国近代工业史资料．Vol，1．北京：三联书店，1957.

第二，近代工业化改变中国沿海单一封闭的小农经济结构。它将农业部门的劳动力吸收到工业及其他新兴产业部门中，影响并带动其他部门的相应增长，使资本主义经济在社会生产，流通、分配等方面取得相当地位，从而促进了社会分工与社会化生产，社会经济结构愈来愈朝多元化方向发展，经济关系日趋多样化。

第三，近代工业化造就了中国沿海先进的社会生产力。工业化使中国资本主义经济获得前所未有的增长，创造了比中国以往一切世代所造就的社会生产力还要大的生产力。它将外国先进的生产技术和生产手段输入中国，并培养出一批批熟练的现代产业工人，加速了中国近代化进程，从而成为现代社会经济继续前进的历史基础。现代社会经济形态是以社会生产力水平为主要依据的，是由中国近现代社会生产力所造就的现实情况决定的，并非人们主观想象或从经典著作中概括出来的。

第四，近代工业化促使中国各地区之间、工农之间、城乡之间的经济发展极不平衡，二元结构十分明显。它使工业集中于沿海城市，社会财富集中于沿海城市，工农业产品价格政策剪刀差不断拉大，工业支配农业，城市统治农村；它使沿海地区与内陆地区，东部与西部之间社会经济增长极不平衡。近代中国社会经济发展的不平衡，影响和制约现代中国社会经济的合理增长。

总之，由世界海洋经济浪潮带动的中国沿海近代工业化，造就了中国先进的社会生产力和生产关系，造就了比中国以往一切世代所造就的社会生产力还要多还要大的生产力，以及比以往一切世代都要先进的生产关系。它将国外先进的生产技术和生产手段输入中国，培养出一批批熟练的现代产业工人，加速了中国近代化进程，从而成为中国现代社会经济继续前进的历史基础。中国社会主义社会长期处于初级阶段，是以社会生产力水平为主要依据的，是由中国近现代社会生产力所造就的现实情况决定的。

第二节　第二次世界海洋经济浪潮概述

第二次世界海洋经济浪潮的时间段：19 世纪后半期至 20 世纪 20 年代。其主要标志是，人类开始进入电气时代，将信息技术、资讯技术广泛应用到海洋产业经济中去。因此，世界历史上的第二次海洋经济发展浪潮，大体可以界定从19世纪70年代开始，到20世纪20年代美国超越英国结束。对应历史学大家霍布斯鲍姆所谓的“帝国的年代”。这一时期国美国争锋，传统老牌帝国与新兴帝国完成换代的转接时期，也是海洋安全开始急剧动荡的同时，其围绕的核心和获取发展的原动力之一就是海洋经济。

一、第二次世界海洋经济浪潮产生的背景

1865年，南北战争结束，美国进入第二次工业革命时期，进入经济急剧增长的时代，成为第一工业强国。1870年，美国就已成为世界农业领先国家，大宗小麦和玉米用于出口。南北战争后，美国人发明了蒸汽汽轮机，极大地促进了造船技术。在食品贸易创汇的海洋经济链条上，船舶冷藏设备的发明和改善使得装运肉类、日常用品甚至水果成为可能。在19世纪中期，美国政府就主导并建立了海洋投资基金以促进海洋经济发展。1869年，苏伊士运河开通，使得欧洲与亚洲的远洋航运与贸易节省5000多千米，海洋经济获得飞速发展的动力。以英国为例，英国船只通过苏伊士运河的货物量，1870～1912年，增加约65倍！在这一远洋航运和贸易获得前所未有飞速增长的时期，木材资源丰富的美国成为世界造船业的领导者。[①]

站在海洋制海权和海洋经济的角度看此时的海洋时代，海上局面动荡其实就是资本主义列强争夺海上航线和制海权，并且为不知何时可能爆发的大战和更大的纷争进行准备。南北战争之后，美国经济迅速发展，欧洲与美国之间形成了双向的资源、人员、经济交流，远洋航运获得巨大动力，出现类似于现在繁忙的京沪空中航线走廊，跨大西洋海域甚至发展出专为超大型客船辟出的海上通道。1866年，人类第一次成功跨越大西洋铺设电缆，通信和交通方式的快速改善极大地促进了国际贸易的远洋运输。国际贸易所系的远洋运输。1869年，美国中央太平洋和联合太平洋铁路在犹他州汇合，将大西洋与太平洋连接起来，助推美国海洋经济世界第一的宝座。

---

① ［美］加里·沃尔顿，休·罗考夫．美国经济史．王珏，钟红英，等，译．北京：中国人民大学出版社，2014.

从世界海洋经济长波发展角度看，人类开发大西洋海洋经济300年之后，美国铁路系统有利于大规模开发太平洋海洋经济。美国借助跨州铁路将大宗货物便捷地从东到西、从西到东进行转运，在辽阔的太平洋区域建立起远到中国的远洋航线，并在沿途准备了大量的补给网点。在帆船时代无法完全探究和利用的浩瀚的太平洋区域，终于在第二次海洋经济发展浪潮中起了历史性作用。19世纪90年代，德国摆脱了俾斯麦的大陆政策的束缚，威廉二世宣告天下，德国从此转向世界政策轨道。德国在海洋权益上表现出咄咄逼人的姿态，不仅让老对手法国寝食难安，也让英国感到坐立不安。①

到1900年，就总产出而言，美国成为世界制造业的首位，英国、德国分别排第二、第三。就海洋霸权而言，美国在这个时候仍依仗英国，但其海洋贸易第一次达到了历史上的鼎盛时期，远洋贸易航线与国际贸易首次呈现网络化的特点。与此同时，各国内海航线获得空前发展，加拿大、澳大利亚、阿根廷、俄罗斯和美国中西部的廉价粮食可以大量流入后工业化国家。通过海洋贸易美国极大地改善本国的国际收支结构，从1896~1914年美国国际贸易余额迅速增长90多亿美元。②

二、第二次世界海洋经济浪潮对全球社会经济的影响

第二次世界海洋经济浪潮的海洋产业技术基础是电气化时代，标志性技术成果是电力、内燃机在海洋产业领域的广泛应用。首先，在19世纪70年代至20世纪60年代、第二次世界海洋经济浪潮时代，人类的动力解决方案又有了重大突破。由于电力具有“可高速传导”的优良特性，使人类首次获得了“可高效传输的动力”。发电厂负责电力的生产，通过电线就可以将电能瞬间输送到各个企业。企业只要接上电动机，就可以获得源源不断的动力，这同样归功于全球化产业分工体系的细化。动力由发电厂这样专业的工厂来生产，除了提供动力之外，电还有“光、热、磁”等效应，因此就诞生更多的技术应

---

① 孟钟捷，霍仁龙. 地图上的德国史. 北京：中国出版集团东方出版中心，2014.

② [美] 加里·沃尔顿，休·罗考夫. 美国经济史. 王珏，钟红英，等，译. 北京：中国人民大学出版社，2014.

用，如细化出电灯、电暖器、电冰箱、电梯等成千上万种电器设备，让人类生活方式再次发生根本性改变与飞跃。其次，内燃机作为高效、可移动的动力装备，无论是飞机、轮船还是汽车，都要依赖于内燃机来驱动，它渗透到海洋产业尤其是海洋交通运输业，就取得了倍增的经济规模、速度与效益。

20世纪上半叶的两次世界大战，将世界的霸权由英国时代转移到美国时代，如同历史学家和经济学家普遍观察到的，大众消费时代在第一次世界大战之后开始形成，第二次世界大战以后开始普遍形成并传播到全球，大量的物质都通过“大海运时代”的海洋进行交流。正是第一次世界大战将美国推上了海洋大国的头把交椅，第二次世界大战则进一步确认了美国的海上霸权和海洋经济领头羊地位。在两次世界大战中，作为典型的消耗战，全球船舶总吨位不降反升。战争结束后，大众消费时代带来了对远洋运输前所未有的需求，货船数量不断攀升。海洋经济越来越受到各国尤其是西方发达国家的重视，如挪威在第二次世界大战结束后，通过开发海上石油和海洋渔业资源，一举成为北欧富国之一。掌握海上霸权的美国利用高科技发展使得航海技术再次发生巨大变化。马汉的《海权对历史的影响》正可以代表第二次海洋经济发展浪潮中的阶段性思考。马汉提出，以第三世界为中心的新的海洋时代已经到来，他得出结论，在殖民地与本国之间进行海上贸易是财富的源泉。马汉非常重视由商船和海军组成的海洋力量，认为国民的海洋性和航海技术、政府的海洋战略对海洋力量起着决定性的作用。无疑，在海洋经济的转换期，以蒸汽船时代沿着煤炭补给据点产生的新的“海上航线”为依据，马汉给美国转型成为海洋帝国和海洋经济强国提供了一份蓝图。马汉甚至富有创建地预见要在中美洲地区开通一条地峡运河，将大西洋和太平洋链接起来。正是根据他的海洋战略，促使美国后来在中美洲开通了巴拿马运河，极大地提高了海洋和海洋经济力量。[①] 第二次世界海洋经济浪潮对全球社会经济发展进程的影响主要有：

（一）推动海洋产业经济不断往纵深方向拓展

随着第二次世界经济发展浪潮的不断深入，契合非洲、亚洲等前殖民地国

① ［美］加里·沃尔顿，休·罗考夫．美国经济史．王珏，钟红英，等，译．北京：中国人民大学出版社，2014.

家相继取得民族自决权成立新的国家。在陆地资源被瓜分殆尽之后，各国相继把目光投向海洋。在海洋经济的发展门类中，由传统的和第一次海洋经济发展浪潮中的渔业、船舶修造业、航运和航海业、港口业、海洋建筑业、港口商业服务业，向海洋油气业、海洋设备、海洋环境、海洋许可和租赁业、海洋休闲娱乐业等海洋经济业门类纵深发展。1947 年，世界上第一座近海石油平台在墨西哥诞生，这标志着世界海洋经济产出由原来以渔业和海洋运输业为主，转换模式向更高级的海洋资源利用与开发。1965 年，世界上第一口水井深达 193 米的深水井的钻探，标志着海洋石油勘探进入深海。①

（二）促使海洋经济成为国民经济的重要组成部分

在世界第二次海洋经济发展浪潮中，尤其是世界经济和海洋经济并轨的过程中，海洋经济越来越成为国民经济的重要组成部分，其增速远高于世界经济平均增速，各国对海洋经济越来越重视和支持。到 20 世纪 60 年代，第二次海洋经济浪潮接近尾声，海洋基础学科和其他学科交叉、渗透、嫁接、融合，形成了许多新的海洋技术领域，② 标志着以海洋大规模综合开发利用为特点的现代海洋经济的产生，从而为世界第三次海洋经济浪潮奠定了海洋经济创新与变革的技术基础。

（三）引导沿海国家相继摆脱传统的陆地经济思维

在第二次世界海洋经济发展浪潮中，沿海国家逐步摆脱了传统的陆地经济发展思维，开始将海洋经济与陆地经济协同发展作为基本国策。随着电力、内燃机在海洋产业领域的应用，世界经济在流通、金融、物流领域的创新既有利于海洋新兴技术产业的孕育与成长，也有利于运用新兴技术改造传统海洋产业、促进海洋产业结构调整升级。20 世纪 50 年代后，美国相继开展了海上油气、海底采矿、海水养殖、海水淡化等新兴海洋经济活动，出台了《海洋资源与工程开发法》。许多沿海国家加大了对海洋开发研究的力度，将海洋资源

---

① ［美］乔治 · 廷德尔，大卫 · 施．美国史．宫齐，李国庆，等，译．广州：南方日报出版社，2015.

② 戴桂林，谭肖肖．海洋经济与世界经济耦合演进初探．经济研究导刊，2010（15）：182.

开发利用和海洋经济增长作为重要的国策，这也无疑摆脱了传统的陆地经济发展思维模式。

三、第二次世界海洋经济浪潮对中国社会经济的影响

第二次世界海洋经济发展浪潮对 1895～1920 年中国沿海近代工业化进一步发展阶段的影响。甲午战争尤其辛亥革命以后，为了发展海洋渔业，中国政府设立了渔业管理机构，颁布了《渔轮护航缉盗奖励条例》《公海渔业奖励条例》等渔业法规，对于鼓励公海渔业发展起到了积极的作用。19 世纪最后 20 多年海洋调查研究工作，大大地增进了人们对邻近海域和大洋的了解，丰富了人们的海洋知识，海洋经济和工业化进一步发展。1895～1913 年，中国沿海民族工业资本新增创业资本在 1 万元以上的工矿企业 549 家，资本总额增加 12029.7 万元，年均投资增长速度约为 9%。其新增投资额，相当于 1843～1894 年外资，官营与民营工业资本的总和。[①] 1914～1919 年时值第一次世界大战，中国资本增设工矿企业家 379 家，平均每年增设 63 家；新增资本额 8580 万元，年均投资 1430 万元，较 1895～1913 年增长 1 倍多。其中某些主要行业的年均增长速度达 15%～20%，1912～1920 年中国民族工业的主要产品产量年均增长速度达 13.5%。与此同时，外国在华工业资本不断增长，1895～1913 年新增 10 万元以上的工期矿企业 136 家，其创业资本总额达 1.032 亿元，连同 1894 年原有资产净值的资本额达 1.835 亿元。[②] 1913 年外国在华产业资本总额达 12.371 亿元，为民族产业资本总额的 4 倍。[③] 该时期的中国沿海工业化具有以下特征：第一，工业经济结构比甲午战争前有较大改善。在整个工业中，纺织、食品等轻工业部门的资本额、工人数、工业产值已占相当比重，重工业部门所占比重相对减少；第二，工业企业数增加。企业总数由 1894 年的 200 余家增至 1920 年的 1750 余家，增长幅度之大，实属前所未有；第三，工业投资总额稳步增长。1920 年工业投资额由 1894 年左右的 18260.3 万元，已

---

① 吴承明．中国资本主义的发展述略．中华学术论文集，北京：中华书局，1981.

② 吴承明．中国工业资本的估计与分析．北京：经济导报，1949－9. Vol，9（89）.

③ 吴承明．中国资本主义与国内市场．北京：中国社会科学出版社，1985.

增至50062万元，[①] 考虑外资沿海工业投资则数字更为巨大；第四，与沿海工业发展配套的海洋交通运输服务业得到很大发展。1916年数据统计，中国各轮船公司共有海轮135艘，总吨位6743吨。

第二次世界海洋经济发展浪潮对1921～1936年近代沿海工业化深入阶段的影响。首先，该时期的沿海工业投资总额不断增长，1921～1936年中国民族工业投资额净增1倍以上，年均增长速度为6%左右，仅1920～1928年民族工业新增投资额即达3亿元左右。其中增长速度较大的是民营资本工业，1936年国统区民族工业资本约13.76亿元，民营工业资本占85%（资本额约11.7亿元），民间私人投资已远远超过政府投资，成为当时民族工业资本的投资主体。其次，外国资本在该时期中国沿海的工业投资明显增长，截至1936年外国在华工业投资额在29.2亿元以上，若加上交通运输业投资则在64.24亿元以上。[②] 1894～1936年外国在华工业资本增长速度约比中国民族工业资本快1倍，其投资主要集中在重工业及交通运输业方面。20世纪30年代，中国工业经济结构又向前迈了一步，纺织、食品等轻工业部门已跃居绝对优势地位，两者企业数达1302家，两者产值占工业总产值的68.6%[③]；重工业在工业中所占比重相对下降，而绝对数量增加，其资本有机构成、制造业生产能力均有提高；工业部门增多，出现了一些新的行业如化工、橡胶制造、织绸等工业，各类制造业增加。工业经济结构已由原来的重型结构转变为轻型结构，改变了早期军事工业的性质。在工业企业总数上，该时期较1895～1920年净增4倍左右，达3450家（1933年）。[④] 1927年国民政府制定了发展海洋水产的规划，包括建立中央模范水产试验场、设置渔业保护局，开办渔业技术传习所和鱼种场等；1929年公布了《渔业法》；1930年又规定了领海宽度为3海里。由于采取了上述政策和措施，20世纪30年代初中国的海洋渔业曾出现过一个短暂的兴旺时期。1936年，中国水产品产量达到150万吨，其中海洋水产品产量约占100万吨，是全国1949年前的最高纪录。此外，在生产技术、劳动生产率等方面，工业化水平大有进步。

---

① 根据陈真．中国近代工业史资料，北京：三联书店，1957.
② 吴承明．中国资本主义与国内市场，北京：中国社会科学出版社，1985.
③ 根据前引陈真．中国近代工业史资料．北京：三联书店，1957.
④ 郑友揆．中国的对外贸易和工业发展．上海：上海社会科学院出版社，1984.

第二次世界海洋经济发展浪潮对1937～1949年近代工业化曲折发展阶段的影响。因大规模的战争影响，该时期中国沿海产业屡受冲击，增长速度极不平稳，甚至明显减缓或下降。如内战后的1949年，全国工农业总产值只及1936年的61%，工矿业产值只及1936年的52%。[①] 抗日战争期间，沿海地区全部沦陷，历尽艰辛发展起来的海洋运输业几乎夭折。到中华人民共和国成立时，全国轮船只留下23艘，总吨位3.4万吨，全国沿海绝大多数港口破烂不堪，港池航道淤塞。所有这些，使中国近代海洋经济遭受空前的劫难。但是，本时期国统区战时工业增长和1931～1945年日本在华殖民地大量投资增长，使近代工业化得以曲折增长。1946年（按1936年币值算），国统区民族工业资本额约47亿元，[②] 为1936年民族工业资本额的2倍多；截至1949年（按1936年币值算），中国民族工业资本固定资产净值约60亿元。[③] 该时期官营工业资本因实行统制政策并接收外资而迅速膨胀，1949年官营工业企业固定资产在50亿元左右，考虑矿业交通运输业资本在内，则达100亿元左右。该时期工业发展的两个显著特征是：首先，地区分割促使极不合理的工业布局得到一定改善，工业集中于上海等少数城市的现象有所改变；其次，战时工业占很大比重，军事经济性质十分明显。1949年中华人民共和国成立，宣告近代工业化已接近尾声（但尚未结束）。经过约90年的近代工业化运动，中国拥有近代产业资本110亿元左右，[④] 相当于1949年人民币275亿元。

经过上述几个阶段，中国沿海工业化水平得以不断提高，工业产值及其在工期农业总产值中所占比重不断增长。如1920年，近代工业产值约10.66亿元，相当于当年工农业总产值的4.87%，如考虑工场手工业产值在内则及工农业总产值的10.8%；[⑤] 截至1936年，近代工业产值33.19亿元，相当于当年工农业总产值的10.8%，如考虑工场手工业产值则及工农业总产值的20.5%。[⑥] 1949年近代工业产值仍达人民币79.1亿元（相当于1936年币值31

---

① 丁世洵．关于中国资本主义发展水平的几个问题．天津：南开大学学报，1979（4）．

② 吴承明．中国工业资本的估计与分析．经济导报，1949. Vol，9（9）．

③ 根据前引丁世洵、吴承明所编资料综合得出．

④ 以上数字笔者估算。目前许多论者将1949年官营工业企业资本额51.2亿元（相当于其时人民币128亿元），视作1949年中国全部产业资本数，这是不妥的。

⑤⑥ 吴承明．中国资本主义与国内市场，北京：中国社会科学出版社，1985．

亿元左右），占时年工农业总产值的17%，如考虑工场手工业产值则及工农业总产值的23.1%。[①] 可见，中国近代工业化水平是不断提升的。总体来看，中国沿海近代工业化运动是从19世纪60年代“洋务运动”开始的[②]，它主要经历了：19世纪60～90年代产生与初步增长时期；19世纪90年代至20世纪20年代进一步增长时期；20世纪20～30年代的深化时期；以及30～40年代的曲折增长时期。经过上述4个时期，中国近代工业化不断扩大与深化，工业产值及其在工农业总产值中所占比重不断增长。大机器生产已在炼钢、采煤、水泥制造、纺织、面粉加工、卷烟、化工等部门中占据优势地位。因国内外长期的大规模战争等因素影响，中国近代机器工业从产量、产值等指标看来尚不很大，然而其生产能力不可低估。如19世纪末期以后，上海、无锡、广州等地的工业制成品，除了满足国内需要外还大量运销海外尤其是东南亚各国。至20世纪20年代，上海已是东方屈指可数的最大工业城市和国际贸易港口。1937年6月即全面抗战爆发前夕，上海有大小工厂5400余家[③]，按当时国际劳工局标准，现代工业16大类140余细类，上海各类工业大半都有且制造业水平有某些提高。在历史上、地理上属于中国的香港，工业基础虽不及上海，但至20世纪20年代香港也成为亚洲重要的国际贸易中心和工业城市。1930年由华商经营的工业外销额达900余万港元，若加上上海工业产值，1930年香港和上海两地工业产值至少在40亿元左右；截至1941年，两地工业产值达80亿元左右[④]。近代中国不仅建立了相当规模的交通运输网络，而且拥有现代运输设备，截至1949年中国有铁路里程近3万千米，公路里程至少达10万千米以上，内河海运航道数万千米，拥有一定规模和数量的机车、汽车、轮船等，还建立了现代电讯事业和民用航空事业，即使在传统的农业部门，某些地区已采用拖拉机、抽水机、收割机、农药、化肥等现代生产资料。19世纪末期，江、浙、湘、闽等省已部分采用新式排灌机器，至20世纪20年代无锡、常

---

① 丁世洵．关于中国资本主义发展水平的几个问题；南开大学学报，1979（4）．

② 早在1843年中国就出现近代工业即外国资本在华工业，它成为中国近代工业化的前奏。笔者主张，“民族资本”只是相对于“外国资本”而言；“官僚资本”的经济涵义“官营资本”，“官营资本”和“民营资本”是近代经济范畴中的两个不同性质的资本形态，但两者均属于“民族资本”即“中华民族的资本”，而不能把中华民族中的“官营资本”排斥于本系统之外。

③ 张锡昌．战时的中国经济．经济导报，1949－11. Vol，11（174）．

④ 陈真，姚洛编．中国近代工业史资料，Vol，1. 北京：中国社会科学出版社，1957．

州、上海等地已较为广泛地使用抽水机；除此以外，广东、广西、江西、安徽等省的个别地方已使用少数抽水机。在江浙等地区尚使用了插秧机。据调查，1949 年前后苏南武进乡平均每 3 户地主富农有 1 台扎秧机[①]。这与古代社会生产力水平相比无疑有了巨大的进步。但中国近代工业化是在外国资本主义入侵后被动推进的，社会内部缺乏自发酝酿的工业化原动力，至少在 19 世纪 60 年代尚没有形成一个在工业化过程中起决定性推动作用的资本家阶级。作为国家主体的封建政府在被迫对外开放的最初 20 多年里没有积极顺应世界近代工业化潮流，进行社会政治经济改良，使中华民族失去了一次在经济乃至政治上腾飞的良机。不仅如此，封建政府长期执行轻视和抑制民营资本成长的政策，限制民营资本的发展。民营资本工业长期忍受高税收、多杂捐的痛苦，难以有效地推进工业化。而封建政府及各级官员直接经营的官营资本工业带有“高成本——低效率”的弊端，商品经济法规的有效调节难以实现，影响了近代工业化的速度与效益。

四、世界海洋经济浪潮不能全面深入中国的深层原因

总的来看，海洋经济浪潮不能全面深入中国的表层原因是中国近代产业资本主义的不发展，而深层原因是土地所有制生产力及其生产关系的根深蒂固。这种落后的土地所有制关系之所以能够长期保存，则是由中国近代特殊的自然生产要素和社会生产要素所决定的。中国近代社会生产力的不发展，很大程度上归因于中国民族资本主义的不发展。中国民族资本主义的不发展主要根源于社会内部本身即单一封闭的小农经济结构及由此派生出来的各种社会矛盾。更重要的是，近代社会小农经济的广泛存在，没有也不可能进行传统产业变革，极大地制约了中国近代社会生产力的合理增长。

中国近代生产力与生产关系之间的矛盾，就是这一时期社会基本矛盾之一，其矛盾运动推动中国社会不断向前发展。近代社会生产力的发展，使中国出现了先进的资产阶级和无产阶级，产生了新民主主义革命与社会主义革命的经济基础及阶级队伍。另外，对于腐朽落后的封建生产关系容纳不了孕育成长

① 华东军政委员会土地改革委员会．江苏农村调查（内部材料），1952：367．

于封建社会胎体的资本主义经济关系及其先进的社会生产力，因而产生了封建主义生产关系与资本主义生产关系的尖锐冲突，由此导致其他各种矛盾的发生。马克思恩格斯指出：社会革命的根源在于“生产力与交换形式之间的矛盾”，但是这一矛盾引起的革命，“表现为冲突的总和，表现为各个阶级之间的冲突，表现为意识的矛盾、思想斗争、政治斗争等。”[①] 因本国封建土地所有制关系原封不动，小农经济结构长期保存，从而使资本主义经济关系及其资产阶级的进一步成长受到阻碍。新旧经济关系及其不同运行机制交错运动，致使各种矛盾激发，最终以战争形式来解决。近代中国社会战火连绵，长达半个多世纪，给中国社会生产力造成了巨大的破坏。战争在摧毁“旧世界”的同时建立起“新世界”，犹如胎体阵痛后产出新生儿。20世纪中期国际垄断资本主义体系已经形成，中国已丧失了自由发展本国资本主义的条件与可能。

历时90年左右的中国近代工业化，截至1949年其水平尚只及英、美、法等国早期工业化的低水平。如1949年的主要工业产品产量指标，中国钢产量15.8万吨，相当于英国1870年、法国1873年、美国1872年的产量；煤产量3243万吨，相当于法国1898年、美国1870年的产量；石油12万吨，不及美国1861～1865年平均产量的1/2；发电量43.1亿度，相当英国1913年、美国1902年的水平，不及法国1926年的1/2；水泥66万吨，相当美国1884年的产量，不及英法1925年的1/5；棉布18.9亿米，不及美国1937年产量的1/4。[②] 1949年除台湾外，机器工业产值只占同年工农业总产值的17%，连同工场手工业产值尚只占工农业总产值的23.1%。工业化目标远没有达到，工业化任务未能完成，具体原因何在?

第一，小农经济广泛存在，没有也不可能进行传统农业革命。纵观世界近代工业化史，还没有一个不经过传统农业革命而完成了工业化任务的国家。英、美、法、德、俄、日诸国在进行工业化前夕，均经历了程度不同的以变革旧式土地所有制为内容的农业革命，由此形成工业化得以进行的重要前提。与西欧各国社会经济发展史相比，早在战国时期中国便形成了与西欧封建领主——农奴制经济不同的封建地主——农民制经济，这种差别在某种程度上决定了中国与西

① 马克思恩格斯选集，第1卷，北京：人民出版社，1972.

② 杨柯，等. 历史的抉择；中国青年报，1981-4-21（3）.

欧往后社会经济结构发展的不同走向，从而决定了两者社会生产力发展的不同水平。与欧洲中世纪生产协作不断发展、土地利用走向集中化趋势背道而驰，中国近代社会经济发展的趋势朝着土地耕种不断细分化、生产经营分散个体化方向迈进，在此基础上形成了单一封闭的小农经济结构。这种经济结构阻碍生产技术进步和生产工具改良，阻碍统一国内市场的形成，给资本主义商品生产和交换造成了极大的困难。单一封闭的小农经济结构使有限的耕地不断细分，形成无数分散的劳动密集型个体农业，这种传统农业又反过来刺激农业人口（尤其是男性人口）的增长，不断复制出众多的宗法式小农。这种小农经济结构在近代虽受外力冲击，却因封建土地所有制关系原封不动而相当稳固，未能具备近代工业化起飞的条件。农业资本主义经济极其微弱，20 世纪 30 年代包括旧式富农在内的富农，尚只占全部农户的 6% 和全部耕地的 18%；[①] 商品经济极不发达，农产品商品率低，1894 年主要农产品商品率（按不变价格计算）只比 1840 年增长 76.6%。其中最主要的农产品粮食的商品率在 1894 年仅 16%，1919 年仅 22%。截至 1936 年，在国内商品流通中农产品仅占价值总额的 24%，其流通额不及工业品流通额的 0.71 倍；[②] 1920 ~ 1936 年中国工矿业资本产值增长 39 亿元，增长速度为 165.4%，而同时期农业产值只增加 34 亿元，增长速度为 20%，[③] 两者增长比例相距甚大。更重要的是，小农经济结构限制了近代工业化的积累率，使工业投资规模与速度受到约束。

第二，没有进行任何政治革命或改良运动，社会内部缺乏自发酝酿的工业化原动力。中国近代工业化是在外国资本入侵后被动地进行的，至少在 19 世纪 60 年代时，中国尚没有形成一个在工业化过程中起决定性推动作用的资产阶级，社会内部资本主义因素尚未自然成长，没有经济法则自发调节。作为国家主体的封建政府，在被迫对外开放的最初 20 年里没有积极顺应世界近代工业化潮流，进行社会政治经济改良，在政治近代化方面步履艰涩。

第三，近代工业化的战略失误。从世界近代工业化史看，欧美各国早期工业化一般循着“轻纺工业→整个轻工业→重工业、交通运输业”的道路发展，

① 陶直夫．中国现阶段的土地问题，钱俊瑞选集，太原：山西人民出版社，1986.
② 吴承明．中国资本主义的发展述略；中华学术论文集，314 -315.
③ 徐新吾．旧中国民族资本近代工业发展的局限性与破败结局；上海经济研究，1986（6）：57 -64.

历史证明这一发展战略是成功的。因轻纺工业直接与国计民生紧密相关，有广阔的销售市场，它本身具有资本有机构成低、资金周转快、利润大等优势，是工业化腾飞的基础工业；与此相反，重工业本身要求技术高、投资多、资本有机构成高，而资金周转慢、见效慢。优先发展重工业只是工业化水平较高时的战略目标，对一个贫穷落后国而言应当先从轻工业起步。中国近代工业化却走了一条由重工业（军事工业）到轻工业的发展道路，在资金、技术、人才等问题上遇到了难以克服的困难，影响了近代工业化的速度与效益。

第四，民营资本的地位和作用被轻视。民营资本在工业化过程中所处的地位和作用如何，对工业化发展进程有很大影响。民营资本能克服官营资本所带有“高成本——低效率”的缺陷，充分吸收社会闲置资源，发挥官营资本所不能替代的作用。中国作为后起的工业化国家，国家资本在工业化初期充当投资主体发挥先导作用，是很必要的，但不能限制私人资本的充分发展。在20世纪初年清朝政府实施“新政”前的工业化过程中，政府对私人资本一直沿袭传统的压抑政策，使私人资本从未获得法律保障地位，自中央到地方各级官员可任意禁止民间创办工业企业。民营资本工业长期忍受高税收、多杂捐的痛苦，难以有效持续地推进民族工业化。

第五，社会政治动荡不安，战争频繁。中国近代社会充满矛盾，政治腐败，战争频繁，社会动荡不安，缺乏安定的投资环境。外国资本入侵打破了中国社会内部的经济均衡，在一定范围内促使单一封闭的小农经济结构解体。但因本国封建关系原封不动，小农经济结构长期保存，新旧社会经济机制交错运动致使各种矛盾激发，最终以战争形式来解决，近代社会战火连绵，长达半个多世纪，无疑给工业化带来了巨大灾难。

第六，外国资本对本国民族资本的压迫，阻碍中国实现近代工业化，这也是工业化未能完成的重要原因。总体来看，中国近代工业化未能完成的决定性因素，来自社会内部本身即单一封闭的小农经济结构及由此派生的各种社会矛盾。缺乏自发酝酿的工业化原动力、工业化战略失误以及外国资本压迫等，也是近代工业化未能完成之重要原因。

总之，海洋经济浪潮不能全面深入中国，是由中国长期的特殊的国情所决定的。近代中国，一方面，出现了崭新的资本主义生产关系，出现了较地主——农民阶级先进的资本家——工人阶级，社会生产力因机器大工业的出现而有较大发展；另一方面，由于长期的小农经济关系保存，专制势力居统治地位，极大地阻碍了先进的生产力与生产关系的扩展，从而使近代社会成长受到约束。1840～1949年间中国社会经济性质发生了根本变化。如果单从国家和民族地位来说，近代社会的确是中国历史上最屈辱最悲惨的时代，难怪人们往往以“极端黑暗”“极端落后”等字眼来描述这一时期的社会状况。然而从人类文明进步和社会经济发展角度看，1840～1949年的社会生产力与两千多年的封建时代相比，确有一个巨大的历史性进步。

考察一国或地区社会生产力发展水平，必须借助于比较的方法。这种比较至少要包括中国社会生产力发展状况不同时期比较和本国与外国同期比较。中国有句古话：“寸有所长，尺有所短”，只有将一事物与其他类似事物相比较时，才能看得比较清楚，比较确切。应当承认，我们以往在研究中国社会经济问题时是忽视了比较法的。即使有比较，那也往往是1949年前后比较，后几年或几十年与前几年或前几十年比较，而没有将所考察的问题纳入人类社会发展的长河中去综合比较。有时我们也作些中外比较，但往往只是将中国与那些发展得最快的国家或地区进行比较，而不是把中国置于整个世界系统中进行比较。我们以为，只有进行全面而系统的比较，才是科学准确的，才能真正反映历史与现实，揭示出事物的本质特征。如果进行全面的系统的比较分析，我们就不难得出结论：1840～1949年间的中国社会生产力有较大进步，它不仅相对于1840年前的中国封建社会是一个质的飞跃，就是与同时期的世界大多数发展中国家与地区相比也是较进步的。

早在战国时期形成的单一封闭的小农经济结构，与西欧畜牧业和种植业并重的混合型结构有别，它使中国社会经济发展朝着土地耕作不断细分化、生产经营分散个体化方向迈进，经两千多年的演变，中国封建社会生产力水平没有多少提高，作为主要产业的农业部门的劳动生产率和土地产出率增幅不大。正如毛泽东所说：“中国自从脱离奴隶制度进到封建制度以后，其经济、政治文化的发展，就长期陷在发展迟滞的状态中。”① 广大农民、手工业者一直处于地主、商人、高利贷三位一体的残酷掠夺之下，过着终年劳作而不得温饱的生活。中国封建社会生产力的停滞性极为明显。直至鸦片战争前夕，中国商品货

① 中共中央文献编辑委员会．毛泽东选集（合订本），北京：人民出版社，1972.

币关系较发达的江南地区虽已稀疏地出现资本主义萌芽，但作为一种独立的经济成分存在于社会经济结构中，却是在近代工业化以后才出现的①。19 世纪下半期至 20 世纪上半期，世界资本主义完成了由自由竞争向垄断阶段的过渡，形成了世界资本主义殖民体系，中国近代农业日益纳入世界资本主义市场体系，变为殖民地农业的附庸补充，只能在当时特定的国际经济环境里畸形发展。在这种情况下，中国近代政府官员、买办、商人甚至资本家，往往将资金投放于土地，从事落后的封建地租剥削。与此相适应，近代商业、金融业畸形发展，商业、高利贷和地租剥削三位一体，阻碍中国近代产业结构的优化和升级。商业、高利贷和地租剥削三位一体，阻碍产业结构的优化。从世界资本主义社会经济发展历史看，传统农业及封建土地所有制关系的彻底变革，要受农业部门以外的其他产业资本的影响和制约，其中工业资本的增长对整个产业结构变化具有关键性作用，是实现农业资本主义化的基本因素，各国及地区的农业技术水平和集约化水平在很大程度上取决于工业化发展水平。在传统农业社会，当工业资本缺乏或弱小时，工业资本的先导功能就无法发挥，就不能从根本上动摇封建土地所有制关系。在单一封闭的小农经济结构里，绝大部分贫困破产的农民还不得不滞留在农业内部或从事自然经济补充部分的其他产业。在中国近代，地租率往往高于工商利润率，将土地分成若干小块出租给农民耕作往往比自己雇工经营有利，而且在农业生产技术低和规模经营效益无法显示的情况下，劳动密集型的分散经营更具有现实生命力。

1858 年马克思在谈及中国社会问题时指出："一个人口几乎占三分之一的幅员广大的帝国，不顾时事，仍然安于现状，由于被强力排斥于世界联系的体系之外而孤立无依，因此竭力以天朝尽善尽美的幻想来欺骗自己。"② 近代工业化是中国近代的一个世纪以来社会经济演变总画面的中轴线，是中国社会经济发展史上开天辟地的大事件，它的发生发展有着广阔的国际背景。16～18 世纪西欧资本主义工场手工业冲破中世纪封建生产关系的束缚获得了巨大增长，商品经济不断繁荣，市场日趋拓展。到 18 世纪中期，已陆续完成了资本原始积累并基本具备了进行工业革命的条件。18 世纪 60 年代终于在英国首次

---

① 朱坚真．中国近代工业化新论，北京：经济科学出版社，1989（4）．

② 马克思恩格斯选集，第 2 卷，北京：人民出版社，1972．

触发了以机器大工业生产替代手工操作的工业革命，然后近代工业化迅速波及东西方各大国，社会生产力获得了空前迅猛的发展，从而使整个世界大为改观。马克思高度评价这次划时代的变革，他描述道："资产阶级在它不到一百年的阶级统治中所创造的生产力，比过去一切时代所创造的全部生产力还要多、还要大"。[①] 世界近代工业化潮流势不可挡，各国与各地区都面临着如何跟上这一历史潮流的问题。美、法、德、俄、日等国均在19世纪先后兴起了工业化运动，它们都成功了。欧美先进国家在国内取得资本主义胜利的同时，加紧了对亚、非、拉美地区的殖民扩张和殖民掠夺，使这些地区的许多国家变为它们的工业品销售市场和农业原料附庸。在外国资本主义入侵后，中国被动地进行了近代工业化，把中国落后的社会生产力艰难地拖入到资本主义机器大工业生产的轨道上。

近代工业化改变了中国单一封闭的小农经济结构，它将传统农业部门的劳动力吸收到工业及其他新兴产业部门中，带动其他部门的相应增长，使资本主义经济在社会生产、流通、分配等方面取得了相当地位，从而促进了社会分工和社会化生产，社会经济结构愈来愈朝多元化方向发展。它改变了中国数千年来的传统经济关系，第一次使工业真正脱离传统农业成为一个完全独立的物质生产部门，将工业经济关系从束缚它的小农经济结构中解放出来，并且造就出完全不同于原有"地主—农民"关系的"资本家—工人"新关系。这种新经济关系具有与旧式经济关系不同的更高的生活制度、家庭关系及劳动制度。如果没有近代工业化造就的这种新经济关系，就不可能产生代表先进生产力的资产阶级与无产阶级，就不可能出现近代社会经济形态由低级阶段向高级阶段的转变，便不可能出现现代社会主义社会及其经济制度。

要使传统农业和封建土地所有制关系发生根本性质变革，必须借助工业化的巨大威力。首先，机器工业的增长能够吸引大批无地或少地农民离开农村转入城市，使农业部门的劳动力减少，使从前普遍存在的小块土地经营方式发生危机，从而诱发农业资本主义生产方式的发展；其次，大工业的发展能够给农业部门提供农药、化肥、技术设备等廉价的生产资料，形成规模经济效益。"农业中使用机器愈来愈多，使劳动生产率不断提高，结果必然会发展纯粹资

① 马克思恩格斯选集，第1卷，北京：人民出版社，1972.

本主义的生产关系。”[①] 最终替代传统农业生产方式。然而，中国近代工业化极不顺利，近代工业是从外部嵌入的，与其他产业部门的关联度极低，始终没有形成摧毁封建土地所有制的力量。截至 1949 年，连同外国资本主义工矿业在内，中国近代工矿业总产值仅占工农业总产值的 17%。[②] 所以，中国近代工业化既不能吸收大批破产农民和手工业者，也不能给农业提供廉价的生产资料，难以推动封建土地所有制向资本主义土地所有制过渡。

第三节　第三次世界海洋经济浪潮

一、第三次世界海洋经济浪潮的产生

第三次世界海洋经济浪潮的时间段：20 世纪 60 年代至 21 世纪初。随着生物克隆技术、航天科技的出现，系统与合成生物技术进步等所引发的第三次工业革命推动，引发了以海洋生物科技与海洋产业结构的显著变革，由此出现人们生产方式与生活方式的巨大变革。第二次世界大战结束后，华约、北约对抗长达 40 年，给世界经济发展带来灾难性影响和制约。随着 1991 年苏联解体，美国、苏联两极不复存在，全球“冷战”结束，国际经济政治环境总体变成了和平与发展时代，世界海洋经济发展呈现加速发展趋势，带来了世界海洋经济发展的第三次浪潮。1991 年邓小平“南方谈话”后，中国进入改革开放的第二个纵深阶段。

20 世纪 60 年代后，世界各海洋大国、强国分别出台了相关政策、战略规划、宏伟蓝图、发展报告，以此作为政策引导本国海洋经济发展。各种海洋经济研究报告、指标体系、年鉴年报、白皮书、经济分析等无疑为各国发展海洋经济提供了思路。从 20 世纪 90 年代开始，海洋经济研究逐渐趋于成型。以美国为例，1994 年来相继发表《海洋活动经济评估》和各类海洋经济活动分析，海洋立法也渐入高潮。1997 年，加拿大通过《加拿大海洋法》。2007 年，日

① 列宁全集，第 3 卷，北京：人民出版社，1992.

② 吴承明．中国资本主义的发展述略，中华学术论文集，314、315、343.

本通过《海洋基本法》等。世界海洋经济从20世纪90年代以来，展现出第三波发展浪潮的特色，国家之间的海洋经济竞争呈现出白热化的趋势，尤其对海洋新兴产业的扶持和海洋开发技术制高点的争夺日趋激烈。有数据表明，目前全世界有130多个国家及地区制定了详尽的海洋经济发展规划，美国、英国、俄罗斯、加拿大、澳大利亚、日本等海洋大国均从国家战略高度制定促进海洋经济发展的法规和战略。[①] 越来越多的国家认识到，21世纪是海洋的世纪，海洋不只是潜力巨大的资源宝库，更是支撑一个国家未来发展的重要支柱。以美国为例，为了保持在海洋经济发展领域的领先地位，自20世纪90年代来加强对海洋产业的组织与调整，加大海洋经济和海洋技术研发投入，海洋经济产业特别是新兴技术产业迅猛发展。美国的海洋工程技术、海洋旅游、海洋生物医药、海洋风能发电等新潮、尖端和新海洋产业在世界居于领先地位。以海洋休闲业为例，美国在大西洋沿岸地区已开展了百年以上，在墨西哥湾也有半个多世纪，其相关海洋休闲产业开发已相当完善。

二、第三次世界海洋经济浪潮对全球社会经济的影响

20世纪60年代以来，人类在原子能、电子计算机、微电子技术、航天技术、分子生物学和遗传工程等领域取得了重大突破，标志着高新科技产业的到来，这次科技创新在人类历史上被称为第三次技术革命或工业革命。相伴而来的，是第三次世界海洋经济浪潮的到来。其中，原子能，电子计算机，微电子技术，航天技术，分子生物学和遗传工程等技术在海洋产业经济领域的应用，尤其引发海洋产业结构、经济结构发生重大变革，并在第三次科技革命中具有划时代意义的是电子计算机技术在海洋领域的广泛应用。第三次世界海洋经济浪潮的关键突破口是电子计算机技术，它是现代海洋信息技术的核心，由此产生众多现代海洋服务业领域。

20世纪60年代后，电子技术得到迅猛发展并被人类活动广泛应用。与海洋探险和开发活动关系极为密切的深潜技术、造船技术、仪器设备技术和导航定位技术以及航海保障系统技术等陆续开发，被广泛应用于海洋调查、勘测、

① 朱坚真，等.21世纪中国海洋经济发展战略.北京：经济科学出版社，2007.

海上生产作业和研究等工作中。海洋科技进步极大地推动了人们对海洋的认知和了解，扩大了人类在海洋上的视野，带动了海洋开发利用的深度和广度。同时，在一系列海上调查中，相继发现了不少新的可利用资源和有待开发的领域。人们已开始对一些资源进行小范围的开发，如近海浅海石油天然气，在20世纪70年代已开始对其进行勘探和开采。但20世纪前半叶，限于调查研究的深度、社会整体工业技术水平和提供装备的能力，以及社会经济所能达到的支持程度，使得当时人类的海洋开发利用还不能发生本质上的转变，没有出现对传统海洋经济的突破，也没有完成向现代海洋经济的跃升。在总体上，第一次、第二次世界海洋经济，仍维持在渔盐之利和交通之便的传统格局之中。只有到了20世纪60年代以后，人类对海洋的认识和开发活动，已经对传统海洋经济产生了冲击，海洋经济正处于一个新的变革之中。

纵观20世纪60年代以来的世界第三次海洋经济发展浪潮，各海洋大国的海洋经济发展模式不尽相同，呈现出差异化发展的趋势。比如作为海洋经济大国的澳大利亚，其海洋经济尤以海洋油气业和海洋休闲、旅游业最为突出；美国则是以巨额的海洋经济和海洋科技研发投入获取了海洋经济发展的制高点，同时，美国海洋经济发展的资金支持体系也是世界上最为完善的；日本更是“海洋立国”的典范，其海洋经济发展尤其重视与腹地经济产业的互动和相互促进，形成“以大型港口为依托，以海洋经济为先导，腹地与海洋共同发展”的双赢局面，其造船技术全球领先；韩国出于国情和历史，其海洋经济发展远比其他海洋经济强国起步晚。但是，韩国现在已经是亚洲海洋经济最为发达的国家之一，拥有世界最大的造船产能之一。其海洋水产也独树一帜，是世界第七大水产国，其远洋捕捞能力强，尤其重视海洋产品的深加工，深加工比例高达50%；加拿大作为海洋经济强国，其海洋油气业、海洋交通运输业和滨海休闲旅游业尤为发达，且作为后工业发展阶段的加拿大，尤其重视海洋环境保护，有关海洋的法律法规体系完善；俄罗斯的海洋渔业资源和海洋油气资源尤为丰富，远洋航运业发达。同时，俄罗斯高度重视极地海洋资源的勘探和开发，与加拿大一道控制了未来有望大放异彩的北极航道；英国拥有世界四大渔场之一的北海渔场，其海运服务业从18世纪第一次海洋浪潮领先于世界各国至今，海上航运服务业仍然非常发达，海上天然气产量位居世界前列，海上风电、潮汐能发电居于世界领先地位，滨海休闲旅游业极为发达且体量庞大。20

世纪 60 ~ 90 年代，美国海外贸易总额的 95% 和价值的 37% 左右通过海洋交通运输业完成，为大陆架海洋油气生产贡献了 30% 的原油、23% 的天然气产量。[①] 在 2000 ~ 2014 年美国经济中，80% 的 GDP 受到海岸海洋经济的驱动，40% 则是直接得益于海岸线的驱动，美国人口、GDP 的一半以上位于沿海地区。从全世界范围来看，海洋经济发展最重要的趋势就是人口、经济和产业不断向沿海地区集中，目前全世界约 60% 的人口、2/3 的大中城市位居沿海地区，这些无疑是海洋经济吸引力的集中表现。[②]

20 世纪 60 年代后，在海洋科学技术推动下人类利用海洋资源的新领域越来越多。90 年代来世界海洋经济获得迅猛发展，到 20 世纪末已形成包括海洋捕捞、海水养殖、海洋运输、海盐及盐化工、海洋油气、海水综合利用、滨海旅游、海滨采矿等 10 多个部门的海洋产业。国际社会形成基本共识：21 世纪是海洋世纪，是全面开发利用海洋、海洋经济大发展的时期。海洋经济成为沿海国家国民经济的新领域，海洋开发成为人类经济活动的重要组成部分。据联合国报告，20 世纪 70 年代初，世界海洋产业总产值为 1000 亿美元，1980 年增加到 3400 亿美元，1990 年增加到 6700 亿美元，2006 年上升到 1.5 万亿美元，全球陆地生态系统为人类提供的生态服务价值为 12 万亿美元，海洋生态系统提供的生态服务价值达 21 万亿美元。[③] 世界经济发展将越来越依赖于海洋经济发展。

20 世纪 80 年代以来，在世界沿海各国非常重视第三次海洋经济发展浪潮。总体而言，海洋经济在各个沿海国家的经济比重中占有越来越重要的比例。由于统计口径、统计尺度和计算方法的不同，各国普遍采用国民账户法开展海洋经济价值评估，海洋产业分类则受到国民经济标准分类的影响，因此有关海洋经济总量、在一国 GDP 所占据的比重有不同的统计结论，由此导致国别之间可比性不强。但在世界海洋强国和大国中，按照历史经验和现实考察，海洋经济占沿海国家 GDP 的比重大多在 7% ~ 15% 不等。[④]首先，海洋产业体系拓展。人类获取新资源、扩大生存空间、推动经济和社会发展战略，促进了

---

① 王敏，旋文．世界海洋经济发达国家发展战略趋势和启示．中国与世界，2012（3）．

② 王志文．国外海洋经济发展成功经验启示与借鉴．合作经济与科技，2015（4）．

③ 周秋麟，等．国外海洋经济研究进展．海洋经济，2011（2）．

④ 朱坚真，等．海洋产业经济学导论．北京：经济科学出版社，2009．

不断拓展的新兴海洋产业体系。目前海洋产业主要包括海洋渔业、海洋矿产业、海洋能源工业、海水淡化工业、海岸服务业、环境保护、港口贸易、滨海旅游、海底电缆与通信、海上救助、海上安全防卫以及海洋科学研究与培训等。近海石油、沿海旅游、海洋渔业及海洋交通运输业是全球四大支柱海洋产业，这四大产业总产值占全球海洋总产值的70%以上。其次，海洋石油天然气发展迅猛。全球100多个国家和地区从事海上石油勘探与开发，对深海进行勘探的50多个国家投入开发经费每年达850亿美元，参与经营的大石油公司有500多家。预测表明，21世纪中叶海洋油气产量将超过陆地油气产量。再次，滨海旅游占据全球旅游主导地位。全世界40大旅游目的地中有37个是沿海国家或地区，这37个国家的旅游总收入达3572.8亿美元，占全球旅游总收入的81%。据世界旅游组织预测，到21世纪中叶全球海洋旅游业产值将占海洋总产值的20%～30%。[①] 复次，海洋渔业在全球经济中发挥重要作用。近年全球传统海洋捕捞业已发展为捕加工并举的工业化渔业生产。据世界渔业协会的统计公报表明，全球渔业产量在近10年中一直以每年6%的速度增长。渔获量处前10位国家的海洋捕捞总量多年保持占世界捕捞总量的60%左右。渔业在国际贸易中作用增强，发达国家鱼类产品进口值达80%以上。最后，海洋交通运输业在全球贸易和经济全球化中作用越来越重要。全世界较大海港约有2000多个，其中年吞吐量1亿吨以上的国际贸易港口20个。国际货运的90%以上是通过海上运输完成的。[②]

20世纪60年代后，在海洋科学技术的推动下人类利用海洋资源的新领域越来越多。到20世纪已经形成包括海洋捕捞、海水养殖、海洋运输、海盐及盐化工、海洋油气、海水综合利用、滨海旅游、海滨采矿等10多个部门的海洋产业经济。同时，世界海洋经济产值持续高速增长。从20世纪60年代的100余亿美元增加到70年代初的1100亿美元，80年代初的3400亿美元，90年代初的8000亿美元。到了2000年，世界海洋经济产值已达10000亿美元，比60年代产值增长了99倍。这就是说世界海洋经济产值每10年翻一番。海洋经济对世界经济的作用也日益提高。2000年世界海洋经济占世界GDP总值

① 朱坚真，等．海洋资源经济学．北京：经济科学出版社，2010.

② 朱坚真．中国海洋经济发展重大问题研究．北京：海洋出版社，2015.

230000 亿美元的 4%，其中主要海洋国家海洋产值分别占这些国家国内生产总值的 10% 左右。[①] 世界各国尤其是沿海国家充分认识到发展海洋经济的战略意义，因此把国民经济发展方向转向海洋经济。世界上的发达国家，大多数是海洋经济发展强国。人们预测，21 世纪人类社会经济发展，将更加依赖海洋资源的开发利用，海洋经济将会以更高的速度发展。到 2025 年有可能达到 6 万亿美元，2030 年有可能达到 8 万亿美元。届时，世界海洋经济将占世界经济总值的 13%。这还不包括海洋和沿海生态系统提供的 250000 亿～400000 亿美元生态服务价值，而同期陆地生态系统提供的价值仅为 120000 亿美元左右。[②]

自 20 世纪 90 年代以来，随着海洋经济发展达到历史性高度，海洋环境污染日趋严重，究其原因，有工业（尤其是钢铁和化工业）的、农业的，也有海洋经济发展自身带来的，如不当的近海和远洋渔业、海水养殖、高污染的临港工业等。因此，各国都开始意识到海洋环境保护和污染治理的重要性，促进海洋资源的可持续利用和开发，实现海洋经济的可持续健康稳定发展。如美国于 2000 年通过的《海洋法令》，该法令力求对国家重点海域予以保护，以保证海洋生态系统始终处于健康、高生产力和再生状态。从长时段历史的眼光观察世界历史上的三次海洋经济发展浪潮，可以发现，第一次海洋经济发展浪潮诞生了英帝国，第二次浪潮则成就了美国成为目前的世界“单极”，其中，海洋经济和制海权起到了相当重要的作用。就海洋经济和海权的关系而言，两者不可偏废，是相互促进和依赖的关系。并且，海洋经济开发所系根本还在于一国对海洋、海洋权益和海洋政治掌控的程度。海权不兴，海洋经济发展的力度、广度必然大受影响。因此，第三次海洋经济发展浪潮表明，各国都把海洋经济作为巩固海权、海洋权益和国防的重要手段。如美国太平洋舰队，比其他任何国家的海军实力都要强大，该舰队目前约占美国海军总军力的一半，并且正在向 60% 靠近。但是，美国向亚洲“再平衡”战略所提出的要求中，已远远超出这支世界上最强大海军的能力范围，可见针对太平洋制海权、海洋权益、海洋权属争夺之激烈。因此，各国围绕海洋经济的发展、竞争，围绕海洋

---

① 朱坚真，等．海洋资源经济学．北京：经济科学出版社，2010.

② Stephen Broadberry and Kein O'Rourke, ed., the Cambridge Economic History of Modern Europe (Volume 1: 1700－1870), Cambridge University Press, 2010, p. 104.

专属开发区的归属，围绕海洋技术制高点的争夺，在可以预见的将来一定会越演越烈；各国围绕大力扶持海洋科技研发、扶持海洋经济战略新兴产业发展的竞争也会进入新的阶段。除了在远洋运输、海洋渔业、造船等传统海洋经济领域迅猛发展，新兴的海洋经济产业，尤其是海上采矿、海上娱乐、海洋可再生能源、海洋工程、海洋生物医药等获得了前所未有的推动力和进入发展快车道，海洋经济开发不断依托高科技向高尖和精深方向发展。海洋经济发展成为沿海国家的经济增长重要抓手、港口和临港工业园，海洋工业园的建设得到相当的重视，涉及钢铁、石化、建材、电子、矿物和原材料、农业大宗商品、风电为代表的能源业、电子、机械制造等行业。英国更是表示其是“海洋贸易国家”，2000～2010 年的数据显示，其 95% 的贸易物资依赖国际海运必经通道。日本对海洋经济的依赖程度就更高了，其 2000～2010 年 9.8% 的海外贸易量和 40% 的国内贸易也是靠海洋交通运输完成的，海洋产品且为日本居民提供 40% 的动物蛋白。①

三、第三次世界海洋经济浪潮对中国社会经济的影响

20 世纪 60 年代后，电子信息技术广泛应用，深潜技术、造船技术、仪器设备技术、导航定位技术及航海保障系统技术等与海洋开发利用关系紧密的技术，不断被应用到海洋调查勘测及其他海洋相关活动中，极大推动了海洋产业及海洋经济发展。与此同时，对海底资源，如近海浅海的石油、天然气开采逐步增多。面对第三次世界海洋浪潮带来的生产方式和生活方式变更，邓小平等中国卓越领导人通过考察学习日本、美国、西欧等海洋强国，从 20 世纪 70 年代末果断实施改革开放政策，中国政府日益重视对海洋资源的开发利用，海洋经济出现了超常规的发展，社会公众的海洋意识明显增强。在改革开放 40 多年间，中国海洋经济持续增长，新兴产业不断增长，海洋产业结构不断调整优化，海洋经济产值占国民经济总产值的比重不断提升。如海洋渔业、海洋运输业、沿海造船业、海盐及盐化工业、海洋油气业、滨海旅游业、海滨采矿业等主要海洋经济总产值，从 1979 年的 64 亿元上升到 1989 年的 384.75 亿元，10 年间

---

① 朱坚真．中国海洋经济发展重大问题研究．北京：海洋出版社，2015.

增长了5倍。进入90年代后，中国海洋经济总产值增长更快，2000年海洋经济总产值达到4133.50亿元。2007年全国海洋生产总值24929亿元，占国内生产总值的10.11%。[①] 海洋经济已成为中国国民经济发展的重要组成部分，海洋产业已成为新兴产业积极的推动力量。2000～2014年，中国海洋经济占全国同时期GDP的比重约为10%，是支撑中国经济社会发展的重要力量。

中国作为世界海洋经济发展的后起之秀，自1990年以来主动参与到第三次世界性的海洋经济发展浪潮，中国适时推进，目前已经在海洋经济规模、海洋经济门类等方面成为世界性的海洋强国，个别沿海省份的海洋经济比重已经接近西方发达海洋强国。且正是海洋经济的急速发展助推中国的经济总量攀上了世界第二的位置。但与西方发达国家相比差距仍然明显。如中国海洋经济最为发达的广东省与加拿大对比可知，虽然广东省的海洋经济在GDP的占比与加拿大持平甚至还更高，但广东海洋经济的开发还停留在初级阶段，海洋经济的结构性非均衡特点比较突出，传统的海洋渔业等第一产业比例偏高，临海工业未能形成规模，第三产业比例仍然偏低。同时，中国大量海洋资源被闲置，渔船总体装备落后，尤其是远海捕捞渔船的吨位、质量和数量总体落后于发达国家。海洋环境污染问题严重，新兴海洋经济产业、海洋现代服务业的培育步伐较慢，海洋科技创新能力不够，海洋战略新兴产业化速度缓慢、规模不大，除了个别领域，中国总体海洋技术和机械业未能步入世界顶尖技术国家的行列。从一个总的国家发展路径来看，中国需要改变国家发展路径成为海洋强国，这不但对制海权提出新要求，更对海洋经济在GDP的占比提出了新的要求和规划。通过推进历时多年的“一带一路”，中国海洋经济被寄予的重托更大更重。中国的崛起离不开海洋经济的高速发展和崛起，中国的现代化也离不开海洋经济的现代化，中国的和平崛起也有赖于中国成为真正的海洋强国。

中华人民共和国成立以来，中国现代社会是逐步融入第三次世界海洋浪潮所带来的国际分工体系并获得巨大红利。尤其改革开放以后，中国的外贸船只穿梭于五洲四洋，游遍了天涯海角，终于重新拾起了海上丝绸之路的辉煌，离建设海洋强国的梦想也越来越近。

---

① 国家海洋局．2007年中国海洋经济统计公报［EB/OL］．［2008－3－5］．http：//www.soa.gov.cn/hyjww/hygb/hyjjtjgb/2008/02/1203498002879123.htm.

第四节　正在兴起的第四次世界海洋经济浪潮

一、第四次世界海洋经济浪潮产生的条件

第四次世界海洋经济浪潮，是伴随第四次工业革命而来的、以提升海洋产业技术为中心的经济发展浪潮。第四次工业革命是继蒸汽技术革命（第一次工业革命），电力技术革命（第二次工业革命），计算机及信息技术革命（第三次工业革命）的又一次科技革命或飞跃。进入21世纪20年代，海洋科技进步与新兴产业大量涌现，给世界海洋经济格局带来越来越大的变化，将毫无疑问地影响未来整个世界和中国社会发展进程。随着当代海洋科技和海洋新兴产业的突飞猛进，全球“互联网+”所产生的威力和效益已充分显露出来。对于传统海洋企业而言，“互联网+”改变了海洋产业产品及其服务的营销路径与商业管理模式。为了在更加激烈的现代市场竞争中占据一席之地，传统海洋企业必须自觉转变思想观念，学会运用“互联网+”思维看待和解决企业转型中的各种机遇和挑战，从转变思想观念、开放市场空间、开拓营销方式、保证产品质量、争取合作伙伴等方面深入研究实现传统海洋企业转型方法。传统海洋企业如何实现“互联网+”的转型？这是一个充满艰难险阻的挑战。相当长时间内，基于“互联网+”而崛起的海洋新兴产业挤压了传统海洋企业的市场空间，许多传统企业产品更新换代困难重重，没法通过实施电子商务成为提升企业发展和竞争能力的平台和载体。对于传统海洋企业而言，“互联网+”的电子商务不能徒有其表，必须是脱胎换骨的企业再造工程。

“互联网+”的电子商务涉及全球网络经济和海洋经济，不能理解为买一套计算机和网络设备、设计一个网页搬上网站，将公司简介、联系电话、产品照片摆在网页上，就是搞电子商务了。以互联网产业化，海洋产业智能化，海洋产业一体化为代表，以海洋人工智能、海洋再生能源、无人控制技术、量子信息技术、虚拟现实、蓝色低碳以及海洋生物技术为主的海洋产业革命。在美国、德国、日本等科技强国，工业4.0制造业是全球最具竞争力的制造业之一，处于全球制造装备领头羊的地位，拥有强大设备和车间制造能力的产业在

世界先进信息技术引领下，应用嵌入式系统和自动化工程技术就可以奠定在制造工程工业上的领先地位。随着海洋装备4.0制造业战略的实施，将使拥有海洋装备4.0制造业能力的海洋强国成为全球新一代海洋装备的供应国和主导市场，由此再次提升其全球海洋竞争力。

二、第四次世界海洋经济浪潮的主要特征

第四次世界海洋经济浪潮的主要特征，是海洋装备4.0制造业技术变革。海洋装备4.0制造业技术，主要依赖于正在引发的人类历史上的第四次工业革命或科技革命，即工业4.0制造业技术群组合。前面说过，人类第一次工业革命是18世纪60年代至19世纪中期掀起的通过水力和蒸汽机实现的工厂机械化；第二次工业革命是19世纪60年代至20世纪50年代的电力广泛应用；第三次工业革命是20世纪60年代至20世纪初期基于信息技术和可编程逻辑控制器的生产工艺自动化。工业4.0的定位是可与这些工业革命比肩的技术革新。工业4.0的本质就是通过数据流动自动化技术，从规模经济转向智能经济，以同质化规模化的成本，构建出智能化定制化的产业，对产业结构调整升级发挥至关重要的作用。工业4.0驱动新一轮工业革命，核心特征是互联。互联网技术降低了产销之间的信息不对称，加速两者之间的相互联系和反馈，因此，催生出消费者驱动的商业模式，工业4.0是实现这一模式关键环节。工业4.0代表了“互联网+制造业”的智能生产，孕育大量的新型商业模式，真正能够实现“C2B2C”的商业模式。对于即将到来的数据流动自动化趋势，世界主要制造强国的理解各有千秋。典型的就是通用电气公司推动的“工业互联网”，它更关注产品本身的智能化。

第四次工业革命的象征是新能源、新材料、新环境、新生物科技的迅速发展。它象征着以新能源为首的绿色产业从现阶段开始到未来的崛起。第四次工业革命是一个渐进的过程，是一场全新的绿色工业革命，其特征就是大幅度地提高资源生产率，并使经济增长与不可再生资源要素全面分离，同时也与二氧化碳等温室气体排放全面分离。人工智能是第四次工业革命，第四次工业革命是由物联网、大数据、机器人及人工智能等技术所驱动的社会生产方式变革。这场技术革命的核心是网络化、信息化与智能化的深度融合。人工智能，英文

缩写为AI。它是研究、开发用于模拟、延伸和扩展人的智能的理论、方法、技术及应用系统的一门新的技术科学。人工智能亦称智械、机器智能，指由人制造出来的机器所表现出来的智能。通常人工智能是指通过普通计算机程序来呈现人类智能的技术。通过医学、神经科学、机器人学及统计学等的进步，有些预测则认为人类的无数职业将逐渐被人工智能取代。联合国秘书长早在1998年《海洋与海洋法报告》中指出："海洋的各种资源和各种使用，对世界经济的贡献是巨大的。根据一项研究所做的估计，与海洋有关的所有货物和服务的价值为21万亿美元，而与陆地有关的则是12万亿美元。这些数字也许还可以争论，但是它们毫无疑问地突出了海洋对各国的财富的重要性。"①

2015年5月，国务院正式印发《中国制造2025》，部署全面推进实施制造强国战略。工业4.0已经进入新时代。"工业4.0"项目主要分为三大主题：一是"智能工厂"，重点研究智能化生产系统及过程，以及网络化分布式生产设施的实现。二是"智能生产"，主要涉及整个企业的生产物流管理、人机互动以及3D技术在工业生产过程中的应用等。该计划将特别注重吸引中小企业参与，力图使中小企业成为新一代智能化生产技术的使用者和受益者，同时也成为先进工业生产技术的创造者和供应者。三是"智能物流"，主要通过互联网、物联网、物流网，整合物流资源，充分发挥现有物流资源供应方的效率，而需求方，则能够快速获得服务匹配，得到物流支持。

三、第四次世界海洋经济浪潮对中国社会经济的影响

全球互联网技术和互联网在21世纪飞速发展，"互联网+"转型时代已经到来，对人类经济社会文化尤其是海洋资源利用方式产生了巨大而深远的影响。它激发人们思维方式转变，人们的生活方式、行为方式以及交往方式随之发生改变，从而深刻影响海洋资源利用企业生产经营及其管理模式。在互联网时代，传统海洋经济领域的海洋资源利用企业如何应对互联网时代所带来的机遇和挑战，应成为政府和企业管理共同关注的问题。中国经济发展新常态，"互联网+"转型经济，传统海洋企业如何嵌入全国和全球价值链，这是产品

① 朱坚真，等. 21世纪中国海洋经济发展战略. 北京：海洋出版社，2007.

市场获得国内和国际竞争力的关键。在企业国际化、产业集聚、社会网络化的时代背景下，基于“互联网＋”的海洋产业与互联网企业之间的知识外溢，跨行业、多层次知识外溢推动海洋产业转型升级，海洋产业管理的相关理论模型分析与推演建立，不同产业企业之间相互促进融入全球价值链实现转型升级的路径与机制逐渐形成，从而出台促进传统海洋企业在新常态下如何嵌入全球价值链实现转型升级的配套政策。回顾世界海洋浪潮对人类社会历史进程影响之后，就借助于海洋浪潮对中国未来发展的重要推动作用。已故历史学家何芳川说过，中华民族伟大复兴，无非是三个层面：一是器物、物质文明层面，二是制度文明层面，三是最高层面思想、精神文明层面。海洋占地球表面积的71%，是全球重要的资源宝库和交通要道，也是自然界风雨的起源和生物安全的屏障。海洋经济是中国未来发展的希望所在，是社会经济复苏的希望所在，更是自然环境、自然资源和自然力修复的希望所在。21世纪中国沿海经济发展主要取决于海洋经济和海洋产业发展。在陆地资源不断枯竭、环境污染日益严重、人口不断膨胀等压迫下，海洋必然成为人类第二生存空间。“谁拥有海洋、谁就拥有未来”再次成为人类生存和竞争的潜规则。从历史的、逻辑的、现实的角度与战略高度，全面认识海洋对中国未来发展的价值与作用，逐步提高全民族尤其是决策层和知识精英群体的海洋意识，对实现中华民族伟大复兴具有重要意义。[①]

海洋文化是中国先进文化的重要组成，不断拓展中国文化的优秀品质——创新性、开放性、团队性及民主自由精神。如与发达的海洋贸易及海洋安全直接相关的海洋管理体制和管理的民主化；与营海生涯直接相关的造船和航海技术；与海洋和谐发展相关的故事、文学及东方艺术文化；与海洋生活直接相关的重自由、喜哲理的启蒙运动、小说创作和浪漫主义诗歌等。海洋事业发展促进了海洋学、航空航天、天文学、地理学、造船、数理科学、生物学、地质学、医学及人文社会科学等领域事业发展，使人们对整个宇宙、世界有了进一步的认识、了解和利用。特别是四次工业革命及工业化的成果应用，加速了中国经济、政治、社会、文化、军事诸领域的发展，催生了许多新兴学科和产业。进入21世纪以来，人类发现深海底不依赖阳光的极端生物群落，改变了

① 朱坚真，等. 海洋经济学第二版. 北京：高等教育出版社，2016.

"万物生长靠太阳"的长期存在的理念；认识到海洋对全球气候变化的重要影响，海洋与国家安全的重要性；海洋财富是国家生命活力、物质和思想的具体体现，海洋财富与海上商业之间的密切关系，海洋不可避免地成为渴望获得财富和力量的国家之间进行竞争和冲突的主要领域；海洋战略成为新时代重要的国家发展战略等。①

① 狄乾斌. 海洋经济可持续发展的理论、方法与实证研究［D］. 辽宁师范大学，2007：12－19.

第二篇

三次世界海洋经济浪潮背景下的中国近现代海洋经济发展进程

第三章　1840～1911年的中国海洋经济发展进程

随着第一次世界海洋经济浪潮从西方到东方的逐步传播，古老的东方帝国被动地纳入全球化体系之中。从1840年鸦片战争到辛亥革命、清朝皇帝退位（1912年2月），是清朝后期，它历经第一次鸦片战争、第二次鸦片战争、太平天国运动、洋务运动、中法战争、中日甲午战争，再到八国联军入侵、资产阶级辛亥革命的时段，是中国近代海洋经济发展的起始阶段，也是中国海洋经济发展史由古代至近现代的一个承上启下时期。该时期海洋经济发展的主要阶段，有地主阶级改革派的洋务运动、戊戌变法，有太平天国农民运动资产阶级旧民主主义运动。为了更好地理解该时期海洋经济发展特点及主要阶段，我们对该时期海洋经济演变进程作分阶段概述。

第一节　两次鸦片战争至太平天国革命时期的中国海洋经济

鸦片战争至洋务运动时期，中国海洋经济总的说来已有某些发展。在一些进步的地主阶级改革派尤其洋务派的引导下，代表该时期海洋经济演进的近代工业化趋向，是必须给予肯定的。但也要看到，尽管该时期海洋经济发展比以往有一定进步，但此时所有海洋经济发展还只是在原有传统经济框架和政策范畴的局部海洋经济发展。两次鸦片战争至太平天国革命时期，还不是真正意义上的现代海洋产业经济，仍是以农业为根本、以工商为辅助、被迫通商的半殖民地经济结构与生产方式；没有也不可能产生近现代意义上的海洋经济产业结构和海洋经济，政府的经济政策还不具体细化，如海产品及服务价格、利润、商品流通、价值规律、关税汇率等经济范畴。因此，其海洋经济发展只能在承先启后的近代过渡阶段。

一、鸦片战争至太平天国革命时期的中国海洋经济政策

在海洋贸易方面，地主阶级保守派与改革派以及太平天国所代表的农民革命派存在不同主张和见解。地主阶级保守派害怕外国商品经济的输入动摇中国封建自然经济，危及地主阶级的统治基础，加剧当时的国内动荡。同时，他们认为“天朝无所不有”，根本不需要外国商品就能维持本国国计民生。因而他们对西方经济、政治、文化等采取一概排斥的态度，坚持闭关自守的愚昧政策，主张限制甚至禁止对外通商往来，阻碍本国与其他国家经济、科学技术、文化等交流，形成了一股流毒相当深远的封建顽固保守的闭关主义思潮。地主阶级改革派认为，发展正常的海洋贸易有利于中国社会经济增长，应当将不正常的鸦片贸易与正常的其他贸易区分开来，应该发展中国与外国的通商往来，在与外国通商中适当区别英国侵略者和其他国家的立场；反对封关禁海和闭市绝船的错误主张，有的还主张进口工业生产技术和生产资料，将海洋贸易视作“师夷长技以制夷”的重要途径，使海洋贸易达到“自修自强”“富国强兵”的目的。太平天国对海洋贸易问题的认识经历了一个复杂过程。其主张各国在不侵害他国利益的前提下开展海洋贸易，反对顽固保守派的闭关自守论。在定都天京以后，他们认识到与外国通商有利于社会经济发展和国计民生，主张在坚持海关自主原则的同时不准外国侵犯中国主权，要求外商过关纳税并遵守中国法令规定，严厉禁止鸦片贸易。他们还逐步认识到不平等条约对中国的危害，改革了原来持有的“不分中国彼国”“万国皆通商”①的笼统政策，坚持在平等互利的基础上发展海洋贸易。

（一）地主阶级改革派主张的海洋经济政策

近代地主阶级改革派主张的海洋经济政策，是中国由封建社会向资本主义社会转变的过渡性产物，主要代表人物有龚自珍、包世臣、林则徐、魏源等，他们是中国海洋经济发展由古代向近代演进的过渡性改革派。这些改革派大多

① 东王杨秀清答复英人三十一条并质问英人五十条诰谕．太平天国文书汇编．

有良好的学术素质，注重经世致用之学，他们继承了以往进步改革的精神，倡导社会经济改革。在经世致用的理论指导下，将视野转向社会现实经济问题，将海洋经济等作为研究对象，提出了某些新见解、新主张，在一定程度上完善和发展了前人的理论。鸦片战争后，他们大都目睹过外国资本侵略活动，在爱国热情的驱使下他们不懈地研究各国社会政治、经济、技术、文化，逐渐意识到学习外国先进科学技术、经济制度的必要性，逐步冲破闭关自守、夜郎自大的传统观念，用比较开明的态度和眼光来对待新的经济关系，并由此推动海洋经济发展。地主阶级改革派反对闭关禁海、盲目排外的政策，主张严禁鸦片贸易的同时将正常贸易与鸦片贸易区别开来，发展与其他各国正常的海洋经济关系。同时应当看到，这些改革派虽对海洋经济发展有所认识，但他们毕竟是用传统思维方式来研究问题，缺乏近代海洋经济学范畴和概念，更没有系统的经济原理分析。与以往的地主阶级思想家一样，他们总将社会经济改革的愿望寄托在封建统治者身上；力图维护自给自足的宗法小农经济，对海洋经济问题仍停留在本末、义利、裕国足民等传统范畴。如林则徐认为，海洋贸易对中国有利，可以增加国家税收，华商亦可获利。他说："利之所在，谁不争取？……且闻华民惯见夷商获利之厚，莫不歆羡垂涎，以为内地人民格于定例，不准赴各国贸易，以致利薮转归外夷。此固市井之谈，不足以言大义，然就此察看，则其不患无人经商亦已甚明矣。"[①] 他含蓄地批评了清政府限制华商出洋贸易的政策。但林则徐主张将一般对外贸易与鸦片贸易相区分、严禁鸦片贸易的态度坚决，他不只从军事外交的角度分析海洋贸易，能从经济关系来考虑问题并提出较为明智的策略。龚自珍坚决反对鸦片输入，从保护民族经济和防止白银外溢出发，主张除洋米进口外，对外国毛织物、玻璃、燕窝等商品严加禁止，限制对外贸易范围，只在广东"留夷馆一所，为互市之栖止。""夫中国与夷人互市，大利在利其米，此外皆末也。"因而中国"宜并杜绝呢、羽毛之至，杜之则蚕桑之利重，木棉之利重，蚕桑、木棉之利重则中国实。又凡钟表、玻璃、燕窝之属，悦上都之少年，而夺其所重者，皆至不急之物也，宜皆杜之。"[②] 他认为进口商品少可以防止外国商品对国内手工业的冲击，防止白银

① 林则徐．林文忠公政书，乙集：附奏夷人带鸦片罪名应议专条夹片．

② 龚自珍．龚自珍全集（上册），送钦差大臣侯官林公序．

外溢，争取外贸顺差。但龚自珍基本上是从自给自足自然经济的狭隘角度来看待海洋贸易，为维护自然经济秩序而对西方先进工业品采取排斥的态度，没有意识到学习外国先进技术的必要性，因而其海洋贸易观点仍受传统思想束缚，因而具有很大的局限性。魏源基于“师夷长技以制夷”的观点，主张“自修自强”①的海洋贸易，在不损害国家主权的前提下发展与其他各国的海洋贸易，不仅有利于中国政治、外交、军事，而且有利于中国经济发展。他提出海洋贸易的根本目的在于“自修自强”，在于利用外贸作为“制夷”和“富国强兵”的重要手段，进而提出了某些发展海洋贸易的具体主张，在一定程度上反映了当时中外经济关系的某些方面，发展了地主阶级改革派的有关对外贸易理论。

（二）地主阶级保守派的海洋经济政策

“闭关”论是中国封建社会长期推行的落后理论，具体表现在盲目排斥一切来自国外的经济、技术和文化等方面的交往，满足于长期愚昧落后状况。坚持闭关自守政策，是近代地主阶级保守派商贸经济思想的重要特征。在海洋经济方面，自给自足的自然经济结构使得海洋贸易及其经济技术文化交流没有迫切需求，这为闭关自守理论的形成提供了基础。中国封建社会虽长期以来与国外开展了极其狭隘的海洋经济贸易，但从来没有形成依靠海外贸易来积累货币财富的资本集团。在自给自足自然经济居绝对优势的国度里，地主阶级思想家根本否认中国海洋经济贸易有任何必要，以为外国与中国通商，是因为外国有求于中国，如嘉庆上谕中说：“夷商远涉重洋，懋迁有无，实天朝体恤之恩。……夷船所贩货物全籍内地销售，如呢绒、钟表等物，中华尽可不需，而茶叶土丝在彼国断不可少，倘一经停止贸易，则其生计立穷。”② 嘉庆的这种观点，成为近代地主阶级保守派推行闭关论的重要依据。

地主阶级保守派认为，中国不需要外国商品，而外国却不能没有茶叶、生丝、大黄等，甚至还有人认为英国商品“除中国外，无处销售，是其不能不仰给于中国之贸易至明”；③ 有人认为外国来华通商，只不过是进贡的变相形

① 魏源．魏源集（上册），道光丙戌海运记、海运全案序.

② 嘉庆十九年上谕，清代外交史料.

③ 吴嘉宾．鸦片战争.

式。如方东树说："贡与市相因，既嘉其君之响风，亦给其民之求欲，内地无须外洋之货税，外洋必资内地之物用，许之能商，所以俯顺夷情，包容爱育复帱之无私也"。[①]这是一种明显的夜郎自大，不利于中国发展国际经济技术交流，不利于海洋经济发展与技术进步。保守派不仅主张"禁洋货""绝夷舶"，而且要求完全断绝与国外的一切贸易业务，如管同认为："凡洋货之至于中国者，皆所谓奇巧而无用者也，而数十年来天下靡靡焉争言洋货，虽至贫者亦竭蹶而从时尚，……是洋之人作奇技淫巧以坏我人心，而吾之财安坐而输于异域"，"夫欲谋人国，必先取无用之物，以匮其有用之财，……洋之乐与吾货，其深情殆未能可知。"[②] 说明管同对西方资本主义国家的商品输出性质有所认识，但将当时白银外流的现象视为对外通商的结果，并不加区别地将一切外国商品视为无用的败坏社会风气的奇技淫巧，实际上是要排斥一切，包括反映西方先进资本主义国家工业技术和机器设备的输入，使中国永远停滞在极端落后的小农经济状况，这显然是不利于海洋经济产生发展的，是极端保守落后的经济思想。地主阶级保守派对近代西方科学技术进步毫无所知，鄙视西方先进的生产工艺，反对中国学习西方先进的生产技术和新设备、新工艺的输入。总的看来，中国近代地主阶级保守派推崇的闭关自守理论与政策，严重阻碍中国同世界各国经济、科技、文化交流，严重阻碍中国资本主义发展进程，影响资本主义经济发展规模与速度，从而使中国海洋经济实力与发展档次远不及西方国家。

（三）太平天国前期的海洋经济政策

太平天国坚持正常的海洋经济政策，鼓励和保护中外商人进行合法海洋贸易。"凡外国人技艺精巧，国法宏深，宜先许其通商，但不得擅入旱地，恐百姓罕见多奇，致生别事。惟许牧司等，并教技艺之人入内，教导我民，但准其为国献策，不得毁谤国法也。"[③] 坚持独立自主、国富民强，反对资本主义侵略。洪秀全等太平天国领导人主张严禁鸦片贸易，曾对洪仁玕说："弟生中

① 方东树．粤海关志序例．

② 管同．因寄轩文集，禁用洋货议．

③ 洪仁轩．资政新编．法法类．

土，十八省之大受制于满洲狗之三省，以五万万兆之花（华）人受制于数百万之鞑妖，诚足为耻为辱之甚者。兼之每年花中国之金银几千万为烟土，收花（华）民之脂膏数百万为花粉。一年如是，年年如是，至今二百年，中国之民，富者安得不贫，贫者安能守法？”① 太平天国定都天京后，坚持禁绝鸦片贸易的通商政策，严厉打击鸦片走私活动。

太平天国坚持海关自主的政策，夺回被外国资本攫取的部分海关权利。他们不畏外国资本威胁，维护国家关税自主权，拒绝外国资本提出的某些有损于中国主权的非法要求，其通商政策明确规定：“通商者务要凛遵天令”；② 外国商船经由中国海关，必须无条件地接受中国方面的检查，须有合法证件方得入中国境内贸易；外商货物必须按照有关规定，缴纳关税；如果违反太平天国的政策法令，则取缔一切贸易关系，对拒不纳税者给予货物扣留等。

概括说来，太平天国的海洋经济政策是较为开明的、积极的，它与清政府推行的闭关自守、妥协投降政策是完全不同的，具有发展中外经济文化交流与抵御不正当贸易关系的特征。这一外贸政策，在当时条件下无疑是有积极意义的。

（四）太平天国后期的海洋经济政策

太平天国后期的海洋经济思想主要体现在《资政新编》，它是洪仁玕抵达天京总理政务以后为全面改革太平天国朝政而提出的施政纲领，系统地阐述了太平天国经济、政治、文化等诸方面的问题，在中国近代史上第一次较为明确地提出了发展资本主义经济的政策主张。其核心是要仿效西方资本主义国家，进行一系列社会、政治、经济制度改革，建立资本主义性质的新式企业，奖励私人投资兴办民族工商贸，使中国朝着资本主义道路发展。与同时代的海洋经济政策相比，洪仁玕是近代最先提出全面发展资本主义经济政策的人物，不仅超出了近代地主阶级改革派而且超出了近代资产阶级改良代表人物的政策水平。洪仁玕之所以能在国内尚没有出现民族资本主义近代工商贸的条件下，大胆提出发展资本主义的纲领性文献，与其本人在香港生活有关，他结识了不少

① 洪仁轩．资杰归真．太平天国．

② 东王杨秀清答复英人三十一条并质问英人五十条诰谕．太平天国文书汇编．

西方国家的商人和传教士，对“外国政治经济及社会政策之观察与研究尤有心得”“凡欧洲各大强国所以富强之故亦能知其秘钥所在。”[①] 认识到西方资本主义社会经济制度的优越性，因而产生向西方资本主义国家学习，仿效资本主义经济关系。

洪仁玕认为，西方资本主义国家工业生产技术先进，工业产品精美，中国应当重视和学习西方工业生产技术，明确提出“以有用之物为宝”的进步主张，要求建立近代工业以从事有用的商品生产。他指出：“中地素以骄奢之习为宝，或诗画美艳，金玉精奇，非一无可取，第是宝之下者也。夫所谓上宝者，以天父上帝、天兄基督、圣神爷之风，三位一体为宝”；“中宝者，以有用之物为宝，如火船、火车、钟镖、电火表、寒暑表、风雨表、日晷表、千里镜、量无尺、连环枪、天球、地球等物，皆有探造化之巧，足以广闻见之精。此正正堂堂之技，非妇儿掩饰之文，永古可行者也。”[②] 对西方科学技术的巨大作用给予充分肯定，主张学习和引进西方科学技术，这同地主阶级保守派将西方国家工业品和生产技术概斥为“奇技淫巧”的政策完全相反。

为了发展这些有用之物的资本主义商品生产，洪仁玕主张鼓励开发海洋经济贸易，反对闭关自守政策，他所提出的海洋贸易政策与仿效西方资本主义经济制度的设想是紧密相关的，“外国人技艺精巧”，拥有先进的科学技术和生产工艺，中国人应当学习和仿效之。中国应“许其通商”，“并教技艺之人入内，教导我民”，建立和发展中国资本主义近代企事业。他举日本、暹罗诸国为例，说明这些国家因与西方国家通商往来，从而“得有各项技艺以为法则”，“亦能仿造火车大船，往各邦采买，今也变为富智之邦”。[③]为此主张中国与外国开展正常的海洋经贸和科技交流，利用西方国家的先进科技，效法先进国家社会经济制度，达到国富民强的目的。

《资政新编》体现的海洋经济政策，就是要在中国建立近代资本主义经济关系和海洋贸易新秩序。这种海洋经济观，与太平天国前期颁布的《天朝田亩制度》所体现的政策完全不同，反映了时代要求，是中国近代最早明确提出发展资本主义经济的纲领性文献，预示了近代中国海洋经济思想随着资本主

①③　洪仁轩．资政新编．法法类．

②　洪仁轩．洪仁轩自述别录之二．洪仁轩选集．

义的产生而达到新的阶段，因而在当时具有积极进步的意义。但洪仁玕要求在中国发展资本主义经济的政策是与太平天国农民革命的性质相悖的，在农民革命时期是根本不能实现的。在当时国内尚未产生直接投资经营式企事业的资产阶级的情况下，根本不具备实现这个政策实施的社会环境和主体条件。

二、鸦片战争至太平天国革命时期的中国海洋经济发展

随着第一次世界海洋经济浪潮从西方到东方的逐步传播，特别是两次鸦片战争后中国沿海地区被迫对外开放，促使中国被动地纳入全球化经济与产业分工体系之中。作为战败国，中国沿海通商口岸的海洋贸易规则、商品种类、进出口结构、海关税率及税收管理等都由外国资本控制，中国出口商品主要是农产品、矿石、木材等廉价原材料，进口商品主要是鸦片、纺织品、设备等，海关贸易由鸦片战争前的经常性顺差转变为经常性逆差，出现中国大量白银、黄金外流的现象，表现为典型的殖民地海洋贸易特征。为何中国始终没能成为海洋经济浪潮的发源地，是由其特殊的地理环境、人口耕地、生产方式及儒家宗法决定的。西欧中世纪是半牧半农的混合经济，食物以奶类和肉类为多。这种食物结构，营养比较丰富，无须大量粮食，因而也不必大规模开垦荒地来种植粮食。由这种食物结构决定的农牧混合经济有两个显著特点：第一，它不需要大量劳动力；第二，单位面积可供养的人口少。这两个显著特点，具有很大的约束和限制人口增长的作用。因此，西欧各国在整个中世纪时期，人口的增长是相当缓慢的。

中国人口中的绝大多数——汉族，很早就是以稻米、小麦、高粱等粮食为主要食物，奶类和肉类食用很少。而且，即使吃肉，其主要来源也不是牛、羊等草食性动物，而是以消耗粮食为主的猪、鸡等。这种食物结构及与之相联的单一农业经济，具有许多明显的特点。首先，这种食物结构，淀粉含量高，脂肪和蛋白质含量低，营养欠丰，且极容易消化。这就使得人们对于粮食的需量很大。其次，以粮食作物为主的农业生产，作业复杂，极为繁重。这就使得它对劳动力的需求大，尤其是对男劳动力的需求大。而对劳动力的需求大，就必然促使人口迅速增长。此外，农业和牧业相比，单位面积可供养的人口也比较多，这就为人口的大量繁殖提供了可能性，因此人口迅速增长与中国封建社会

土地占有制和自然经济的特点有密切关系。

西欧中世纪农奴一般是没有独立经济的，农奴本身属于领主所有，其后代也属于领主所有，农奴对领主的人身依附关系极为紧密，极为严格，甚至婚姻都由领主决定。这样，农奴一方面婚姻受到限制，另一方面又没有对增加劳动力和繁殖后代的特殊需要，因而人口的增长就在很大程度上受到了限制。在中国封建社会中占主要地位的是封建地主土地私人占有制，在此基础上又形成了男耕女织紧密结合的、一家一户一个生产单位的自然经济。封建地主占有土地，但一般不占有农民本身及其家属和后代；农民对地主虽有一定依附关系，但一般可以自由嫁娶、成家立业、繁衍后代，并有自己独立的经济。在生产技术相当落后的封建社会，劳动力的多少和强弱，常常是决定生产好坏、收入多少、家业兴衰的主要因素，农民为了维持简单再生产，并扩大再生产，就必须不断地增加劳动力，尤其是增加身强力壮的男劳动力。这样，婚姻的控制小，而劳动力的需求大，就大大地增加了人口繁殖的必要性和可能性。

东西文化差异。中国是一个历史悠久的国家，有着丰富的传统文化，而传统文化中又有许多鼓励人口增长的因素。对中国社会经济影响最大的儒家思想就鼓励人口增殖。如孔子的《论语》中虽无直接涉及人口问题的言论，但他那一套以“孝悌”为核心的伦理哲学却是人口增殖的思想基础。儒家主张“孝”，而要“孝”，就必须生儿育女，繁衍后代，使祭祀祖宗的香火不致中断。如果不生儿育女，香火就会中断，自然就谈不上“孝”了。所以孟子说：“不孝有三，无后为大”。[①] 儒家的这种“孝悌”思想在中国是有深远影响的，它刺激了中国人口的迅速增长。东西方文化结构有着明显的不同，西方突出的是个体，而东方突出的是宗族。如西方人的姓名，一般由本名、父名、族姓三部分构成，本名在前，父名在中，族姓在最后；而中国人的姓名，则是宗姓在前，本名在后。在伦理观方面，西方社会比较侧重以个人为中心，为人不拘一格，四海为家，居住地点流动性大，强调以子女脱离父母独立生活和个人奋斗为荣，社会生活个性具有多元化特征；中国则强调以宗族、家庭为重心，提倡“父母在，不远游”和“落叶归根”等意识，宗族在人们的思想和行动中具有中心地位。中国传统文化突出了宗族、家庭的地位，人们的生活目的不在于个

① 孟子·离娄上.

人幸福，而主要在于整个家族的兴旺，为此人们十分重视生儿育女中国封建社会的突出政治特点，是专制主义的中央集权不断巩固，国家政权机构日益庞大，国内战争频仍。封建统治者为了巩固政权，需要众多农民从事生产劳动以获取剥削收入，在战时则需要众多农民参战以补充兵源。因此，历代封建王朝都无一例外地积极推行鼓励生育的政策和措施，而这些休养生息政策和措施自然促进了人口的迅速增长。以上是中国封建社会晚期人口迅增的主要因素，这些主要因素实际上都是在中国封建社会的漫长时期中始终起作用的。正因为这些主要因素的作用，所以中国很早就出现了人口迅速增长的情况。早在两千年以前，韩非子就曾经为人口增长过快而忧虑过。他说："古者，丈夫不耕，草木之实足食也；妇女不织，禽兽之皮足衣也。不事力而养足，人民少而则有余，故民不争。……今人有五子不为多，子又有五子，大父（祖父——作者注）未死而有二十五孙。是以人民众而货财寡，事力劳而供养薄，故民争，虽倍赏累罚而不免于乱"。① 既然以上分析的四个因素均不是只在清代才发生作用的特定因素，那么，为什么直到清代以后中国人口才迅速突破 1 亿、2 亿、3 亿、4 亿大关而成为严重的社会问题呢？对这个问题的解释是，中国封建社会虽然存在促进人口增长的因素，但也存在减少人口的因素，那就是次数繁多而规模巨大的战争，不断发生的水旱灾害，以及饥荒、疾病、溺婴等。清代以前，这些因素交织作用，形成高死亡率，促使人口大规模减少。清代以后，在特定的历史环境下，这些因素大多减弱，使得人口增大于减。战争是中国封建社会促使人口大规模减少的主要因素之一，而和平环境则是促使人口迅速增长的基本条件。清代人口增长最快的时期，是康熙 30 年（1691 年）至道光 21 年（1841 年）这 150 年时间。这一时期人口净增 3 亿，大体上奠定了中国近现代人口迅增的基础，而这一时期恰恰是中国历史上战争最少、人民生活最安定的时期。从道光 21 年（1841 年）起，至光绪 13 年（1887 年）止，中国人口不仅没有增加，反而减少了 12018066 人。之所以出现这种反常现象，原因就在于这短短的 40 余年时间战争频仍，先后经历了鸦片战争、太平天国战争、第二次鸦片战争、捻军战争、西北回民战争、西南苗民战争、中法战争等多次大规模战争，人口死亡极多，人民生活很不稳定。

① 韩非子五蠹.

清代人口急剧增长还有一个特定的因素，那就是赋役制度的变革。清初，田赋和丁税两项是分开征收的，或者说是平行征收的。为减少和躲避丁税负担，有的男丁逃亡、隐匿，影响了婚姻和生育；有的则控制生育，甚至溺死婴儿，这些都对人口增长起了一定控制作用。康熙51年（1712年），清政府开始赋税制度改革，将丁税额固定化，宣布："嗣后滋生户口，勿庸更出丁钱"。[①] 这一变革放松了赋税制度对人口增殖的约束，直接促使人口迅速增长。中国的人口问题开始日益突出和严重化，是从17世纪开始的。在这里我们着重考察一下清代人口发展的情况。清代的各个时期尤其是前期，中国究竟有多少人口？这是史学家向来关注的问题。由于统计资料的缺乏和不精确，这一问题又很难求得完全无误的答案。乾隆6年（1741年）以前，清朝尚无人口统计数字，但有"人丁户口"统计数。所谓"人丁户口"数，实际上就是丁数。清代，"凡民，男曰丁，女曰口"[②]；"凡载籍之丁，60以上开除，16以上添注"[③]。可见清代所谓"丁"，即指16～60岁的成年男子。丁数与人口数大体上是有一定比例的，因而我们可以根据丁数来推知人口数。那么，丁数与人口数的比例是多少呢？这个问题很少有人进行专门研究。但是，户数与人口数的比例。也就是每一户拥有的人口数，却历来为人们所关注。康熙皇帝南巡时，"所至询问"，了解到"一户或有5、6人"[④]；近现代许多中外学者也多认为中国平均每户的人口数为5～6人[⑤]。"户"，是以父权制为基础建立起来的家庭的代名词，是封建社会的基本生活单位和生产单位。"丁"，则专指成年男子，是"户"的成员之一。这两个概念含义不同，原则上不能相互替代，但考虑到中国古代有男子成丁便立户的早婚传统，考虑到政府统计的丁数难免因男丁逃亡隐匿而失额，考虑到当时的人丁编审大多只限于土著而遗漏客户，因而我们估计清初的丁数与户数是比较接近的。既然比较普遍的意见认为每户人数为5口左右，那我们也不妨估计每丁所代表的人数大约5口，即丁与口的比例为

---

① 清史稿·圣祖本纪三.

② 清史稿，志95.

③ 王庆云．石渠余记，卷3.

④ 清朝文献通考，卷19.

⑤ 王士达．近代中国人口的估计，叙述各家意见："Amiot及其他外人认为每户代表5人"，"Parker的意见则是每户平均6人"，"陈氏（陈长蘅）又引Buck及乔启明的农村调查，每户平均数为5人有奇".

1∶5。清初人丁调查采取编审方法，其目的在于据以征收丁税。人们为逃避丁税，往往并户减口，隐匿不报，以致“一户或有5、6人，止有1人缴纳钱粮；或有九丁十丁，亦止1、2人缴纳钱粮”①。为保证财政税收，清政府于康熙51年（1712年）宣布：“圣世滋丁，永不加赋”②，规定以康熙50年的丁银额为标准来征收丁税，以后不再增加，也不再减少。此后各地又开始将丁银摊入田赋一体征收。丁银已经固定，单独清查丁数便已没有多大必要，加之编审制度弊端丛生，因而自雍正起，清政府便开始酝酿采取保甲法统计人口。到了乾隆6年（1741年），保甲法开始正式实行。乾隆22年（1757年），清政府又规定，绅衿之家与齐民一体编入户口，客户与土著也一体编列，保甲制度更趋完善。由于人口统计已不再成为征收赋税的依据，人们就不会因此而逃亡隐匿；加之保甲法简便省事而又严密，士绅、佣保奴隶和客户一体编制，因此采行保甲法以后的人口统计数相对说来是较准确的。明确了清代人口统计的方法，推定了清代的丁口比例，我们就不难据此估算清代各时期的人口数了。咸丰、同治、光绪三朝，并无精确的人口统计数字，故1861年、1871年、1881年、1891年各年的人口数，我们无法找到。但从表3-1中，我们已可窥知清代人口变动的一般情形了。

表3-1　　清代历朝人口统计表

年代	丁数	人口数	年代	人口数
1651（顺治8）年	10633326	53166630	1771（乾隆36）年	214600356
1661（顺治18）年	19137652	95688260	1781（乾隆46）年	279816070
1671（康熙10）年	19407587	97037935	1791（乾隆56）年	304354110
1681（康熙20）年	17235368	86176840	1801（嘉庆6）年	297501548
1691（康熙30）年	20363568	101817840	1811（嘉庆16）年	358610039
1701（康熙40）年	20411163	102055815	1821（道光元）年	355540258
1711（康熙50）年	24621324	123106620	1831（道光11）年	395821092
1721（康熙60）年	25386209	126931045	1841（道光21）年	413538458
1731（雍正9）年	26302933	131514665	1851（咸丰元）年	432164000
1741（乾隆6）年		143411559	1887（光绪13）年	405520392

① 清朝文献通考，卷19.

② 清圣祖实录，卷249. 康熙五十一年二月.

续表

年代	丁数	人口数	年代	人口数
1751（乾隆16）年		181811359	1901（光绪27）年	426447325
1761（乾隆26）年		198214555		

资料来源：A. 顺治8年至康熙60年丁数、雍正9年至道光21年人口数，均引自北大经济系清代经济史研究组．清代历朝人口、土地、钱粮统计，经济科学，1981（1～4）；B. 顺治8年至雍正9年人口数是作者根据1∶5的丁口比例推得的；C. 咸丰、光绪朝人口数，引自孙毓棠等编．清代的垦田与丁口的纪录，清史论丛，Vol，1.

康熙三十年（1691年），全国人口刚过1亿，但到道光21年（1841年）便突破4亿大关。在短短的150年时间内，中国人口净增3亿多，年平均增长200万人以上。增长速度之快，不仅在中国历史上是空前的，就是在当时的全世界来说也是极为罕见的。1840～1949年的109年是中国历史上少有的混乱时期之一。在这一段时期内，由于帝国主义的野蛮侵略，封建主义的残酷剥削，军阀封建割据，大小战争连绵不断，灾荒时常发生，因而人口增长速度明显减缓。但是，由于清代奠定的人口基数已经很大，所以人口绝对数的增长仍较明显。截至1949年，全国人口总数为54167万人，这就为中国现代人口奠定了一个庞大的基础。成为新中国成立以来人口迅速增长的直接原因。

第二节　洋务运动时期的中国海洋经济

随着第一次世界海洋经济浪潮从社会、法律、经济、政治、文化、科技、军事等方面的全球渗透与传播，近代中国沿海也被动纳入海洋经济全球化与国际产业分工体系中。两次鸦片战争到洋务运动时期，随着中国沿海地区被迫对外开放的范围增大、商品化程度提高，中国与其他国家的海洋贸易规模不断扩大、进出商品数量和总额不断增加。海关贸易仍表现为经常性逆差，白银、黄金大量外流。

一、洋务运动时期的海洋经济政策

洋务运动至戊戌变法时期的各种海洋经济政策，是在中国海洋经济有了一定发展的基础上产生的。该时期越来越多的官员和开明人士认识到西方要比中国先进，主张向先进的西方资本主义工业国学习搞海洋经济，使中国尽快地富强起来。其中主要有两个派系：代表民族资本主义特权阶层利益的洋务派和代表民族资本主义中下层利益的早期资产阶级改良派。他们在海洋经济政策主张方面既有共同之处，也有分歧。

（一）洋务运动时期洋务派的海洋经济政策

洋务派的海洋经济政策，主要以曾国藩、郭嵩焘、李鸿章、张之洞为执政代表，其中李鸿章、张之洞分别反映了这一派别早、晚期海洋经济政策。洋务派的海洋经济政策经历了一个不断发展完善的过程，到张之洞时已具有较多的理论色彩，达到了本派别的最高阶段。作为统治阶级中的高层官僚，洋务派提倡学习西方国家发展近代工商业，根本目的还是要维护皇权政治制度，这正是该派别与资产阶级改良派主要的不同点。洋务派主要代表人物不主张进行政治制度改革，而是主张中体西用的指导思想，认为只要学习西方的工艺制造、兴办一批新企业，就可达到国家富强之效。这些政策在早期洋务派主要代表人物曾国藩、郭嵩焘、张之洞那里都有体现。除张之洞外，其他人对海洋经济、海洋产业、海洋贸易之间的关系尚不明确，其海洋经济政策显得零碎而不系统，这与他们的阶级局限性、认识水平有关。如洋务派中，曾国藩的海洋经济观具有传统的重本抑末观念，不重视工商业经济；郭嵩焘虽有传统重本抑末思想，但不忽视海洋贸易经济。李鸿章又比前两位进一步，肯定了海洋贸易和沿海产业的作用。张之洞对海洋经济关系的理解更进一步。就某些海洋经济观点看，郭嵩焘、李鸿章、张之洞接近于资产阶级改良派某些代表人物的构想。

（二）早期资产阶级改良派的海洋经济政策主张

早期资产阶级改良派主张的海洋经济政策，主要以王韬、马建忠、黄遵宪、薛福成、郑观应、陈炽、何启、胡礼垣及后来的康有为、梁启超、谭嗣同和严复等为代表。该派别的海洋经济政策主张经历了不断完善的过程。王韬、马建忠等提出了振兴民族工商业的主张，到郑观应、陈炽、何启、胡礼垣时期，海洋经济有较大发展，对海洋经济关系作了更多的理论表述，提出了更为全面地发展资本主义经济的主张。到康有为、梁启超、谭嗣同、严复时期，改良派的海洋经济政策主张得到进一步的发展，特别是严复和梁启超两人，将本派别的海洋经济政策主张推向了一个更高的阶段。早期资产阶级改良派的海洋经济政策主张，大体上反映了该时期中国民族资产阶级中下层的意愿。他们要求独立自由地发展民营资本主义工商业，既摆脱外国资本主义对中国民族资本主义的压迫，又摆脱本国官僚资本主义对无政治特权的民族资本主义的束缚。早期资产阶级改良派主要思想家，在某些主张上与洋务派代表的海洋经济政策主张相互包含，甚至还保留一些传统的政策观念，他们对海洋经济关系的有关论述，尚存在肤浅和含糊的认识。对海洋经济关系的认识，早期资产阶级改良派代表人物还较肤浅，看不到海洋产业部门内部及与其他经济部门之间的内在联系，对它们的辩证关系缺乏理论表述；一般是就事论事，很少运用经济学术语及经济范畴展开论述。早期资产阶级改良派的某些人做过洋务派官僚的幕府人员，有的参与了洋务运动，与洋务派关系较为密切，反映在他们的海洋经济政策主张方面，与洋务派有某些相同点。表现在对待官商关系、对外经济关系等重要问题上，两者相互包含。在重本抑末、反对言利等问题上，早期资产阶级改良派代表人物提出反驳言论，但没有从整个理论体系来把握这些问题。他们要求发展民族资本主义工商经济，也主要是用振兴沿海产业或开发海洋贸易来表达其要求，对海洋经济及其职能问题却很少进行专门论述。

黄遵宪、薛福成、郑观应、陈炽、何启、胡礼垣等早期资产阶级改良派的海洋经济政策主张，是19世纪后半期中国社会经济关系变化的反映，代表了新兴的民族资产阶级中下层的意愿，是洋务运动至戊戌变法阶段中国海洋经济发展的进步主张。19世纪60年代后在洋务派的影响下，中国沿海陆续创办军工与民用企业，新兴官僚、商人与地主投资兴办新式企业，出现了中国民族资本主义工商企业，相应地产生了中国民族资产阶级，其下层深受外来资本主义与本国封建主义及上层资产阶级（官僚资产阶级）的压迫，要求独立自由地发展资本主义，逐步形成了进步的海洋经济政策主张。早期资产阶级改良派的海洋经济政策主张，就是中下层民族资产阶级意志与利益的集中反映，是一种比洋务派海洋经济政策主张还要进步的构想，体现了当时社会生产力发展的方向。海洋经济政策主张有其共同之处：第一，强调海洋贸易和海洋产业是致“富强”和“塞漏卮”的关键。认为西方各国、日本之所以富国强兵，就在于重视本国海洋经济发展，政府对本国商民采取扶助和保护政策。他们都强调中外贸易争取顺差的重要性。如黄遵宪认为，金银流出国外，其祸深于割地，百倍于聚敛；陈炽也有类似观点。认为中国自通商以来，利源不断外流，国弱民穷，是由于中国在通商中处于不利地位，要堵塞漏卮，挽回利权，就必须振兴商务，与外国争利。为此，提出了许多具体措施。第二，早期资产阶级改良派批判了重农抑商的传统观念。认为从前是以农立国，人们靠地力谋生，“今也不然，各国兼并，各图利己，借商以强国，借兵以卫商”，[①]“及天下既以此为务，设或此衰彼旺，则此国之利源源而往，彼国之利不能源源而来，无久而不贫之理，所以地球各国居今日而竞事通商，亦势有不得已也。”[②] 在万国竞事通商于中国的时代，中国不得不“恃商为国本”或“以商立国”或“以工商立国”，通过振兴海洋经济，来解决国计民国生和挽回权利问题。他们要求政府允许商人自立公司，确认商人在企业与政府部门的管理权，提高商人的政治经济地位。第三，早期资产阶级改良派所说的商务，一般是指包含海洋贸易部门在内的一切资本主义性质的经济部门。在他们的许多论述及具体主张中，可以看出他们对海洋国际产业分工与流通体系、海洋贸易与其他部门行业之间的概念还不明确，常将通商以及近代工矿交通运输事业统称为“商务”“商政”。同时，也说明他们对近代资本主义经济关系确有一定的理解，至少认识到资本主义生产方式是以商品生产为主的，工矿交通运输等是为海洋贸易而设的。

以上是早期资产阶级改良派海洋经济政策主张的共同之处。随着国内沿海产业发展和对西方资本主义海洋经济关系认识的增长，他们逐步加深了对海洋经济各部门相互关系的理解。因此，由于所处时代、社会环境、本身阅历及认识水平等的差别，他们的海洋经济思想经历了一个不断完善发展的过程。早期资产阶级改良派的海洋经济政策主张虽有某些缺陷，但对中国近代海洋经济发展作出了贡献。他们把振兴海洋贸易作为振兴中国经济、挽回利权的重要手段，透过海洋贸易对海洋产业进行了一些有价值的探讨，较全面地论述了海洋经济与工农交通运输等产业部门之间的相互关系。许多主张既是对 19 世纪 60 年代后产生发展起来的、代表中下层民族资产阶级利益的海洋经济政策主张的浓缩，也是稍后戊戌变法的启蒙思想源泉。晚期资产阶级改良派代表人物比较

---

① 郑观应．盛世危言初编．卷 3.

② 薛福成．筹洋刍议，商政.

注意学习和研究西方经济学说，并运用资产阶级理论来研究海洋经济问题，严复、梁启超便是其中的杰出代表。

二、洋务运动时期的中国海洋经济发展

经过两次鸦片战争，中国沿海通商口岸的商品进出口结构呈现出殖民地海洋贸易特征，进口中国商品主要是资本主义国家的工业制成品，而中国出口商品多是农产品、矿产品和木材等廉价商品，从而造成了国内白银、黄金大量外流，中国社会财富不断流失，给本国经济带来许多不利影响，在国际贸易与产业分工体系中处于低端位置。另外，海洋贸易促使中国参与国际产业分工和商品贸易，特别是被动进入了近代工业化。

从 1843 年开始，中国沿海对外通商口岸就出现近代工业，即外国资本在华工业，它成为中国近代工业化的前奏。外国资本通过不平等条约，陆续在中国沿海通商口岸设置为其国际经济贸易服务的船舶修造企业，后又建立了制茶、制蛋、缫丝等出口加工企业。在外国资本巨额利润和忧患意识的刺激下，中国民族资本包括官营资本和民营资本也纷纷投资创办近代工业企业。19 世纪 60 年代，中国出现了向西方学习的“洋务运动”，这标志着中国民族资本主义近代工业化运动的开始。清朝政府中少数有识官员开始创办近代军事工业，随后又创办了纺织、冶矿、航运、缫丝等民用工业。60 年代末期，部分商人、政府官员、地主、华侨等纷纷投资于近代工业，由此建立起民营资本工业即私人资本工业。[①] 该时期的中国沿海工业经济结构很不合理，重工业即军事工业所占比重很大，而轻工业甚微。到 1894 年仅军械工业就拥有同时期中国全部产业资本额和产业工人数的 65.7% 和 73.4%，加上机械、五金、冶炼、铸铁等工业，则重工业资本额占全部产业资本额的 92% 左右，工人数约占全部产业工人数的 90%；轻工业相对薄弱，在总资本额和产业工业数中所占的份额很小，尚不及总资本额的 8% 和产业工人数的 10%。整个民族工业企业数量少、规模小且资本有机构成低，反映工业生产能力的制造水平极低。机械及

---

① 孙毓棠．中日甲午战争前外国资本在中国经营的近代工业，历史研究，1954（4）．

五金工业在全部工业中仅占 11.3%，[①] 且从严格的意义上说，这还是虚假指标。该时期的机械及五金工业只是修配业，真正的制造业是远不及此数的。此外，整个工业部门是残缺不全的，其经济结构极不协调。这些都集中体现了该时期中国工业经济结构以军事工业为主的重型结构特征。

那么，为何中国近代进入工业化、融入世界海洋经济浪潮如此艰难呢？主要还是特殊的中国情况，如耕地、人口、环境、体制等要素的组合特殊。先看中国近代农业有限的耕地与众多的人口之间的矛盾。这实际上就是生产资料再生产与人口再生产之间的矛盾。这种矛盾在近代产业结构单一狭窄的条件下，是无法通过资本主义农场经营形式解决的。单一封闭的小农经济结构使有限的耕地不断细分化，形成无数分散的劳动密集型个体农业，这种传统农业又反过来刺激农业人口尤其是男性人口的增长，不断复制出众多的宗法式小农。这种小农经济结构在近代虽受外力冲击，却因封建土地所有制关系原封不动而相当稳固，未能具备近代工业化起飞的条件。中国近代人口与耕地之间的矛盾，使大量土地所有权集中于少数地主之手。这种土地所有权集中的状况，并非封建土地所有制所特有，它同样为资本主义土地所有制所具有，农业资本主义的建立就是以土地所有权的集中垄断为重要前提的。因此，在阐述中国近代土地与人口关系问题时，单纯讲“土地集中于少数地主阶级手里而广大农民只有很少甚至没有土地”，并没有阐明中国古代到近代土地所有制关系为什么能够长期存在的必然性。我们认为，中国古代到近代土地所有制关系能够长期保存下来，与上述的其本身所固有的自然地理环境密切相关。这种本身固有的自然力量，使中国近代历次农民起义和资产阶级革命运动，都无力摧毁这种土地所有制形式。中国近代社会经济不能顺利发展资本主义，这在相当程度上归因于农业不能顺利发展资本主义。中国近代农业为什么不能顺利发展资本主义呢？这是一个相当重要的理论问题和历史问题。单从理论上讲，它关系到中国近代和现代社会性质及其前途问题，早在 20 世纪 30 年代国内曾就中国近代社会性质进行过激烈的论战，其中就涉及上述问题。新中国成立以来学术界对此作过许多有益的探讨，但仍欠全面。我们认为，在前人研究的基础上进行多方面的深入探讨是很有必要的。

---

① 根据陈真．中国近代工业史资料．北京：中国社会科学出版社，1957.

就中国近代人口、自然地理环境及耕地等农业生产要素分析，一方面，农忙季节持续时间较短，耕整土地操作比较复杂，对劳动力的需求量较大，劳动力供不应求；另一方面，农业内部年均劳动力供给能力远超出农业生产对劳动力的需求水平，从而形成年均农业劳动力过剩与农忙季节劳动力短缺的不平衡状况。由于中国农业中单一种植结构缺乏农业生产系统内调节劳动力的吸收器，不同季节对劳动力需求强度的反差大，更加剧了农业劳动力剩余与季节性劳动力短缺的差离趋势。土地是农业生产赖以进行的最基本的生产资料，土地的数量与质量状况在很大程度上影响农业收成。马克思说："经济的再生产过程，不管它的特殊的社会性质如何，在这个部门（农业）内，总是同一个自然的再生产过程交织在一起。"① 农业部门的这一特点制约着农业生产的经营方式。中国是一个山多地少的国家，人均耕地面积不断减少。汉、唐、明代农户平均占地为 40～50 亩，宋代为 35 亩，清代后期陡降至 12 亩左右。② 而人口却迅猛增长，康熙 30 年至道光 21 年（即 1691～1841）150 年间，中国人口净增 3 亿，大体上奠定了中国近现代人口迅增的基础。外国资本势力入侵中国后，社会经济结构局部解体，城乡手工业受世界资本主义冲击，中国人口与就业之间的矛盾进一步加剧，出现了大批游离于生产或劳务部门之外的过剩人口。20 世纪初期孙中山先生指出，中国人口 4 万万，除老少外，有工作能力的约 2 万万，其中从事生产性工作的 5000 万，从事非生产性工作的 5000 万，其余 1 万万都是失业者。③ 据此推算，当时全社会失业率高达 50%。在近代产业结构相当落后的条件下，有限的土地与过剩的农业劳动力并存，致使地主分散出租土地，农民不得不接受其苛刻的租佃条件，从而使农业资本主义经营方式失去了魔力，封建土地所有制关系得以长期延续。而这种宗法式土地所有制，"按其本质来说，是以保守的技术和陈旧的生产方式为基础的。在这种经济制度的内部结构中，没有任何引起技术改革的刺激因素；与此相反，经济上的闭关自守和与世隔绝，依附农民的穷苦贫困和逆来顺受，都排斥了进行革新

---

① 马克思．资本论，第 2 卷，北京：人民出版社，1975.

② 根据梁方仲．中国历代户口、田地、田赋统计，杜佑．通典，汪篯．唐代实际耕地面积，光明日报，1962－10－24. 资料算得.

③ 孙中山．孙中山选集．北京：人民出版社，1972.

的可能性。”[1] 首先，农业过剩劳动力的广泛存在，使劳动力供过于求，劳动力价格低，极大地阻碍了机器的应用。其次，大量的过剩人口往往成为社会的不稳定因素，产生流民、兵匪、娼妓等严重的社会问题。

就此时期而言，中国落后的农业经济结构阻碍统一国内市场和海洋经济关系的形成。农业是不同于工业及其他产业的特殊产业，农业生产是自然再生产与社会再生产的统一，其生产要素由自然生产要素和社会生产要素构成。自然生产要素与社会生产要素的配置方式不同，使得人们在与大自然进行物质交换过程中采取的方式不同，从而决定农业生产方式的不自觉选择过程，造就了不同的农业生产结构形式。鸦片战争前夕，中国农业中已经稀疏地出现资本主义萌芽，但作为一种独立的经济形式存在于农业部门，却是在近代工业以后才出现的。然而中国近代农业资本主义发展极不顺利，农业资本主义经济在整个国民经济中只占极小比例。如1840~1894年，经过半个多世纪，几种主要农产品按不变价格计算的商品率仅增加76.6%，其中最主要的农产品—粮食，1840年商品率为10%左右，1919年也只达22%；1936年在国内商品流通价值总额中，农产品仅占24%，农产品流通额只及工业品流通额的0.71倍。[2] 1949年全国仅有拖拉机400余台（绝大部分使用于东北地区），[3] 抽水机、插秧机等农机具仅在东部少数省份出现。作为农业资本主义生产关系人格化的新式富农，至20世纪30年代中期尚不到总农户的1%，包括旧式富农在内尚只占全部农户6%和耕地的18%；[4] 经营地主和近代农牧垦殖公司，在20世纪初期稍有增加，但数量甚少，真正称得上资本主义经营者甚微；农业部门潜在失业人口达60%以上，贫农占农村总人口的70%左右。[5] 可见，中国近代农业资本主义极不发展。

与此同时，科学技术与生产手段的落后阻碍近代工业化和海洋经济的规模与速度。从世界主要资本主义发展史来看，传统农业变革是产业革命和工业化得以进行的必要前提，是资本主义生产关系得以产生、发展的重要条件。传统农业部门要发展资本主义，首先必须废除封建土地所有制及其剥削关系，进行旧式土

---

① 列宁全集．第3卷，北京：人民出版社，1975.
② 吴承明．中国资本主义的发展述略，中华学术论文集，314、315、343.
③ 王方中．旧中国农业中使用机器的若干情况，江海学刊，1963（9）.
④ 陶直夫．中国现阶段的土地问题，中国土地问题与商业高利贷，1935.
⑤ 全慰天．中国半殖民地半封建经济述略．教学与研究，1984年增刊.

地所有制关系的变革。只有在农业资本主义已相当发展的基础上，资本主义才能发展壮大。从整个中国近代史考察，农业领域从来没有发生过摧毁封建土地所有制关系的传统农业革命，历代政府也从来没有进行过自上而下的土地所有制变革，外国资本主义的商品重炮也没能改变这种土地所有制关系。外国资本入侵者反而在中国扶植封建势力，购置土地从事封建剥削，保留了赖以生存的社会经济基础—封建土地所有制关系。传统农业原封不动，先进科学技术与生产手段无法运用，农业劳动生产率极其低下，从而阻碍了近代工业化的规模与速度。

第三节 戊戌变法时期的中国海洋经济

一、戊戌变法时期的中国海洋经济状况

至戊戌变法时期，中国海洋经济发展的主要障碍除了原有的政治经济体制、生产方式外，还有银本位制本身的根本缺陷一直阻碍海洋产业经济的规模、种类、数量及速度。从货币金融本身发展的自然法则来考察，纸币代替金属货币执行货币职能，是世界各国货币金融发展的必由之路。随着世界海洋经济浪潮的日益深入，全球商品流通范围扩大，19 世纪以后世界各国纷纷向金本位制过渡。1816 年英国首先采用金本位制，继而葡萄牙在 1854 年，法国在 1873 年，斯堪的那维亚各国在 1875 年，芬兰在 1878 年，罗马尼亚在 1890 年，奥地利在 1892 年，德国、日本在 1897 年相继采用金本位制。其他如拉丁同盟诸国及美国、墨西哥、西班牙、荷兰等虽采用复本位制，但银不过是一种辅币。1893 年印度停止银币自由铸造，改行金汇兑本位制（并在 1926 年完全放弃了银本位制，改行金本位制）。至此，只剩下一个封建落后的中国仍以银为主币。中国是世界上唯一的银本位制国家，然而它既不能生产多少白银，也不是白银的主要消费国，因而它无法操纵世界白银市场价格。世界白银市场价格操纵于美国之手，美国集中了世界 1/3～1/4 的银矿生产和 1/2 的白银冶炼，美国的白银集团控制了世界银矿资本的 66% 和世界炼银厂生产白银量的 73%。[①]

---

① 郑友揆. 中国的对外贸易和工业发展，上海：上海社会科学出版社，1984.

中国自西汉以来，金银比价在很长时期为1：5～6，宋元时期金银比价格略增至1：6～7，明万历中叶比价为1：7～8，金银比价在一千余年中变动甚微。与同时期欧洲相比，中国古代金银比价较低。19世纪后，东西方贸易增强，中国金银比价大体与欧洲拉平。19世纪30年代金银比价为1：11～13。鸦片战争后，中国被迫对外开放，与国际经济联系加强，金银比价完全受世界金银价格的影响。1840～1900年金银比价变动的长期趋势，是金贵银贱且两者比价差距愈拉愈远，金价腾升而银价大落。尤其是19世纪70年代以来，国际市场对黄金的需求量大为增加，对白银的需求量减少；而同时期黄金的供给量逐步减少，白银的供给量不断增加，致使国际金银比价愈拉愈大。1878年国际金银比价突破1：17以后，至19世纪末期更为显著。

19世纪末，作为工业化投资主体的中国政府、私人以及外国资本等的工业投资额较前明显增加，工业部门行业数量及规模较前扩大，工业生产技术、劳动生产率及资本有机构成有所提高，工业品产量产值有所增长，工业经济结构初具规模。如1884年，外国资本在华工业企业达100余家，创业资本额达5433.5万元；中国官营资本工业企业47家（其中军工和造船企业24家，纺织、食品制造等民用工业企业达23家），创业资本额达8796.6万元；民营资本工业企业约200家，创业资本约722.5万元；[①] 该时期工业资本规模不大但投资不断增加。如1870～1894年间中国民族工业资本年均投资达300万～400万元。甲午战争后，中国工业化与海洋经济进一步发展。1895～1913年间民族工业资本新增创业资本在1万元以上的工矿企业549家，资本总额增至12029.7万元，年均增长速度为9%左右，其新增投资额相当于1843～1894年外资、官营及民营工业资本的总和。[②]

二、戊戌变法时期的海洋经济政策

维新变法时期崛起的资产阶级改良派是这时期杰出的西方资产阶级科学理

---

① 吴承明．中国资本主义发展述略，中华学术论文集，中华书局，1981．

② 根据前引汪敬虞．中国近代工业史资料，第2辑，下册：870～919附录，严中平等．中国近代经济史统计资料选辑，93，表2，孙毓棠．中国近代工业史资料，第1辑，22～25等资料算得．

论的宣传鼓动者。他们的海洋经济政策主张比前述的资产阶级改良派代表人物又有所发展，在总结早期海洋经济政策的基础上，他们提出了更为系统的振兴海洋经济政策主张；他们对海洋产业与海洋贸易之间的关系的论述，要比前期海洋经济政策主张更为明确。他们尤其重视资本主义生产方式，重视沿海工业在海洋经济中的决定作用，康、梁还因此提出了在中国实现资本主义工业化的海洋经济政策主张。与前述海洋经济政策主张相比，他们已不单纯着眼于对海洋贸易、外国资本输入的问题，还强调将振兴民族工商贸经济作为海洋贸易竞争、堵塞漏卮的重要内容，更多地论述了海洋贸易与其他经济部门之间的相互关系问题，阐述了海洋经济与财政税收及金融的关系。戊戌变法失败后，谭嗣同遇难，康有为，梁启超继续进行着这方面的研究与探讨。康有为、梁启超、谭嗣同所主张的海洋经济政策存在某些特殊的地方。康有为、谭嗣同对西方资产阶级经济学的了解，要比梁启超逊色，因而康有为、谭嗣同的有关海洋经济政策，不如梁启超完备。康有为提出了“定为工国”①的主张，但对第一次世界海洋浪潮与近代工业化成果还缺乏深刻理解，尚不明白世界海洋浪潮与产业革命对发展海洋经济、建立新的经济结构和经济秩序，从而在资本主义国际产业分工体系中的作用，就海洋产业部门与其他产业部门的相互关系，康有为虽作过一些论证，但他没有完全摆脱前期重商政策的束缚，甚至把海洋贸易看作发展资本主义经济的中心环节，从以工立国退回以商立国的主张。谭嗣同主张发展资本主义工商贸、采用机器生产，发展海洋产业与国际贸易，但他和康有为一样，没有深入探讨海洋产业与国际贸易关系，不理解海洋产业与国际贸易建立的基础，也不理解提高生产力对海洋贸易的作用等，因而缺乏较系统的政策分析。梁启超对西方经济学有一定的研究，基本上运用西方经济学概念、术语和范畴来分析海洋经济问题，因而其海洋经济政策要比康有为、谭嗣同深刻、系统而全面，是这时期海洋经济政策中最有价值的部分。他发展了康有为“定为工国”的政策，初步将实现资本主义工业化视为发展商品生产与流通的重要前提。他深入研究了商贸与农、工、矿诸业之间的内在联系，阐述了商品生产与商品流通之间的关系，并对海洋经济本身的规律作过一些有价值的探讨；他把资本主义工业、农业、交通运输业等，作为海洋经济的基础或前提条

① 康有为．请厉工艺将创新折．戊戌变法．

件，还对国内外贸易问题，进行较系统的论述。因而，就康有为、梁启超、谭嗣同的海洋经济政策而言，梁启超的海洋经济政策是最有价值的。谭嗣同与康有为、梁启超相比，其海洋经济政策具有浓厚的本国泥土气息，建立在“人我通”[①]理论基础之上的整个海洋贸易政策，不具有资产阶级经济学规范化特征。他具有传统的“食货”观念，忽视货币的作用，并从“人我通”原理得出了自由发展海洋经济的自由贸易论。

严复的海洋经济政策，主要表现在他的《原富》中的《译事例言》和《按语》部分中，其核心是海洋自由贸易理论。海洋贸易自由主义理论是严复接受亚当·斯密思想影响最深刻的部分，亚当·斯密主张海洋贸易的自由放任主义，要求国家不干预海洋贸易。严复的观点与前者在理论上是基本一致的。但严复并不是照搬前者的理论，而是根据时代的需要对斯密理论进行了某些修正。严复根据斯密的个人利己主义思想，结合中国传统的义利观，提出了“义利合”[②]的观点，以此为海洋贸易自由主义思想的理论基础。严复认为，义与利是统一的，应消除国家对社会生活的限制和干预，让民众拥有追求个人利益，自由发展资本主义工商贸经济的权利。他赞赏亚当·斯密的自由贸易论，欣赏英国实行自由贸易政策后才取得的辉煌成就，主张在中国推行自由贸易政策，“前此欧洲各国，……立为护商法，入口者皆重赋税以困诅之，乃此法行而各国皆病。洎斯密氏书出，英人首驰海禁，号曰无遮通商（亦名自由商法），而国中诸辜榷垄断之为，不斯自废，……自此以还，民物各任自然，地产大出，百倍于前，国用日侈富矣。”他不同意实行保护贸易政策，认为保护贸易既不利于国际的物资交流，也不利于国内工商贸的发展。他说：“保商专利诸政，既非大公至正之规，而又足诅遏国中商贸之发达，是以言计者群然非之”；[③] 以是“名曰保之，实则困之，虽有一时一家之获，而一国长久之利所失滋多”，“于是翕然反之，而主客交利”。[④] 废除海洋贸易中的一切垄断与限制，一切任其自由发展，国家不予干预。只有这样，才能促进国内海洋经济

---

① 谭嗣同．仁学．谭嗣同全集．

② 严复．原富（一至六）．

③ 严复．原富（四）．

④ 严复．原富（二）．

发展，使“百姓乐成”，“地产大出，百倍于前，国用日侈富”。[①] 主张把实行海洋贸易政策和消除国家干预垄断结合起来考虑，反映了中国民族资产阶级要求解除封建主义与外国资本主义双重压迫的愿望。严复彻底否定重商主义。认为货币只是一种符号，并非真正的财富，就像赌博的筹码那样：“筹少者代多，筹多者代少，在乎所名，而非筹之实贵贱也”；“泉币之为用二：一曰懋迁易中，二曰物值通量”，[②] 即货币只用流通媒介，货币决定于供求关系。他由此认为，“夫泉币所以名财，而非真财也，使其所名与所与易者亡，则彼三品者（金、银、铜币），无异土苴而已”。[③] 他说重商主义把货币视为财富的唯一形式是不对的，富国与货币多少有关，“国之贫富，非金银之所能为”“国虽多金，不必为富”。争取进出口贸易顺差、防止金银外流的政策是不对的，“争取出差之正负，斯保商之政，优内抑外之术”。这种优内抑外的保护政策，无非是想防止金银外流，而金银外流并没有什么可怕，实行贸易保护政策就实在没有必要。以为国际的海洋进出口贸易总是趋于平衡的，不存在不足或有余的问题。“出口货多而进口货少者，其所有余者，固皆银也”，既然金银也不过是货物之一种，故“进出之间，初无所谓有余不及者，多少必相抵。”[④] 严复宣传自由贸易论，反对塞漏厄论，其出发点是为了扫除中国海洋经济发展的种种障碍，这是应当适当肯定的。在中国白银大量外流带来社会经济衰落的严酷现实面前，严复对原有的理论还是作了某些修正。他后来也适当地肯定金银不足将会不利于商品流通，货币量应当保持在一个适度的范围之内，过多或过少都不利于国计民生。“先是欧人觇国贫富，必以金银之多寡为衡，……自今观之，亦少过矣。……顾金银为用，其于生财又曷可忽乎？使懋迁既广，而易中之用，不得其宜，则在将形其抵滞，故其物一时之甚少过多，均足为民生之大患。”[⑤] 他觉察到中国在国际贸易中处于不利地位，极力主张振兴本国海洋产业以挽回利权、堵塞漏厄。严复海洋经济发展理论的核心是海洋贸易自由主义，在论述海洋经济政策及其他经济范畴时，他基本上体现了自由放任思想。其海洋经济思想，是在兼收并蓄地接受亚当·斯密经济自由主义的基础上，经

① 严复．原富（三）．

② 严复．原富（一）．

③ 严复．原富（四）．

④⑤ 严复．原富（六）．

过他本人的改造而成的。其中某些具体观点和主张是正确的，在当时的特定历史条件下，对中国民族资本主义的发展有某些促进作用，应当给予必要的肯定。特别是严复首次将资产阶级古典政治经济学介绍到中国，并对资本主义经济范畴进行系统性的理论尝试，这是他最大的功绩。但因其所处时代的局限性，他对海洋贸易及国际分工问题的论述还存在着某些不正确的地方。

第四节　辛亥革命时期的中国海洋经济

一、辛亥革命时期的中国海洋经济状况

辛亥革命时期，西方主要资本主义国家正处于从第一次海洋浪潮向第二次海洋浪潮过渡的阶段，即自由资本向垄断资本主义过渡阶段。海洋产业与国际贸易高度集中和社会化是此时期主要资本主义国家的重要特征，同期中国的海洋贸易与海洋经济关系出现了新变化，外国资本海洋贸易形式上有所变化，资本输入占比越来越高。甲午战争后清政府实施的“振兴商务”政策，放宽了对兴办民营新式工矿业的限制，1895～1911 年，新办资本在万元以上的工矿企业约 800 家，主要是沿海棉纺织、缫丝和面粉业。这些企业多数位于长江三角洲和珠江三角洲一带。[①] 近代民族资本主义的发展，提高了资产阶级的社会地位，其“实业救国”的思想主张在社会上产生了广泛的影响。以孙中山为代表的一些资产阶级民主革命思想家，对辛亥革命时期海洋经济、海洋贸易发展起到了重要推动作用。1894 年，中日甲午海战争，不平等《马关条约》签订，是中国继 1843 年《南京条约》签订以来的最大屈辱，由此中国沿海被迫进一步对外开放。《马关条约》使外国资本输入合法化，从此外国资本纷纷投资设厂于中国沿海沿江区域，加强了对中国各种资源的掠取，随之而来，外国资本掀起了瓜分中国各地为各自势力范围的狂潮。到 1899 年，中国领土几乎均为外国资本划成了各自的势力范围。列强在各自的势力范围内办工厂、开矿产、修铁路，加强了对中国财政经济的干预，使中国民族资本主义工商业处于

① 源自前引严中平．中国近代经济史统计资料选辑．

被打击排挤的地步。进入20世纪，国际资本对中国的资本输入进一步加强。1901年《辛丑条约》签订后，各国在《马关条约》基础上攫得新特权，加强了对中国经济、政治、军事方面的干预。与甲午战争后的几年相比，各国对华资本输入更为迅速，对中国的商品输入不断拓展，海洋贸易也随之扩大。甲午战争前夕被辟沿海沿江商埠34个，1896～1913年被辟商埠增至83个，被辟商埠超过半数在沿海地区，到1913年，被辟商埠共103处。[①] 各国资本在中国沿海兴办海洋航运业、开设银行保险金融等业务，争夺在华采矿权、筑路权，基础设施及服务业的发展对海洋贸易发挥了重要推进作用。

与19世纪末期相比，20世纪初尤其是第一次世界大战时期中国工业经济结构已有一定程度改善。在整个工业中，纺织、食品等轻工业部门在总资本额中所占比重逐步上升，由1894年前后的8%左右上升到1913年的20%以上。该时期的工业经济处于“黄金时代”，工业企业总数已由原来的108家增至1913年的698家，增加了5倍半。就其投资额而言，1894年中国民族工业投资仅18260.3万元，至1913年已增至33082.4万元，增加了81.2%；产业工人总数已由1894年的84571人增至1913年的270717人，增加了2.2倍。这时期工业经济结构比以往有较大的改善，是不可否认的历史事实。但是，某些学者将这时期工业经济作为中国近代工业发展的最高峰，往后便“丧失发展前途”“走下坡路了”。我们认为这种观点是不妥的，它与中国近代生产力发展趋向及新民主义、社会主义革命的经济基础是相矛盾的。事实上，第一次世界大战以后中国工业经济仍不断增长，工业经济结构进一步得到改善。其主要表现在：随着国内外资本竞争日益加剧，工业资本日益向新兴工业部门转移，工业生产技术和劳动生产率不断提高。在整个工业中，纺织、食品等轻工业部门的资本额、工人数、工业产值所占比重逐步上升，重工业部门所占比重相应减少。工业企业数增加，工业投资总额稳中有增。截至1920年，民族资本工业企业总数达1759家，工业投资额达50.06亿元，产业工人数达557622人。[②] 若考虑外资工业投资，则增长幅度更大。一般传统观点认为：中国工业经济的发展，在第一次世界大战期间达到了最高点，往后便“丧失发展前途”，走下

---

① 源自：杨端六，侯厚培．六十五年来中国国际贸易统计．

② 根据前引陈真编．中国近代工业史资料，北京：三联书店，1957．

坡路了；到了国民党执政的 1927 ~ 1937 年，中国民族工业更是陷入了“破产、半破产”的深渊，整个国统区工业经济面临崩溃。我们认为上述观点与历史事实、逻辑推理不符，是很值得商榷的。[①]

进入 20 世纪，中国沿海区域的社会经济关系与海洋经济发展发生了新变化。一方面，各国资本加强了中国沿海经济的商品倾销、资本掠取。另一方面，中国民族资产阶级中的特权阶层利用其手中控制的权力扩张官僚资本，形成了中国官僚资本阶级。此时中国民族资本中的民营资本部分得到相应发展，随着民营资本经济力量增长，中下层民族资产阶级队伍进一步扩大。据统计，1894 年甲午战争前夕，中国近代工厂共 108 家，资本总额 1826. 03 万元，产业工人共 84571 人；1913 年左右，中国近代工厂共 698 家，资本总额 3308. 25 万元，产业工人共 270717 人；1920 年左右，中国近代工厂共 1759 家，资本总额 5006. 2 万元，产业工人共 557622 人。[②]

在第一次世界大战期间外国资本相对减弱和国内市场需求日增的情况下，中国民族工业资本有明显增长。1914 ~ 1919 年民间资本增设工矿企业 379 家，新增资本额 8580 万元，比 1895 ~ 1913 年增加 1 倍多。[③] 1912 ~ 1920 年中国民族工业的主要产品产量年均增长幅度约为 14%。[④] 与此同时，外国在华工业资本不断增长。1895 ~ 1913 年新增 10 万元以上的工矿企业 136 家，其创业资本总额达 10315. 万元，连同 1894 年原有资产净值的资本额达 18349. 4 万元。[⑤]

二、辛亥革命时期的海洋经济政策

辛亥革命时期，中国海洋经济政策又有新的发展。其内容进一步丰富，资产阶级改良派的海洋经济政策继续存在并得到某些补充。异军突起的资产阶级民主革命派的海洋经济政策成为此时的主流思潮；同时官僚资产阶级承继洋务派，也将本时期的海洋经济政策推到了一个新阶段。此时期中国社会各阶层从

---

① 为集中考察问题起见，我们在此不涉及外资在华工业，且只考察机器工业。

② 陈真，姚洛．中国近代工业史资料，三联书店 1957. Vol，1：54 – 56.

③⑤ 吴承明．中国工业资本的估计与分析，经济导报，1949. Vol，9（89）.

④ 根据前引汪敬虞．中国近代工业史资料．Vol，2，（下）：870 ~ 919 附录；严中平，等．中国近代经济史统计资料选辑，93，表 2；孙毓棠．中国近代工业史资料．Vol，1：22 ~ 25 等算得．

本阶层利益出发，提出了对海洋经济发展的政策主张，从而形成了不同的海洋经济政策措施。

辛亥革命时期，以孙中山、廖仲恺、朱执信为代表的资产阶级民主革命派，代表着中下层民族资产阶级的利益，提出了反映本阶层意志和要求的海洋经济政策。他们普遍认为中国在国际贸易中处于极不利的地位，就是因为没有制造业及其产品，总是作为他国之原料供给国，不能与先进工业国抗衡分利，要求以邻国日本为榜样推进工业化，大力发展海洋贸易、扩大对外出口。主张中国发奋振兴机器工业，为商业提供更多的工业品，以占领国内市场并扩大出口。以孙中山为代表的资产阶级民主革命派的海洋经济政策，是该时期占主导地位的进步思潮，他们围绕民主主义学说逐渐展开，是中国跨入20世纪民主革命的产物。孙中山及其得力助手廖仲恺、朱执信是这时期最为激进的、能比较全面反映中国民族资本主义工商业发展要求的代表，他们在革命派中起着领导作用。但由于资产阶级民主革命派成员复杂，其成员的海洋经济政策主张存在某些不完全相同甚至分歧的地方，如章太炎与孙中山等就存在某些差异。但总的来看，他们在发展海洋经济的根本问题上是一致的。在与资产阶级改良派的有关论战中，资产阶级民主革命派通过宣传革命理论阐发了民主革命的海洋经济政策，明确主张用革命手段来替中国民族资本主义经济成长开辟道路，认为不反对外国资本主义、本国封建主义，不推翻专制统治政权，就无法发展中国民族资本主义。这个资产阶级激进的经济纲领，是与资产阶级改良派显著不同之处。资产阶级民主革命派的海洋经济政策主张，与前述资产阶级改良派的海洋经济政策相比，存在明显的差别。前者主要代表中国民族资产阶级中下层的经济政治利益，而后者主要代表中国民族资产阶级上层的利益。因而它们在海洋经济关系的具体看法与主张上，存在许多不同之处。资产阶级民主革命派的海洋经济政策，远远超出了改良派所能达到的视野范围，把中国近代海洋经济发展推到了一个新阶段。

在运用近代资产阶级经济学概念、范畴和术语方面，资产阶级民主革命派的海洋经济政策主张也有新发展，其主要思想家大多是海外度过青少年时代或留过学的资产阶级知识分子，他们思想敏锐，含中国封建传统思想的杂质较少，直接感受了西方的社会生活，因而在阐述海洋经济关系、探讨海洋经济内部之间各要素的联系时，比以往思想家深刻、系统、全面。在海洋经济关系的论述上，资产阶级民主革命派更注重从宏观经济（国际）角度着手，他们改变了以往海洋经济政策主张就本事论事的研究方法，力求运用西方经济学说论证中国海洋经济关系，论证经济变革必须以政治革命为前提，海洋经济必须以国际经济政治关系为前提。当然，在当时历史条件下，资产阶级民主革命派的海洋经济政策也存在不可避免的缺陷。就是革命派内部中，各思想家的具体主张和见解，也有某些不一致的地方，不可避免地出现一些混乱政策，这也是不足为怪的，这些都无损于他们作为该时期杰出革命家的形象。

孙中山的《建国大纲》《建国方略·实业计划》。孙中山没有专门的海洋经济理论著作，其政策主张散见于他的各种讲演和政论文章中，对海洋经济政策主张就显得更少。他特别注重中国社会政治经济方面的实际问题，而且注重宏观经济分析，对海洋经济各部门关系的探讨相对不多，这是其海洋经济政策主张的特点。早在1894年，孙中山就主张以西方国家为榜样，发展本国民族工商业，改革教育制度，使“人能尽其才，地能尽其利，物能尽其用，货能畅其流”[①]。这时所提出的政治经济主张尚属于资产阶级改良派所主张的思想范畴，当他的变法主张无法实现时便放弃了改良主义，走上彻底的变革之路，认为只有通过革命推翻封建专制、改革封建土地关系，才能振兴民族工商业经济，在农业中推广商品性资本主义经营，发展商品生产与流通。提倡的振兴实业包括商业、工业、农业、矿业和交通运输业，深感中国贫穷落后，立志改变这种状况，而“要想达此目的，就要办理铁路、开矿、工商、农林诸伟大事业”[②]。认为民主革命胜利后，“要实行民生主义，就是用国家的大力量，买很多的机器，……用机器去制造货物”[③]。大力发展社会生产力，提高劳动生产率，生产更多的海洋贸易品。孙中山提出在全国修筑10万英里的铁路，建立一个把沿海与内地联系起来的铁路运输体系；在华北、华南、华中沿海开辟3个具有世界水平的大海港、4个中等海港、9个等海港及15个渔业港，建立完整的海运体系；治理长江、黄河等水系，疏浚运河，组成一个内河航运体系，修建100万英里遍布全国的公路网；建立机器制造、钢铁冶炼等重工业和

① 孙中山选集，建国大纲．北京：人民出版社，1956.

② 孙中山全集，第9卷．北京：中华书局，1986.

③ 孙中山选集，建国方略．北京：人民出版社，1956.

纺织食品等轻工业体系；实现农业机械化，开采各种矿产等。[①] 其规模之宏大，设想之周密，实为前所未有。表明孙中山对海洋经济各部门关系的认识，比以往思想家要深刻具体。他反对外国资本的超经济掠夺，认为因洋货输入中国每年要损失5亿元左右，若加上其他经济损失，则每年总共不下12亿元。[②] 为了挽回利权，他强调“打破一切不平等的条约，收回外人管理的海关”，并实行关税保护政策，“来抵制外国的洋货，保护本国的土货”。主张民生主义要以发展生产力为中心，“能开发其生产力则富，不能开发其生产力则贫。”[③] 而开发生产力的目的，是为了满足人民衣、食、住、行诸方面的生活需要。发展生产力应增加生产领域的劳动者，减少属于非生产领域的“分利”者。孙中山的海洋经济思想是以其民主主义为基础，为了发展民族资本主义工商业经济，他主张彻底变革落后的封建主义生产关系，通过资产阶级民主革命形式，来开辟中国资本主义发展的道路。[④] 对本国海洋产业与国际分工体系的关系认识，比资产阶级改良派更进一步。在本国产业与海洋贸易问题上阐发了独到的见解，提出振兴实业、发展生产力的具体计划。还从宏观经济角度分析了国家调节商品总供给与总需求的必要性。尽管其海洋经济政策主张有某些局限性，总的说来是积极进步的，应当给予重视。

---

① 孙中山全集，第2卷．北京：中华书局，1981.

② 孙中山选集，民生主义．北京：人民出版社，1956.

③ 孙中山全集，第9卷．北京：中华书局，1981.

④ 孙中山选集，民族主义．北京：人民出版社，1956.

第四章　1912～1927年的中国海洋经济

1911年武昌首义、1912年初清帝退位，辛亥革命终于推翻了中国长达两千多年的顽固保守帝制，建立了共和政体。尽管独裁专制政体并未彻底革除，但毕竟为资本主义发展创造了一定的有利条件，“实业救国”运动蓬勃兴起。袁世凯死后中国虽然出现了军阀割据、战乱不已的社会局面，但随着第一次世界大战的爆发，欧洲各列强忙于世界大战，放松了对殖民地、半殖民地国家经济的控制和掠夺，由此给包括中国在内的落后国家民族经济发展带来了前所未有的良机。从清朝皇帝退位到北洋政府、再到南京国民政府，历经俄国十月革命影响下的“五四运动”、北伐战争、资产阶级民主主义革命，中国近代海洋经济发展进入了一个新阶段。该时期海洋经济发展，还伴随有晚清延续的民族资产阶级革命和苏俄引导的早期无产阶级革命运动。从1919年“五四运动”到南京国民政府成立这一阶段，是中国近代海洋经济发展的重要转折时期。这一时期，一方面由于马列主义在中国的广泛传播，使世界海洋经济浪潮带来的科技文明增加了社会主义成分；另一方面，“五四运动”以后国内风起云涌的反帝爱国民主运动特别是国民革命成功，又使政府和民间围绕着这场轰轰烈烈的革命运动展开了对海洋经济政策的艰辛探索。于是，反对各国强加给中国的不平等条约、反对军阀统治对国民经济的摧残，分享第二次世界海洋经济浪潮文明成果、谋求中国海洋经济发展之路，就成为该一时期活动的主题。

第一节　北洋政府时期的海洋经济发展与政策

一、北洋政府时期海洋经济发展概况

从海关进出口贸易来看，中国进出口商品结构发生了较大变化。例如，

1913年中国棉制品和棉纱进口总额达182000000关两，占中国进口总额的1/3左右；1926年，两者进口总额为10000000关两，仅占该年进口总额的1.7%。同时，由于国统区棉纺织工业发展迅速，棉花需求增加，因而棉花进口额迅速提高。1913年原棉进口133000担，到20世纪20年代末期已增至4000000担。①糖、烟叶、煤油及纸张等主要日常消费品进口量，在1913年关税大幅度提高后迅速减少，而机床、电动机等生产资料进口量相应增加。机器设备进口总值1913年达8000000关两，占该年进口总值的1.4%。生铁、钢和其他五金建筑材料、化学用品、工业用染料颜料等商品进口值，1913年占进口总值的11%。第一次世界大战前，茶叶和生丝素为中国最重要的出口商品，两者在1913年占总出口值的33.7%。②制成品和半成品出口在1913年后逐步增加，尤其是丝织品，水泥和碱类出口增长更为迅速。棉纺织业是此时期最重要的沿海产业部门，它取代了早期沿海军械工业而成为首位沿海产业，它和食品工业在整个中国沿海产业经济中居绝对优势。第一次世界大战期间，中国沿海棉纺织业曾一度发展较快，但1920年后出现萧条，1926年后稍有好转，以后逐步增长。海洋航运业在第一次世界大战中一度发展，战后保持平稳发展；造船工业从第一次世界大战结束至“九一八事变”，一直处于发展时期；进入20世纪沿海捕捞业逐步发展起来，海洋制盐工业也逐步兴起，海洋化学工业与海洋制盐工业同步增长，在整个沿海工业产值中的比重逐步增加；海洋运输业在这一时期也有发展，海洋进出口贸易总额在此时期增长幅度较大。

二、北洋政府时期海洋经济发展的主要政策

（一）确立“利用外资、振兴实业”发展政策

1915年5月，北洋政府颁布了《保护华侨条例》，规定了对华侨回国投资的具体保护和奖励政策。中国由此掀起了利用外资的高潮。但北洋政府在执行利用外资的政策法规中有不少被扭曲，实际效果与主观动机严重背离，而利用外资结果被外资利用。尽管如此，利用外资兴办实业的政策毕竟在一定程度上

①② 郑友揆．中国的对外贸易和工业发展．上海：上海社会科学院出版社，1984．

增强了人们的实业意识，促使社会上闲置资金向近代实业投资转移，推动了中国工业化、国际化与海洋经济发展的进程。在北洋政府时期，有一批著名工商界人士担任了农林、工商、财政、交通等经济部门的要职，他们主持出台了一系列包括有利于发展海洋经济的政策，这些政策重点涉及海洋经济与国际贸易关系。

南京临时政府成立期间，孙中山等拟订系列“开放门户”“振兴实业”政策。孙中山辞职后又先后到上海、武汉、广州、香港、烟台、天津、北京等地演讲，极力主张对外开放、引进外资发展海洋经济。这些主张反映了中国融入第一次世界海洋经济浪潮的要求，产生了广泛的社会影响，推动了全国范围内的“实业救国”的热潮出现。袁世凯上台后，也明确宣称“民国成立，宜以实业为先务”“以开放门户，利用外资，为振兴实业之方针”。[①] 北洋政府时期，在先后担任农商总长的国民党人刘揆一和大实业家张謇的主持下，为发展实业制订颁布了一系列相关法规，其中主要有：鼓励创办企业，发展工商业的《公司条例》《商人通例》《公司条例实行细则》《商人通例实行细则》《公司注册规则》等；鼓励发展采矿业、垦荒业及棉、糖等农牧业的《矿业条例》《矿业条例施行细则》《矿业注册条例》《矿业注册条例施行细则》《国有荒地承垦条例》《植棉制糖牧羊奖励条例》等。唐暮潮致函袁世凯提出，“实业以资本为前提、中国民穷财尽已非一日”，欲发展实业，“非是借外债不可”。[②] 1913 年资产阶级大实业家张謇出任农商总长，他认为“实行开放门户，利用外资，为振兴实业之计，……救国方策、无逾于此”，[③] 明确提出“利用外资，振兴实业”的纲领，并拟订了利用外资振兴实业的具体政策及“关于利用外资振兴实业办法”。主张采用“合资”“借款”“代办”三种形式，提出了各种形式的相应限制条件。[④] 熊希龄组阁后，接受张謇的建议，颁布了一系列涉外经济法规，如 1914 年的《矿业条例》明确宣布允许中外商人合组公司，“凡与中华民国有约之外国人民，得与中华民国人民合股取得矿业权，但须遵守本条例及其他法律”，规定相关细则，如“外国人民所占股份不得逾全股十分之

---

① 黄逸平．北洋政府时期经济，上海：上海社科院出版社，1995.

② 胡适．胡适选集，天津：天津人民出版社，1991.

③ 杜恂诚．民族资本主义与民国时期政府（1840－1937）．上海：上海社科院出版社，1992.

④ 张謇．张季子九录，实业录.

五”“企业代表人须中国人民充之”（《矿业条例》《政府公报》第662号）。[①]

（二）增开商埠、以开放促发展的海陆统筹发展政策

20世纪后，随着第二次世界海洋经济浪潮文明成果在中国的传播与对外开放的深入发展，通商口岸的设立对口岸城市的繁荣和周边经济发展的作用凸显。同时，广大沿海与内地间社会经济发展水平的差距进一步拉大。北洋政府继承清末自开商埠政策，继续在内地增开口岸，并将其作为促进落后区域经济发展的重要举措。

（三）鼓励进口替代、发展出口贸易政策

辛亥革命后，中国掀起抵制洋货、提倡国货、发展民族经济的热潮。在民众的推动下，北洋政府制定了使用国货、鼓励出口的方针。1913年11月，张謇在园际公法学会上发表演说，明确提出“加税免厘”“改变出入口不合理税率”的主张。[②]

（四）实施关税自主、收回租界、废除领事裁判权政策

1. 争取关税自主政策。自1843年以来，中国关税税率被固定为5%。由于银价下跌及贸易条件的恶化，实证税率从未达到值百抽五的水平，这种片面的、极低的均一税制对中国社会经济危害极其严重。20世纪后，随着中国民族工业的发展，恢复关税自主权的国内呼声日益高涨。1912年3月，南京临时政府的沪督陈其美曾咨文内务部长，提出“拟将长江下游一带各常关，由本都督代为遴员办理，查明进出口货物，切实整顿。然后再议推及全国，并收回税司代办各口自办，以期划一”。这项提议虽未直接提出关税自主，但提出了“收回税司代办各口自办”的主张。[③]

2. 收回租界、废除领事裁判权政策。租界制度和领事裁判权的确立严重侵犯了中国的主权。第一次世界大战期间及战后，北洋政府为收回租界及废除

---

① 杜恂诚．民族资本主义与民国时期政府（1840－1937）．上海：上海社科院出版社，1992.

② 张謇．张季子九录，政闻录．

③ 黄逸平．北洋政府时期经济，上海：上海社科院出版社，1995.

领事裁判权进行了不懈的努力。1917 年 3 月，中国宣布中德断交。中国随即收回德国在天津、汉口的租界。同年 8 月，中国对德、奥宣战，声明废除德、奥两国与中国历届政府订立的所有条约，据此，奥匈帝国在天津的租界被收回。1919 年“巴黎和会”召开，中国代表团提出了收回列强在华租界的严正要求，缔约各国均以他国放弃租界权为本国放弃在华租借地的前提条件，对中国的要求予以拒绝，中国拒签《凡尔赛和约》。1920 年 3 月，德国照会中国驻德使馆，希望恢复与中国的贸易关系。随后，中德两国在北京举行谈判，于次年 5 月签署《中德协定》，其中规定“此国人民在彼国境内得遵照所在地法律、章程之规定”“两国人民于生命及财产方面，均在所在地法庭管辖之下。”据此，德同在华领事裁判权被取消。俄国十月革命后，苏联政府宣布废除中俄不平等条约，放弃沙俄在华权益。经谈判，1924 年 5 月中苏两国签署了《建立邦交之换文》《解决悬案大纲协定》，俄国在华领事裁判权被废除，8 月天津俄租界正式收回，次年 3 月汉口俄租界也得以收回。1925 年，中奥两国经过谈判达成协议，奥匈帝国在华领事裁判权也被废除。[①] 部分租界的收回、一些国家在华领事裁判权的废除，使中国自鸦片战争以后丧失的对外贸易主权有所恢复，有利于提高中国外经贸活动的自主性，同时在一定程度上削弱了西方列强对中国经济的控制力，为民族资本发展海洋经济发展开拓了一定空间。

第二节　北洋政府时期民族资本海洋产业发展

一、民族资本发展海洋经济概况

随着第二次世界海洋经济浪潮文明成果的传播，北洋政府统治前期中国沿海资本主义发展出现了短期的所谓“工业化景气”，进而带动了沿海工业化商品化和海洋贸易水平的提高。从统计资料看，近代沿海工矿企业数从 1911 年的 562 家增加到 1927 年的 1897 家，存量资本从 1913 年的 29. 9 万元到 1920 年增至 48. 1 万元，其中工业投资从 2. 9 万元增至 5. 6 万元，增长了几乎 100%；

① 史全生. 中华民国经济史，南京：江苏人民出版社，1989.

沿海交通运输业由 4.8 万元增至 6.8 万元，增长了 41%；沿海商业贸易由 16.6 万元增至 23.7 万元，增长了 42.7%；金融业资本由 56 万元增至 126 万元，增长率超过 120%。[①] 在沿海产业部门中，轻工业发展尤为显著，其中棉纺织业、面粉业、火柴业等发展最为迅速。如棉纺企业战前仅 15 家，到 1922 年达到 64 家，纱锭数从 1914～1918 年由 54 万锭增加到 64 万锭，棉纱产量从 1913～1919 年由 40 万包增加到 110 万包；棉布产量从 1913 年的 269 万匹，增加到 1919 年的 504 万匹。面粉业，战前工厂仅有 40 余家，到 1921 年增加到 123 家，其中民族资本企业为 105 家。火柴业，战前企业有 31 家，1921 年增加到 88 家。同时，沿海重工业也有一定的发展，如采矿业，1924～1920 年，新开民族资本煤矿达 12 家。同期机械制造业增长迅猛，上海新开民族资本企业年均近 20 家。[②] 据统计，1920～1927 年，中国沿海民族资本主义工矿业产值增长率分别为 8.5% 和 8.6%。[③] 沿海工业的拓展，城市的扩大，增加了对原材料及食品等的市场需求，经济作物的种植面积普遍扩大。其中尤为显著的是棉花。

随着沿海中国工业化的发展，部分产品替代了进口，一些工业制成品还出口到海外市场，对此时期的进出口商品结构产生了明显影响。与此同时，中国的通商口岸进一步增加，1912～1925 年，中国新开口岸 22 处，这些新设立的口岸几乎全部位于内地江河和边境口岸，它们“在把外国商品带到中国内地广大和富饶的人口的面前以及在便利外国人所需要的中国产品的收购和运输方面的共同作用，对这些年贸易的迅速扩展而言，……是重要的影响因素”。[④] 总体来看，这一阶段工农业产品总量显著增加、农产品商品化程度加深，其结果不仅使国内市场扩大，而且增强了海洋贸易的物质基础。因而尽管战争削弱了世界购买力，造成世界贸易量的下降，但中国海洋贸易却呈现出前所未有的良好发展势头。1919 年以后，中国民族资本主义经济在第一次世界大战时期

---

① 彭泽益. 中国近代手工业史资料，北京：中华书局，1984；陈真，姚洛. 中国近代工业史资料，北京：三联书店，1957. Vol，3. 等算得.

② 吴承明. 中国工业资本的估计与分析，经济导报，1949. Vol，9（89）.

③ 根据前引汪敬虞. 中国近代工业史资料. Vo2，（下）：870～919 附录；严中平，等. 中国近代经济史统计资料选辑，93，表 2；孙毓棠. 中国近代工业史资料. Vol，1：22～25 等算得.

④ 黄逸平. 北洋政府时期经济，上海：上海社科院出版社，1995.

形成的惯性中得到了持续的发展。据杜恂诚先生研究，1914～1918年的新设企业达539家，创设资本为1.1934亿元。[①] 民族资本主义经济的发展在商业领域里表现也较显著。从商品经济的发展情况来看，第一次世界大战以后，国内生产品的流通量，1920年达14.9亿元，1925年增加到21.6亿元。[②] 仅以农产品为例，粮食的商品率在1895年前为16%，到1920年达到22%。其他如茶叶、桐油、黄豆、花生仁等也都提高了商品率。[③]

从海洋贸易进出口物流来看，由于中国内地产业化市场化程度提高，客观上为海洋贸易进出口物流和国内统一市场拓展提供了条件。如以棉花的商品流转为例，1922年，上海、武汉、天津、青岛、无锡五大棉花市场经销的棉花都来自全国各地产棉区，由产棉区集镇商栈向棉农收购，经中间商运到铁路沿线沿江口岸，再转到上海、天津等海岸，地区间的联系甚为广阔，国内市场的范围明显扩大；此期全国范围内形成一批大型商贸中心和集散地，如以广州为中心的华南商业经济区、以上海为中心的华东商业经济区、以天津为中心的华北商业经济区、以汉口为中心的华中商业经济区等。在海洋经济发展与国内统一市场的刺激下，国内还出现了一批从事国际贸易的新式组织，逐步形成新型的从事国际贸易服务业群体，如以澳大利亚华侨马应彪为代表的第一家大型的商业资本集团——先施集团公司；以郭泉、郭乐为代表的永安集团等。这些新型商业群体，以创办大型商业企业集团为经营策略，立足国内，积极开拓国际市场，开始把中国海洋经济发展的航船真正从传统引向了现代航程。

二、民族资本发展海洋经济的多重阻力

在中国民族资本主义经济迅速发展的同时，北洋军阀统治也严重阻滞着其发展。袁世凯死后，北洋军阀分裂为大小不等的各个军阀派别，以段祺瑞为首的皖系，投靠日本，盘据安徽、山东、浙江、陕西、福建等省；以冯国璋为首的直系，则以英、美为靠山，占据直隶、江苏、江西、湖北诸省。其他如奉系

---

① 杜恂诚．民族资本主义与民国时期政府（1840－1937）．上海：上海社科院出版社，1992.

② 彭泽益．中国近代手工业史资料，北京：中华书局，1984.

③ 吴承明．中国资本主义与国内市场，北京：中国社会科学出版社，1985.

张作霖占有东北三省；晋系阎锡山控制山西一省等。军阀们盘踞要地，各自为政，形成一个个独立的王国，不仅不利于全国统一市场内商品流通，而且混战不已，加之滥铸滥发货币，搜刮财物，给中国工商业的发展带来了严重危害。仅以厘金和货币而言，北洋军阀在各省通行的厘金，税率最高者达20%以上，普通也在4%～5%之间，名目之多几乎到了“一猪一鸡无不纳厘金”的地步。[①] 币制更是混乱，四川军阀将一元银圆改铸半元银币，从中掺假改成色，获利达80%以上。张作霖所发奉票，先有小洋票，1917年又改发大洋票，到1925年，发行额达51.4万元。[②] 其他各地军阀统治下的情况基本雷同，有些甚至有过之而无不及。腐朽黑暗的军阀统治，使民族资本主义商业的发展步履维艰、危机四伏。特别是一旦战事陡起，军阀肆意劫掠，许多商人便大遭其殃，陷入倒闭破产的境地。中国民族资本主义经济的发展，不仅受到国内军阀的残酷破坏，第一次世界大战后各国资本卷土重来，也使其大受危害。据有关方面研究表明，此期，列强在华资本输出过程中，也加大了商贸投资。仅进口值而言，1918年只有5.5亿关两，1920～1923年增加到9亿关两以上，1924年又突破10亿关两大关。[③] 非但扩大输入中国的贸易额值，此期列强还利用世界性托拉斯组织侵入中国市场，垄断商业贸易。如当时英美烟草公司、美孚石油公司、美国钢铁公司等，都利用其垄断组织，分别将势力渗透到了中国的城乡市场。它们不仅控制了中国大部分的原料市场，也占领了主要的销售市场，从而与中国刚刚得到发展的民族商业展开了激烈争夺。其结果，由于不平等条约的保护，自然是中国民族资本商业受到巨大的损失。当然，中国民族商业资本在此过程中得到锻炼和某种程度的发展，这只能说是一种失中之得，到1925年，上海百货业销售国货的比重由1922年的10%上升到了30%左右。[④]

三、北洋政府时期早期无产阶级革命派的海洋经济政策主张

北洋政府时期，第二次世界海洋经济浪潮文明成果和马克思主义在中国迅

---

① 吴承明．中国资本主义与国内市场，北京：中国社会科学出版社，1985.

② 章有义．中国近代农业史资料，第2辑，北京：中华书局，1984.

③ 郑友揆．中国的对外贸易和工业发展．上海：上海社会科学院出版社，1984.

④ 黄逸平．北洋政府时期经济，上海：上海社科院出版社，1995.

速传播，使一批具有共产主义思想的知识分子开始为未来社会主义发展构划经济蓝图。他们从不同的角度开始了探寻民族发展、推翻北洋军阀统治、废除列强的不平等条约、寻求振兴民族经济的途径。尤其是1919年“五四运动”以后，中国海洋经济思想出现了多元化发展趋势，标志着中国海洋经济思想开始进入又一个新的历史发展阶段。马列主义者对商业和海洋贸易问题的思考。以李大钊为代表的一批具有共产主义思想的马列主义知识分子是对社会主义贸易问题讨论的主要人物。由于当时社会主义在中国还是一个理想中的目标，因此问题主要集中在对未来社会主义贸易发展模式的规划上。马列主义思想家们大都承认未来社会主义仍然存在商品生产和商品交换，只不过它的目的在以满足人民的需要为宗旨，而不在盈利。李大钊指出：在社会主义制度下“生产为消费者的需要所轨制”“计算应绰裕一点”。[①] 陈独秀也认为：在社会主义社会中，分配应是“按劳力平均分配”，主张实行公有制，认为社会主义贸易要由“公的机关”统一调节的经济，“一切生产产品产额及交换都由公的机关统一调节或直接经营”。[②] 李大钊还提出改造私有化商业的具体设想：第一步先将特大商店收归国有。第二步再将中小商店逐步改造，最后将它们全部收归国有。这里特别值得指出的是，在早期马克思主义思想家对未来社会主义商业经济设想中，几乎都肯定竞争和开放商品市场对社会主义经济的作用。除李大钊外，瞿秋白在考察苏联商品经济情况后指出：社会主义商业并不是单一的公有制经济，而是存在有国立的、集体的包括市立的和工人协作社、私人的不同层次。他认为，通过这些不同层次商业之间的竞争，社会主义商业才能发展壮大。他认为这种竞争尽管初期看来是私人商业较盛，但由于公有制的强大生命力，到后来总归是“国立的市立的工人协作社的，比较堂皇些”[③]。基于此，他在考察了苏联农贸市场后，便大力倡导未来社会主义应设置这种贸易市场，为人们进行商品交换提供场所。基于上述认识，早期马列主义者坚信苏联模式，对海洋经济、海洋贸易及国际贸易及未来社会主义发展模式的构划，对后来中国现代社会主义实践者们产生了很大的影响。在与马列主义者探讨海洋经

---

① 李大钊．李大钊文集（下）．北京：人民出版社，1984.

② 陈独秀．陈独秀文章选编（中册）．北京：三联书店，1984.

③ 瞿秋白．瞿秋白文集（第1卷）．北京：人民文学出版社，1953.

济发展道路的同时，还有一些爱国思想家们则围绕着反帝反封建的民主运动展开了对海洋经济道路问题的思考。具体表现在以下几个方面。

（一）呼吁废除不平等条约，打倒军阀统治，为海洋经济创造良好环境

马寅初是这方面的典型代表。马寅初把不平等条约看作是有百害而无一利，并把中国自鸦片战争之后的海洋经济发展问题都归之于不平等条约，呼吁：图谋富强“非取消不平等条约与收回关税主权不可”①，提出通过“抵制洋货”来逐步达到废除不平等条约的独特主张。陈铭勋、漆树芬等也在这方面有许多论述。如漆树芬在系统地考察了不平等条约对中国经济的危害后，认为：关税原本是“助长工商业发达之好工具”，但因中国关税主权的丧失，结果导致“工商业之难以发达”。商埠，本来是进行商品交易的中心，但由于外商的垄断，结果变成了在中国市场上倾销货物的场所，由此导致“我们瘦！他们肥！我们是经济被榨取的，他们是经济榨取”的结果。②

（二）主张改造经济环境，为海洋经济发展创造条件

马寅初揭露腐朽制度对海洋经济发展的障碍，呼吁为海洋经济发展清除国内隐患。穆藕初则从一个实业家的角度着手于实践层面上改良经济环境，谋求为海洋经济发展创造必要条件。此外，陈铭勋、杨昌运等从不同角度提出看法。尽管他们立论的角度和侧重点不同但其基本倾向则是相同的，即改造落后的政治、经济制度和社会环境以振兴海洋经济。这是对国民革命运动人们共同的思想要求，也是时代特色。

（三）对海洋贸易地位、作用及功能的认识

此时期还有对海洋贸易地位、作用及功能方面的论述。除穆藕初外，胡适在这方面进行了较为深入的论述。作为中国新文化运动的代表之一，胡适在政治思想文化领域里独树一帜，在海洋贸易方面也发表了一些看法。胡适认为，海洋贸易与国内产业发展是不可分割的，“商业的发达能使交易之物各得其所

① 马寅初．马寅初演讲录（第3集）．北京：北京晨报社，1926.
② 漆树芬．经济侵略下之中国．上海：光华书局，1931.

欲，这正是商人流通有无的大功用”。贫富不均并不是海洋贸易造成的，而是“由于人的巧拙不齐，是自然的现象。”奢侈造成的“‘靡之者多’，正可以使‘出之者’很高价，享厚利”。[①] 这就从消费与生产的关系上充分肯定了海洋贸易的作用。

总的说来，这一时期海洋经济发展反映出了鲜明的时代特色。首先，即马列主义在中国的传播，使社会主义海洋经济开始萌芽。其次，国民革命运动高涨，又使具有浓厚的反帝反军阀色彩的第二次世界海洋经济浪潮成果之一的马列主义在中国传播成为现实。此外，寄予对国民革命胜利后社会经济发展前景的向往，也被谋划为未来中国海洋经济发展的部分内容。

① 胡适．胡适选集．天津：天津人民出版社，1991.

第五章　1927～1949年南京国民政府时期的中国海洋经济

1927～1949年，是南京国民政府成立，经过国内战争、抗日战争、解放战争，到中华人民共和国成立，中国近代海洋经济发展进入了更新阶段，是中国海洋经济由近代至现代孪生共存、承上启下的重要时期。为了更好地理解第二次世界海洋浪潮对该时期中国社会经济发展进程的影响，尤其是该时期中国海洋经济发展的内容与特点，我们分别就南京国民政府前十年、抗日战争和解放战争等不同阶段的海洋经济发展及政策进行简单阐述。

第一节　第二次海洋浪潮对1927～1937年中国社会经济发展进程的影响

1927年南京国民政府的成立，中国社会长达十几年的军阀割据混战局面暂告一段落，出现了中国历史上社会政治相对稳定的短暂局面。第二次世界海洋浪潮继续对该时期中国社会经济发展产生影响并促进中国加速近代工业化进程，海洋经济发展在抗战爆发前十年间进入了建设与提升的重要时期。

1928年后的短短三年时间里，南京国民政府相继召开了全国经济会议、财政会议和全国工商会议，制定了一系列开展海洋贸易和建立海洋产业的经济政策。1928～1930年，南京国民政府分别与英美等11个国家订立了关税新约，对税率作了大幅度修改。截至1930年所有海关关税主权宣告收回。1931年3月，南京国民政府正式公布《盐法》，采取统一盐税、提高税率、改进稽私、整顿盐场、就地征税等一系列措施，使盐税由混乱趋于正规。厘金一直是商民最头痛的税种，南京国民政府成立后，专门讨论了裁撤厘金问题，并宣布实行统税，一物一税，一次征收后即可运销全国。自清末开始实行的厘金征收制度至此宣告废除。南京国民政府各项经济政策的推动、国内政局相对趋于稳定，1927～1937年间整个中国海洋经济得到了快速发展。截至1936年，工农业和交通运输业总产值达到256.6亿元，比1920年增长31.9%。其中现代工业和现代交通运输业总产值占15.5%。同年民族资本总额达83.93亿元，较1920年的39.07亿元增长115%，其中商业资本42亿元，占50%，产业资本达20.48亿元，占24.4%。仅棉纱成交量，1936年较1935年增加了25%。1936～1937年之间的成交价也比1935年同期增长20%～30%。[①] 1937年，中国海洋贸易达到了近代以来的最高水平。

总之，南京国民政府统治前十年，政治局面出现一度稳定，社会经济环境相对宽松，中国海洋经济在总体上得到了较快发展，尽管其间也有过严重的波折和衰退。但与前期经济发展极不稳定相比，此时经济发展的国内外环境大为改善，从该时期大量史料、统计数据和评论可以看出，中国近代海洋经济发展进入了产业更新阶段，形成了比以往任何时期更为丰富多彩的海洋产业经济发展格局，是中国海洋产业由近代向现代转变承上启下的重要阶段。只有从多角度、多范围将中国与同时代世界海洋发展浪潮进行对比探求，才能形成了比较客观科学的结论。

一、促使中国沿海产业生产技术和劳动生产率提高

不可否认，1927～1937年间中国沿海产业经济确实出现过危机，尤其是1931～1935年较为明显。但总的来看，该时期中国沿海产业经济不断发展，并没有出现崩溃局面。如1933年，中国沿海近代工厂共3167家，资本产值额共1414495000元，产业工人共548492人。[②] 如果以1894年的工厂数、资本额和产业工人数为指数100，则1913年左右的工厂数、资本额和工人数分别是518、181.2和320.2；1920年左右的工厂数、资本额和工人数分别是1557、279.6和659.4；1933年的工厂数和工人数分别是2803和648.6。据另一史料反映：雇佣工人在30名以上、使用动力设备的中国近代机器工厂，1913年为279家，1920年为808家，1925年为1457家，1929年为2532家，1933年为

①② 宋仲福，徐世华．中国现代史（上册）．北京：中国档案出版社，1991.

3450 家。[①] 从主要工业品产量来看：1925 年煤、生铁及纺纱产量，分别是 23040000 吨、400000 吨、4067000 枚纱锭；截至 1935 年，分别达到 26750000 吨、608000 吨、5527000 枚纱锭。铁路里程 1926 年为 7683 英里，1935 年达 9773 英里；铁矿石产量 1926 年为 1700000 吨，1934 年达 2546000 吨。[②] 1936 年机床、电动机等生产资料进口量 38500000 关两，占该年进口总值的 6.4%。生铁、钢和其他五金建筑材料、化学用品、工业用染料颜料等商品进口占进口总值的比重，1936 年已增至 24%；茶叶和生丝出口占总出口值的比重，到 1936 年便只占 12.1% 了。[③]

一般传统观点认为，1927～1937 年间中国沿海民族资本工业（我们认为用“民营资本工业”似乎更妥）陷入了破产、半破产状况。其实不然，这 10 年的近代工业中，官僚资本工业（即“官营资本工业”，下同）很少，到 1936 年还不及国统区工业的 10%，民营工业在中国工业中占绝大部分。可以说这 10 年里得到迅速增长的主要是民营工业。如民营资本荣氏申新系统中的棉纺织工厂，1916 年规模不大，20 世纪 20 年代后得到发展，至 1931 年已达相当大的规模。1931 年与 1916 年相比，申新系统纱锭增加了 34 倍，布机增加了 18 倍，资本增加了 73 倍；1935 年申新系统棉纺织厂占国统区华商纱厂钞锭总数的 27%，布机总数的 26%，资本总数的 37%。1937 年申新系统 9 个棉纺织厂总投资额在 34000000 元以上，较 1925 年投资额 6349000 元增长了 4 倍多。荣氏系统的面粉厂，也由 1925 年的 8 家增至 1937 年的 12 家，日产量由 1925 年的 5000 包增至 1937 年的 100000 包。[④] 民营资本永安纺织公司在 1921 年创立时，资本额为 6000000 元，1930 年已增至 12000000 元，1933 年更增至 120000000 元，1933 年比 1921 年增加 19 倍之多。上海信谊化学制药厂在 1922 年创立时资本额为 10000 元，1932 年已增至 150000 元，到 1937 年更增至 600000 元，[⑤] 成为这时上海最大的药品制造厂；新亚化学制药厂 1926 年最初资本额为 2000 元，到 1928 年已增至 10000 元，1930 年又增至 50000 元，到 1936 年更增至 500000 元，比 1926 年增加 24 倍之多；上海化学工业社的资本

---

①②③　郑友揆．中国的对外贸易和工业发展，上海：上海社会科学院出版社，1984.

④　纺织周刊，Vol，8（27）：741－748. 统计数字经作者换算.

⑤　前引陈真、姚洛．中国近代工业史资料，Vol，4：389、541.

额1911年创立时不过50000元，到1931年已增至400000元，到1934年更增至1000000元，增加19倍之多，[①] 成为最大的化妆品企业。这一时期还出现了一些新兴产业部门，如化学工业、橡胶工业、日用品搪瓷工业、织绸工业等，这些工业主要是民营性质的。如南方的吴蕴初，北方的范旭东，他们都是化学工业部门著名的民族资本家，而他们所创办的企业也大多是在这一时期发展起来的。新兴产业部门的出现，产业企业的增加，使整个产业经济结构较前有了较大改善。

1927~1937年间中国沿海产业的生产技术有所改进，劳动生产率有所提高，尤其棉纺织部门更为明显。上海纱厂通过技术改进，在劳动生产率方面赶上、有时甚至超过了日本在华纱厂；1933~1934年中国沿海华商纱厂的劳动生产率较1931~1932年增加11%，较1932~1933年增加8.1%。[②] 江、浙地区的缫丝工业采用了国外先进的缫丝机（大多是日本缫丝机），劳动生产率较前提高。电力工业的发展使一些原靠人力、畜力运转的磨坊、油房、碾米房等改装马达，使一些原来使用蒸汽的工厂改装电动机，劳动生产率大为提高。火柴工业原来以手工劳动为主，到20世纪20年代后才采用排梗机，到1931年，大中华火柴公司所属7家火柴厂陆续添置了旋转理梗机、球式磨磷机和刷边机等先进设备，劳动生产率比原来提高了1倍以上，盈利由1930年的420000元增至1932年的2000000元，增加了近4倍。1929年，南洋兄弟烟草公司改用美国的新式卷烟车，其余各卷烟厂也相继添置外国新式烟车，从而使烟业的劳动生产率迅速提高，1931年比1925年提高了1.5倍以上。[③]

二、推动中国沿海产业数量、规模和结构有长足发展和进步

如1926~1934年中国沿海华商纱厂新增25家，由1926年的67家增至1934年的92家，棉纺织业已有相当规模，与以往时期相比有了很大发展。与欧战时期比，纱锭、线锭和织布机数量已成倍增长。1913年华商纱厂纺锭总数和织布机总数分别为836828枚、5980台，1927年分别为3674690枚、

① 上海机联会．工商史料，Vol，2：93－94，Vol，1：38.

② 前引陈真、姚洛．中国近代工业史资料，Vol，4：314.

③ 吴承明．旧中国的资本主义生产关系．北京：人民出版社，1977.

29788台，1929年分别为4122236枚、31222台，1931年为4497902枚、33580台。如果以1913年的纺锭数为100，则1927年为439.8，1929年为492.7，1931年为537.4；如果以1913年的织布机数为100，则1927年为498.1，1929年为522.1，1931年为561。1931年后，“九一八”事变和“一·二八”事变相继发生，东北市场丧失，上海纱厂大多被毁。1931年遍及中国16省的长江水灾，棉花产量顿减，导致棉花供给不足，棉花价格上涨。这些都给棉纺织业发展带来了不利因素，尽管如此，棉纺织业生产仍不断上升。1932年中国沿海华商纱厂共84家，纱锭共2465.304枚；到1933年，纱厂增至89家，纱锭增至2637413枚；1934年，纱厂增为92家，纱锭增为2742754枚；1934年与1932年相比，纱厂增加9.5%，纱锭增加11.1%。同时，线锭和布机增加了。1934年中国沿海华商纺织厂线锭由1932年的113358枚增至143047枚，增加了26.6%；布机由17829台增至20926台，增加16.5%。1937年中国沿海华商纺织厂纱锭达2746392枚，线锭达172316枚，织布机达25503台①，达到了以往历史上从未有过的规模。机器染纺织工业从20世纪20年代逐步壮大，在1927～1937年间因染织布匹销路越来越广，染织工业增长很快。1931年上海一地不下200家染织厂，染织布机占国统区总数的2/3②。1931～1937年间，上海染织厂无论在技术方面还是产量方面，均有显著进步。毛织工业从1925年开始增长，到1930年已达到历史最高纪录。毛绒工业在1931～1935年得到空前发展，产量、品种及利润都增加不少。

面粉工业是最主要的食品工业，其企业主要集中在上海、武汉、广州、天津等地，面粉销路主要在东北和华北地区。“九一八”事变前销往东三省的机制面粉每年约4000000包，东北沦陷后每年不过10000包。1933年廉价的俄粉挤入华商市场，使国统区各民族资本面粉厂存货堆积，粉价狂落，企业亏损甚巨。东北沦陷后关外华商面粉厂纷纷向关内迁移，结果造成国统区面粉业激烈竞争，销路缩小，粉厂相继停工或倒闭。1931～1934年，国统区华商面粉厂由原来的148家减至89家，减少3/5。但面粉生产量与销售量不一致，1934年国统区89家华商面粉厂机制面粉产量27600000袋，较1933年增加8%，而

① 前引陈真、姚洛．中国近代工业史资料，Vol，4：291－216．数字经作者换算．

② 前引前引陈真、姚洛．中国近代工业史资料，Vol，4：368．

该年面粉销售量较上年减少8%。1938年后情况发生改变，原来停工倒闭的面粉厂陆续开工。1935年产量较1934年增加8909356袋，比上年增加约9%。[①]1936年面粉产量迅速增加，粉价逐步上升。1931～1935年间，国统区面粉产量增加约40%，销量增加18%。[②] 1927～1934年卷烟产量逐步增加。但与外商烟厂比其销售量在国统区卷烟总销售量中所占比重提高不多，1932～1935年国统区华商烟厂售量仅占总售量的39%。[③]1936年后华商烟厂产量又有所提高。化学工业在这一时期增长幅度大。1927年渤海化学厂建立；1929年得利三酸厂建立、上海天原电化厂建立；1930年又有两广硫酸厂等著名化学工厂先后建立。1933年国统区7家华商制酸厂年产酸类243000余担，为该年酸类输入量的2倍。制碱工厂在1927～1936年成立了15家，1931年后发展尤其显著。国统区各类制碱厂生产增加，国外碱类输入量逐步减少。1931～1933年国统区制碱厂除满足国内需要外，每年还输往日本、我国香港、朝鲜等地100000余担碱类。1935年国统区15家制碱厂的产量为1933年国统区输入量的2倍多。[④] 直至抗战时期，国统区化学工业营业茂盛，盈利稳步上升。1928～1931年是国统区橡胶工业的发展时期，著名的大中华橡胶厂就是1928年创办的，其后又有义昌、亚洲、义生等多家橡胶厂设立。1931～1933年生橡价格极低，国统区橡胶工业大有发展。截至1933年，国统区橡胶厂已达74家。[⑤]1932～1937年因受世界经济危机影响，加之日本橡胶制品大量输华，排挤国货，国统区橡胶工业逐步衰落。到1929年中华、鸿生等4家火柴厂合并成立大中华火柴公司后，市价逐步回升，新火柴厂增加。1927～1931年国统区新设火柴厂24家，1932～1934年又新增13家。[⑥]

1931～1937年是国统区水泥工业的兴旺时期，东北市场虽为日本所占领，华北市场又受日本水泥排挤，但国统区各水泥厂努力降低生产成本，提高水泥质量，改善经营管理，使国产水泥质量赶上甚至超过外国水泥，从而摆脱了危机。1935～1937年，国统区国防建设增强，水泥需要量增加，产品销路迅速扩大，西北、西南和中南地区纷纷兴办水泥工厂。国统区水泥产量不仅可以自

---

①③⑤ 前引陈真、姚洛．中国近代工业史资料，Vol，4：397，Vol，1：74，Vol，4：456、696.

② 1935年中国经济年报，Vol，2. 内部铅印件.

④ 徐羽冰．中国基本化学工业之现状．国闻周报，Vol，12（28），1935－7－22.

⑥ 兆聪．最近我国之火柴业，工商半月刊，Vol，7（3），1935－2－1.

给，而且可外销南洋。钢铁工业在欧战至“九一八”事变时逐渐发展，在 1927～1931 年间发展较大。新式化铁炉产量在 1913 年为 97513 吨，到 1925 年增至 199617 吨，1927 年为 232278 吨，1931 年为 351905 吨。1927～1931 年国统区新式铁厂生铁总产量为 1479887 吨，[①] 年平均达 299577.4 吨，是 1931 年产量的 3 倍多。这一时期国统区钢产量也有增加。1931 年东北沦陷后，占总产量 50%以上的东北铁矿区丧失，中国钢铁产量顿减。电力工业在 1927～1937 年间增长迅速。据统计，1932～1936 年国统区发电容量增加了 32%，发电度数增加了 44%，电力工业投资额增加了 10%，每人每年平均销电度数约增 1 倍。[②] 皮革工业、造纸工业等也在这一时期有了不同程度的发展。与同时期上述主要工业比，生丝工业却日趋衰落，生丝产量一年年减少，价格惨跌，企业数锐减。

三、促使产业资本有机构成及产业技术水平有较大幅度提升

从整个近代社会经济发展史看，1927～1937 年中国资本主义产业经济确有空前的增长，工业化已进一步深化和扩展。如果没有日本帝国主义武装侵略、1929～1933 年世界经济危机和频繁内战及 1931 年大水灾等因素影响的话，这一时期中国工业经济增长的幅度肯定会更大一些。抗战前夕，上海大小工厂统计不下 5400 家，1938 年被日本帝国主义摧毁的工厂不下 2000 家，资产损失在 800000000 元以上。同年上海以外其他各地工厂损失总计 1465 家，财产达 237403568 元。这些还只是国民党经济部注册的工厂，未注册的各地大小工厂损失尚未记入，武汉工厂损失也因无法统计而未记入。足见抗战时国统区工业经济发展之规模。从整个产业技术水平分析，这一时期国统区的民族产业比以往时期有较大提高。1933 年上海一地就有使用动力设备、产业人数在 30 名以上的工厂 1186 家，按当时国际劳工局标准，现代工业 16 大类、140 余细类，上海各类工业大半都有，且重工业有一定增长。1937 年国统区 3935 家华商工厂中，包括冶炼、机器制造、金属品制造、电器、交通工具和军械制造等

---

① 前引陈真、姚洛．中国近代工业史资料，Vol，4：746．

② 顾毓琇．中国动力工业现状及其自给计划，新中华杂志，Vol，2（2），1934－1－25．

重工业企业，占全部企业数的16%、资本额的4.4%。这时期轻工业部门中的纺织和食品两业占绝对优势，两者占厂数的54.4%、资本额的54.7%、工人数的69.7%。[①] 与甲午战争时期军械工业占绝对优势（资本额的65.9%和工人数的73.4%）情况相比，1927～1937年国统区工业部门结构显然发生了很大变化，即由重工业型转变为轻工业型结构。在工业化低水平的国家这种转变是进步的。轻型工业结构改变了早期的军事工业性质，使工业更加适合社会生产和生活的要求。同时，这种转变说明官营资本工业在整个工业中的比重不断缩小，而民营工业不断增加的事实。这一时期民族资本企业的利润率虽低于帝国主义在华企业且很不稳定，但与资本主义国家工业利润率相比并不低。据统计，在抗战前夕被调查的92家工厂里，每年都获纯利的有74家，发生亏损或亏盈相间的有12家，情况不明的有6家，可见民族企业获利者居绝大多数。抗战前民族工业企业的平均利润率达到12%～13%，高于同时期资本主义国家的水平。在这种高利润率情况下，民族资本工业是不会破产半破产的。总之，第二次世界海洋经济浪潮对1927～1937年中国社会经济发展进程的影响比较明显，该时期中国沿海产业经济总的说来是迅速增长的，危机只是局部的、暂时的。1937年后，国统区情况骤变，整个工业经济又是另一结局。

突出表现在对1927～1937年中国工业化的持续推进与海洋产业结构的改善提升方面。首先，是工农业经济结构进一步改善，工业投资总额不断增长。1921～1936年间中国民族工业投资额净增1倍以上，年均增幅为6%左右。仅1920～1928年民族工业新增长资本额达3亿元左右，其中增幅较大的是民营资本工业。1936年国统区民族工业资本约13.76亿元，民营工业资本约85%（资本额约11.7亿元），[②] 民间私人投资已远远超过政府投资，成为当时民族工业资本的投资主体。传统观点认为，1927～1937年间中国民族工业陷入"破产、半破产"的深渊，整个国统区工业经济面临着崩溃。我们认为这种观点值得商榷。无可否认，20世纪30年代国统区工业经济确实出现过危机，尤其是1931～1935年较为明显。但总的来看，该时期国统区工业经济有所增长，并没有出现崩溃的局面，否则国民党无法维持其统治秩序。

---

① 陈真、姚洛．中国近代工业史资料，Vol，1：86－87，Vol，4：17、92、93.

② 吴承明．中国资本主义与国内市场，北京：中国社会科学出版社，1985.

无论从工业品产量、产值看，还是从出口商品结构等方面看，该时期的工业经济是不断上升的。如糖、烟、煤及纸张等主要日用消费品进口量，在1913 年以后逐步减少，而机床、电动机等生产资料进口量相应增加，其中机器设备进口总值由 1913 年的 800 万关两（占是年进口总值的 1.4%），增至1936 年的 3850 万关两（占是年进口总值的 6.4%）；生铁、钢和其他五金、建筑材料、化学用品、工业用染料颜料等进口值，由 1913 年的 11% 上升至 1936年的 24%；茶叶、生丝两项出口值由 1913 年的 33.7% 下降到 1936 年的12.1%；[①] 工业制成品和半制成品出口在 1913 年后逐步增加，尤其是丝织品，水泥和碱类出口增长更为迅速。该时期还出现了一些新兴工业部门，如化学工业、橡胶工业、日用搪瓷工业、织绸工业等。这些工业主要是民营性质的，如南方的吴蕴初，北方的范旭东，他们都是化学工业部门中著名的民族资本家，他们所创办的企业大多是在这一时期发展起来的。

沿海工业、海洋交通运输业、海洋渔业、海洋制盐业、滨海旅游业等海洋产业与行业增加，沿海电力、钢铁、化学等新型产业部门的出现并在整个工业中地位逐步上升，工业行业部门种类不断增多，企业总数增加，产业人数增多，使整个近代海洋产业经济结构比以往有较大改善。此外，各国资本在这时期对海洋产业部门投资明显增长。尤其是海洋远洋运输业、海洋国际贸易、海洋金融保险等业务进一步扩大。截至 1936 年，外国在华工业投资额在 29.2 亿元以上，[②] 其投资重点主要在沿海重工业部门。

通过不断的社会需求变动，第二、第三产业内部门行业此消彼长，或各部门行业的时兴时衰，1927～1937 年的中国产业经济结构得到了进一步的自发调整。在整个民族产业经济中，纺织、食品等轻工部门已跃居绝对优势地位，两者企业数达 1302 家，两者产值占工业总产值的 68.1%；重工业在工业中所占比重相对下降而绝对量增加，其资本有机构成及制造生产能力均有提高。尤其是在价值规律和剩余价值规律作用下，工业经济结构已由原来的重型结构转为轻型结构，这在工业化低水平的国家里无疑是一个进步。轻型工业改变了早期的军事工业性质，使工业更加适合社会生产和生活的需要；同时这种转变也

---

① 郑友揆．中国的对外贸易与工业发展，上海：上海社会科学院出版社，1984.

② 吴承明．中国资本主义与国内市场，北京：中国社会科学出版社，1985.

说明了官营资本工业在整个工业中的比重不断缩小而民营工业不断增加的事实。该时期中国沿海产业的企业总数由欧战时期的1759家增至3167家，几乎增加了1倍；而产业工人总数却由欧战时期的557622人减至548492人。

1933年前后的中国沿海产业劳动生产率和产业资本有机构成及技术水平呈上升趋势。这是近代中国海洋经济发展的一个重要标志。具体如表5-1所示，1933年前后的中国产业经济结构一览表。

表5-1　1933年前后的中国产业经济结构一览表①

产业部门	企业数	占企业总数（%）	资本产值额（万元）	占总产值（%）	工人数（人）	占工人总数（%）
纺织	808	25.51	59245.2	41.9	342433	62.43
食品	493	15.57	37747.6	26.7	44756	8.16
化学	159	5.03	7753.6	5.5	41734	7.61
机械、五金	304	9.60	8113.6	5.7	21362	3.89
电气用品	658	20.78	12881.7	9.1	24088	4.39
交通工具	29	0.91	524.6	0.4	2206	0.40
木材制造	18	0.57	276.62	0.2	1251	0.23
皮革加工	85	2.68	3823.1	2.7	14555	2.65
土石器	105	3.31	1535.1	1.1	13122	2.39
日常用品	165	5.21	3748.1	2.6	16815	3.07
造纸、印刷	237	7.48	4759.0	3.4	19183	3.50
饰物仪器	74	2.34	561.1	0.4	3882	0.71
杂项品	32	1.01	476.6	0.3	3105	0.57
合计	3167	100.00	141445.92	100.0	548492	100.00

第二节　1927~1937年中国海洋经济政策演变

一、近代海洋经济政策的积极作用

南京国民政府成立到抗战爆发前的十年的1927~1937年间，是中国近代

① 根据陈真．中国近代工业史资料，Vol，1：54、55、56、57，Vol，4：24，算得.

海洋经济发展的重要时期。民主革命先行者孙中山的海洋经济主张对国民政府有较大影响，大批受过西方教育的经济学家进入南京国民政府，使这一时期的海洋经济政策出现了许多新变化。同时，被迫开放近百年中国民族资本主义经济有较大增长，综合国力有所增强，争取民族独立的反帝爱国运动高涨，都促使国民政府采取相对主动的“攻式”外交。各国资本为维护其在华利益彼此竞争激烈，面对中国人民的反帝斗争，他们对国民党政府也不得不作出一定的让步。因而，国民党政府时期的海洋经济贸易政策显现了较明显的自主性。相对宽松的经济环境，以及人们对国内统一局面出现后发展经济、实现工业化的期望，因而在经济领域的各个方面均进行了探索，提出了不少见解。如孔祥熙以孙中山的三民主义为蓝本，借鉴西方海洋经济发展经验，充分吸收了近代以来国外海洋经济发展政策，提出了在1949年前中国最完整的海洋贸易发展纲领。针对中国长期以来缺乏海洋经济政策，此时的改革者们积极倡导海洋经济发展，如唐庆增把中国海洋经济长期不发达的原因归之于“经济学说上之缺点”。认为，中国数千年来，“经济学说，散漫混淆”。因“理论上之缺点和错误，又足以妨碍我工商和一切经济之进步”。强烈呼吁国人，应对海洋经济“勤加研究，求其精湛”。[①] 进一步阐述经济理论在海洋贸易中的作用，称经济理论是解决海洋贸易问题、预测未来商情、建立科学人生观的重要手段。更重要的还在于，他已认识到经济理论不能照搬照抄别国现成理论，必须符合中国国情。如他指出：“某时代所产生之经济理论，与彼时存在之工商业状况，必有密切之关系。无事实则决不能产生出理论，无良善学理则工商业制度亦难进步。学理之适用与否，尤当以国情为衡。”[②] 注重理论对商业活动的指导作用，又强调要创建符合国情的经济理论体系，反映了中国改革家们试图在吸收人类优秀成果的基础上建立适合中国国情的海洋经济理论体系的倾向。

该时期更值得称道的，是政府将这些理论逐步付诸实施。第一，恢复关税自主权，实行国定关税政策。“协定关税”给中国社会经济造成了长期深远的危害。自辛亥革命以来，中国实业界及知识分子就不断呼吁废除协定关税制度，恢复中国关税自主权，北洋政府曾为此进行过不懈的努力。到1927年4

① 唐庆增．中国工商业何以不能发达，商业杂志，1930，Vol，5（4）．

② 唐庆增．商人与经济理论，商业杂志，1928，Vol，3（3）．

月南京国民政府成立、朝野上下一致要求关税自主。同年7月，国民政府外交部发表《对外宣言》，宣布废除中外一切不平等条约，将与各国订立平等互尊主权之新约，随后南京国民政府开展了系列争取关税自主的外交活动。第二，健全国际贸易管理机构，加强海洋贸易的行政管理。南京国民政府成立之初，设立了工商部、农矿部分管全国经济工作，1930年两部合并为实业部。下设多个司，其中商业司负责主管国内外贸易，并增设了与海洋贸易有关的专业局及专门委员会。第三，限制外国商品倾销，积极推动海洋贸易发展。制定《倾销税法实施细则》，抵制洋货倾销；组织国内工商界参加国际商品博览会；在海外设立“中华国货陈列馆”，进行展销活动；派出驻外商务官员，推进对外贸易的开展；颁布法令，鼓励发展出口产业和进口替代产业；实行出口退税和保税工厂制度。第四，实行易货偿债贸易和出口贸易管制，加强对外贸易国家垄断。所谓“易货偿债贸易”，是指西方国家向中国提供贷款，规定贷款用于中国自该国进口工业品，再以中国农矿产品偿还，是在贷款名义下的易货贸易。第五，充分利用外国资本技术发展国民经济的政策。1927年4月南京国民政府发表《国民政府宣言》，提出“国民党革之方略”，其中第三条为“提倡保护国内实业”。1928年，国民政府在《整理财政大纲》中提出：“中国为资本落后之国家，自以发展产业、开发富源为亟。”为此，必须“遵总理计划，实行国际共同发展学业以完成富强基础。”① 同年孙科在其施政方针中称：“国内集资，河清难俟；生民痛苦，长夜漫漫”，故此应当“在平等互惠条件下尽量吸用国际资本”。次年底，国民党第四届中央执行委员会通过关于“充分利用外国之资本技术”，以“发展国民经济”的决议。1930年1月，国民政府行政院发布“充分利用外国之资本技术”的政令。② 1935年，掀起国民经济建设运动，经济界对发展国民经济的途径展开热烈的讨论。资委会负责人翁文灏认为：“良以中国工业落后甚多，积极建设，非有相当规模不能符建国意义，而才国富民力甚为薄弱，又非有外资匡助不易积极建设，故欢迎外资实为建国要举”。主张进一步对外开放，认为：“封锁对于国内幼稚产业虽有保护

① 孔祥熙，孔庸之先生演讲集（二）. 台湾：广海出版社有限公司，1972.

② 唐庆增. 商人与经济理论，商业杂志，1928，Vol，3（3）.

之效，而对于外来资本及技术之防绝，很不利于工业建设之进行。"[①] 国防设计委员会改组为资源委员会后，资委会积极贯彻"利用外国之资本技术"的方针。第六，拓宽利用外资领域的措施。南京国民政府成立后制定了利用外资的系列政策。1930年国民政府制订颁布了"矿业法"，规定：矿业投资中，外资不得超过50%，董事会的中方席位必须在半数以上，董事长和总经理应由中方人员担任。1933年，时任实业部长陈公博向国民党中央政治会议递交提案，提出"以我漫无组织之商人，其贸易前途无利，于中国是显而易见的"，主张由政府统制对外贸易。1934年底，国民党召开四届五中全会，蔡元培等向大会提交《请内政府厉行保护政策，扶助国内产业之发展，并于对外贸易实行管理，以期减少入超案》，建议国民党政府实行海洋贸易统制。饱受洋行盘剥的民间商人也强烈要求政府统制贸易，1935年上海总商会向政府呈文提出："挽救危机，非由国家力量，谋图国际贸易之均衡，殆无其他适当办法"。1935年国民政府立法院做出规定，交通、铁路、电信等公营事业禁止外资经营。利用外资的主要方式除借债、发行国际债券外，还大量举办中外合资、合作企业。除传统的工矿企业、铁路外，这时还在航空运输领域举办技术合作型的合资企业。同年7月，交通部与美国柯蒂斯航空公司签订合同，成立了中国航空公司，又与德国鲁夫散拿（汉莎航空）公司签订合同，成立中德合资的"欧亚航空公司"。1936年成立中日合资的惠通航空公司，并在海洋经济领域开展特许经营，1935~1936年国民党政府特许美商琼斯在华开采及提炼石油。[②]

中国官僚买办资产阶级四大家族代表人物之一的宋子文，在民国政治、经济、财政、金融以及外交诸多领域发挥了举足轻重的作用，他在海洋税制、金融、财政改革方面发挥了重要作用。第一，实行财税改革，建立有利于海外贸易并与之相配套的新的资本主义财政税收制度。北洋时期，袁世凯大举外债，使国家财政经济秩序遭到破坏，政府不堪重负，严重阻碍了社会经济发展。作为国民政府财政部长，宋子文认为改革财政、发展经济最关键的是税收，他向国民党二届五中全会正式提交统一财政、确定预算、整理税收的议案，提出并实行新的有效的商业政策与财政政策，大力推进税制改革，改变海外贸易经济

①② 陆仰渊，方庆秋．民国社会经济史．北京：中国经济出版社，1991．

状况，促进海洋经济发展。第二，整顿关税，修正税制。宋子文认为不平等条约破坏了中国的关税制度，纵容了外国商品大量倾销中国，国内商品市场和海洋贸易受到严重挑战，威胁了民国时期中央主要财政收入，主张从关税开始入手，征收包括商品进出口税、水陆交通要道向过往货物税等。他认为，白银货币在国际市场的一再贬值，使商品交换的银本位制既不利于中国商品出口，也不利于清偿本国对外国所欠债务，因此主张在关税上实施货物交换“金本位制”代替旧的“银本位制”，启用金单位作为商品进口的征税标准。改革后，市场物价上涨，货币供应量增加，国民购买力提高，银行利率下降，储蓄增加，国内外商业投资大幅度增加，汇率逐渐趋于稳定，促进了海洋贸易，商品出口额迅速增加，外贸赤字也缩小，整个海洋经济出现良好势头。第三，修正不平等条约，重新签订新的关税条约。他认为中国在世界进出口贸易中处于劣势，关税不平等是一个很重要的因素，不平等条约中的关税协定阻碍海外贸易，“世界独立国家对于征收关税，本皆有自主之权。从前政府当局不明此理，率将协定税则订入条约，致数十年备受束缚。”中国必须享有自主关税权，在关税自主的基础上修订进口税率，关税自主的核心是税率自主，主张政府参考近几年关税的变化，修改旧的税率，修订旧的进口税率表。最后迫于各国资本压力，制定新税率表时采取对中外双方贸易都有利的方案，重新签订新的关税条约，从制度上确保关税自主。在关税管理方面，宋子文坚持中央银行应该掌握关税的保管权，逐步把被帝国主义控制多年的关税主权收回到南京国民政府，为国民政府财税经济改革奠定政治经济基础。第四，进行统税改革，促进外贸流通。针对北洋时期各地关卡林立、收税标准不统一、严重破坏市场秩序、阻碍海洋经济发展，特别是地方政府为了增加收入设置的各种苛捐杂税，使商品流通、市场秩序混乱不堪，再加上度量衡不统一，交通不统一，国内市场的大环境恶劣，国内商品流通条件差，对中国海外贸易发展有消极阻碍作用等情况，明确税收部门职能、统一税收标准、简化商品流通与税务征收手续，废除北洋时期的厘金制度，采取“统税”政策。“统税”就是货物的出厂税，国民政府为了补偿厘金，根据一种货物只能征收一次税的原则对国内诸多行业的商品和物品统一征收税金。征税最先在烟草行业实行，后来范围扩大，尤其是对当时在国民经济中占很大比例的轻工行业，如棉纱、面粉、啤酒、火柴、水泥等行业先后实行了统一的税收标准，且规定凡是已经征过税的产品不能再次征税。这些政策的实施，为增加国民政府的财政收入提供了体制保障，也为抗日战争奠定了财政经济基础。[①] 孔祥熙上任后，对土地税、经营税等地方税收制度进行整顿和改革，中国资本主义财政税收制度初步建立起来。

二、中国近代史上最大的币制改革有利于中国海洋经济发展

1929～1933年世界经济危机给各国经济以不同程度的冲击，各国遂纷纷放弃金本位制。1931～1932年间，英国、日本、瑞典、挪威、芬兰、加拿大、澳洲等国相继放弃金本位制。1934年4月美国也放弃金本位制，只有中国仍维持着银本位制。中国是世界上唯一的银本位制国家，然而它既不能生产多少白银，也不是白银的主要消费国，因而它无法操纵世界白银市场价格。世界白银市场价格操纵于美国之手，美国集中了世界1/3～1/4的银矿生产和1/2的白银冶炼，美国的白银集团控制了世界银矿资本的66%和世界炼银厂生产白银量的73%[②]。20世纪30年代世界银价的剧烈波动，中国经济时而景气时而萧条，都与美国操纵银市的资本集团有很大关系。30年代初已突破1：70[③]，两者的差距幅度为100年前的6倍，形成了金价上涨5倍而银价相对下降5倍的结局。在有的国家以金为本位币，有的国家以银为本位币的情况下，金银比价代表用金国与用银国之间的货币比价，它是决定国际汇率的最根本因素。20世纪20年代，中国是世界上唯一以银为本位币的国家，而银对金本位制国家来说只是一种普通商品，在国际经济结算和支付中须以金为准。所以金银比价的变动，对中国社会经济发展有极重要的影响。法币改革前，国际金银比价差距日趋扩大，使中国经济受到很大震荡，引起各方面的连锁反应。首先，金贵银贱使中国在国际贸易中处于不利地位。自1864年中国开始发行海关贸易报告来看，除了19世纪70年代少数年份外，中国的对外贸易年年入超。1875～1900年间，每年入超额达数千万关两；1901～1913年入超额增至每年1亿关两以上；1914～1918年入超额稍降；但1919～1927年入超额比1901～1913年

① 朱坚真，等．中国商贸经济思想史纲．北京：海洋出版社，2008．

② ［德］贡德·弗兰克．白银资本：重视经济全球化中的东方．刘北成，译．北京：中央编译出版社，2001．

③ 石毓符．中国货币金融史略，天津：天津人民出版社，1984．

增加1倍以上；1928～1935年入超额增至每年30000万～56000万关两[①]。其次，金贵银贱对中国财政收入极为不利。金银比价变动，使中国在偿付外债和赔款过程中屡受重大损失。如庚子赔款4.5亿海关两银，条约规定“本息用金付给，或按应还日期之市价易金付给。”1900年国际银价暴落，英汇海关银每两只舍3先令。这种随汇价为转移以银折合金镑的损失，每年多达数百万两，少则数十万两，使本已窘困的财政收入陷入绝境。1929年因金银比价突升，英汇降至2先令以下，使政府当年由海关支付的外债本息比上年多付794余万两[②]。据估计，法币改革前的最初几年，中国因汇兑所发生的财政损失，每年达一千万元以上。金贵银贱对中国生产和经营活动，都有影响制约作用。中国货币处于被动地位，受世界金银比价变动的支配。

银本位制法币改革是国际货币金融发展及中国本身社会经济发展的产物。法币改革不仅是国际货币金融发展的必然产物，而且是中国本身社会经济发展的情势所迫。当时，中国币制的局限性，越来越为人们所共识。早在1895年就有人明确提出改革中国币制，仿效英国币制的主张。进入20世纪以后，人们对银本位制固有的弊端的认识更为深刻，纷纷主张改革银本位制。为此，1910年清政府颁布了《币制则例》，作过某些调整。但它只是在铸造银元的重量上做文章，根本没有消除混乱币制的局面。1914年，北洋政府颁布《国币条例》，规定以银元制代替银两制，但事实上历年形成的银两制度仍然继续存在，于是形成两元并用的双重币制。两元并用对中国社会经济发展不利。1918年段祺瑞执政，颁布《金券条例》，拟改用金本位，将中国货币纳入日本金元体系，遭当时内外反对而未遂。20年代金贵银贱日益严重，银价惨跌，通货混乱，工商界极力要求废两改元。杭州、宁波、厦门、汕头、青岛、江西、辽宁等地，工商界自发地改用银元。马寅初等经济学家则从理论上论证了废两改元的必要性。1928年，国民党政府表面上统一中国后，即着手进行废两改元活动。1932年，国民党政府财政部组织工商金融各界代表及学者专家，成立了废两改元问题研究会。经各方反复论证，终于在1933年3月正式由财政部颁布改革方案，实行银元本位制，最终完成废两改元的历史任务。至此，历经

① 郑友揆．中国的对外贸易和工业发展，上海：上海社会科学出版社，1984.
② 石毓符．中国货币金融史略，天津：天津人民出版社，1984.

一千余年的银两制度不再存在，这就为法币改革奠定了前提条件。废两改元，确立银元本位制，较以往币制有所进步，但中国货币制度的根本问题并没有彻底解决，原有的辅币与铜元的铸造、流通紊乱现象也仍然存在。

1935年11月，国民党政府颁布《金融改革令》，宣布实行法币政策。其主要内容有：第一，把中央、中国、交通（后来又增加中国农民银行）等银行发行的纸币定为法币，即法定货币，规定所有完粮、纳税以及一切公私款支付和市面货币的流通均用法币；第二，实行白银国有，禁止白银在市面上流通；第三，法币与英镑，后来又与美元，发生固定的等价联系。这就是中国近代史上最大的一次币制改革。对于这次币制改革，究竟应当怎样评价？我们认为，要用马克思主义一分为二的观点来看待这个问题。评价法币政策，既要注重政治关系，又要注意经济关系；既要看到国民党政府执行掠夺性财政金融政策以维持其反动统治的事实，同时也要看到当时中国币制改革的历史必然性，要把国民党政府后来推行的通货膨胀政策与法币政策适当区分开来。1934年，美国实施《购银法案》，次年又两度调升白银收购价格，人为地拔高银价，致使中国白银大量外流。据统计，1934年7～10月中旬3个半月，中国流出白银即达2亿元以上[①]。又据美国商部报告，1934年11月，美国共输入白银1500余万美元，其中1/2以上来自中国。同时，日本人在上海、天津等地大肆取购白银，经日本本土运往英美等地销售，1934～1935年平均每月自中国运出白银在600万元以上[②]。白银大量外流，致使银根发生动摇。如1934年6月底，上海中外银行银根计为5.8亿元，半年后减至3.3亿元。银根削减，意味着货币储备金减少，可发行的钞票减少。1935年6月，上海、天津、汉口三城市各银行的钞票发行额比同年1月份减少约10%，银根紧缩，信贷告急，利率高涨。1934年，钱庄收取利率由每年6%上涨至16%。1935年1月间出售1月交款的外汇期货贴水，利率高达27%。[③] 在上海，即使以高利率，亦不易借到款。信用紧缩致使金融业务很不景气，1935年全国倒闭或停业的银行达20

---

① 国民党政府财政部．施行法币布告，1935－11－3；中共中央党校史教研室编．中国近代经济史资料选编，中共中央党校出版社，1985：169、169－170.

② 石毓符．中国货币金融史略，天津：天津人民出版社，1984.

③ 中国经济统计所编．上海工商金融等业倒闭停业统计（内部铅印件），1936.

家（上海12家），上海钱庄倒闭或停业者11家[①]。工商企业贷款告急，由此造成资金周转困难，负债累累，生产经营无法正常进行。据统计，1935年上海31家私营资本纱厂，停工者8家；丝厂和面粉厂，停工者在1/2以上；商业更惨，1934年冬至1935年夏秋间，各类商业企业倒闭521家，约占总数的1/2[②]。银根紧缩，货币的必要流通量少于商品通量，通货不畅致使物价下跌。如上海物价，1935年比1931年下跌了23.9%。各地批发物价指数，若以1926年为100，至1935年9月，上海跌至91.1，华北为90.68，广州为81.6%[③]。其中，农产品价格下跌更甚，1933年比1931年，大米下降45%，茶叶下降67%，小麦下降24%，花生下降40%，棉花下降19%。对于农副产品为主要出口商品的中国而言，农产品价格下跌致使中国进出口贸易差价扩大。若以1926年进出口农产品物价指数各为100，则1933年进口物价指数为131.1，而出口物价指数下降至85.8。因物价下跌，中国每年损失达15000万美元以上[④]。同时，由于工农业生产受阻，商业萧条，人民购买力降低，致使中国进出口贸易下跌。若以1926年进出口值为指数100，则1935年进口值指数为52.5，出口值指数为42.8[⑤]。可见，20世纪30年代初由白银大量外流所引起的通货紧缩，使中国财政金融乃至整个经济处于不景气状态，改革中国币制实为当时社会经济发展的迫切需要。

为消除白银大量外流给中国社会经济带来的不利影响，1934年4月国民党政府财政部不得不采取征收白银出口税的办法，来阻止白银外溢。增征白银出口税虽起过暂时的缓和作用，但因白银大量走私，征收白银出口税完全失去了禁绝白银出口的功能。应国民党政府邀请，1935年9月英国派遣首席经济顾问李滋罗斯来华筹划对策。经反复论证，决定实行废除银元本位制，改行纸币的法币改革。1935年11月4日，国民党政府财政部正式颁布《金融改革令》。法令规定了放弃银元本位，实行纸币，集中货币发行，实行汇兑本位制等主要内容。法令规定，“中央、中国、交通三银行所发行之钞票定为法币。

① 谢菊曾．1935年上海白银风潮概述；历史研究，1965（2）．

② 中国经济统计所编．上海工商金融等业倒闭停业统计（内部铅印件），1936．

③ 周伯棣．白银问题与中国货币政策（内部铅印件），1935．

④ 章有义．中国近代农业史资料，北京：三联书店，1957. Vol，3（427）．

⑤ 武堉干．近十年来的中国国际贸易．十年来的中国（上），北京：商务印书馆，1938：214．

所有完粮纳税及一切公私款项之收付，概以法币为限"[①]，不得使用银币。这就割断了中国货币与白银的直接联系，消除了世界银价涨落对中国社会经济的影响和制约，为中国往后社会经济发展提供了一个有利的条件。同时，放弃银元本位制，改行纸币制度，符合国际货币金融发展的自然法则。但是，纸币代替银币充当货币职能，又为国民党政府往后实行通货膨胀政策打开了方便之门。国民党政府在改行不兑换纸币以后，大肆增发法币，人为地制造通货膨胀，借以筹集军费，聚敛财富，给中国人民带来了极大的痛苦。按照此法令，货币发行权集中于中央、中国、交通三银行。这就把改革前的30余家货币发行银行，集中于政府财政部之下。货币发行权的集中，是国际货币金融发展的共同趋势，它有利于形成统一的国内市场，有利于扩大商品生产与流通。只有这样，才能根据本国经济发展对货币需求量大小来发行货币，以维持正常生产与流通，保证币值稳定并促进经济发展。然而，国民党政府却利用货币发行权的集中，在后推行恶性通货膨胀的掠夺政策，残酷地掠取全国人民财富，这就充分表明了这一政府滥用国家货币集中权的卑劣行径。法令又规定，银钱行号商店及其公私机关或个人，均不得持有银币、生银等银类，持有者须限期兑换法币，将民间白银收归国有。并且规定，"为使法币对外汇价按照目前价格稳定起见，应由中央、中国、交通三银行无限制地买卖外汇。"国民党政府将国内收兑的白银移存国外，以此作为稳定法币与外币汇价的准备金，实行汇兑本位制，将法币与英镑、美元挂钩，使之维持一定比例。这样，就把中国货币纳入到国际货币金融体系中，钉在经济实力强大的英美资本主义国家货币上，能较好地维持汇价稳定，开展国际贸易和国际合作。但是另一方面，它又使法币成为英美货币的附庸，使中国社会经济依赖于外国资本尤其是英美资本，不可避免地带有附属国货币的色彩。此外，中央、中国、交通三银行，"得无限制地买卖外汇"，这大大便利了国民党政府某些贪得无厌的官员及其他投机分子，利用他们手中所掌握的职权，趁法币膨胀之机大量套取外汇储备，化公为私，吮吸全国人民膏脂。法币改革对当时中国社会经济产生了某些积极作用。1935年11月国民党政府实施法币政策以后，国内通货贬值，物价回升，社会

① 国民党政府财政部．施行法币布告，1935－11－3；中共中央党校史教研室．中国近代经济史资料选编，北京：中共中央党校出版社，1985：169－170.

经济得以恢复发展。1936 年和 1937 年上半年，中国社会经济达到历史上罕见的繁荣时期。1935 年 11 月 ~1937 年 6 月，即抗日战争全面爆发前夕，中国物价逐步回升。1936 年与 1935 年相比，物价指数上涨了 12.6%，1937 年 6 月又上涨了 16%，1937 年 6 月比 1935 年平 7 月高出 39.3%[①]。其次是对外汇价稳定。法币改革以后，国民党中央银行挂牌汇价对英镑、美元、日元，几乎没有什么变动。1935 年 12 月 ~1937 年 6 月，1 元法币 =1 先令又 2.5 便士（其卖价为 14 $\frac{5}{8}$ 便士，买价为 14 $\frac{3}{8}$ 便士），100 元法币 =29.75 美元，100 元法币 =103 日元[②]。这种情况与法币改革前的剧烈变动大不一样。国内物价回升，对外汇价稳定，从而刺激了中国生产和经营的恢复与发展。1936 年，国内几种主要工业品产量与 1935 年 11 月相比，棉纱增加 2.9%，水泥增加 26.2%，火柴增加 18.8%，电力供应增加 8.7%。1937 年上半年，工业产量继续增长。如 1937 年 3 月，棉纱产量比上年同期增长 35%。国内工商业经济呈现景气状况，工人工资收入及就业条件亦有改善。在工商业经济好转的同时，农业生产大有起色。1936 年全国农业收成，除四川、河南、广东三省受旱灾外，其他省份均获丰收。棉花产量，1936 年比 1935 年增长 44%；小麦产量，1936 年比 1935 年增长 8.3%。农村居民的购买力也有所提高。在对外贸易方面，由于汇价较低且又稳定，中国进出口额均有增长。1936 年，中国商品输出净值比 1935 年净增 22.6%。商品输入净值也有增长，1937 年上半年比 1936 年上半年增长了 37%[③]。然而，好景不长。由于日本帝国主义大举武装入侵中国，国民党政府腐败无能，这阶段物价回升，对外汇价稳定，以及国内经济好转等，只是昙花一现。

1935 年法币改革不是后期国民党政府执行通货膨胀政策的本源。在考虑币制改革问题时，还有两个基本概念应当弄清楚。即币制改革与通货膨胀之间的关系。这两者有密切联系，但非并列关系或因果关系。我们不能将 1935 年法币改革视作后期国民党政府执行通货膨胀政策的本源。这是因为：第一，法币改革前，中国不仅存在通货膨胀现象，而且相当严重。据考证，1935 年前

①③ 上海经济研究所等编．上海解放前后物价资料汇编，上海：上海人民出版社，1959.

② 石毓符．中国货币金融史略，天津：天津人民出版社，1984.

夕，至少有16个省存在不同幅度的通货膨胀现象①。证明法币改革前通货膨胀是一种相当普遍的现象。不仅银元券、钞票等在大多数地方和大多数时间里，根本不是什么信用货币，而且铜银等金属货币也出现贬值。如四川，1911～1935年共发行钞票7100余万元，而未收回的与折成收兑的贬值额达2293余万元；云南，1912～1931年共发行钞票9200余万元，后以5∶1折成收回，贬值额为7360余万元；广西，1912～1931年共发行各种钞票6000余万元，有的贬值达50倍，有的折成收兑，有的变成废纸，共计贬值6300万元以上；吉林和黑龙江，1914～1928年共发行官贴55亿吊，14年间吉贴和黑贴分别贬值36倍和14倍，两省人民损失至少50亿吊；辽宁，1924～1927年，奉票贬值的32倍，其他省份钞票贬值、停兑现象也相当严重。至少小规模的钞票贬值、停兑现象，那更是遍及全国，难以数计。若按西方经济学家的观点，通货膨胀每年递增10%以上即为严重通货膨胀的话，则法币改革前的中国大多数省均超出了这个比率，而辽、吉、黑、滇、鄂、桂、晋、新疆等省区，已达到了所谓“超级通货膨胀”的地步。只是因为当时尚未发生大规模的持久战争，因而其幅度远非后来的法币膨胀幅度之巨。即使是金属货币，也存在着通货膨胀现象。自清末至1923年，铜元铸发量超出400亿枚②。20世纪初，当10的铜元，一般80～90枚即可换得银元1元。但至此30年代初，上海、江浙地区须当10铜元300枚左右，才可换得银元1元；平津地区须当10铜元400～500枚，才可换得银元1元；汉口则高达600枚左右。不到30年，各大城市的铜元平均贬值4～5倍，内地更甚，如郧阳须11000文铜元才可换得银元1元；四川各地一般须28000文，最高者达13万文③。1873～1933年60年时间，世界银价下跌4倍，意味着同时期中国银元的币值相对用金国的货币币值下跌了4倍。第二，战时通货膨胀是一个带有普遍性的问题。因战时货币供给量与需求量很不一致，生产经营极不正常，往往产生通货膨胀。如第一次世界大战结束时德国马克的购买力，跌至大战前的1662亿分之一。再如1933～1948年，日本物价指数上涨了181倍；1938～1948年，意大利物价指数上涨了57倍，

① 慈鸿飞．关于1935年国民党政府币制改革的历史后果问题辨析；南开经济研究，1985（5）．

② 戴铭礼．中国货币史．北京：中国财政经济出版社，1987．

③ ［美］阿瑟·恩·杨格著．1927～1937年中国财政经济情况，北京：中国社会科学出版社，1981．

法国上涨了近20倍。其余如美国、英国、一般也上涨了2~3倍[1]。只是与中国物价上涨指数相比，其幅度要小得多。第三，促成1938~1948年国统区恶性通货膨胀的因素是多方面的。一些学者单纯考察货币发行量，是不够全面的。如1938~1948年，中国最重要的经济区——东北地区和东南沿海地区先后沦陷，1938年底日本占有中国工业生产的92%，农业生产的40%以上[2]；截至1942年，日本进一步占领华中、华南地区，并垄断了中国的对外贸易，对国统区实行残酷的经济封锁政策，断绝了物资供给。而大后方原有的工农业生产十分薄弱，经济基础相当落后；长期的大规模的内外战争使国民党政府的军费开支剧增，如1937年前军费开支占财政总支出的30%~40%，1937~1945年高达60%以上[3]。这就使货币需求量大缩小，商品流通量大大减少，从而间接地增大了货币供给量。国民党政府不但不抑制货币供给，反而以增大货币供给的办法来弥补财政赤字，加剧了通货膨胀。1946~1949年，中国在长期的大规模的民族战争基础上，又爆发了大规模的全面内战，将已经濒临崩溃的国民经济推向深渊，货币需求量被压缩到一个极小的范围内，再加上国民党政府无限制地发行法币，扩大货币供给量；同时解放区废除纸币，把越来越多的法币压缩至日趋狭小的国统区内，从而增大了国统区货币供给量。这些因素综合作用，最终酿成了中国经济发展史上空前未有的恶性通货膨胀。

第三节　抗战与解放战争时期（1937~1949年）的中国海洋经济

1937~1949年因大规模的战争影响，该时期中国海洋产业屡受破坏，海洋经济增长速度明显减缓甚至下降。到1945年底抗日战争结束，中国沿海产业总产值只及1936年的72%，其中海洋交通运输业产值只及1936年的63%。至内战后的1949年，全国工农业总产值只及1936年的61%，工矿业产值只及

---

① 上海经济研究所等编：上海解放前后物价资料汇编，上海：上海人民出版社，1959.

② 张公权．中国通货膨胀的历史背景和综合分析．工商经济史料丛刊，北京：文史资料出版社，1983.

③ 杨荫薄．国民财政史，北京：中国财政经济出版社，1985.

1936年的52%。[①] 但另一方面，抗日战争时期的国统区海洋产业增长和1931～1945年日本在华沿海殖民投资大量增长，使近代中国海洋经济得以曲折地增长。1937～1949年中国海洋经济发展呈现的三个显著特征是：第一，官营海洋产业资本因实行统制政策并接受外资产业而迅速膨胀；第二，战时海洋经济产业占很大比重，军事经济性质相当明显；第三，沿海地区的政治分割管辖促使极不合理的海洋经济产业布局得到一定改善，使海洋经济集中于上海等几个少数沿海中心城市的格局有所改观。

一、抗战与解放战争时期（1937～1949年）的中国海洋经济政策

1937年抗日战争全面爆发，国内各种物资匮乏，海洋贸易投机盛行，导致海洋金融与商业资本畸形繁荣，这种局面到抗战后期达到极点，加剧了中国经济危机。当时的国内外学者对商业资本的危害作了分析并提出对策。如王亚南根据马克思主义经济学理论，结合中国实际情况，在对商业资本危害作了考察分析的基础上提出要通过解决土地问题，以实现商业资本向产业资本的转化，抓住中国商业资本与土地资本紧密联系这一特点，为中国共产党开展新民主主义土地革命提供理论依据。与王亚南的观点接近，胡沂生主张在实行"重产抑商"基础上抑制商业资本的过度膨胀来实现民生主义，其主张在国民政府经济政策上得到体现。抗战爆发后，为防止流通领域混乱、保障战争物资供应，国统区和共产党领导的革命根据地都将专卖政策不仅看作是保障战时物资供应的重要手段，而且作为节制私人资本、发挥国家资本功能、实现民生主义的重要一环，并陆续在各自管辖区域实行专卖政策。

（一）抗战与解放战争时期（1937～1949年）国统区实行的海洋经济政策

1840年以来，中国海洋贸易长期为外国资本控制，中国经济组织和个人只能开展与外国在华洋行的贸易，国内产业与国际市场缺乏直接的联系，加上中国传统海洋产业结构落后，导致中国海洋经济贸易长期出现巨额逆差，实际

① 丁世洵．关于中国资本主义发展水平的几个问题，南开大学学报，1979（4）．

收支状况严重恶化，对民族经济发展极为不利。到抗日战争前，中国不少有识之士就主张改变这一局面，但仅仅靠民间力量是不够的，必须发挥国家应有的强制性作用。1936 年汉口茶商吁请政府，建议设立全国茶叶统销局，对外直接经销，不受外商操纵。可见，在民族危机面前，要求政府统制海洋贸易的呼声已经颇为强烈。1937 年 9 月，国民党政府财政部提出《增进生产，调整贸易办法大纲》，随即在军事委员会下，分别设立“工矿调整委员会”“农产调整委员会”，10 月设立“贸易调整委员会”，对工矿业、农业、商业实施全面的经济统制，国防最高会议制定《总动员计划大纲》，规定海洋贸易要实行国家统制，利用有限渠道出口盟国需要的中国农矿产品等战略物资，进口中国急需的军用及民用物资。国民政府经济部、资源委员会国民经济研究所研究员董修甲在《国民经济建设之途径》《国民经济建设精义》中，考察了苏联、英美等工业化国家经济发展过程，认为“20 世纪各国的趋势，无一同是专靠工商业。不同时提倡农业，而能生存也。”苏联“因鉴于以农立国危险太大，故于数年前实行第一个五年重工业计划与第二个五年轻工业计划。”英国虽是一个工商业国家，但也“不能不倚赖殖民地的农业品，来发展英国的工商业”。美国既富且强，根本的原因却在于“既重农业，又重工商”。提出振兴商业的“治标”“治本”策略。就标本两方面言，主张“应由政府和商人联成一气，协同图谋复兴国内贸易之方策”同时，发展国内贸易，还“应注意国货土产之推销，以裕中国民之经济，绝无努力推广洋货，为外人谋利益者。”在治标方面，尽力改良技术，减低产量成本和扩大广告宣传，扩大国货销路，以与洋货竞争，缩小洋货的倾销范围和夺回丧失的市场。洋货之所以在中国市场如此倾销，主要在于其“价廉物美”和“广告力大”，中国产品只要在这方面“对症下药”，必能与“洋货竞争一时之雌雄”。国货厂家应尽量利用先进科学技术，加强科学管理，减少无用职员，消除浪费等方法减低成本。政府利用宣传工具为国货产品进行广告宣传，通过舆论批评和商人联合抵制等方法迫使各地减少或取消苛捐杂税。筹措经费发展各项交通运输事业，依靠经济、政治和军事手段消除天灾人祸。实行保护国货政策，将关税政策与辅助金制度结合起来。关税政策包括增加进口税、实行输入比例制、输入许可制、输入禁止制四种政策。用增加进口关税，对阻止外货倾销作用不佳，而且也不能达到扩大国货销路的作用。只有输入比例制、输入许可制和输入禁止制，才能直接限制外货之输入，使它不能与国货竞争，为“保护国货畅销至良之政策”。若再采用辅助金制度，保护国货畅销政策就更加完备，因为关税政策仅是对外货输入之限制，不能影响已在中国境内的外国工厂产品。辅助金制度是通过将征收的出厂税仍秘密归还给华商工厂，以造成在华外厂所制之物品成本加高，华厂之成本实际减低。这样，国货之价格可以低于洋货，当易于推销矣。通过重新厘定中央与各省之税源，删除各省县不急之务。中国国内贸易衰败，除了外货倾销外，国内人民购买力低，也是一个重要因素。而人民购买力低，又主要是沉重的苛捐杂税所致。“今不欲根本救济国内商业则已，如欲根本救济，必须使国民之购买力加大，欲使国民购买力加大，惟有铲除一切苛捐杂税。”铲除苛杂的最根本办法，不在仅限于废除厘金，而是重新划分中央和地方税源，取消各地不必要的开支。此外，应将中央政府和地方政府兴办事业作区别，做到各筹经费人才，各负其责，以免重复建设，浪费资金。从根本上铲除苛捐杂税。规定适当交通计划并积极实施。交通计划包括发展水陆运输、在交通要地设立存储商品机关．发展远洋航运等。实行统制国内外贸易，董修甲将此看作是国货自身振兴，国内贸易积极发展的重要举措。因此，他对统制的原则、组织、权限、范图等均作了详细规划。只有实行统制才能“在一定健全环境内顺序推行，”才能减去阻碍，增加发展之效能，最终达到“日趋繁荣”之目的。[①] 董修甲在许多具体问题上提出新主张，诸如在划分中央与地方税源方面的见解，有关统制国内贸易的主张，后来均反映在南京国民政府的经济政策之中，在实践中产生了较大影响。

（二）抗战与解放战争时期（1937～1949 年）革命根据地和解放区实行的新民主主义海洋经济政策

从 20 世纪 20 年代末建立并发展起来的苏维埃根据地，一批马列主义者在领导根据地经济建设实践中对新民主主义经济问题作了探讨，毛泽东等提出了新民主主义经济理论，为中国新型的、代表未来社会主义经济发展指明了方向，直接影响到 1949 年中华人民共和国成立后的中国海洋贸易经济政策与实践。新民主主义经济在中国的出现，与中国共产党运用马列主义理论领导中国

① 董修甲．国民经济建设之途径．华丰印刷厂，1936（内部印行）．

新民主主义革命与根据地建设密不可分。

合作主义自“五四运动”传入中国，到20世纪20年代末30年代初达到鼎盛时期，各种合作组织不仅在国统区大规模地倡导开展，而且也在中共领导的革命根据地内普遍建立。除了侯哲荃的消费合作思想十分流行外，梁漱溟、许鸿达等也向政府决策者提出了这方面构想。他们把消费合作看作是消除社会弊端的理想模式，主张在乡村实行消费合作，对消费合作实行“相当统制和计划，迅速而普遍地推行全国”。提出“网状经济协展主义”的经济改造方案。[①] 建立全国范围的集生产、消费于一体的网络状的消费合作组织和经济发展模式。马列主义经济学者在此期间着重对社会主义经济问题进行探讨，依照当时苏俄建立的社会主义模式，把苏俄经济发展模式看作是未来中国社会主义经济发展方向。其中以沈志远为代表，系统研究和介绍了苏俄经济理论和海洋贸易政策，对后来中国共产党实行的海洋经济政策产生了较大影响。

在20世纪20年代末至30年代，中共在领导的革命根据地内已采取了系列发展经济的政策和措施，如在苏维埃政府设立对外贸易局负责根据地内外贸易，并在实践中逐步提出了保护私营工商业，发展对外贸易和发展合作社的政策纲领。革命根据地时期的这些商业政策措施，反映了中共领导人及其理论家对新民主主义经济的认识。实行自由还是计划经济的管理体制？进步学者马寅初等坚持自由经济竞争并保障私有经济发展，另一方面接受德国国家经济学思想，主张经济要有国家干预，特别是作为贫弱国家更需要政府统制。此时苏联计划经济的取得成功，德国、意大利法西斯管制经济使国家迅速发展，给中国知识阶层留下深刻印象，马寅初等也认为中国要吸取苏联的经验，实行计划经济、管制经济，搞带有社会主义性质的东西。这在当时的知识阶层颇具代表性。海洋经济发展的配套政策。20世纪20年代，马寅初等对海洋经济发展的配套政策作了研究。到20世纪30年代，他们对此作了更深入的研究，认为中国发展海洋经济的助力包括民族性、地理条件、政治设施，障碍包括个人障碍、地理障碍、社会障碍、政治障碍等。海洋经济发展需要相应的制度环境，特别是银行货币制度完善与海洋贸易关系很大。进入40年代，他们一再主张中国应该实行统制经济、管制经济。马寅初说：“就现在之情形而论，苏俄之

① 许鸿达．商业改造论．上海：上海世界书局，1929．

统制经济可谓大告成功"。[①] 从抗战爆发到 1949 年 10 月，是中共领导的新民主主义经济发展并走向胜利的重要时期。1940 年 1 月，毛泽东在《新民主主义论》中指出："新民主主义的经济纲领，是要把大银行、大工业、工商业，归这个共和国的国家所有。"1947 年 12 月，毛泽东在《目前形势和我们的任务》一文中提出"没收封建阶级的土地归农民所有，没收蒋介石、宋子文、孔祥熙、陈立夫为首的垄断资本归新民主主义国家所有，保护民族工商业。"[②] 由此建立新民主主义经济。

总之，该时期的革命根据地和解放区实行的新民主主义海洋经济政策，既是对以往中国半殖民地社会经济政策的否定，也是对苏俄统制经济政策继承发展，政策的范围和领域具有多样性和包容变动性，主要是从苏俄社会主义模式中寻找中国海洋经济发展路径。

二、抗战与解放战争时期的中国海洋产业经济发展

（一）抗战与解放战争时期（1937～1949 年）国统区海洋产业经济

1. 海洋经济贸易实行国家垄断。1937～1949 年海洋贸易专卖制度，在世界各国都有实行，且多为战时一项特殊政策。由于国情不同，政府所采取专卖方式和目的也不同，抗战与解放战争时期的国统区自然不能与之类同。时任国民党政府财政部长的孔祥熙认为："一种制度的树立，系于政策的决定，而政策决定的取舍，又要适应国家政治环境和经济环境的情形。"中国专卖政策"实为中国物品专卖制度的精神所寄，也可说是吾国专卖政策的精髓"。因此，1937～1949 年国统区的专卖政策具有以下 4 个特色：第一，提高专卖物品的品质，以保护人民健康的生活。第二，提高专卖物品产制标准，以为发展国际贸易之基础。第三，于寓税于价之中，更采寓禁于征之精神。第四，暂取统制管理的方式，充分与工商合作，而不急遽将物品之产制运销，悉由政府独占。为了保证专卖政策真正发挥兴利除弊、利国利民的功用，孔祥熙提出缜密计划、科学管理、健全人才，"计划为一切事业设施之母。"专卖政策之推行尤

① 马寅初．马寅初演选集．天津：天津人民出版社，1988．

② 毛泽东．毛泽东选集．北京：人民出版社，1990．

为如此，“事前计划之缜密与否，实为事业成就之主要因素。”计划不能仅停留在纸上，还必须根据实际情况，“缜密审议”，才能“达到改善人民生活之要求”。关于科学管理，他认为专卖政策成功与否，“管理之是否合理，为其关键之一”，主张“必须以工商业管理之原则”加强培养专卖事业管理人才，“立法需人，行法亦需人，故人事问题，为任何行政机关首须解决之一环。”“人事健全，则全部困难即已解决其大半。所谓人事健全者，不仅谓能选贤与能，而尤须注意机构组织之合理，工作分配之协调，并建立完备之人事制度。”只有建立健全的人事制度，专卖政策才可“制节谨严，树立楷模”。[①]

2. 高度集中与自由经济并行发展模式。1942年后国统区的国营资本尽管不断膨胀，但效率和效益却越来越低。如资源委员会154个所辖企业的财务报告显示，抗战期间28%的企业亏损，25%的企业利润低于5%。1942年，新模式产生的新困境，使得国统区思想界对这种经济模式的争论再起，民营化之声不绝于耳。1943～1945年，蒋介石从延续国民党执政地位的需要出发，先后发表了《中国经济学说》《中国之命运》《经济建设的方针》等系列论著。认为，自由主义和共产主义经济都不适合中国传统精神，战后中国经济建设“不取放任自由，不取阶级斗争”，而是实行“有计划之自由经济发展”，表示除国防、重要公用事业及与国防相关重工业外，均可民营。蒋介石此时的思想转变，既是对国统区政商学界批评不得不进行的回应和解释，也与美国的影响有关。1941年8月，英美签署《大西洋宪章》，其核心内容强调以自由主义经济理论恢复并重建国际经济体系。这一观念在1942年6月的《中美租借协定》中给予了确定。1944年，美国拟订的“战后经济政策与计划”，反复强调了对私营企业与自由竞争制度的维护，并坚持作为战后国际经济的基本原则。蒋介石反思了国营企业存在的问题：“以往国营事业经营不善的主要原因在制度未立，规划欠周，其中又以‘政企不分’最为关键。”国统区以政企分开为基本原则，在国营事业中广泛推行公司制度。然而，这时的中国民营资本大多已无力或无意接盘了。抗战后期，国民党已无意扶持民族工业，对后方的设施如弃敝屣。1945年8月，有内迁工厂代表130人群集行政院请愿，要求给予贷款，协助复员。后胡西园等再次面见蒋介石，才获得贷款38亿元。复员所获38亿

① 孔祥熙．孔祥熙文集．北京：人民出版社，1990.

元，分给300家企业，每家所得无几，尚需变卖资产以还债务。从抗战开始到1947年，国民政府主要靠外资来维持国民经济。抗战期间仅资源委员会获得美国的救济和援助资金即达3523万美元，其他军事战略物资更数以亿计。1946年后解放战争进入高潮，国民政府全年财政收入为13万亿元法币，而支出却高达约为40万亿元，收支相差27万亿元，只好银行垫借。1946年，货币供应量比1937年增加2900倍，上海市物价较战前上涨8000倍。国家资本民营化似乎成了唯一的稻草。1947年4月7日，由蒋介石亲自审核批准的《国营事业配售民营办法》正式公布实施。该办法规定：将经济部、农林部、粮食部、财政部、资委会、中央信托局等部门所属17个生产企业的全部资产或部分资产，以标售或发行股票的方式出让民众。这开启了国民政府长达两年之久而备受争议的民营化工作。1947年春到1949年春，先后有宋子文、张群、翁文灏、孙科四人出任国民政府行政院院长，并在各自任期内以不同形式试行国有企业的民营化，但均以失败告终。战乱不断，政策朝令夕改，既得利益集团的干扰和继续攫取，让国民政府民营化成功的概率几乎为零。[①] 国民政府民营化失败半年后，中华人民共和国成立。

（二）抗战与解放战争时期（1937～1949年）革命根据地和解放区新民主主义海洋经济发展

根据新民主主义的经济纲领，在具体的经济政策上，抗战时期除在财政上实行“发展经济，保障供给”；在商品贸易上，实行“对内自由、对外管制”政策，即根据地内贸易自由，以调剂物资，调整物价；根据地外则实行严格的管制。在边区设立贸易总局，分区设分局，基层设贸易站。主要任务是贯彻中共和抗日民主政府制定的贸易政策，保证根据地军民必需品供给。在此政策推动下，根据地商业发展很快，到1944年，仅陕甘宁边区就有公营商店348家，私营商店在1941年也达355家，1944年又增加到473家。另外，还有各类消费合作社。[②]

1946年5月，中共中央在《关于土地问题的指示》（即“五四”指示）

① 虞宝棠．国民政府与国民经济．上海：华东师范大学出版社，1998．

② 薛暮桥．论中国经济体制改革．北京：人民出版社，1990．

中指出："除罪大恶极的汉奸分子的矿山、工厂、商店应当没收外，凡富农及地主开设的商店、作坊、工厂、矿山，不要侵犯，应予保护。"1947 年 9 月，在《中国土地法大纲》中重申："保护工商业者的财产及其合法的营业不受侵犯。"根据地和解放区工商业的发展，成为新民主主义海洋经济产生的基础，毛泽东等一批马克思主义者 1949 年正是在此基础上，总结并建立新民主主义经济。[①] 1949 年中华人民共和国建立，标志着中国资本主义工业化运动结束和社会主义现代工业化开始，海洋经济体系随之发生了变化。

第四节　第二次世界海洋经济浪潮对中国社会发展进程影响简述

一、第二次世界海洋经济浪潮对近代中国社会发展进程具有决定性影响

受第二次世界海洋经济浪潮影响，第一、第二次世界大战深度改变了国际政治经济格局，重新确立了世界政治、经济、金融、贸易规则与秩序，海洋成为各国关注的重要生存空间与发展范畴。在第一、第二次世界大战中，中国政府站在了国际正义秩序一边，因而改变了满清后期的国际形象，国际地位有所提升。具体体现在：第一，催生和发展了先进的生产力和生产关系，使工人和资本家、无产阶级和资产阶级这对孪生兄弟应运而生，新型资本主义生产关系和经济关系逐步在中国沿海成长壮大起来，成为推动中国社会发展进程的生力军。第二，世界海洋经济浪潮影响了中国政府，逐渐接受促进海洋经济发展的政策，中国沿海产业数量、规模有长足发展，海洋经济结构有了很大改善。第三，新兴海洋产业随着科技进步不断增加，沿海工业、海洋交通运输业、海洋渔业、海洋制盐业、滨海旅游业等海洋产业与行业增加，沿海电力、钢铁、化学等新型产业部门的出现并在整个产业中地位逐步上升，产业行业部门种类不断增多，企业总数增加，产业人数增多，使整个近代海洋产业经济结构比以往

① 薛暮桥．论中国经济体制改革．北京：人民出版社，1990.

有较大改善。第四，中国沿海产业劳动生产率、产业资本有机构成及技术水平呈不断上升趋势。可以说，受第二次世界海洋经济浪潮影响，中国近代创造的社会生产力和精神财富，比过去两三千年所创造的全部生产力还要大、还要多。

另外，由于明清遗留下来的问题很多，短期内彻底改变长期形成的劣势很难。与此同时，经过两次世界大战，以苏俄为首的无产阶级革命运动形成了资本主义和社会主义两大阵营，形成了更加复杂的国际政治经济格局。除了中华民国政府统治区外，还有陆续出现了苏维埃革命根据地和解放区，以毛泽东为代表的中国共产党人运用马列主义不断在中国发展壮大，逐步建立新民主主义经济基础。1949 年中华人民共和国建立，标志着中国资本主义工业化运动结束和社会主义现代工业化开始，海洋经济体系随之发生了变化。

二、第二次海洋浪潮不能从根本上影响中国社会进程的主因分析

纵观中国近代海洋经济、海洋产业结构演变的历史，我们可以看出，近代海洋经济、海洋产业结构发展自始至终是畸形发展的，这又是与第二次世界海洋经济浪潮与中国近代工业化不能顺利推进密切相关。这种特殊性、相关性主要体现在以下三方面。

（一）没有对传统政治体制的革命

作为国家主体的专制独裁统治中国人民的近代政治体制，在被迫对外开放的条件下，没有积极顺应世界第二次海洋经济浪潮、工业化、民主化潮流，长期轻视甚至人为地压制民营资本和自由竞争市场成长。自中央至地方各级官员，可任意禁止民间创办海洋产业企业，民营资本企业长期忍受苛捐杂税的痛苦，难以有效地推进民族工业化、民主化。

（二）模式与路径选择欠佳

近代海洋经济、海洋产业结构演变以及中国近代工业化，是在外国资本入侵后被动地进行的，是在没有进行任何政治革命或改良运动的小农经济土壤里进行的，它一开始就集中于和经济生活无关的军事工业，而不是循着“轻纺

工业——整个轻工业——重工业、交通运输业”的一般工业化道路发展，走了一条由重工业（军用工业）到轻工业的发展道路，这就不可避免地在资金、技术、人才等方面遇到难以克服的困难，从而限制了近代工业化与海洋产业发展的规模、效益与速度。

（三）人口、土地与环境因素制约

在没有进行传统农业革命的国家里，小农经济广泛存在。这种广泛存在的小农经济限制了近代中国沿海工业化的积累率，使海洋产业投资规模受到约束。近代海洋经济发展、海洋产业结构演变路径对现代海洋经济、海洋产业结构的影响。外国资本对中国资本的压迫，阻碍中国实现民族工业化与海洋经济发展。特别是国内政治腐败、战争频繁、社会动荡不安，缺乏安定的投资环境，终于使中国近代工业化与海洋经济发展不能深入。在上述条件下，中国近代海洋经济与产业结构不可避免地畸形发展。截至 1949 年，中国海洋经济与产业结构尚很不合理。其主要表现在以下 6 个方面：

1. 海洋经济体系与产业结构不合理。与外国在华海洋经济与产业结构相比，中国近代海洋产业企业规模小，技术构成和资本有机构成都很低。

2. 比例关系不协调。各海洋产业部门及其内部之间的比例关系不协调。海洋产业部门及其内部行业之间的比例关系不协调。到 1949 年，在海洋工业生产总值中加工制造业生产部门的比重仅占 28%，其中作为装备国民经济各部门的机器制造企业更少，其工业产值只及工业总产值的 2.2%。[①] 在重工业内部，采掘工业生产能力大大超过加工工业生产能力。

3. 缺乏核心技术竞争力。缺乏重要的高新技术的资本密集型产业部门。如海洋设备制造业、轮船制造业、海洋采矿业、海洋化学工业、海洋生物制药业等部门，几乎是空白，因而缺乏国际市场竞争力。

4. 海洋产业布局极不合理。近代海洋产业投资过多地集中于沿海城市，尤其是上海、天津、青岛、无锡、南京、广州等地。仅上海一地，就集中了 40%左右的产业资本；[②] 而其他沿海区域很少甚至没有现代海洋产业。这种不

---

① 吴承明．中国资本主义与国内市场，中国社会科学出版社，1985.

② 梁潜翰．我国沿海工业与战时经济，东方杂志，Vol，34（24）.

合理的产业布局制约了全国各地海洋资源的有效配置，这一格局对现代中国东中西部产业及社会经济发展仍有重要影响。

5. 外国资本产业始终居支配地位。控制着中国重要的海洋产业部门。如 1931～1938 年，全国铁矿产量的 95% 左右控制在日本资本手里，发电容量的 80% 以上控制在英、美、日等外国资本之下。在轻工业部门，棉纺织这个最大行业的纱锭总数的 43.2%，线锭总数的 67.4% 和布机总数的 52%，也为英、日资本所控制。[①] 其他产业部门行业也不同程度地为外资控制或影响，其殖民地性质相当明显。

6. 外贸进出口结构失衡。重要的原材料和机器设备等依赖国外进口。如 1937 年中国工业品除丝织品、火柴、植物油稍有剩余外，其他主要工业品，如棉纺织品的 21%、砂糖的 96%、纸类的 61%、毛纺织品的 73%、是有汽油的 99.8%、钢铁的 95%、机械的 76%、车船的 83%、电气的 50%、酸类的 11% 及碱类的 15%，[②] 是由外国进口的。

总的说来，尽管中国近代海洋经济与产业结构在当时特殊的社会经济环境里存在种种无法克服的弊端，但它始终是曲折地发展的。随着中国近代工业化与海洋浪潮的不断深入，近代海洋经济与产业结构逐步得到改善，显示其与中国近代社会生产力发展的同步性。

① 紫翔．中国基本工业与帝国主义，新中华杂志，Vol，1（20）．

② 根据前引陈真．中国近代工业史资料，Vol，1：54、55、56、57、Vol，4：24，算得．

第六章　1949～2011年中国海洋经济发展

第一节　中华人民共和国成立至改革开放前的海洋经济政策

一、1949～1956年新民主主义的海洋经济政策

（一）五种经济成分并存的海洋经济政策

中华人民共和国成立前夕，中国共产党人设想在推翻国民党政权后，将领导全国人民建立一个人民民主专政的新民主主义国家。这个国家的经济将由国营经济、合作社经济、国家资本主义经济、私人资本主义经济和农民及手工业者的个体经济五种经济成分构成。国家将创造各种条件，采取多种办法，使得这五种经济成分在国营经济的领导下，分工合作，各得其所。其中对于私人资本主义经济和个体经济，在一定的时候、一定的条件之下，国家帮助其发展，以推动整个社会经济发展，进而实现“由发展新民主主义经济过渡到社会主义”的目标。1949年中华人民共和国成立后，中国共产党第一代领导人对海洋经济活动及其规律进行了艰难的探索。1950年4月《人民日报》发表社论指出，中国“不独是和苏联，就是和其他新民主主义国家，以至某些资本主义国家……开办其他适当的合股公司以至实行某些租让在事实上也还是需要的。”① 由于马克思主义经典作家关于未来社会主义的理论预测以及苏联社会主义建设，给新中国成立之初的中国共产党人在政治观念上有极大影响，由于缺乏发展商品经济和国际贸易经验，中共第一代领导人对发展商品经济的认识

① 中共党史研究室．中国共产党执政四十年．北京：中共党史资料出版社，1989．

和实践经历了一个坎坷曲折的过程，至改革开放前夕还不断出现在这两个问题认识上的反复。建设中国特色的社会主义制度、发展商品经济，作为两个战略性问题摆在中国共产党人面前。与此相适应，中共第一、第二代领导人对社会主义事业的探索，出现了各有特色与重点的海洋经济政策。

早在国内战争时期，毛泽东就一直主张应对正当的对外经济贸易加以保护，主张在土地改革中保护中小工商业者，在城市中取消苛捐杂税，保护商人的贸易活动。新中国成立后，由于美国等西方主要资本主义国家对中华人民共和国实行经济封锁和禁运，毛泽东的设想无法实现。但是他领导中国实行了向苏联、东欧等社会主义国家引进资金和技术，发展经济贸易、经济合作、合资经营等开放性政策。同时也没有放弃利用与资本主义贸易的政策。到20世纪60年代，毛泽东提出，如果需要，可以让日本人进来开矿、办厂，也可以让华侨投资建厂，先让他们得利，规定期限，若干年后按期没收。1946年2月刘少奇为中共中央起草致许世友等电：“望设法迅速恢复对美贸易，以帮助解放区经济。在中国联合政府尚未成立前，对美商业可由你们谈判协议一种临时办法，照我区法律经商。”[①] 1949年初，天津及其他重要海口城市解放后，许多外国的商业机关和国民党地区的商业机构都要求和解放区进行贸易，而中共为了迅速恢复与发展中华人民共和国经济也需要海洋贸易。鉴于此，刘少奇为中共中央起草关于对外贸易的决定，对恢复和发展对外贸易作出了一系列重大决策：第一，向华北人民政府提议：立即在天津设立对外贸易局，统一管理华北一切对外贸易事宜。第二，对外贸易应由国家经营和管制。目前国家尚不能经营的某些贸易，以及由私人经营无害或害处不大的某些贸易，应该在国家管制之下允许私人经营。第三，应该允许那些愿意和中华人民共和国进行贸易并愿意遵守人民政府法令的外国的商业机构派遣代表或指定其代理人来和我方接洽，并允许这些代表在指定的地点设立办事处。第四，为了进行对外贸易，必须宣布中外船只进口、沿海沿江中外船只停泊及其卸货装货的办法，码头租借使用的办法，海关报关纳税及检查的办法，管理外汇及结汇的办法，以及违反这些办法和走私漏税的处罚办法等。第五，为了争取出口，发展经济，各地政府必须立即注意提高某些重要物资的生产。国家统制对外贸易是必要的，但刘

① 刘少奇．刘少奇选集（下卷）．北京：人民出版社，1985.

少奇认为“不要统制太严，统制死了，不要因统制而妨害正当的进出口贸易”。[1] 1949年4月、5月间，刘少奇同天津对内对外贸易负责干部和工商业家座谈时专门阐述这个问题。强调要做好中华人民共和国的对外贸易工作，处理好以下几个方面的关系：一是公私关系。新民主主义经济中的对外贸易，国营是第一位的，私营是第二位的，私营不是没有位置的。二是城乡关系。搞好城乡关系对于搞好对外贸易很重要。在国家现代化工业尚不发达的条件下，主要的出口货物只能来自农村。要迅速地使城乡物资通畅流动，灵活周转。要把城市的工业品送到乡下去，把乡村的农产品运到城里来，尽快地发展城乡间的商品交换。要想办法使城乡的交流活跃起来。三是内外关系。贸易是内外两利的事，要善于处理中国同外国的经济贸易关系。在对外贸易工作中，坚决执行中央制定的外交工作原则：与各帝国主义国家斗争、与苏联及各新民主国家合作，利用各资本主义国家间的矛盾，发展中国与各国特别是与苏联及东欧各国的通商贸易。凡苏联及东欧各新民主国家所需要的货物，尽量向苏联及新民主国家出口，凡是苏联及新民主国家能够供给中国的货物，当尽量从苏联及新民主国家进口，只有苏联及新民主国家不需要及不能供给的货物，才向各资本主义国家出口或进口。主动发展同苏联及东欧各国的贸易关系，以解决中国经济建设中急需解决的问题。但还要注意发展同某些帝国主义、资本主义国家的贸易关系，稳妥消除中国对这些国家在经济上的依赖。坚持统中有活的对外贸易指导方针，正确处理好公私关系、城乡关系、内外关系，其目的是使对外贸易工作更好地为发展新民主主义经济服务。

中华人民共和国成立之初，西方各国对中国大陆实行经济禁运与封锁。周恩来、陈云等卓有成效地组织和领导财经、外贸部门冲破封锁，打开通路，加强中国与世界各国的海洋贸易往来，迅速克服当时财政经济的严重困难。1949～1956年，中国的海洋经济技术相当落后。要发展海洋经济，必须引进技术设备和购买必要的物资，就必须要有相应的物品进行交换和补偿。因此，扩大品种、提高质量、建立信誉、搞出口商品基地，就成为主要的经济任务。陈云主张，世界是一个相互联系的统一体，任何国家都不能孤立存在，总要同周围乃至世界各国发生政治、经济、文化、外交等方面的交往与联系，以求得自身

① 刘少奇．刘少奇论新中国经济建设．北京：中央文献出版社，1993.

的生存和发展，认为"出口货物的价格决定于外国市场，而不决定于国内的生产成本"。[①] 在这一思想指导下中华人民共和国的海洋贸易得到迅速恢复，1952年进出口总额就达19.4亿美元，之后又不断发展。到20世纪60年代初，中苏关系恶化，中国同苏联和东欧的外贸又受到一定障碍。

（二）新民主主义向社会主义过渡的海洋经济政策

1949年11月1日，中央人民政府贸易部（简称"中央贸易部"）正式成立，统一管理国内贸易和国际贸易（主要是海洋贸易）。由于大陆沿海地区的海洋贸易处于恢复阶段，经香港转口的海洋贸易业务大量增加，特别是华南与香港的沿海港口贸易业务尤其密切。各地派往香港从事贸易活动的机构和人员也随之增加。同年12月，刘少奇代表党中央电示中共中央华南分局建立香港贸易工作委员会，以统一有关机关和人员的行动，加强对华南地区对外贸易的领导。同时，该委员会除了与华南各地对外贸易部门联系外，还由中央贸易部与之发起联系。到1950年初，全国大部分地区建立了对外贸易管理机构，初步形成了海洋贸易经济网络，为中央一级外贸机构业务的全面开展打下了组织基础。[②] 1950年3月，政务院第23次政务会议通过《关于统一全国国营贸易实施办法的决定》，规定中央贸易部是全国国营商业、合作社商业和私营商业的统一领导机关，在政务院授权下负责管理全国重要商品的价格制定。随着中央贸易领导机构的建立，各大行政区相继成立贸易部，各省、自治区、辖市设立商业厅（局），形成了全国性的商业行政机构体系，国家加强对商业与贸易的领导与管理。同时，中共中央发出了《关于接收官僚资本企业的指示》，各地新解放区先后建立军事管制委员会，要求各地在接收官僚资本企业时，必须严格注意到不要打乱企业组织原来的机构，保持原职、原薪、原制度。军管会财政经济接管会的贸易处、工商处负责自上而下地按系统接管国民党政府的商业、贸易管理机构和官僚资本商业、贸易企业，如扬子建业公司、统一贸易公司、中国石油公司、中国棉业公司、中国进出口贸易公司、中国植物油公司、中国茶叶联营公司、中美实业公司及其各地的分支机构。到1950年12月，华

① 陈云．陈云文稿选编辑（1949－1956）．北京：人民出版社，1982.
② 刘少奇．刘少奇论新中国经济建设．北京：中央文献出版社，1993.

东区、中南区、西北区、西南区、北京市、天津市等地即没收官僚资本商业企业上 100 个。执行接管与经营并重的方针，接管工作进展顺利，保证了工作秩序和经营活动的正常进行。接管国民党政府产业、贸易管理机构并没收官僚资本企业的同时，建立社会主义国营经济。接管后的企业按行业、主要商品设立国营专业公司，成为社会主义经济组织的主要形式。①

中央人民政府在建立发展国内经济的同时，全面开展海洋贸易业务。由于民国时期沿海城市是国际资本主要的商品销售市场和原料来源地，对外贸易几乎年年入超。中华人民共和国成立之初，中国仍和西方资本主义国家进行贸易往来。抗美援朝战争后，以美国为首的西方国家对中国实行禁运、封锁、经济制裁，迫使中国对外贸易转向苏联和东欧国家。在国民经济恢复时期的 3 年中，中国的海洋贸易结构发生显著变化。首先，改变了历史上长期存在的进口大于出口的入超情况，实现了进出口贸易的基本平衡。其次，改变了进出口货物的构成。在民国时期中国各种进口货物中，各种消费品如烟、酒、化妆品等数量很大；而在中华人民共和国各种进口货物中，为中国经济发展所需要的工业设备、交通器材、农业机械、化肥农药等生产资料占很大比重，奢侈品几近绝迹。在出口货物中，虽然主要的仍然是农副产品，但已不同于民国时期，它不再是为适应国际资本的需要而出口，而是为了促进全国工农业生产的恢复和发展而出口。到 1952 年底，我国基本上形成了一个从管理到经营、从批发到零售、从商业到服务业、从上到下一套比较完整的包括各种门类的国营贸易体系。

实行国家管制对外贸易政策，必须有相应的组织机构和规章制度予以保障。在全国性的人民民主政权建立以前，首先在各解放区建立对外贸易管理机构及制度。中华人民共和国成立以后，全面建立从中央到地方的各级机构。1949 年 2 月，刘少奇代表中共中央分别起草《中共中央关于对外贸易的决定》《中共中央关于对外贸易方针的指示》，第一个文件系统阐述了国家管制对外贸易的原则与政策，第二个文件明确提出了中华人民共和国将实行以苏联、东欧各新民主国家为重点、兼顾其他资本主义国家的对外贸易基本方针。这两个文件经过党的七届二中全会的讨论和认可，作为巩固无产阶级领导的中华人民

① 中共中央党校．中共中央文件选集，第 17 册．北京：中共中央党校出版社，1992.

共和国的国家制度的两个基本政策之一写进了会议的决议，后来又以立法的形式，被确定为中华人民共和国对外经济政策之一，写进了当时起临时宪法作用的《共同纲领》，成为指导中华人民共和国对外贸易工作的历史性文件，是后来制定对外贸易政策、法规的基本准则。同时，刘少奇电示天津市委和华北人民政府在天津设立对外贸易管理局，统一管理华北一切海洋贸易事宜。同年3月中央批准在天津设立华北对外贸易管理局，下辖天津对外贸易公司、天津海关税务司公署、天津航政局和天津商品检验局。随后解放战争向长江中下游沿海地区推进，新解放的沿海城市包括华东最大的海洋中心城市上海的对外贸易工作纷纷提上议事日程。同年6月，全国其他沿海城市参照华北对外贸易管理局制定的各项管理办法，因地制宜开展国际贸易活动。

在实行国家统制海洋贸易制度建设方面，主要实行以下外贸管理办法：第一，实行业务工作归口管理。凡涉及对外贸易方面的机构设置、政策法规、进出口计划均由对外贸易管理部门审批和制定。第二，实行进出口许可证制度。所有经营进出口贸易的厂商，均须事先将进出口货物的数量、种类报告外贸管理部门，经审查发给许可证后，方得办理进出口业务，否则，将以走私论处。第三，实行外汇专管制度。一切对外贸易所需外汇的汇率、结汇、押汇和买卖业务，均由国家银行经营，其他银行不得经营，旧有的外汇管理办法应加以修改。第四，实行贸易保护政策。对于一切不利于保护与发展国内生产的收买和推销活动，外贸机构有权给予必要的、适当的指导与限制。第五，实行奖励出口政策。各级贸易局、银行、合作社等部门，必须用足以刺激大宗出口产品增产的比价与生产者签订出口合同，以保证充足的出口货源。上述管理办法构成了中华人民共和国海洋贸易制度建设的基本框架。1953年12月底，周恩来在代表中国政府同印度政府就中印两国在西藏地方的关系问题的谈判中，明确地提出了后来成了各国共同遵守的和平共处五项原则，即互相尊重领土主权，互不侵犯，互不干涉内政，平等互惠和平共处的原则。这五项原则中重要的一条就是平等互惠。事实上，平等互惠原则始终是周恩来处理同世界各国关系（包括海洋贸易关系）的指导思想。周恩来多次指出，对外贸易，发展多国经济关系，从来不是单方面的，而是互助互利的。[①] 在周恩来看来，友邦国家在

① 周恩来．周恩来经济文选．北京：中央文献出版社，1993．

平等互助基础上的帮助，是一种真正的帮助。有助于自力更生，有助于中国发展。周恩来还把对外贸易发展到与各国的经济合作，但这种经济合作也必须是平等互惠的。亚非国家需要在经济上和文化上合作，亚非国家之间的合作应该以平等互利为基础，而不应附有任何特权条件。同时，各个国家的贸易来往和经济合作应该以促进各国独立经济发展为目的，而不应该使任何一方单纯地成为原料产地和消费品的销售市场。

1956 年完成对生产资料所有制的社会主义改造，中国顺利实现从新民主主义到社会主义经济转变，迅速恢复经长期战争的国民经济并开展有计划的经济建设。中国社会主义经济基础，是在新民主主义经济基础上逐步建立和发展起来的，逐步形成具有中国特色的社会主义经济。此时的中国在国际社会中的形势是严峻的，以美国为首的西方发达国家对中国采取敌视态度，在经济上实行禁运政策，在政治上实行不承认政策，在军事上实行干预政策。在此情势下，中国的国际贸易局面不可能有多大的改善。作为中央政府总理的周恩来对海洋国际贸易的认识进一步加深，主张实行公私兼顾、劳资两利、城乡互助、内外交流的政策，这里所说的内外交流，实际上就是要恢复和发展海洋贸易，发展国家与国家之间的商品交换关系。要多想办法，采取积极措施，努力发展海洋贸易，以利达到发展生产、繁荣经济的目的。为此，周恩来公开宣布愿意同一切愿意维持和平关系的国家恢复和建立贸易关系，发展和平经济，凡是愿意和中国在平等互利的条件下发展贸易关系的资本主义国家，中国是不会予以歧视的。此政策在国际社会引起广泛关注，对促进中国对外经济技术合作起了良好的促进作用，也表明周恩来对发展对外经济合作的迫切心情和对海洋国际贸易的重视。①

中华人民共和国成立伊始，缺乏必要的海洋贸易经验，对海洋国际贸易中的商品价格定价问题并不是很清楚。中国同外国做买卖，包括同西方资本主义国家、民族主义国家和社会主义国家做买卖，根据什么原则来确定产品的价格？是根据国内市场价格来定，还是根据别的什么原则来定？这个问题的答案现在看起来是十分简单的，但在中国刚刚同外国做生意时是不清楚的。经过多年摸索，中国共产党领导人对这个问题逐步有了比较清晰的看法，如周恩来主

---

① 周恩来．周恩来选集（下卷）．北京：人民出版社，1984．

张“对外贸易的商品价格，应当参照国际市场价格”来确定。[1] 这里所说的国际市场价格，并不仅限于资本主义市场，除了资本主义国家外，还有民族国家和社会主义国家。

二、1957～1978年社会主义的海洋经济政策

（一）由分散管理逐步向海军统管过渡的海洋管理体制

因各种原因，中国新民主主义向社会主义的过渡相当短暂急促。随着20世纪60年代中苏关系破裂，对苏开放的大门被迫关闭，中国的海洋贸易业务不断萎缩，只有对西方国家进行有选择的经济贸易与技术设备引进。同时，从中华人民共和国成立到20世纪60年代中期，海洋管理体制实行分散管理方式；从1964年到1977年，海洋管理工作由海军统一管理，但仍实行局部统一管理基础上的分散管理体制，除了海军统一管理还有国务院直属的国家海洋局管理。在社会主义建设时期比较重视海洋贸易，如总理周恩来认为，没有任何一个国家能够完全自足，就是大国也不可能什么都有，外国一切好的经验、好的技术，都要吸收过来，为我利用，因此应该发展同各兄弟国家的互助合作。并在平等互利的原则下同资本主义国家发展海洋贸易。[2] 强调海洋贸易的政策性很强、很现实，是开展和平外交的工作基础，必须严肃对待，要分清不同的国家、不同的对象，加以区别对待。同经济比较落后的民族独立国家进行贸易，应该参照国际市场价格灵活处理，购进时价格可以适当高一点，出口时价格可以适当低一点。对敌视中国的帝国主义国家，应采取的政策是，使经济斗争服从于政治斗争。当政治斗争需要配合时，贸易可以发展也可以停止。因此，贸易谈判中涉及的买什么卖什么、买卖商品的品种与数量等问题，绝不是一个单纯的贸易做大做小的金额问题。在这一基本思想的指导下，对外贸易谈判工作，首先是要求摸清中国出口产品的底细，比如可供出口的农副产品（大豆、猪鬃、食用油）和战略物资（稀有金属和有色金属）的数量有多少。20世纪70年代初期，随着中美关系缓和，中华人民共和国取代中华民国进入

①② 周恩来．周恩来经济文选．北京：中央文献出版社，1993.

联合国，一批西方国家纷纷与中国建交，打破了国际敌对势力对中国长期的经济封锁。1972 年 2 月，美国总统尼克松访华，毛泽东批评“文革”中对外贸易领域闭关自守的错误做法，准备开拓包括海洋贸易在内的国际经济合作新局面。1972～1973 年，毛泽东先后批准周恩来、李先念等人提出的引进西方成套化纤、化肥设备和引进 43 亿美元的成套设备方案（即“四三方案”）。截至 1979 年底，实际对外签约成交 39.6 亿美元。包括：13 套大化肥、4 套大化纤、3 套石油化工、10 个烷基苯工厂、43 套综合采煤机组、3 个大电站、武钢一米七轧机，及透平压缩机、燃气轮机、工业汽轮机工厂等项目。[①] 形成自 1954 年 156 项工程后中国经济建设的第二次对外经济技术交流合作高潮，成为大陆第一次以资本主义国家为主要对象进行大规模经济交流活动，对中国确立新的对外开放战略具有开创性意义。

（二）重新认识发达国家先进科技文化并开展对外经济技术合作

1973 年 6 月，毛泽东在接见马里国家元首特拉奥雷时说：“无论怎么样，这些西方资本主义国家是创造了文化，创造了科学，创造了工业。现在我们第三世界可以利用他们的科学、工业、文化——包括语言的好的部分。”[②] 主张自力更生和对外交往都是中国经济建设的立脚点，对外经济交往要建立在平等互利基础上，不能影响中国的独立和主权。对外经济交往的目的是促进中国的现代化，使人民真正受益。对外交往的范围，既包括社会主义国家，广大第三世界国家，也包括西方发达的资本主义国家。对外交往的内容除经济外，也包括政治和文化。在对外交往中要向所有国家学习，每个民族都有他的长处，但是这种学习不是照搬，而是根据中国实际创造性地学习。海洋经济交往是对外经济交往的重要窗口。毛泽东在接见外宾时多次表示愿意和美国等西方资本主义国家发展贸易与技术合作，主张扩大中外经济技术交流，包括与资本主义国家发展经济关系，引进外资、合资经营等。希望美国能到中国投资，同中国实行经济合作。他对尼克松说：“你们要搞人员往来这些事，要搞点小生意。我们就死也不肯。十几年，说是不解决大问题，小问题就不干，包括我在内。后

---

① 朱坚真．中国商贸经济思想史纲．北京：海洋出版社，2008.

② 中共党史研究室．中国共产党执政四十年．北京：中共党史资料出版社，1989.

来发现还是你们对，所以就打乒乓球。"① 在中美上海公报中，双方同意为逐步发展两国间的贸易提供便利，努力打开了与美国、日本等主要资本主义国家关系正常化的大门，恢复了中国在联合国的合法席位，为后来的对外开放创造了有利的国际环境。毛泽东提出的三个世界划分的理论，对实行全方位对外开放具有一定意义。

第二节　中华人民共和国成立至改革开放前海洋经济回顾

一、艰难的海洋经济发展探索

中共十一届三中全会后，中国的海洋贸易飞速发展。1978年进出口总额达到206.4亿美元，当年签订123个设备技术引进合同、成交额达78亿美元。在十一届三中全会改革开放政策指导下，中国海洋技术设备引进工作出现了新高潮。1979年9月，陈云强调，"我们着重点应该放在国内现有企业的挖潜、革新、改造上。我们国内现有企业的基础是不小的，要在这个基础上引进新技术，或则填平补齐，或则成龙配套，用这些办法来扩大我们的生产能力，"② 所谓填平补齐，就是要从实际出发，根据中国现有生产的技术结构、设备状况和能力水平等，缺什么就补什么，需要什么就引进什么，不要盲目从事。所谓成龙配套，就是要以产品为龙头，将技术引进、技术开发、技术改造一条龙地组织起来，对整机、零部件、元器件、原材料等几个层次配套进行安排，以保证中国消化吸收的整体性从而改革创新，增强自主开发的能力，主张对外贸易不仅要扩大品种、更要提高质量，进出口商品一定要保证质量，建立商品信誉和严格的质量检验制度，不合标准的一律不准出口，并建立出口商品生产基地。

① 毛泽东．毛泽东外交文选．北京：中央文献出版社，1994.
② 陈云．陈云文稿选编辑（1956－1985）．北京：人民出版社，1986.

二、主要反思

努力实现国民经济持续稳定协调发展，是40年社会主义经济建设得出来的重要结论和宝贵经验，它已成为越来越多的理论界和实际部门工作者的共识。然而，为达到这一目标而应当如何处理国民经济系统中结构、效益及速度之间的关系问题，即结构、效益及速度三者谁主谁辅、谁先谁后的问题，却是中国理论界和实际部门认识长期不一致的问题。在研究中国经济发展长波理论问题上，我们就结构在经济发展中的地位与作用问题，尤其经济结构、经济效益及发展速度三者的关系作一简要论述。

在一个相对独立的国民经济系统中，一定的所有制结构、技术结构、产业结构及产业地区结构和组织结构、投资信贷结构、需求结构等，直接或间接地表现为经济发展的前提或基础。经济结构、经济效益及发展速度是国民经济发展中的三个重要内容，三者存在密切关系，概括起来主要体现在以下5个方面：第一，结构是原因，而效益和速度是结果；结构决定着效益和速度，效益和速度是结构的函数。因为在一定时期的所有制结构、技术结构、产业结构等，既是以往经济发展和生产方式演变的历史产物，又是新的经济发展阶段的既定条件，它直接表现为效益和速度的前提。马克思在《资本论》中论及劳动者与生产资料相结合过程时阐明，任何社会生产过程都是在一定社会生产关系或所有制结构下，劳动者和劳动资料结合作用于劳动对象的过程，而劳动者、劳动资料及劳动对象的有机结合，必须按一定的技术结构有比例地配置，并且随科技水平的发展变化而不断转换其资本技术构成或比例。因此，劳动者、劳动资料及劳动对象按一定技术比例的结合，直接表现为社会生产过程得以进行的前提或基础，它们配置的社会方式、数量比例及层次关系等的不同，致使其社会经济效益不同，从而产生不同的经济发展速度。第二，效益是介乎结构与速度之间的桥梁或媒介因素。首先，效益寓于结构之中，结构本身已包含有效益的一定要素，优化结构或以最小投入获取最大产出（即投入与产出之比），本来就是提高效益的真正内涵之所在；其次，速度本身又表现为效益的一个要素，没有效益便没有速度，只有效益提高了，投入与产出之比上升了，才会出现真实可靠的增长速度。既然效益决定着速度，速度当然也就作为效益的一个要素包含于结构之中了。第三，效益和速度对结构具有反作用。从较长时期看，经济效益好坏和发展速度高低固然是由经济结构、技术结构等决定的，但结构、效益及速度并不是同一的东西，效益和速度是结构的表象和反映，撇开效益和速度来谈结构，结构就是一种毫无意义的空洞的抽象。没有一定的效益和速度，结构的优化和转换是不可能的，效益与速度无疑对结构具有反作用。第四，结构、效益及速度三者之间的辩证关系，即它们之间的相互依存和统一关系，直接体现出国民经济持续稳定协调发展的真正内涵。这三者共同构成国民经济系统内合理运行的三个有机联系的环节，这三大环节是把握未来社会经济发展深刻过程及其前景的关键。根据马克思对未来社会的描绘，国民经济持续稳定协调发展是未来共产主义社会的一大基本特征，力求结构、效益及速度三者之间的和谐统一，无疑是未来社会经济发展的客观要求。第五，在中国经济发展和现代化过程中，明确提出以提高经济效益为中心任务是正确的，但也必须看到结构调整与优化的重要性。因为提高经济效益是调整和优化结构的综合成果，是争取合理速度的前提，从一个较长时期看调整和优化结构始终是提高经济效益的关键。明确上述关系，有助于我们深入系统地把握国民经济运行过程中的深层次问题，正确处理经济发展过程中出现的各种矛盾，促进国民经济形成良性循环，达到持续稳定协调发展的目的。

结构不合理成为制约中国经济发展的深层原因。在一个相对独立的国民经济系统中，经济增长总是与经济结构、技术结构、需求结构等的演变密切关联的。这种关联短期或近期表现得不明显，要在一个较长时期的经济运行过程中才会有明显的反应。从中长时期看，社会经济效益和经济发展速度有赖于结构的优化与转换。劳动力、资金、技术设备等的结构状态，在很大程度上决定着资源的配置效果，如果经济结构、技术结构、产业结构等比较合理，且与国内外市场需求结构基本适应，则资源配置就会较为合理，能保持良好的社会经济效益并获得持续稳定的经济增长。与此相反，如果所有制结构、产业结构、投资结构、财政信贷结构等严重失衡，与国内市场需求结构不相适应，且技术结构落后于当代技术的发展要求，则资源配置是不合理的，社会经济效益低下，经济发展速度往往是缓慢的或大起大落的。中华人民共和国成立到改革开放前一直强调有计划按比例地发展国民经济，强调结构合理和“四大基本平衡”（即财政、信贷、外汇及物资基本平衡），但始终摆脱不了结构失衡的局面，摆脱不了结构失衡带来的社会经济效益低下和增长速度的大起大落状况。1949～1989年中国经济发展出现过8次波动，其中被迫进行重大经济结构调整的有4次。如3年“大跃进”时期，既创造了1958年社会总产值比上年猛增32.6%的超高增长速度，也带来了1961年社会总产值比上年猛降33.5%的负增长，1962年继续以10%的速度下降，直到1985年社会总产值才恢复到1959年的水平。[①]

在所有制结构方面，改革开放前30年尤其是三大改造时期，严重忽视了中国社会主义公有制建立的经济基础，无视全国各地区各部门生产力发展的低水平、多层次及不平衡性，超越社会生产力发展水平片面强调“一大二公”，人为地拔高所有制，限制非国有制经济成分的存在和发展。改革开放以后，国有制经济、非国有制经济有了很大发展，形成了多种经济成分同时并举，共同发展的新格局。但是国有制经济内部产权关系不明晰，严重制约着国有制经济的运营与增殖，影响着社会主义公有制经济基础的巩固和发展。在生产力水平较低的地区尤其是广大内陆不发达省份，长期未形成适合股份制企业、私营、合营企业、外资企业以及个体工商业等正常增长的机制。所有制结构很不合理，不能充分发挥劳动者的生产经营积极性和实现各生产要素的有效配置，且由于决策的集中程度与信息的获取、处理能力不相称而导致决策的重大失误，造成劳动、资金及资源的巨大浪费，劳动生产率和经济效益相当低下。在产业结构方面，改革开放前中国经济发展战略始终没有摆脱产业倾斜式的非均衡发展模式，整个国民经济向工业特别是重工业倾斜，自“一五”时期起工业尤其是重工业成为投资的重点，资金得到优先保证，“一五”时期全国工农业总产值年均增长10.9%，其中重工业年均增长24.5%，重工业在工农业总产值中的比重由1952年的15.3%上升到1957年的25.5%。[②]“二五”时期强化了优先发展重工业的战略，“三年困难时期”国民经济被迫调整，稍微注意生活资料生产，但到“文革”时期急于求成的思想占据支配地位，优先发展重工业的战略有所加强，基建战线拉得过长，加上政治因素影响，国民经济出现三起三落。1978年的“洋跃进”规定了一系列不切实际的高指标，尽管把工业发展速度暂时上去了，然而国民经济结构严重失调的状况日趋严重，至1980

①② 资料来源：中国统计年鉴（1990），中国统计出版社，1990.

年不得不进行结构性调整，截至1983年国民经济各部门的比例关系才基本协调。但并没有吸取经验教训，1984年以后国民经济发展一直处于急于求成和工业过热的状况。1985~1988年农业增长与工业增长的速度之比为1∶4.6，与1∶1.5~2.5的增长常规比相差甚远，农业生产增长严重滞后，农业部门负担过重；工业结构和农业结构也不合理。如1985~1988年基础工业内部的原材料工业和采掘工业年均增幅分别为12.1%和6.3%，而同期加工工业年均增幅高达17.5%，同期加工工业与基础工业增长速度之比为1.5∶1，[①] 基础工业滞后发展。在农业内部，粮食、棉花等农产品生产不足，种植业与林、牧、副、渔业发展不平衡。

在产业的地区结构方面，受各地区“自成体系”的经济发展目标影响，地区间产业结构尤其是加工业结构趋同现象相当严重。如1981年按全部工业部门计算的相似系数达0.9以上的省（区）有18个，占地区总数的62.1%；截至1986年增至22个，占地区总数的75.9%。若剔除几个属于资源开发型的产业之后计算出来的相似系数，1981年达0.9以上的24个，占地区总数的82.3%；1986年达0.9以上的为25个，占地区总数的86.2%。且绝大多数地区1986年的相似系数都大于1981年的相似系数[②]。近几年国内加工业和乡镇企业发展过猛，基建投资过度膨胀，重复建设、重复引进、重复生产现象相当严重。

在产业的组织结构方面，突出地表现在规模偏小、资金技术有机构成低的中小型企业占整个企业数的80%左右，该集中生产的行业，企业规模太小，难以实现专业化协作基础上的规模经济效益。不少大中型企业生产经营困难重重，而那些关系到地方财政收入的小酒厂、小烟厂等没有得到有效控制。由于企业破产法贯彻不力，价格严重扭曲，承包经营责任制和社会保障体系不健全等，不能形成有效的优胜劣汰机制和合理的企业组织结构。

在技术结构方面，整个生产技术要比同期主要发达国家落后30~40年。从总体上看，改革开放前工业企业的技术设备1/3是20世纪五六十年代形成的，近一半是70年代“文革”形成的，相当部分设备是粗制滥造的，还有一

---

① 资料来源：中国统计年鉴（1990），中国统计出版社，1990.

② 李伯溪，等. 中国地区经济政策；国务院经济社会技术研究中心材料，1989（79）.

部分则是1949年前遗留下来的。因生产要素难以自由流动，企业具有软预算约束性质，就业和价格都是刚性的，平均利润规律在经济运行中基本不发生作用，致使中国企业科技进步相当缓慢。据1985年对全国重点企业生产设备调查，这些企业达到或接近国际水平的不足13%，国内先进水平不足22%，60%以上的设备属国内一般或落后水平，超期服役的设备占设备总数的20%①。目前发达国家生产过程高度自动化、机械化，技术进步贡献率达50%~70%；而中国相当部分生产技术仍停留在半机械化甚至手工操作水平上，技术进步贡献率仅15%~30%，与发达国家相差很大。

在财政与信贷结构方面，整个结构还未能形成促进社会资源最优配置的运行机制，与国家产业政策导向存在一定矛盾，社会资金的积累、积聚及利用效率相当低下，社会资源浪费严重。社会资金一直处于紧张运行状态，资金需求大于资金供给，主要归因于财政信贷结构内部的不和谐运动，如财政与银行耦合过紧，两者没有“制动阀”，财政出现赤字即向银行借款（“财政挤银行”），信贷出现不平衡即要财政追加资金（“银行挤财政”），促使银行增发货币，不能控制信贷规模和投资规模，导致“投资饥饿症”和社会资金运行紊乱。

在总量结构、进出口结构以及消费结构等方面，也存在失调现象。如总供给与总需求之间不平衡严重，总供给小于总需求，有效供给不足；外汇收入增长缓慢，支撑不了高速增长的进口，整个进出口结构不合理；社会消费严重超前，并发出错误的市场需求信号，使失衡的经济结构更趋失衡。

上述种种结构性失衡，给中国经济发展带来了一系列矛盾，主要体现在：国民经济中重大比例关系严重失调，社会经济运行秩序混乱；部分产品滞销积压和有效需求不足并存，大量设备闲置和固定资产投资不足并存，资金占用量大与资金短缺并存等矛盾；财政、金融、税收等经济调节手段失灵；通货膨胀，物价上涨过猛，市场信号失真；社会供需关系紧张；整个国民经济无法形成良性循环。这些结构性失衡使企业的资金投入产出，比率下降，可比产品成本大幅度上升，物资消耗年年增加，企业亏损面和亏损额增加，导致社会经济效益连续下降，经济发展后劲不足，增长速度缺乏稳固的基础和保证。由此我们认为，结构不合理长期来成为制约中国经济发展的深层原因。要真正达到提

---

① 资料来源：吕宙．我国经济效益不佳的原因和对策，计划与市场，1990（9）．

高经济效益和整体经济素质的目的，必须大力调整结构，将优化结构作为提高社会经济效益，保证持续稳定增长速度的关键，最终建立起有计划商品经济体制和优胜劣汰机制。

正确处理结构、效益及速度关系。正因为结构是个深层次问题，所以调整和优化结构是一个复杂而艰巨的历史任务，非短期所能奏效。幻想侥幸出奇制胜，无疑是难以达到预期目的。如何调整和优化结构？这是中国经济发展中的相当重要的问题，理论界和实际部门的许多学者对此作了有益探讨，限于作者水平和文章篇幅，在此仅就正确处理结构、效益及速度关系问题谈一些看法。首先，我们谈到结构，不仅指产业结构，而且包括所有制结构制约下的其他结构，它是整个国民经济系统中各地区各部门之间的构成及其相互关系的总和。只有这样，才能深刻理解社会经济发展过程中的各种关系，认识结构在整个经济运行中的地位与作用。其次，既然结构在整个国民经济运行过程中具有决定性和历史性的地位与作用，那么我们在工业化和改革开放过程中，就应当坚持结构优先的原则，将结构调整与优化作为一项长期的战略目标看待。应当充分认识到，没有合理的所有制结构、产业结构、技术结构、投资信贷结构等，是根本不可能获得良好的社会经济效益和稳定的发展速度的，也不可能从根本上保证国民经济持续稳定协调发展。改革开放前30年的经验教训充分证明了这一点，尽管我们理论界和实际部门都渴望实现国民经济有计划按比例发展，也渴望获得良好的社会经济效益尤其是较快的发展速度，然而结构性失衡使我们的美好愿望不能变成现实。因此，我们在处理结构、效益及速度三者关系时，既要坚持以提高效益为中心的原则，更重要的是解决好效益得以提高的前提，坚持结构优先的原则。再次，坚持结构优先原则，并不是将结构与效益、速度割裂开来单独看待，三者是辩证统一的关系。纠正中国理论和实践中长期存在的片面追求产值产量增长速度和微观或局部经济效益，忽视结构的合理平衡和宏观经济效益（社会经济效益）的错误倾向；改变只注重数量扩张而忽视质量提高，注重微观或局部效益而忽视宏观或社会效益，忽视与技术进步密切相关的结构转换的传统经济发展战略。改变传统体制下将产值产量作为考核地方和企业政绩的主要依据，从而促使地方和企业片面追求数量增长和局部利益的本位主义做法，达到结构、效益及速度的辩证统一。最后，在不同时期、不同地区或部门以及在不同条件下，结构与效益、速度之间的协调要体现出阶段性和多层次性，其协调的重点各不相同，应当有所侧重。总的说来，是要通过协调三者之间的关系，来克服中国经济效益低、经济发展大起大落的不合理状态，推进现有的所有制结构、产业结构、技术结构、财政信贷结构等不断优化和相互协调，以取得持续稳定的经济增长率，并使中国海洋经济发展战略尽早转移到质量效益型轨道上来。协调结构与效益、速度之间的关系所要达到的目标，应与建立和完善市场经济体制所要求的目标相吻合，即促成国民经济持续稳定协调发展。

第三节　1979～2001年的中国海洋经济发展

一、改革开放至邓小平“南方谈话”（1979～1991年）的海洋经济

第三次世界海洋经济浪潮，20世纪70年代渗透到中国港澳台地区，港澳台地区参与国际海洋产业分工获得了迅速发展，并在80年代开始影响中国大陆沿海。邓小平等中共领导人通过考察欧美、日本等发达国家经济，对中国该走什么道路问题逐步清晰起来。1978年12月，中国共产党十一届三中全会明确将党和国家的工作重心转移到现代化建设上来，以经济建设为中心。不仅确立了“实事求是、解放思想、团结一致向前看”的思想政治路线，而且提出了“对内搞活经济、对外实行开放”的策略方针，标志着中国改革开放的帷幕正式拉开。此后，从农村实行联产承包责任制开始，各项改革陆续展开，社会主义商品经济与海洋贸易迅速发展，极大地解放了社会生产力，中国的海洋贸易、海洋产业和海洋经济都取得了长足发展。1991年，全社会商品零售总额相当于1978年的6.04倍，按人民币计算的进出口贸易总额相当于1978年的35倍。[①] 改革开放30年左右，海洋经济政策一方面逐步清理了“文化大革命”以来在海洋经济发展政策的缺陷。另一方面，通过解放思想，在海洋经济领域各方面取得了突破性进展，终于在20世纪末形成了具有中国特色的社

① 朱坚真．中国商贸经济思想史纲．北京：海洋出版社，2008.

会主义海洋经济理论体系，这是改革开放以来中国海洋经济政策从发展走向成熟的一个重要标志。

（一）重视国际经济关系与海洋贸易在国家发展战略中的地位

中共十一届三中全会以后，以邓小平同志为核心的党中央把参与第三次世界海洋经济浪潮下的国际产业分工、海洋贸易提升到关系中国社会主义现代化建设成败的重要问题来认识，改革开放政策是中国的一项基本国策，坚持改革开放决定中国的命运。离开对外开放，无法扩展对外贸易。适应中国对外开放需要，采取多种措施和方式发展国际贸易和海洋经济。邓小平强调，“中国是一个大的市场，许多国家都想同我们搞点合作，做点买卖，我们要很好利用。这是一个战略问题。”中国要实现现代化，要把科学技术赶上去，就要开展对外贸易，开展对外贸易能引进、吸收国外先进技术和设备来提升中国的科技实力，缩小与发达国家的差距。主张国际经济贸易发展与中国现代化目标实现是密切相关的，“现在中国的对外贸易额是四百多亿美元吧？这么一点进出口，就能实现翻两番呀？中国年国民生产总值达到一万亿美元的时候，我们的产品怎么办？统统在国内销？什么都自己造？还不是要从外面买进来一批，自己的卖出去一批？所以说，没有对外开放政策这一着，翻两番困难，翻两番之后再前进更困难。”要求参与国际产业分工、加强国际贸易，扩大中国在国外的市场。“中国有很多东西可以出口。要研究多方面打开国际市场，包括进一步打开香港、东南亚和日本市场。还要研究提高产品质量。……逐年减小外贸逆差是个战略性问题。否则，经济长期持续稳定发展就不可能，总有一天要萎缩下去。”既然是战略性问题，这就意味着发展国际贸易和海洋经济问题是涉及国民经济全局的问题，也是长远的根本性问题。国际贸易和海洋经济不仅是关系到搞活国民经济全局的问题，而且是关系到中国能否对世界作出更大贡献的问题。发展国际贸易和海洋经济能使中国对世界经济和和平作出更大贡献。邓小平说：“现在中国对外贸易额占世界贸易额的比例很小。如果我们能够实现翻两番，对外贸易额就会增加许多，中国同外国的经济关系就发展起来了，市场也发展了。所以，从世界的角度来看，中国的发展对世界和平和世界经济的发展有利。”所以这种贸易往来是互助互利的关系，“中国取得了国际的特别是发达国家的资金和技术，中国对国际的经济也会作出较多的贡献。几年来中国对外贸易的发展，就是一个证明。”然而中国要拓宽海外市场并不容易，如同邓小平所指出的，“现在国际垄断资本控制着全世界的经济，市场被他们占了，要奋斗出来很不容易。像我们这样穷的国家要奋斗出来更不容易，没有开放政策、改革政策，竞争不过。”“世界市场被别的国家占去了”对中国是一个压力，邓小平认为这可以称作“友好的压力”，可以鞭策中国积极参与国际竞争。①

（二）实行对外开放的海洋经济政策，推进沿海外贸经济体制改革

面对第三次世界海洋经济浪潮的先进成果，中国的经济发展不能闭关自守，必须加强与世界各国的经济技术交流合作。发展生产力，改善人民生活，要求中国必须开放，必须扩大对外贸易。坚持对外开放，扩大对外贸易，是为发展社会主义生产力服务的。中国底子薄，基础差，快速发展经济离开国际合作是不可能的，但主要靠自己努力。邓小平强调“引进技术改造企业，第一要学会，第二要提高创新。”也就是说，中国要掌握先进技术，更要消化这些技术，在此基础上创造出自己的技术，把引进、消化和开发、研制相结合，努力在世界高科技领域占有一席之地。这样才会有中国的国际地位，才不会受制于人。“改革和开放是手段，目标是分三步走发展我们的经济。”② 因此，发展国际贸易和海洋经济的立足点是中国自己的发展，是提高自己在国际上的综合实力与竞争力。不加强同世界其他国家的经济合作交流，就容易落后，落后就要挨打，最终会丧失独立自主。

中共中央、国务院积极推进国际贸易与海洋经济体制改革，将国家海洋局由海军管理改为由国家科委代管，正式赋予海洋行政管理和公益服务职能，进行海洋资源开发和环境保护等管理工作。与国际经济贸易和海洋经济体制改革相适应，下放外贸经营权，突破了传统海洋贸易理论中长期禁锢人们头脑的条条框框。1979 年 4 月中央工作会议要求广东利用沿海优势试办经济特区，赋予充分的海洋外贸自主权；同年 6 ~ 7 月批准广东、福建两省在海洋对外贸易中拥有特殊政策和灵活措施，开始打破传统的高度集中的垄断经营体制，调动

①② 邓小平．邓小平文选（第三卷）．北京：人民出版社，1993.

了各方面发展外贸的积极性。①

（三）设立沿海经济特区、沿海开放城市和各类经济技术开发区，构建外向型经济体系

设立沿海经济特区、沿海开放城市和各类经济技术开发区。20 世纪 70 年代末 80 年代初，为进一步扩大对外开放，推动中国经济发展，邓小平倡导在沿海地区兴办经济特区，认为特区的经济发展应主要利用外资，产品主要供出口，对前来投资的外商，应在税收政策等方面给予特殊的优惠和方便，改善投资环境，以便促进特区经济与对外贸易的发展。“特区是个窗口，是技术的窗口，管理的窗口，知识的窗口，也是对外政策的窗口。从特区可以引进技术，获得知识，学到管理。”② 经济特区是一种创造，它不同于自由贸易区、自由港，也不同于出口加工区，而是在共产党领导下的物质文明与精神文明一起抓，各种产业并举，其中资本主义经济可有较大发展，具备“四个窗口”多种功能的综合型经济区。

沿海经济特区、沿海开放城市和各类经济技术开发区在出口创汇和引进技术、资金方面能发挥巨大的作用。沿海经济特区、沿海开放城市和各类经济技术开发区逐步成为中国对外开放与海洋经济增长的重要窗口与基地，是海洋资源开发利用和海洋产业聚集的排头兵，对发展出口海洋产业、增加外贸出口比重、积累外汇资金和对外开放经验具有重要作用。当深圳经济由内向型变为外向型，大量中国沿海工业品能进入国际市场时，邓小平说：“现在我可以放胆地说，我们建立经济特区的决定不仅是正确的，而且是成功的。”

（四）实行补偿贸易和出口补贴政策

开展补偿贸易。邓小平认为，过去中国耽误的时间太久了，经济建设不搞快点不行。要把经济建设搞快一点，门路就要多一点，才可以利用更多的外国资金和技术。“吸引外资可以采取补偿贸易的方法。”至于哪些方面、哪些行业适合采取补偿贸易的方式，应根据具体情况而定。他进一步指出补偿贸易方

---

① 中共中央文献编辑委员会．十四大以来重要文献选编（上），北京：人民出版社，1996.

② 邓小平．邓小平文选（第二卷）．北京：人民出版社，1993.

式的好处：一可增加出口，二可带动企业技术改造，三可以容纳劳动力就业。强调应扩大对外贸易，努力与世界各国开展经济与技术交流。

实行出口补贴政策。邓小平强调出口是进口的基础，是更多引进外资和技术的前提，“要争取多出口一点东西”“这是一个大政策”，这一思想被写进中共十三大报告，成为中国对外开放的一项重要措施。千方百计地增加出口，是因为出口对于中国很有好处，既可以推动国内产业的发展，又可以搞到外汇加速现代化的进程。针对当时中国的外汇短缺，邓小平指出以出口创汇为重点，努力扩大出口增加外汇收入，扩大利用外资和引进技术的规模，“逐年减少外贸逆差是个战略性问题。否则，经济长期持续稳定发展就不可能，总有一天要萎缩下去。”在出口战略中，要广泛开辟市场特别是新的出口市场，实现市场的多元化，“中国有很多东西可以出口。要研究多方面打开国际市场，包括进一步打开香港、东南亚和日本市场。”除了开辟亚洲市场外，还要开辟欧洲市场，“在我们的对外贸易中，欧洲应占相应的份额。”“我们一直在考虑加强同欧洲的经济联系，这是作为一项政策来考虑的。希望欧洲的企业界为中国商品进入欧洲市场创造条件。”支持出口的重要方面就是外贸制度问题，强调加强对外贸易的制度建设，邓小平指出中国有好多制度不利于发展对外贸易，影响了外汇收入的增加。“过去我们统得太死，很不利于发展经济。有些肯定是我们的制度卡得过死，特别是外贸。好多制度不利于发展对外贸易，对增加外汇收入不利。”必须进行制度改革以促进出口，为了扩大出口应该实行出口补贴制度，给中国创造更多外汇。①

（五）重视引进国际先进技术

中国要缩小同世界先进国家的差距，不学习世界先进技术不行。世界在发展，不在技术上前进就会永远落后，所以，对外贸易必须重视引进先进技术。“要利用世界上一切先进技术、先进成果。”在发展国际贸易和海洋经济中重视引进先进技术，中国过去耽误了很多年，同国际上科学技术水平差距很大，要缩小同世界先进国家的差距，不学习世界先进科学技术不行。“我们过去有一段时间，向先进的国家学习先进的科学技术被叫作‘崇洋媚外’。现在大家

① 邓小平．邓小平文选（第三卷）．北京：人民出版社，1993．

明白了，这是一种蠢话。”认识落后才能改变落后，学习先进才有可能赶超先进。“我们要把世界一切先进技术、先进成果作为我们发展的起点。”①

二、1992~2001年“南方谈话”至加入世界贸易组织时期的中国海洋经济

1990年以前，海洋经济管理尚未被列入政府职能，也没有开展任何实质性的工作，海洋经济管理尚处于概念的理论探讨和研究阶段。1990年国务院批准的国家海洋局“三定”方案中，明确国家海洋局负责全国海洋统计工作，标志着海洋经济管理工作正式起步。1992年即邓小平“南方谈话”后，中共十四大明确提出经济体制改革目标是建立社会主义市场经济体制，在国民经济的运行和调控中，市场机制发挥着越来越重要的调节作用，多种经济成分并存、竞争、开放的海洋经济格局已初步形成。符合市场经济发展要求的国家对流通领域的宏观调控体系正在形成，流通法治建设逐步走上正轨，市场机制对配置资源的基础性作用日益增强。国民经济的市场化、社会化程度明显提高，多元化、多层次、大跨度的市场流通体系已初步建立。邓小平“南方谈话”以后，中国外贸体制改革加快了步伐。在外贸管理机构改革上，1993年对外贸管理机构进行了调整。国有商业和集体商业企业改革逐步深化，非公有制经济进一步发展，国有外贸企业逐步推进股份制改革，国有小企业和集体商业推进股份合作制。在流通格局上，生活资料和生产资料流通长期分割的局面被逐渐打破；绝大部分商品的流通不再受国家指令性计划的直接控制，而是通过市场自由流通，其中包括大部分关系国计民生的重要产品。按照建立社会主义市场经济体制的要求，国家把初步建立以市场机制为基础，公有制经济为主体，多种所有制共同发展的开放、高效、畅通、统一、可调控的多元化的商品流通新体系，形成大市场、大流通、大贸易的新格局，作为流通体制改革的方向；通过发展连锁经营和代理配送制来深化流通体制的改革，实现流通产业现代化、社会化和国际化。②

---

① 邓小平．邓小平文选（第二卷）．北京：人民出版社，1993．

② 江泽民．在中国共产党第十六次全国代表大会上的报告，人民日报，2002-11-08．

1992年以来，中国价格体系改革进一步深化，商品价格进一步放开，仅1992年就一次性放开中央管理的重工业生产资料和交通运输价格近600种，农产品价格30种，轻工业产品价格32种。到1993年，在全部产品中，已有95%以上的工业消费品价格全部放开。与此同时，中国价格管理逐步走上法制化轨道。[①] 1997年12月29日，第八届全国人大常委会第29次会议通过了《中华人民共和国价格法》。20世纪80年代以来，中国开始发展商品交易市场。邓小平“南方谈话”之后，中国商品交易市场发展迅速。截至2001年底，中国有各类商品市场9.3万多个，交易额达32826.85亿元，占当年GDP的34.79%，相当于社会商品零售总额的87.32%。其中农产品市场占有较大的比例，五大支柱的农产品市场成交额突破1万亿元，达到12410.2亿元，比工业品交易额10001.4亿元还多。其中中小批发市场和集贸市场占较大比例，交易额亿元以上各类商品市场3273个。[②] 在经济转轨过程中发挥了较大作用，也存在许多问题。改革20多年是对国有企业冲击最大的时期，国有及国有控股经济占全社会消费品零售总额的所有制结构上由1978年的54.6%（加上集体的公有经济所占比例为97.87%）下降到2001年的18%，集体经济占15%，个体私营经济占45%，外资投资及港澳台占2%。先后有100多个大型国有商业企业进行股份制改造并上市。[③] 对一些国有中小型商业企业放开搞活，先后有“四放开”“国有民营”等改革，一些中小企业采取了股份合作制、国有民营、承包租赁、售卖等一系列改革，国有资本主动从商业领域退出。1992年对外开放商业零售业，自上海八佰伴作为国内正式批准的第一家中外合资零售企业后，世界前50家最大零售商有70%进入中国。1994年，全国经济工作会议强调外汇管理部门深化改革，加强对外汇市场的管理，实行中央银行对外汇市场的适度干预，完成按市价收购上缴外汇任务，为实现市场调控创造条件。同时，加强对外汇市场的管理和监督，按照国家产业政策调控用汇方向，严禁场外交易，打击外汇黑市。按建立社会主义市场经济体制的要求，建立全国统一的外汇市场体系，扩大外汇市场的覆盖范围，实现全国联网统一规则，统一报价，互相调剂的目标。

---

① 中共中央文献编辑委员会. 十四大以来重要文献选编（上），北京：人民出版社，1996.

② 中共中央文献编辑委员会. 十五大以来重要文献选编（上），北京：人民出版社，2000.

③ 朱坚真. 中国商贸经济思想史纲. 北京：海洋出版社，2008.

1992年初邓小平“南方谈话”，提出“计划多一点还是市场多一点，不是社会主义与资本主义的本质区别。计划经济不等于社会主义，资本主义也有计划；市场经济不等于资本主义，社会主义也有市场。计划和市场都是经济手段。”[①] 到2001年底加入世界贸易组织这段时间，这些观点不仅极大地解除了中国人的思想禁锢，也使中国理论界对计划与市场的关系认识提升到一个全新高度。此后，学者们对中国海洋经济理论研究进一步深化。1992～2001年加入世界贸易组织前夕，中国对外开放程度不断加大。在发展海洋经济与国际贸易过程中，恢复中国在关贸总协定中的缔约国地位、加入世界贸易组织成为举国上下十分关心的问题，也是海洋经济理论界极为关注的问题。20世纪90年代末理论界探讨仍在继续，在海洋国际贸易中日趋重要的服务贸易问题则是这一阶段的另一个热点。2000年底外商投资商业企业（按活动单位算）在中国已发展到475家，港澳台221家，进入世贸组织后中国沿海区域进一步开放海洋产业。[②]

第四节　2002～2011年的中国海洋经济发展

一、2001年中国加入世贸组织与海洋经济影响

（一）第三次世界海洋经济浪潮与中国加入世贸组织

加入世贸组织是中国融入第三次世界海洋经济浪潮的重要标志，也是中国海洋经济发展的重要转折点。第一，从政治角度看，中国是联合国安理会常任理事国，理应在一个越来越以秩序为本的多边经济体系中拥有发言权，发挥与大国地位相称的作用。加入世界贸易组织（WTO）可增强中国在国际事务中的发言权，并有利于完成中华民族的统一大业。香港和澳门分别在1986年和1991年以单独关税领土身份加入了WTO的前身关贸总协定（GATT），台湾1990年1月提出申请加入关贸总协定（GATT）。中国作为主权国家，如果不加入WTO，政治上就很被动。第二，从经济角度看，世界正经历以产业知识

① 邓小平．邓小平文选（第三卷）．北京：人民出版社，1993．

② 朱坚真．中国商贸经济思想史纲．北京：海洋出版社，2008．

信息化、生产跨国化、贸易自由化、经济全球化为标志的产业革命，隔绝在这一潮流之外的国家，在经济发展中必然面临很大局限。与此同时，改革开放使中国潜在生产力得到释放，出现了20多年的经济高速增长，2000年中国进入改革开放的新阶段，WTO体制要求健全法制、保护产权、正当竞争，核心内容是体制创新，建立统一、透明的“游戏规则”，保证公平、公正、公开地竞争，加入世贸组织可以推动改革取得突破进展。加入世贸组织，意味着中国的经济环境将有重大实质改善。加入世贸组织对刺激中国经济活力、增加进出口、促进外资流入、创造就业都会起到明显的促进作用，特别是在吸引外资方面意义重大。加入世贸组织后中国将重新审视外资政策，转向有意识的产业导向，提高吸引外资的质量和水准，对外资企业实施国民待遇，促进一个公平、公正、公开的市场竞争环境的形成，对外资在中国的发展及中国经济的繁荣稳定具有长远的意义。第三，对国有大中型企业来说，当前遇到的困难主要来自新旧体制交替，来自改革滞后于开放所产生的不协调。出路是加速改革、以开放促改革。特别是对那些传统上实行高垄断、高保护的产业，需要通过有步骤地引进国外竞争来进行改革，才能让其焕发生机。第四，从与其他国际经济组织的合作角度考虑，中国此时恢复了在国际货币基金组织的代表权和在世界银行中的席位。中国从这两个组织中获得的中长期优惠贷款和技术援助大都与贸易有关，需要与世界贸易组织发生联系，而且该两大组织与世贸组织还签有密切合作协议。只有加入世贸组织，才能充分利用这世界经济的“三大支柱”，促进中国外向型经济发展战略实施，提高中国在国际上政治与经济地位。

（二）中国加入世贸组织三原则

中国政府在加入世贸组织的基本原则上，秉承中国前些年申请恢复关贸总协定原始缔约方地位的原则并加以适当改进。中国政府对恢复关贸总协定缔约方地位确定了三项原则：第一，承认中国是发展中国家，应享受发展中国家的待遇。第二，以关税减让为承诺条件，而不承担具体进口义务。第三，恢复原始缔约方席位而不是重新加入。1948年3月，中华民国蒋介石政府签署世界贸易和就业会议通过的最后文件，成为国际贸易组织临时委员会执委会成员，并于同年4月21日签署了总协定《临时适用议定书》，因此中国是关贸总协定的原始缔约方。1949年10月成立的中华人民共和国政府，终于在1971年取代了被联合国驱逐的中华民国蒋介石政府，成为在联合国唯一的中国政府，而台湾当局从此无权代表中国，这是由国际上的承认溯及力原则决定的。中华人民共和国政府有权继承前政府在国际组织中的地位，而这种继承不能发生在旧政府消亡、新政府成立之时，中华人民共和国政府需对旧政府参加的国际组织或条约进行审查以决定继承与否，一旦继承即为恢复。像中国在联合国席位的恢复、在国际货币基金组织席位的恢复等，皆属这种性质。在加入世贸组织问题上中华人民共和国政府坚持：第一，中国要求权利与义务的平衡。中国为加入世贸组织已经作出降低关税、削减非关税壁垒和逐步开放服务贸易的承诺，中国应当在世贸组织的所有成员中享有长期稳定的最惠国待遇，反对一切贸易歧视。第二，中国要求以发展中国家的条件进入世贸组织，享有世贸组织规则中应给予发展中国家的各种优惠。第三，加入世贸组织与中国国情相适应，如在若干幼稚产业和服务业的开放，应有一定的过渡期。

中国加入世贸组织后更快更好地融入国际经济社会。世界经济一体化、全球化是21世纪世界经济发展的主流。加入这个主流，可以充分分享国际分工利益，与世界先进经济技术同步前进。加入世贸组织帮助中国经济更好地融入国际经济社会，更好地利用国际资源和国际市场的优化资源配置功能，发展中国海洋经济。世贸组织是三大全球性国际经济组织之一，具有制订和管理世界经贸秩序的作用，但世贸组织规则主要由美欧等发达国家制订，加入世贸组织使中国在国际经济舞台上拥有更大的发言权，为建立合理的国际经济新秩序，维护包括中国在内的发展中国家的利益，做出大的贡献。世贸组织是以市场经济为基点的一整套多边秩序，加入世贸组织与中国建立市场经济方向的改革目标是一致的，可以巩固中国经济体制改革的成果，以世贸组织规则为参照推进中国市场经济的完善。加入世贸组织后中国获得了多边、稳定、无条件的最惠国待遇，以发展中国家的身份获得普惠制待遇，通过世贸组织贸易争端解决机制，比较公正、合理地解决贸易争端，维护中国国家和企业利益。加入世贸组织后按照世贸组织的有关协议，中国的国内市场尤其是服务市场将更加开放，对外商投资企业的产品外销比例将不再适用，外汇平衡制约不复存在，外经贸政策的透明度增加，中国将给予外商投资企业国民待遇。随着投资环境的进一步改善，外国直接投资的总量将大幅增加，投资方式实现多样化，从而大大活跃投资市场、扩大生产规模，有力地促进中国经济发展。加入世贸组织后越来越多的外国跨国公司进军中国市场，从而将强化竞争机制，激发中国企业的竞争意识，迫使国内企业注重研究开发和对品牌的培育，加大技术投入，竭力提高员工素质和企业管理水平。竞争的压力会促使国有企业加快经济结构和产品结构的调整，加速改制、重组、联合、兼并的进程，进口原材料价格的下降有利于降低企业的生产成本，从而提高他们的竞争能力。加入世贸组织后，中国投资和出口的规模进一步扩大，拥有更多的就业机会，通过世贸组织秘书处全面了解各成员方的经贸政策、法规及统计资料，进行相应的贸易政策调整，获得高新技术产品和先进技术方面的进出口优惠，促进国内经济快速增长。

（三）中国加入世贸组织应承担的基本义务

但加入世贸组织后中国应承担的以下基本义务：第一，削减进口关税。第二，逐步取消一些非关税措施，如进口许可证、配额制、外汇管制等。第三，增加贸易透明度，如公布各种有关经济贸易的数据、法规、条例、决定等。第四，开放服务贸易，根据关贸总协定统计，服务行业达150多种，涉及银行、保险、运输、建筑、旅游、通信、法律、咨询、商业批零售等，开放服务行业将会带来外国服务业与本国服务业的竞争，由于外国服务行业占有资金雄厚、技术先进等优势，这将会给中国服务行业增加压力，并可能会让出一部分市场。第五，扩大对知识产权的保护，这将使中国有关企业要支付专利的许可证费用以合法地购买西方发达国家的专利。第六，放宽对引进外资的限制。加入世贸组织后的中国还要接受以下考验：首先，是宏观调控难度增加，易受全球经济、金融风暴的冲击。由于更多的跨国公司进入中国，非国有经济和外资企业在中国国民经济中地位的进一步上升，以及中国宏观经济政策及管理必须符合世贸组织多边协议的要求，政府在宏观调控策略需进一步调整。加入世贸组织后中国产品对国际市场的依存度增加，中国固定资本投资对国际资本市场的依存度提高。尤其是按世贸组织协议，若干年后，一旦全面开放银行、证券、外汇等市场后，国际商品市场、国际资本市场的波动对中国的传递显著。其次，进口产品对市场冲击力加大。中国承担世贸组织成员方义务要求大幅度降低关税和非关税壁垒，外国产品将更自由地、廉价地进入中国市场，肯定会对竞争力不足的产业产生一定的冲击。比如化工制药业、机械工业、汽车业、某些资本技术含量大的高技术产品等。开放农产品市场，农产品的进口会逐步增加，中国农业生产集约度较差，在粮食等大宗产品生产上缺乏优势，价格与国际市场存在差距，容易受到廉价进口的冲击。再次，对知识产权保护力度的强化，使一些缺乏创新能力、缺乏品牌，依靠仿制生存的企业难以为继。如中国医药产品以往主要依靠仿制，必须买外国专利或自己创新。最后，某些服务业受到冲击。开放服务市场是中国加入世贸组织所承诺的重要义务，要求开放银行、保险、商业批发、零售、建筑、运输、旅游、通信、法律、会计等行业，这些服务行业将面临外国同行的强有力挑战，不得不让出一定的市场份额。①

二、2001 年加入世贸组织后中国海洋经济迅猛发展

（一）南海周边国家海洋自由贸易区构建

2001 年 11 月，时任国务院总理的朱镕基在出席第五次东盟与中国领导人会议时提出，抓住经济全球化和科技革命带来的机遇，有效应对各种风险与挑战，携手共创中国与东盟互利合作的新局面。中国与东盟应明确 21 世纪初的重点合作领域并确定建立中国—东盟自由贸易区目标，建议中国与东盟国家在 10 年内建成自由贸易区，中国政府对此予以积极支持，并将履行中方在中国—东盟经济高官会上作出的承诺。中方还愿与东盟共同努力，尽早启动自由贸易区的谈判。为支持东盟缩小内部发展差距，中方将适时向东盟中的三个不发达成员——老挝、柬埔寨和缅甸提供特殊优惠关税待遇。2001 年 12 月 11 日，中国正式加入 WTO 即世界贸易组织。其时 WTO 成员有 143 个国家和地区，还有 20 多个国家和地区正在申请加入，其成员经济贸易占世界经济贸易总量的 98% 左右。从 2002 年到 2011 年底这一阶段，是中国海洋经济及社会、经济、技术发展最快的时期，也是中国海洋经济发展最繁荣的阶段。加入世界贸易组织后，中国承诺完善运作机制，充实合作内容，不断向更高层次推进，逐步形成全方位、多层次、宽领域的对外开放格局。同时，世界贸易组织将要求中国严格遵循国际通行的市场规则，认真履行业已作出的各项承诺，要为世界各国特别是地缘相近的东盟国家提供更好的投资环境和更多的商

---

① 中共中央文献编辑委员会．十五大以来重要文献选编（上），北京：人民出版社，2000.

业机会；同时，鼓励中国企业走出国门，为世界各国特别是亚洲提供更多合作机会和广阔合作空间，也给中国海洋经济发展注入新动力。

（二）对外开放政策被确定为基本国策与全民共识

源于主要发达国家航天航空技术、系统与合成生物技术进步等所引发的第三次工业革命推动的以海洋生物科技和海洋产业结构升级，第三次世界海洋经济浪潮在20世纪70年代传播至中国港澳台地区，港澳台地区开始参与海洋生物科技、远洋航运、海洋金融保险等现代海洋产业分工。始于1978年底的中国对外开放政策，到20世纪末被确定为基本国策与全民共识，中国海洋国际关系与海洋经济发展进入了一个相对繁荣的历史阶段。该阶段海洋经济理论界和实际管理部门以空前的热情为中国海洋经济发展献计献策，展开了对国际贸易理论与实践活动的研究，海洋经济发展思想和行动在经历长期的低谷后得到前所未有的释放，主张利用两种资源——国内资源和国外资源，打开两个市场——国内市场和国际市场，学会两套本领——组织国内建设的本领和发展对外经济关系的本领，海洋经济要搞上去，就要打破一些老框框，摆正政治和经济关系，等等。学术界气氛空前活跃、各种海洋经济发展研究团体如中国海洋发展研究会、中国海洋经济学会、海洋工程协会、国际贸易学会等纷纷成立，定期组织学者与实践工作者开展学术研讨，并出版会刊、论文集等，对海洋经济发展与国际经济关系理论的认识与探索在广度、深度上都达到历史上从未有过的新阶段。依据学术讨论的焦点的变化，这一阶段又可大致划分为前、后两期。前期以海洋经济发展基本理论问题的讨论为主、为国际经济关系澄清了一些基本认识。如关于比较成本学说、国际价值与国际价格说、国际分工说、外贸发展模式说、外向型经济说，等等；后期围绕不断深化海洋综合管理体制改革与国际经济关系，针对国际经济新形势、新特点、新问题展开了进一步探索，如海洋强国说、海洋经济强国评价指标说、海洋经济体制改革说，等等。

邓小平“南方谈话”以后，中国的改革开放与海洋经济事业取得了巨大成就。同时，海洋经济和海洋贸易理论界从各方面进行了卓有成效的研究和探讨，以寻求中国海洋经济和海洋贸易更快发展之路。一方面，由于改革的巨大成就，使海洋经济学家逐步摆脱“左”的思想束缚，从国际视野角度为中国海洋经济发展出谋划策提供方略；另一方面，随着思想认识的不断深化，他们对建立具有中国特色的社会主义海洋经济发展模式进行积极探索，提出了许多有益的见解。可以说，该时期是中国海洋经济理论与实践前所未有的活跃期，也是中国海洋经济发展走向繁荣的重要时期。

（三）加入世贸组织促进中国融入世界文明体系

1. 加入世界贸易组织、主动参与国际竞争。世界经济的发展日益一体化，客观上使得各国经济日益融入统一的世界市场之中。中国主动适应世界经济一体化趋势，站在面向21世纪的战略高度，在坚持以发展中国家的身份、所承担的义务与应享受的权利必须相符的原则基础上加入世界贸易组织，2001年12月成功加入世界贸易组织，中国正式成为世界贸易组织的重要一员。改革开放的实践充分证明，中国要发展就必须打开国门、走向世界。中国经济的进一步发展，必须迅速融入世界经济体系中。加入世界贸易组织后，中国将由原来有限范围内和领域内的开放，转变为全方位的开放；由以试点为特征的政策性开放，转变为在法律框架下可预见的开放；由单方面为主的自我开放转变为中国与世贸组织成员之间的相互开放，逐步建立符合国际通行规则的涉外经济法律体系和管理体制，在更大范围内和更高程度上参与国际经济合作和经济全球化进程，进一步融入世界经济主流，对新世纪中国经济和社会发展各个方面将产生广泛而深远的影响。中国加入世界贸易组织，为亚洲和世界各国各地区经济发展注入了新活力。加入世贸组织后中国抓住机遇、趋利避害，改善经济发展所需要的相对稳定的外部环境，直接参与国际经济规则的制定，维护中国权益。与其他国家和地区进行经贸活动，促进市场多元化战略的实施，进一步扩大出口。完善国内相关的法律法规，改善投资环境，增强外商对中国投资信心。利用外资促进国内经济体制改革，推动经济结构的战略性调整和技术进步，提高国民经济整体素质和竞争力。①

2. 努力实施“走出去”的战略。中国成功加入世贸组织后，实施“引进来”和“走出去”并举、相互促进的开放战略，不断提高经济发展的质量和水平。一方面继续加大改革开放的力度，另一方面积极鼓励有条件的企业不失时机地走出去到国际经济舞台上去施展身手。面对经济科技全球化趋势，中国

---

① 中共中央文献编辑委员会．十五大以来重要文献选编（上），北京：人民出版社，2000.

以更加积极的姿态走向世界，鼓励能够发挥本国比较优势的对外投资，更好地利用国内外两个市场、两种资源。加入世贸组织前中国主要以“引进来”为主，通过“引进来”有效地利用了大量的国际资金、技术和管理经验等，弥补中国现代化建设中资金和技术的巨大缺口，对提高本国的管理水平、拉动经济增长、调整产业结构、扩大就业和平衡国际收支等都起了重大作用。加入世贸组织后主要是“走出去”，积极参与国际竞争、区域经济合作和全球多边贸易体系，增强中国经济发展活力和社会主义市场经济更加规范必不可缺的动力，进一步扩大了中国的对外开放，提高中国对外开放的范围、规模和档次。通过实施“走出去”战略，中国对外开放迈向新阶段，能更好地利用国内外两个市场、两种资源，逐步形成自己的大型企业和跨国公司。鼓励和支持有比较优势的各种所有制企业到境外投资、承包工程及劳务合作，以对外投资带动国内商品和劳务等出口，形成一批有实力的跨国企业和著名品牌，更好地融入全球经济，推动本国国民经济结构的调整，拓展21世纪中国发展空间，提高中国企业跨国经营水平、培植产业竞争优势、推动科技创新、促进产业结构升级，增强综合国力的竞争力，深化中国与世界各国各地区的经贸合作。江泽民在中共十六大报告中强调始终“坚持‘引进来’和‘走出去’相结合，积极参与国际经济技术合作和竞争，不断提高对外开放水平”，必须“适应经济全球化和加入世贸组织的新形势，在更大范围、更广领域和更高层次上参与国际技术合作和竞争，充分利用国际国内两个市场，优化资源配置，拓宽发展空间，以开放促发展”“这个战略实施好了，对增强中国经济发展的动力和后劲，促进中国的长远发展，具有极为重大的意义。”①

（四）沿海经济特区、沿海开放城市和沿海经济技术开发区增创新优势

随着全国多层次、多形式、全方位对外开放新格局的形成和发展，随着国际经济关系与海洋经济发展，原来在沿海经济特区、沿海开放城市和沿海经济技术开发区实行的某些优惠政策和灵活措施，在内陆不少省、自治区、直辖市逐步推行并取得显著成效，充当了改革开放、中国式现代化、有中国特色社会主义建设的排头兵、示范区、窗口的作用，发挥对其他地区开放开发的辐射带

① 江泽民．江泽民论有中国特色社会主义（专题摘编），北京：中央文献出版社，2002.

动作用。通过深化各项改革、调整经济结构、加强全面管理、提高人员素质、完善投资环境、增进经济效益、健全法制规范。参与高水平的国际经济合作和竞争，依靠先进技术、集约化经营和产业结构升级，在发展外向型经济中培育、创造新的优势，形成和发展经济特区的新特色，使经济特区增创新优势，为加快建立全国统一的社会主义市场经济体制和运行机制创造更多的经验。

沿海经济特区、沿海开放城市和沿海经济技术开发区通过深化改革和扩大开放，内引外联，带动和促进全国其他地区的共同发展、共同繁荣；经济特区尤其是深圳、珠海特区要继续为对香港、澳门的平稳过渡和保持香港和澳门的长期繁荣，发挥更大的促进作用。特区经济加大结构调整的步伐，依靠改革开放以来所逐步形成的优势，更多地发展高新技术产业，原有的“三来一补”这类技术含量低的劳动密集型产业逐步向内地梯度转移。劳动密集型产业多向内地转移，有利于经济特区和沿海地区加快产业结构的升级换代，带动内地经济的发展，减少内地劳动力的盲目流动，缩小地区之间的发展差距。[①]

（五）实施“以质取胜”“市场多元化”和科技优先的发展战略

要在竞争激烈的国际市场上增加出口，必须认真贯彻“以质取胜”和“市场多元化”的战略，深化外贸体制改革，尽快建立适应社会主义市场经济发展的、符合国际贸易规范的新型外贸体制。改善出口商品的结构，提高产品质量、加工深度和附加值，加强售后服务，巩固和发展现有市场，积极开拓新的国际市场。该时期中共中央、国务院明确提出“以质取胜”和“市场多元化”的海洋经济发展战略，彻底扭转中国在国际经济体系与海洋经济发展过程中存在的问题，进一步扩大中国对外贸易和提高中国对外开放的水平。第一，坚持以质取胜，提高出口商品和服务的竞争力。第二，实施市场多元化战略，发挥中国的比较优势，开拓新兴市场，努力扩大出口。第三，优化进口结构，着重引进先进技术和关键设备。第四，深化外贸体制改革，推进外贸主体多元化。深化外贸经营体制改革，建立健全外贸经营协调服务机制，统一政策法规，完善外贸宏观调控体系，进一步放宽外贸经营权，积极促进外贸经营主体多元化。在深刻把握国际经济关系与海洋经济发展形势基础上，提出海洋国

---

① 中共中央文献编辑委员会．十五大以来重要文献选编（上），北京：人民出版社，2000.

际经贸与科技合作策略，同世界各国开展广泛的经济、贸易、科技交流合作。第一，合作的主体由政府向企业过渡。由过去主要通过政府来展开国际经贸与科技合作，转变到企业成为开展国际经济技术合作的主体。第二，开展多渠道、宽领域的合作，采取灵活的合作方式。第三，展开全方位的国际合作。

21 世纪是海洋开发与保护的世纪，随着第三次世界海洋经济浪潮影响的日益深入，各国纷纷掀起了开发利用与保护海洋资源环境的热潮。为了能够在新一轮的海洋开发机遇期中抢占先机，世界主要海洋国家都提出了符合自己本国战略利益和战略期望的海洋发展国策，如美国、日本、韩国等国家制定并实施了各自的海洋发展战略。与此同时，中国迎来了发展海洋的重要机遇期，以期在海洋经济、政治、科技、文化和军事等领域有突破性进步。2002 年 11 月的党的十六大是进入 21 世纪的重要转折。2002 ~ 2011 年，党的十六大、十七大坚持科学发展观，胡锦涛将和平发展作为实现国家现代化的战略选择，主张实施科学发展观即坚持以人为本，全面、协调、可持续的发展观，促进经济社会协调发展和人的全面发展。以人为本，就是要把人民的利益作为一切工作的出发点和落脚点，不断满足人们的多方面需求和促进人的全面发展；全面，就是要在不断完善社会主义市场经济体制，保持经济持续快速协调健康发展的同时，加快政治文明、精神文明的建设，形成物质文明、政治文明、精神文明相互促进、共同发展的格局；协调，就是要统筹城乡协调发展、区域协调发展、经济社会协调发展、国内发展和对外开放；可持续，就是要统筹人与自然和谐发展，处理好经济建设、人口增长与资源利用、生态环境保护的关系，推动整个社会走上生产发展、生活富裕、生态良好的海洋经济发展道路。① 2002 ~ 2011 年是 21 世纪的第一个十年，中国的国际地位显著提升，国际经济贸易和海洋经济持续发展，该时期中国海洋经济发展体现全面、协调、可持续的海洋发展观，海洋事业有了史无前例的长足进步。

2003 年 3 月，国务院印发了《全国海洋经济发展规划纲要》，② 这是中国制定的第一个指导全国海洋经济发展的纲领性文件，在海洋经济发展进程中具有里程碑意义。随后，11 个沿海省级海洋经济发展规划相继出台，初步形成了全

① 中共中央文献编辑委员会：胡锦涛文选，第三卷，北京：人民出版社，2016.

② 中华人民共和国国务院．全国海洋经济发展规划纲要［Z］，国发〔2003〕13 号，2003.

国海洋经济发展规划体系。为了更好地协调指导海洋经济健康发展，作为海洋行政主管部门，国家海洋局在履行职责过程中，不断加强海洋经济管理与服务的制度化、标准化建设，先后建立了“一个网络”，即国家海洋局、国家发改委和国家统计局联合建立的“全国海洋经济信息网”，成员单位包括国务院涉海部门集团公司、协会和11个沿海省直辖市、自治区的地方海洋行政主管部门制定了“三项标准”，即《海洋及相关产业分类》国家标准、《沿海行政区域分类与代码》和《海洋高技术产业分类》行业标准建立了“一个体系”，即海洋经济核算体系，完成海洋经济主体核算即海洋生产总值核算部分建立了“两项制度”，即《海洋统计报表制度》和《海洋生产总值核算制度》，都纳入了国家统计局的统计制度完成了“两项调查”，即“世纪初全国涉海就业情况调查”和“全国海岛经济调查”发布了“多项成果”。国家海洋局定期向社会发布《中国海洋经济统计公报》《中国海洋经济统计半年报》《中国海洋统计年鉴》以及专项海洋经济研究分析报告。2008年2月，国务院批准印发《国家海洋事业发展规划纲要》，作为指导全国海洋事业发展的纲领性文件，明确提出加强对海洋经济发展的调控、指导和服务，海洋经济规划的作用日益凸显。上述国家级海洋规划的相继出台，为中国海洋经济发展指明了方向、思路和目标。同年7月，国务院批准的国家海洋局“新三定”方案中，明确国家海洋局承担海洋经济运行监测、评估及信息发布的责任，并会同有关部门提出优化海洋经济结构、调整产业布局的建议等职能。这意味着国家首次将海洋经济管理工作作为一个整体，加强统筹协调，纳入政府部门职能，标志着海洋经济管理工作已经从经济统计等基础性工作，逐步迈向参与指导、协调、调控海洋经济、资源、气候、环境等宏观管理阶段。2011年中国“十二五”规划提出“坚持陆海统筹，制定并实施海洋发展战略，提高海洋开发、控制和综合管理的能力”，这是首次在国家级发展规划纲要里对海洋发展提出目标要求。在同年的《政府工作报告》中提出，“坚持陆海统筹，推进海洋经济发展”。胡锦涛在中共十六大、十七大政治报告中明确提出，提高海洋资源开发能力，发展海洋经济，保护海洋生态环境，坚决维护国家海洋权益，建设海洋强国。①

① 胡锦涛．高举中国特色社会主义伟大旗帜　为夺取全面建设小康社会新胜利而奋斗——在中国共产党第十七次全国代表大会上的报告（2007－10－15），北京：人民出版社，2007.

随着对外开放水平的不断提高，沿海区位优势凸显，发达国家的产业和内陆企业不断向中国沿海地区转移，沿海经济蓬勃兴起，经济布局趋海化特征日益显现。海洋经济以高于国民经济的增长速度快速发展。“九五”期间，年均增速达到了9.7%，主要海洋产业的三次产业结构由初期的51∶16∶33转变为后期的50∶17∶33。然而大规模海洋开发活动给海洋环境带来了巨大破坏，入海污染物排量逐年递增，局域海域海水质量严重下降，赤潮等海洋灾害频发，海洋资源环境保护面临巨大压力。该时期海洋经济的阶段特征为海洋经济规模扩大，而三次产业结构不尽合理，海洋渔业仍占据半壁江山，海洋开发技术提高，海洋开发强度扩大，但仍处于粗放式发展阶段，近海资源与环境压力巨大。21世纪以来，随着科学发展观的实践，中国海洋经济发展朝着又好又快的方向转变。人们逐渐认识海洋资源过度开发带来的后果，关注海洋经济发展与资源环境的关系，关注沿海地区的可持续发展。

（六）推进海洋强国建设

党的十六大、十七大报告多次强调建设海洋强国、维护海洋权益的重要性。作为一个负责任的大国，中国要为解决国际性问题作出贡献。海洋强国的一个重要标志就是拥有强大的国防力量，中国只有向海洋强国方向发展，拥有了强大的国防力量，才能为解决影响国际社会安全的国际性问题发挥作用。2008年12月赴亚丁湾护航，中国海军舰艇编队为维护亚丁湾海域的国际航线安全，打击该地区的海盗劫掠做出了突出贡献，受到国际社会的赞誉。中国不会走西方海洋强国发展的老路，而是以建设和谐海洋为根本基点，在和平发展中成为海洋强国。中国成为海洋强国，有助于应对全球非传统安全威胁，维护世界和平。主张稳步推进重点岛礁建设，保障海上通道航行安全，为维护和拓展中国的海外利益提供安全保障，深入开展海洋维权法理和对策研究。中国海洋强国战略目标包括国际和国内两个战略层面：从国际方面看，中国海洋战略应以捍卫和维护国家主权完整和领土统一，解决与周边国家的海洋争端，维护和捍卫中国海洋权益，创造服务于中国和平发展的国际环境，全面参与国际海洋制度和海洋秩序的建设为根本目标。从国内方面看，中国海洋战略应以全面提升全民族海洋战略意识，科学合理地开发、利用和保护海洋，实现海洋可持续、协调发展，使海洋事业发展服务于经济与社会的协调发展和全面进步，服务于和谐社会的构建为根本目标。①

中国海洋强国战略是包括海洋经济、海洋政治、海洋管理、海洋法律、海洋科技、海洋安全和海洋社会文化等战略，彼此相互联系的系统战略体系。海洋经济战略的功能在于通过海洋开发与利用，促进经济繁荣和社会的可持续发展。海洋政治战略的功能在于处理国际关系领域的海洋矛盾，维护国家海洋权益，服务于国家的总体外交战略和军事战略。海洋管理战略的功能在于借助计划、组织、领导和控制等手段，实现对海洋开发利用活动中各种资源的合理配置。海洋法律战略的功能在于海洋法律制度的建设与完善，服务于国际和国内海洋秩序的建立与完善。海洋科技发展战略的功能在于寻求海洋发展的科学技术支撑，促进人类与海洋之间关系的和谐发展。海洋安全战略的功能在于应对海洋领域的传统军事安全以及形形色色的非传统安全威胁。海洋社会文化战略的功能在于继承和借鉴人类历史上海洋社会活动的经验与教训，建构人类与海洋互动关系的良性模式，服务于和谐社会的构建。海洋战略的各部分之间应该是相互融通、渗透与互补的关系，并服务于海洋强国战略目标的实现。

（七）重视海洋科技发展

2002~2011年，围绕海洋生物资源开发，着力突破远洋渔业捕捞技术、海水增养殖技术、耐盐作物培育技术，使科技在海洋开发利用中的贡献率得到持续提升。提升海洋调查评价能力，增加中国战略资源储备，拓展国家发展战略空间，做好大洋资源勘查工作。推进南北极科学考察，推动载人深潜技术发展，提升深海大洋探采设备国产化水平，推进深水油气生产作业装备、深海通用材料研发，增强深海开发重大装备的设计与制造能力。推进极地破冰船、大洋科考船和海监船的建造。积极开展与相关国家及国际组织的国际海洋合作与技术培训，提升中国对国际海洋事务的影响力。全面、准确、深刻地了解海洋，掌握海洋的运动规律，为建设海洋强国提供坚实的科学依据。瞄准海洋领域的重大自然科学问题，强化海洋科学研究，加快海洋基础学科研究，在海洋技术创新上有所突破。以技术创新为先导，提升海洋基础性、前瞻性、关键性技术研究与转化能力。作为一个新兴经济增长极，海洋经济一直保持着稳步发

① 中共中央文献编辑委员会：胡锦涛文选，第三卷，北京：人民出版社，2016.

展态势，产业结构不断优化，海洋经济增长率每年在两位数，从而持续推动国民经济高质量发展。

2002～2011年，围绕传统海洋产业改造升级、新兴海洋产业培育中遇到的技术瓶颈，加强产学研联合攻关，促进海洋经济又好又快发展。围绕资源高效集约利用，着力突破海洋油气勘探开发、海水综合利用等关键技术。强化海洋专门人才培养力度加大，面向建设海洋强国对各类人才的紧迫需求，重点进行海洋科技创新人才、海洋产业经营管理人才、海洋基础研究人才的培养；加快海洋高等教育和职业技术教育发展，壮大海洋人才队伍，优化海洋人才结构；加强高层次创新型领军人才培养，完善海洋人才工作体制机制。

（八）形成全社会关注海洋、热爱海洋、保护海洋的氛围

2002～2011年，不断强化全民族的海洋意识。加大海洋文化和海洋宣传工作力度，扩大海洋科技、经济、法律等知识的普及面，凝练和弘扬包括深潜精神、海监精神、极地精神、大洋精神在内的海洋精神。发展公益性海洋文化事业，繁荣海洋文化产业，打造海洋宣传、文化的精品力作。在全社会形成关注海洋、热爱海洋、保护海洋的浓厚氛围，为建设海洋强国注入精神动力。科学合理地开发利用海洋，发展壮大海洋经济，实现海洋资源环境可持续发展。强化规划和区划的引领作用，坚持陆海统筹，完善全国和省级海洋功能区划体系，编制海洋事业发展规划、海洋经济规划、海岛保护规划同其他规划、区划的衔接与配合。

（九）重视“和谐海洋”“智慧海洋”建设

2002～2011年，中国建设持久和平、共同繁荣的和谐海洋，维护海洋权益，致力于合作之海、友谊之海建设。秉持以“与邻为善、以邻为伴、和平友好、合作共赢”为方针，建设具有中国特色的和平海洋外交发展之路。“和谐海洋”的根本内涵就是和平发展，主要体现为海洋发展的和平性、合作性、互惠性，以及反对武力崛起和侵略扩张，这是中国防御性海洋政策的外在体现。在和平发展海洋的同时，坚持全球海洋“和谐发展”，构建和谐海洋世界体系，努力构建和谐的海洋经济新秩序。在维护国家领土主权和海洋权益的前提下，统筹维权与维稳两个大局。通过行政、法律、经济等多种手段，逐步形

成促进海洋经济和谐发展的产业结构、发展方式和消费模式。将和谐海洋建设作为中国海洋经济发展的重要组成部分，把和谐海洋建设融入经济建设、政治建设、文化建设、社会建设的各方面和全过程。坚持科学发展观的总体要求，推进和谐海洋建设，不断深化拓展双边与地区海洋领域合作。

在全球化、互联网、大数据、数字经济背景下，致力于海洋经济产业转型升级，构建“智慧海洋”，走海洋科技强国发展的新型道路。2008 年，党中央、国务院批准《国家海洋事业发展规划纲要》，这是新中国成立以来首次发布的海洋事业总体发展规划，也是将中国海洋事业融入世界海洋浪潮追求全面进步的里程碑事件。此后，国家不断升级政策，为海洋经济产业和“智慧海洋”保驾护航。在科学发展观、和谐社会建设指导下，2002～2011 年全国海洋经济学界在借鉴吸收国际先进海洋理念基础上，解放思想、推陈出新，突破了传统海洋经济学，涌现了大批创新成果，许多海洋经济学专著、教材和研究报告空前繁荣。随着学界不断拓展海洋经济、海洋产业、海洋法规、政策的研究范畴与内容，极大丰富了中国海洋经济学理论与科研教学工作。

（十）重视海洋行政管理体制和海上执法体制改革

2002～2011 年，中国积极推进构建有权威、效率高、职能相对集中、权责一致的海洋行政管理体制和海上执法体制，统筹对内行政执法和对外维权执法，为建设海洋强国提供组织机构保障，努力提高海域和海岛使用、海洋污染控制和生态环境保护的监管效率和服务水平。严格查处违法行为，规范海洋开发利用秩序。提高海洋维权执法能力。强化对中国管辖海域的定期维权巡航执法，完善海监、军方、外交三位一体的海上维权执法协调配合机制。将提升综合管控海洋能力作为建设海洋强国的重要保障，构建与本国国情相适应的海上防卫力量，形成综合运用行政、法律、经济等手段，中央与地方相结合、政府主导与社会参与相协调的管控格局。在完善现有海洋法律法规基础上，进一步完善海洋法律法规体系。针对恐怖主义、海盗劫掠、严重自然灾害和重大传染性疾病等非传统安全威胁日益严重，中国政府不断提升维权执法基地和执法装备现代化水平，起草《海洋基本法》，推动《海洋环境保护法》及其配套法规的修订，促进《南极活动管理条例》《渤海区域管理法》《大洋矿产资源开发管理法》《领海基点保护条例》的立法进程，强化海洋安全体系建设。

（十一）海洋科技、社会文化、生态环境、防灾减灾等专项规划陆续出台

2002～2011年，国家海洋局出台了海洋资源、海洋经济、海洋科技、海洋生态环境保护及海洋防灾减灾等一系列专项规划，这些涉海专项规划明确了各行业、领域发展的目标与任务，以支撑和满足国家海洋发展的重大需求。海洋管理部门、涉海类高等院校、科研院所（中心）围绕着国家总体规划的涉海部署，对海洋资源、海洋经济、海洋科技、海洋生态环境保护及海洋防灾减灾等各个方面进行研究探索。深入参与海洋环保、海底资源开发、渔业资源管理、海事与救助等涉海国际公约、条约、规则的制定和修订工作，海洋预报减灾工作取得新进展。推动中国与南海、印度洋、太平洋周边国家在海洋环保、科技、海啸、风暴潮领域的合作，培养海洋领域外国专家，密切中国与发展中国家的合作关系。全面参与国际海洋事务和联合国相关海洋事务，提高参与国际海洋规则制定和海洋事务磋商能力，准确把握国际海洋秩序发展形势。

坚持规划用海，严格实施海洋功能区划，全面提升海洋功能区划的科学性、前瞻性；坚持集约用海，鼓励实行集中适度规模开发，提高单位岸线和用海面积的投资强度，严格执行围填海计划管理制度，建立健全海域资源市场化配置机制。坚持生态用海，以资源节约、环境友好的方式开发使用海域，维护保持中国海洋生态系统基本功能，保护重要海洋生态区域；坚持科技用海，提高海洋资源环境变化规律的认识，推动海洋关键技术转化应用和产业化，培育和建设科技兴海产业示范基地，大力发展海洋战略性新兴产业；坚持依法用海，进一步完善海域使用管理法律法规体系，依法审批用海，坚决查处违法用海，违规批海。有效控制入海污染物排放，加强海洋保护区建设和管理。强化海洋环境监测评估，有计划、有重点地开展受损严重的海岸线、海岛、海域环境的整治与修复。加强深海生物、海洋探测技术研究，加强海洋防灾减灾技术攻关，提高海洋预报的精度。建设常态化的海洋综合调查保障机制，不断丰富和更新海洋基础数据和资料。加强海洋规划、区划的组织实施与监督检查，提高海洋开发利用行为的宏观管理水平，优化海洋开发的空间布局，使规划、区划在沿海地区经济社会发展中的调节作用得到充分发挥。要提高海洋开发利用水平。

第三篇

第四次世界海洋经济浪潮与中国当代海洋经济发展

第七章　新时代中国海洋经济发展的挑战、机遇与选择

党的十八大后，以习近平同志为核心的党中央，创造性地发展了中国特色社会主义理论体系，国内外经济形势发生剧烈变化，海洋经济发展出现了许多新特征、新内容和新趋势。党的十八大报告指出，今后国家要以提高海洋资源开发能力，发展海洋经济，保护海洋生态环境，坚决维护国家海洋权益，建设海洋强国。改革开放以来，中国社会主义建设的巨大成就和发展路线证明，海洋在中国经济和社会发展中的战略地位日益凸显，海洋强国不仅是国家发展的重大战略，是中华民族走向伟大复兴的战略航向。21 世纪人类进入大规模开发利用海洋的时期，开发利用海洋成为世界各海洋国家发展经济的共同选择，世界主要海洋大国都制定和颁布海洋发展规划，国际海洋竞争日趋激烈。中国实施海洋强国战略就是要在激烈的国际海洋竞争中赢得主动，完成由陆权国家向陆权和海权兼备的国家转型，通过积极有效的开发、利用、管理、保护和控制海洋，走出一条国家生存、发展和强盛的新路子。2015 年中国海洋经济总量接近 6.5 万亿元，比“十一五”期末增长了 65.5%，海洋生产总值占国内生产总值的 9.4%，海洋经济三次产业结构由 2010 年的 5.1∶47.7∶47.2 调整为 2015 年的 5.1∶42.5∶52.4。①

传统海洋产业加快转型升级，海洋油气勘探开发进一步向深远海拓展，海水养殖比重进一步提高，高端船舶和特种船舶完工量有所增加。新兴海洋产业保持较快发展，年均增速达到 19%。海洋服务业增长势头明显，滨海旅游业年均增速达 15.4%，邮轮游艇等旅游业态快速发展，涉海金融服务业快速起步。同时，海洋的环境意识得到加强，海洋环境的治理力度加大。这一阶段海

---

① 根据国家统计局．海洋经济统计年鉴（2011）、海洋经济统计年鉴（2016）有关数据计算得出．

洋经济的发展特征是海洋经济成为国民经济新的增长点，海洋经济继续保持快速增长，以高科技为代表的海洋新兴产业初具规模，在海洋产业中的比重不断上升，海洋产业结构得到优化，但近岸海域环境尚未根本好转，海洋环境污染形势依然严峻。本章主要介绍第四次世界海洋经济浪潮背景下的新时代中国海洋经济发展挑战、机遇与选择。

第一节　新时代中国海洋经济发展的挑战

第四次世界海洋经济浪潮背景下，中国海洋经济发展步入了一个充满已知与未知并存的新时代。已知的是，这个新时代的海洋经济关系和海洋价值体系已越来越丰富多彩、开放包容，它包含了海洋自然人与他人、海洋自然人与海洋环境、海洋自然人与海洋产业（行业领域）、海洋产业（行业领域）与海洋社会、海洋公民与政府、海洋公民与海洋国家、海洋国家与海洋国际体系，以及相应的海洋道德观、海洋自然观、海洋行业观、海洋社会观、海洋政治观、海洋国家观、海洋国际观等海洋价值体系，从而形成自内而外分几个层次的同心圆体系，几个层次共同构成一个相互关联的有机整体。基于这样的有机整体，中国海洋经济管理政策就要从历史的角度和战略的高度入手，梳理、挖掘、发现、总结前三次世界海洋经济浪潮所产生的普遍价值，以及海洋对中国未来发展的函数变量，主动参与并引领第四次世界海洋经济浪潮，尽量减少未知因素给中国发展进程带来的严重阻碍。未知基于海洋系统的庞大与复杂性，人类对它的认识程度非常有限，加之各海洋开发主体之间存在的利益关系，导致海洋资源开发利用和海洋经济利益分配中出现多发未知问题。就新时代中国海洋经济发展阶段情况看，出现了以下主要难题。

一、中国加入世贸组织融入国际产业体系出现的各种问题

加入世贸组织对中国经济的影响是全面而深刻的。2012 年前后，经济基础与上层建筑、经济体制与政治体制、海洋生产力与生产关系、沿海与内地、

部门行业之间的各种问题越来越明显。就产业部门来看，就出现了发展不平衡的问题：

（一）农业部门

就加入世贸组织10年的总体情况看，由于在市场准入方面主要扩大了主要进口农产品的关税配额，原来长期存在的国内粮食供给总量平衡、略有盈余的局面被打破，许多传统的农产品因不适应国际市场竞争而被逐步淘汰或被国外资本吞食，农村土地甚至优质耕地被大量抛弃。一方面中国农业人口众多，另一方面各地弃耕数量非常巨大，出现了历史上罕见的和平时代劳动力与生产资料分离现象。这种分离不利于社会财富积累和生产力发展。按照世贸组织农产品协议标准承诺扩大农产品关税配额，中国进口农产品的数量、规模逐年增长且越来越超过历史水平。关键在于国际农产品的价格竞争优势，中国许多农产品在价格上没有比较优势，从2002～2012年的进出口情况看，中国除了渔业产品外，其他农产品、奶制品的出口均不理想，农产品进口种类、数量、规模远大于出口，而且差额不断增大。尤其是名贵水果、粮食、肉类、奶制品受到的国际市场竞争压力较大。

农业部门中的某些劳动密集型产业，如花卉业、果蔬业、水产品，通过品种改良、加工技术、贮存、运输、销售等环节的改进，扩大了出口市场；某些特种禽肉类生产仍具有价格竞争优势，还有较稳定的市场份额。总之，加入世贸组织后，在推进中国农业国际化进程、使中国农业在国际大市场配置资源的同时，也对中国传统农业的生产方式和生活方式产生了根本性变化。在大量弃耕的同时，出现大量相对过剩的农业劳动力。

（二）工业与建筑业部门

加入世贸组织后十年，中国劳动密集型和资源型工矿、建筑企业得到了长足发展。特别是建筑企业，伴随着房地产业的超常规高速增长，迎来了中国历史上从来没有过的狂飙时代，也给各级政府财政带来了巨大收益。当然，土地财政超前消费给中国社会造成的各种后遗症逐步显露出来，需要几十年才能弥补过来。进入21世纪，纺织企业大都属于发达国家和地区的夕阳产业，中国纺织企业具有明显的比较优势，加入世贸组织十年他国歧视性限制措施大量消除，中国纺织业享受贸易自由化红利，市场需求扩大，纺织服装企业深受其惠。特别是到2005年全面取消配额，中国纺织服装业进一步扩大出口，纺织品在欧美市场的份额上升到30%左右，获得更大的国际竞争力。与之相关的产业还有轻工、服装、工艺、食品、家用电器等获得空前发展。

中国部分技术密集型企业、资本密集型企业将受到冲击。如汽车工业，许多规模小、成本高、技术水平落后的汽车生产企业要么被外资并购，要么转产转业，轿车工业首当其冲；农用车、小型货车等有一定优势的车型，因出口机会增加获得发展机遇。石化、精细化工等知识技术资本密集产业，加入世贸组织十年后成长为规模经济效益突出的行业，这些行业在价格、质量、品种上与国际先进水平的差距逐渐缩小。由于实施WTO对知识产权保护要求，中国一些长期靠仿制为主的医药行业难以为继，但中成药、中低档医药器械中的普通设备和手术器械在国际市场上还有一定竞争力。此外，随着WTO对环保的要求标准实施，中国环保产业出现飞跃式发展。一方面，绿色产品在国际市场上越来越受到欢迎，带动环保产品市场发展；另一方面，2030年二氧化碳排放量达到峰值、2060年实现碳中和的目标将中国产业环保问题列入了议题，达不到一定环保标准的产业和企业将逐步被淘汰于市场。

（三）服务业部门

对服务业部门的影响在加入世贸组织后快速凸显。服务贸易是中国加入世贸组织谈判的重点和难点问题。中国加入世贸组织时承诺开放30多个部门，基本上包括第三产业的所有部门。主要谈判方认为中国服务业开放范围不够宽，且附加条件或限制过多。加入世贸组织后，主要谈判方重点要价的服务部门有电信、银行、保险、零售和批发、航运等领域。在电信方面，主要成员方的要价是：实现电信经营者和管理者的彻底分离；实施透明度高的和非歧视性的电信管理；对外国电信服务者给予国民待遇，尽快向外国投资者开放增值电信市场；提交开放竞争的分阶段的时间表。但中国邮电业务总量占国内生产总值不到3%，与美国信息产业对GDP的贡献率达40%以上相比，潜力甚大。开放电信市场，在引进资金、技术的同时，竞争使中国电信行业跟上世界潮流，中国电信服务企业越来越难于应对国际电信服务企业的挑战，政府担心一旦开放电信服务市场，国际电信巨头会快速占领中国电信服务市场。其次，中国电信设备市场的对外开放达到了相当高的程度，外资企业生产能力占全国的70%以上，具有较高的抗风险能力。在金融业开放方面，由于中国银行业和证券业的发展水平不高，特别是在发展衍生产品等档次不高，加之这些行业关系到国家的金融安全，鉴于东南亚金融危机的教训，中国一直采取比较审慎的态度。银行业在放开外资进入的地域后，在营业网点设置和营业额方面仍维持限制。在保险业上，中国企业的竞争力相对较高。改革开放以来中国保险业一直处于快速发展之中，1981～2001年，中国保险费收入年均实际增幅达20%以上，比同期中国国内生产总值的年均实际增长率高2倍多。[①] 中国保险业特别是寿险业的发展潜力和发展空间仍然很大，发达国家及地区一直要求中国保险业全面开放；等等。

二、逆全球化思潮对中国的影响越来越明显

发源于美国2008年次贷危机而来的全球金融海啸，使各国贸易保护主义增强、极端政治倾向加重、民族主义抬头，出现了逆全球化思潮。逆全球化思潮是指与全球化进程背道而驰、重新赋权于地方和国家层面的思潮。具体说来，逆全球化指的是某些国家采取保护主义措施，来限制本国与其他国家的经济技术文化交流合作，以保护本国的利益与主权。逆全球化有三个主要的表现形式：第一，自由贸易理念被边缘化，贸易保护主义措施不断升级。全球多边贸易体制推进艰难，区域性贸易投资碎片化，贸易保护主义以新的表现形式向全球蔓延，以中国为代表的新兴市场国家尤其受害。第二，全球经济陷入持续的结构性低迷，下行风险与不确定性增加，欧美国家的移民、投资、监管和社会保障政策等去全球化趋势明显。第三，部分发达国家保守化内顾倾向加重，国家干预和管制极端化。

逆全球化的风险包括贫富分化和经济不平等现象加剧，国家作为利益共同体正陷入撕裂、社会反抗变得越来越激烈。本轮逆全球化动向具有强烈的政治力量主导性，如针对中国的“一带一路”倡议。一些国家认为，全球化进程导致西方出现了全球化赢家与输家之间的结构性对立，因而担心并反对全球

---

① 朱坚真．中国海洋发展若干思考［M］．北京：经济科学出版社，2016．

化。其实，大航海使海洋从障壁变为通途，四次海洋浪潮形成今天的并进一步全球化的世界史，而不是旧大陆规模的世界史，深刻地改变了人类历史发展进程及生产、生活方式。由于特殊的地理区位、人口、生产方式和政治体制，使中华民族传统文化里长期缺少海洋意识基因，对海洋价值认识不足，导致中国历史上长期重陆轻海、重农抑工商。乃至近代，国门大开被动挨打，沦落为半殖民地国家。综观近代、现代，各种革命和运动不断，真正融入全球化、参与国际产业经济分工的时间就40多年，在历史长河里只是一小段。全球化有利有弊，但从长期看还是利大于弊。所以，中国应该坚持全球化与对外开放政策不动摇。

三、中国海洋经济发展的资源环境越来越严峻

按照中国人口占全球总人口的比重，尊重人类生存权、发展权，中国在未来分享的全球海洋资源应该更多，主要是大陆架、外大陆架、公海、国际海底、南北极等“人类共同继承财产”，还应该分享全球海洋生物资源、水体资源、海洋油气资源、海底矿产资源、海洋港泊资源、战略通道资源、海滨旅游资源等。但中国海洋开发利用起步晚，海洋产业技术基础较弱，总体开发水平低。更为可怕的是，中国人滞后于全球海洋发展的理念、意识、机制和体制，在很大程度上制约了海洋国土资源开发利用的深度与广度。如将国家海洋局并入国家自然资源部，将其他职能分解到国家农业农村部、生态环境部等部委办，从事这方面管理者却缺乏海洋资源开发利用、海洋经济管理、海洋法、海域法、海商法等专业技术知识，通常按陆域管理方式对待海域管理，无法形成专业职能和国际接轨。

21世纪的国际环境使海洋经济发展限制性负面清单越来越多，各国对中国海洋强国目标持有很多疑虑，外部及周边环境越来越复杂。在科学梳理、分析、总结海洋价值，认识海洋对社会、经济、政治、文化生活、科学技术等各方面重要推动作用的基础上，充分认识第四次海洋浪潮对中国社会发展进程的影响，从思想与理论上激发人们认识海洋、重视海洋、开发利用和保护海洋，具有重大意义。

第二节　新时代中国海洋经济发展面临的机遇

一、第四次世界海洋经济浪潮与海洋智能技术深度融合趋势

应对第四次世界海洋经济浪潮，各国纷纷研究制定适应新时代智能技术和“互联网 +”深度融合发展规划。主要海洋国家和地区对照 RCEP、CAI 和 CPTPP 等高水平的贸易或投资协定，立足提升海洋服务业全球价值链分工地位，提出相应发展规划目标，对沿海城市海洋金融业、海洋信息业、海洋科技管理服务业等领域的现代海洋服务业体制机制开展“补短板、强弱项、固优势”工程。中国如何以国内循环为主、积极参与国际循环，推动沿海城市群形成协同发展格局，深化沿海与内地产业协作，助力“一带一路”建设，提升中国大陆产业在全球创新链、产业链中的地位，打造对全球开放新格局，引领中国经济高质量发展？如何应对国际新发展格局，秉持“双循环”战略，依托海洋资源禀赋优势和海洋产业发展特色，强化对全球开放的互联互通的广度深度，不断提升现代海洋服务业水平？如何依托现代综合交通运输体系和新一代海洋信息技术，促进中国沿海中心城市与全球海洋中心城市之间的现代海洋服务贸易投资自由化发展，加强内外开放联动与软硬件衔接？等等。党的十九大报告强调，加快发展现代服务业，瞄准国际标准提高水平。拓展深化海洋服务贸易投资协议，减少市场准入、经营许可、资质标准等方面的限制，不断提升海洋服务贸易投资自由化水平。第四次工业革命和海洋经济浪潮的重点之一是新能源产业技术应用，具体包括光伏、风电、电动汽车、储能、智能电网五大部分，这是个庞大的新产业，将替代庞大的老产业且在替换过程中带来高效，促进普遍意义上的生产力发展。海洋新能源带来的新兴产业，将覆盖了第四次海洋经济浪潮的主要产业领域，海洋新能源与环境改善将成为今后世界几十年的主题。

二、各国维护海洋权益与海洋安全战略

进入 21 世纪以来，随着陆地资源的不断枯竭和人口的急剧增加，海洋成

为人类资源索取另一片新天地。世界各国掀起了轰轰烈烈的“蓝色圈地运动”，这种趋势使得各国之间为争夺有限资源而竞争加剧，同时为了增强自身实力，各国又不断加深相互理解、增进合作，国际海洋开发成为影响国与国关系的关键因素。这种竞争与合作交替转换推动世界海洋经济快速发展，海洋经济已成为国民经济中重要的组成部分。进入21世纪第二个十年以来，中国与周边国家存在的海洋划界争端陆续升级，中国海洋权益受到前所未有的挑战。中国的海洋利益不仅包括领海、毗连区、专属经济区和大陆架，而且包括公海资源开发、与海上贸易有关的海洋通道等，从战略高度研究中国经济社会发展对海洋利益、海洋安全要求并提出相应对策，迫在眉睫。根据海洋产业现状，结合海洋资源禀赋及经济社会发展要求，提出海洋产业的布局，尤其是新兴海洋产业和潜在产业的战略考虑中国海洋资源开发现状和潜力。在海陆统筹的前提下，研究沿海区域发展战略，根据海洋治理成功案例，提出配套、互补、功能完善的沿海区域发展模式。在总结中外最新研究成果基础上，提出中国海洋经济发展战略与政策安排。具体的海洋领域管理包括：制定目标与原则，为海洋管理做出宏观的战略规划，在战略的指导下实施各部门的具体管理。对涉海领域进行分门别类的管理，也是“综合”的具体体现。人类的生存与发展需要对资源进行开发与利用，包括海洋资源；为了资源的可持续利用，必须保护好中国的海洋环境；开发资源、保护环境与发展产业，必须科技先行；在科技的带领下来发展中国海洋产业；发展海洋经济需要开发、利用好海洋人力资源；对海洋文化的培育、挖掘、开发与利用，能提高海洋管理各方面的效益，同时它自身也能产生经济效益。海洋综合管理领域是十分复杂的领域，难免产生问题，当问题上升到一定的严重程度时便形成了危机，危机将导致组织形象遭到严重破坏，影响社会的稳定与和谐，为了使社会生活与海洋管理活动能正常进行，必须化解危机，必须加强危机管理。

海洋综合管理是海洋管理的高层次管理形态。它以国家海洋整体利益为目标，通过海洋发展战略、政策、规划、区划、立法、执法，以及行政监督等行为，对国家管辖海域的空间、资源、环境和权益在统一管理和分部门分级管理的体制下，实施统筹协调管理，以达到提高海洋开发利用的系统功效、海洋经济的协调发展、保护海洋环境和国家海洋权益的目的。海洋综合管理的管理者与被管理者，他们在海洋综合管理中起着主导作用。没有他们作用的发挥，一切管理均无从谈起。政策与法律是人类在社会活动中用以指导人们行为的准则，海洋政策与法律是海洋管理主体用以规范管理对象行为、管理海洋公共事务的指导准则，同时也是海洋管理的手段。海洋管理的一切方面，均是在海洋政策与法律的规范下来进行的。当然，政策与法律是包括海洋管理主体在内的人民大众通过执政党及国家机关制定并发布的。海洋功能区划是海洋管理的基础，海洋功能区划为国家法律所规定。有了明确的海洋功能分区，对海洋资源的合理、有效开发利用，涉海产业的发展以及人们的社会生活都能产生良好的作用。海洋功能区划具有较强的法制性和科学性，同时又是具体的海洋管理的依据。

三、应对全球气候变化的“双碳”目标落实

人类对海洋调查研究还不到5%，海洋的奥秘远未被人类掌握。全球气候变化已引起各国普遍关注，海洋对调节全球气候具有重要作用，它本身又对气候变化的影响及海洋酸化非常敏感，气候变化对海洋生态系统和海洋为人类社会提供的货物及服务带来影响。习近平主席代表中国在联合国提出的“双碳”目标：即2030年二氧化碳排放量达到峰值，2060年实现碳中和的目标如何实施？海洋环流使我们的地球适合居住生存，大气圈中约一半的氧气来自海洋，全球经济的一大部分依赖与海洋相关的商业，包括渔业、旅游和航运。全世界的人们依赖海洋获得热量需求，气候变化必将对中国特别是沿海地区产生影响。中国虽然发生海啸的概率较小，但每年台风、风暴潮等海洋灾害带来的生命和财产损失巨大。根据中国海洋灾害的发生特点，提出减轻和预防海洋灾害的措施及应急处理方案，减轻和预防海洋灾害与应急处理。从海平面上升研究入手，提出沿海城市对气候变化的应对措施，尤其是海洋资源开发、产业布局与气候变化协调规划，提出海洋科学技术重点发展领域及其政策安排。

四、海洋产业演变路径的特殊性

海洋经济发展的过程，就是海洋产业结构转变的过程，表现为三次海洋产业在海洋经济发展过程所处地位的变化。综观世界经济发展的历程，三次产业

结构有由“一、二、三”向“三、二、一”转变的趋势。这种趋势是以陆地产业的发展模式为基础的，即以传统的农业、工业、服务业的生产力水平为基础的。但海洋领域具有特殊性，三次产业分类方法并不完全适用于海洋产业。随着海洋生产力的发展，海洋三次产业演进不一定会表现为传统三次产业理论所说的由“一、二、三”向“三、二、一”变动路径，而是将表现出复杂波动的演进趋势。海洋三次产业发展有其特殊性，海洋产业演进路径不能照抄照搬陆地产业，必须对海洋资源开发的难易度、急切度等探讨海洋产业的独特发展路径。

海洋三次产业演进规律的特殊性主要表现在两个方面：

首先，它与传统的三次产业劳动力比重的变化趋势不同。随着国民经济发展、人均国民收入水平的提高，劳动力首先由第一产业向第二产业转移；当人均国民收入水平进一步提高时，劳动力便向第三产业转移。劳动力在产业间的分布状况是：第一产业将减少，第二、第三产业将增加。这不仅可以从一国经济发展的时间序列中得到印证，而且还可以从处于不同发展水平的国家在同一时点上的横截面比较中得出类似结论。人均国民收入水平越高的国家，第一产业劳动力在全部劳动力中所占的比重相对来说越小，而第二、第三产业中劳动力所占的比重相对来说越大；三次产业劳动力的比重次序必然会从“一、二、三”向“三、二、一”转换。海洋领域却不同，劳动力比重变化会因海洋产业的特殊性不表现出这种趋势，劳动力比重不会随生产力水平的提高同步发生转移。随着海洋生产力发展，第一产业的劳动力比重可能依然高于第二、第三产业，海洋第二产业劳动力比重也不会出现占主导的阶段。海洋经济主要以海洋产业的形式表现出来，人们对海洋经济的认识首先是从海洋产业开始的，现代海洋经济学研究未对海洋产业演进路径的特殊性给予充分重视，较普遍的运用三次产业分类方法，且沿用传统三次产业的演进路径来指导海洋产业的开发实践活动，既不利于正确认识海洋产业的发展规律，也会影响到整个海洋产业发展。海洋产业发展到成熟阶段，海洋三次产业产值比重最终表现出“三、二、一”的态势，但海洋产业发展过程中会受到陆地相关产业影响，其发展将表现出复杂多变的演进态势，即并不是每一时期随着生产力水平的提高，海洋三次产业产值比例都会向“三、二、一”趋势发展。产业作为经济单位，它既不属于客观经济所指的国民经济，也不属于微观经济所指的企业生产活动或居民消费活动，它是介于宏观经济和微观经济之间的中观经济。对海洋产业来说，它作为海洋领域这一大区域内的相互关联、相互作用的产业集合，在国民经济中还具有其独特的位置，既不属于宏观上的整个国民产业经济，也不属于某个具体产业的经济活动，而是具有独特的中观产业经济的性质。三次产业分类方法是反映人类经济活动过程和产业之间相互关系的分类方法，适用于整个宏观国民经济的分类，它便于从宏观上对整个国家产业的发展规律、结构升级、结构优化提出可行性建议，有利于引导各产业协调发展和制定相应政策，指导整体经济运行。因此，直接将应用于宏观分析的三次产业分类方法应用于中观经济层面的海洋经济领域必然会造成某些方面的偏差。这种偏差从海洋经济统计公报中海洋生产总值的计算方法就可以略见一二。海洋生产总值从区域上看是沿海海洋生产总值之和，从产业上看是海洋产业和海洋相关产业增加值之和。①

其次，海洋经济是国民经济的重要组成部分，国民经济必然是由陆、海两大区域产业集群的有机组合而成，海洋产业和陆地产业尤其是沿海地区陆地产业必然产生联系和影响，这必将对海洋产业经济自身的发展产生作用，导致海洋产业内的产业发展受到干扰，影响到海洋三次产业的演进过程。因此，三次产业演进规律是一种经验性的结论，它必须以以往较长时期的数据积累为基础，对三次产业演进路径的探讨适用于产业发展到一定成熟稳定的阶段后进行。就整个国民经济来讲，只有农业、工业、商业和服务业发展到了相对成熟阶段，理论研究才能够应用三次产业分类从实践中总结出三次产业的演进变化路径及对经济发展的作用，并以此来更好地指导实践经济活动。也就是说，规律是对过去的总结，为的是更好地指导未来。以过去原有的陆地产业发展路径指导海洋产业发展显然不易，必须以海洋产业过去的演进特点来指导海洋产业未来发展才符合客观事物的发展规律。就海洋产业而言，由于海洋表现为危险性、突变性、深水压力大、建设困难等特性，在发展海洋产业中需要集聚高新技术。此外，海洋水体对人类的天然不适宜性使得人类对海洋的开发较大陆要晚得多。这两方面原因导致海洋产业的发展较大陆产业有很大的不成熟性，其中的许多产业只停留在实验阶段或设想阶段，海洋产业中的各产业的组成还很不确定。这种不成熟性导致了无法用过去的海洋产业演进特点来指导海洋产业

---

① 朱坚真. 中国海洋发展若干思考［M］. 北京：经济科学出版社，2016.

未来的发展道路，会造成发展路径很大的不确定性。

可见，陆地产业随着生产力的发展其第一、第二产业的新增产业增加值空间是极其有限的，几乎不会出现在第三产业占优势的情况下随着生产力发展出现第一、第二产业产值比重上升的阶段，但海洋产业由于其第一、第二产业的产业增加值空间巨大，还有大部分产业处于试验或设想阶段，如由于某一项涉海技术的突破，某一涉海产业进入了大规模的产业化阶段，或某海洋资源的需求度极度上升，再或是陆地相关产业的快速发展促使与之关联性较大的海洋产业也迅速发展，都可能导致第一、第二产业比重大幅度增加，在某一节点上时，可能会超过第三产业比重。这是在生产力发展水平不断提高的条件下，不表现出传统陆地产业的演进路径，这时就不能用传统的三次产业演进路径来指导海洋领域的开发活动。因此，由生产力水平决定的海洋产业成熟度问题，是海洋三次产业演变路径特殊性表现的客观原因。海洋相比于陆地有其特殊的地位，人类是生存在陆地上的高等生物，方便在陆地上进行生产、生活。陆地资源更容易被人类获取，也最先被人获取。在陆地资源足够丰富并且人口相对稀少时，不需要海洋就可以满足日常所需。随着人口膨胀、陆地资源耗竭，人类越来越多地将目光投向海洋。但面对不适宜生存的巨大海洋水体，海洋资源的获取要比陆地上的难得多，需要附加比陆地生产多得多的承载或防护装备，从而增加了更高的生产成本。因此陆地开发与海洋开发在投入方面处于不对等的地位。海陆关系及海洋地位是海洋三次产业演变路径特殊性表现的直接原因。

第三节　新时代中国海洋经济发展道路选择

经过改革开放与经济发展，到 2012 年党的十八大时，中国经济已是高度依赖海洋的开放型经济。从经济社会长远发展看，这种经济形态将长期存在并不断深化。中国海洋经济发展水平、海洋资源开发能力、海洋生态环境保护能力和维护国家海洋权益能力不断增强，海洋强国建设成效显著。新时代的海洋是支撑中国利用两个市场、两种资源、大进大出对外开放格局的重要载体。综合分析当前世情、国情和海情，事实证明中国经济社会发展已离不开海洋。党的十九大、二十大报告重申，坚持陆海统筹，加快建设海洋强国，是实现中华民族伟大复兴中国梦的必然选择。在中国特色社会主义新时代，坚持陆海统筹、加快建设海洋强国，把发展海洋事业融入决胜全面建成小康社会、全面建设社会主义现代化强国伟大事业，开启海洋强国建设新征程。习近平强调，海洋在国家经济发展格局和对外开放中的作用更加重要，在维护国家主权、安全、发展利益中的地位更加突出，在国家生态文明建设中的角色更加显著，在国际政治、经济、军事、科技竞争中的战略地位也明显上升。习近平新时代中国特色社会主义思想中蕴含的陆海统筹观念，主权、安全、发展利益相统一的海洋利益观，和平合作的海洋发展观，共建共享共赢的海洋安全观，坚持走依海富国、以海强国、人海和谐、合作共赢的发展道路等，为加快建设海洋强国提供了科学理论指导和行动指南。

到“十二五”期末，中国海洋经济呈现出三大显著特点，首先，海洋经济在国民经济中的地位日益提高。2015 年中国海洋生产总值达到 6. 5 亿元，海洋生产总值占国内生产总值的比重达到 9. 4%，创造涉海就业岗位达到 3500 万个，海洋经济已成为国民经济新的增长点。同时，海洋经济本身还具有产业门类多、辐射面广、带动效应强的优势。其次，海洋产业结构发生积极的变化。2015 年海洋经济三次产业结构为 5. 1 : 42. 5 : 52. 4，海洋经济呈现出“三、二、一”的结构。① 通过海洋科技创新，新兴海洋产业迅速崛起，同时，海洋传统产业的升级改造力度也在不断加大。再次，沿海经济区域布局基本形成。随着国家“东部率先发展”等区域发展战略实施，海洋经济发展规模扩大，以环渤海、长江三角洲和珠江三角洲地区为代表的区域海洋经济发展迅速，2015 年三大海洋经济区海洋生产总值之和占全国海洋生产总值近 90%。沿海区域发展规划相继上升为国家战略，由辽宁沿海经济带、天津滨海新区、黄河三角洲生态区、山东半岛蓝色经济区、江苏沿海开发区、海峡西岸经济区、广西北部湾经济区和海南国际旅游岛构成的沿海经济区域布局已经基本形成，为海洋经济发展创造了良好的条件。在海洋经济持续快速发展的同时，也存在一些问题。如重近岸开发、轻深远海利用，重资源开发、轻海洋生态效益；重眼前利益、轻长远发展谋划的“三重”与“三轻”矛盾比较严重。从区域产业布局情况看，产业发展同质、产业结构雷同；传统产业多、新兴产业少；高耗

① 朱坚真. 中国海洋发展若干思考［M］. 北京：经济科学出版社，2016.

能产业多、低碳型产业少的“两同、两多、两少”问题比较突出。中国与周边国家在海域划界、岛屿归属和资源开发方面还存在着诸多争议，海洋开发尚面临着巨大风险，沿海国家重构海洋战略对中国海洋经济发展构成挑战新一轮海洋圈地运动，挤压中国海洋经济发展空间。后金融危机时代，让全球经济处于缓慢复苏阶段，世界经济局势仍未稳定，海洋经济未来发展态势尚不明朗，国际海洋科技快速发展愈加拉大我与世界的差距等因素，都会给海洋经济的平稳较快发展带来严峻挑战。

随着海洋经济快速发展，海洋经济在国民经济中的地位提升，海洋经济越来越得到国家重视，海洋经济管理工作逐步纳入政府工作日程，成为国家宏观调控的组成部分。海洋经济管理中政府职能进一步明确。2015 年 10 月，国家发改委、国家海洋局、财政部联合发布了《海水利用专项规划》，2017 年国家发布了《可再生能源中长期规划》和《生物产业发展“十三五”规划》，为中国海洋新兴产业的快速发展创造良好环境。渔业、交通运输业、旅游业也相继出台相关规划，为促进海洋产业优化升级发挥了积极作用。从中国海洋经济发展进程来看，中国海洋经济已进入由快速发展阶段向“又好又快”迈进的转型期，海洋经济管理进入一个加快适应的调整期。中国经济已由高速增长阶段转向高质量发展阶段，到2022 年经济总量突破 120 万亿元，国内生产总值稳居世界第二，人民生活水平明显改善，对世界经济增长的贡献率超过 30%。进入新时代，中国社会主要矛盾转化为人民日益增长的美好生活需要和不平衡不充分的发展之间的矛盾。建设海洋强国，必须主动适应和把握社会主要矛盾的转化，推动海洋事业全面协调可持续发展，中国海洋事业进入发展加速期。在中国现代化建设进入新阶段、跃上新水平的大背景下，海洋事业发展不能满足于既有的成就、速度和水平，而应对接国家目标，努力把中国建设成为海洋经济发达、海洋科技先进、海洋生态健康、海洋安全稳定、海洋管控有力的新型现代化海洋强国，让海洋成为满足人民美好生活需要的重要保障。新时代开启中国海洋强国建设新征程。

深刻认识海洋强国建设对于全面建设社会主义现代化强国、实现中华民族伟大复兴中国梦的重大意义，全方位、有侧重地狠抓落实，走好新时代海洋强国建设新征程。首先，要立足中国基本国情。进入新时代，中国仍然处于并将长期处于社会主义初级阶段的基本国情没有变，中国是世界最大发展中国家的国际地位没有变。加快建设海洋强国，不能脱离这个基本国情和最大实际。中国海洋强国建设应有所取舍、有所为有所不为，通过和平利用海洋，努力构建公平公正合理的国际海洋新秩序。积极承担与自身国际地位相匹配的责任，推动共建人类命运共同体。以 21 世纪海上丝绸之路为纽带，以构建蓝色伙伴关系为平台，努力协调海洋发达国家与海洋发展中国家、海洋地理有利国家与海洋地理不利国家、沿海国家与内陆国家之间的海洋利益分配，促进共享海洋发展机遇，推动海洋经济增长惠及所有国家。贯彻协调发展理念，促进海洋事业全面协调可持续发展。整体谋划全国海洋发展空间布局，正确处理国际与国内、海洋与陆地、港口与腹地、海洋利用与保护的关系，着力解决中国海洋事业发展粗放和不平衡问题。加强海洋生态文明建设，探索低碳循环的海洋经济发展模式和政策制度，推进以生态系统为基础的海洋综合管理，不断满足人民群众对美丽海洋、洁净沙滩、蓝色海岸的需要。贯彻开放发展理念，促进内外联动。构建两个市场、两种资源、两头在海的开放型经济格局，深化拓展双边海洋合作，引导多边区域合作。贯彻共享发展理念，造福民生。突出民生优先，在防灾减灾、观测预报、监测评估等领域提供更多海洋公共产品和服务，推动海洋工作向满足国计民生需要转变。

一、全面经略海洋

习近平强调，“要关心海洋、认识海洋、经略海洋”。[①] 不谋全局者，不足谋一域；不谋万世者，不足谋一时。经略海洋、向海图强，是在磨难中不断成长奋起的中华民族的世代夙愿。经略海洋必须坚持全方位、高层次、高起点、高标准。坚持将中国海洋放在世界海洋发展格局和国家经济社会发展大局中谋划，做好海洋发展的国家设计。制定国家海洋战略，这一战略应既符合国家的长远利益，又适应时代的迫切要求。既关注海洋经济利益，亦关注海洋安全利益。经略海洋必须调整国家地缘战略定位，着眼于 21 世纪世界经济活动和安全挑战领域出现的新情况，将国家战略关注更多地转向海洋方向，实现由陆上

① 习近平．进一步关心海洋认识海洋经略海洋 推动海洋强国建设不断取得新成就．新华网，2013－07－31．

大国向陆海大国的重大转型，确立大国海洋发展战略。同时，经略海洋必须从实际出发，既要防止短视无为，又要避免发热冒进。制定和执行好中长期海洋开发保护和科研规划，以加速发展海洋经济、保护海洋生态环境，提升海洋科技水平。经略海洋要注重思想理念转变，强化全民海洋意识，认识海洋之于中华民族的重要性，夯实经略海洋的社会基础和文化基础，做到人人关心海洋，人人为国家海洋事业贡献力量。

（一）强调海洋是蓝色国土

1. 海洋是蓝色国土，沿海国家经济与社会发展的重要空间和资源基地，必须捍卫的蓝色国土，经略海洋。习近平反复强调，由于种种原因，中国长期存在忽视蓝色国土、经略海洋等问题。21 世纪以来全球性地开发海洋、经略海洋成为国际竞争的焦点，争取海洋权益、制定海洋发展战略、积极发展海洋经济成为世界沿海国家的重要战略。

2. 海洋经济发展要完成从量到质转变，从海洋资源经济到海洋科技经济转变，从单纯的海洋资源开发向海陆一体化开发转变，从单方面追求经济利益向社会综合效益转变。捍卫蓝色国土、经略海洋、才能建设海洋强国。

3. 依法开发管理海洋资源，优化海洋资源开发与管理的法治化机制；以海洋资源资产化管理为基础实现海洋资源的最佳配置；依靠海洋科技进步建立海洋综合管理体制机制；形成海洋管理人才培养机制全面提升海洋人力资源素养。①

（二）强调经略好海洋

1. 捍卫蓝色国土、经略海洋，必须从海洋资源经济的角度认识海洋资源的价值。习近平主张，根据当前和未来国际经济和政治发展总的趋势，提出中国海洋资源开发的总体思路，强化全球海洋资源意识，积极分享全球海洋利益。近几年，要求自然资源部门将海洋视为与陆地同样是人类生命支持系统，按照中国人口占全球总人口比例，中国在未来分享的全球海洋资源应该更多，主要是大陆架、外大陆架、公海、国际海底、南北极等“人类共同继承财产”。

---

① 习近平．习近平谈治国理政（第一卷）［M］．北京：外文出版社，2014.

2. 捍卫蓝色国土、经略海洋，必须将海洋产业发展作为国民经济新的增长点，打造升级版海洋经济，依靠科技进步推动中国海洋科技向大洋深处迈进。2014 年 11 月，习近平在辽宁考察时指出，海洋事业关系民族生存发展状态，关系国家兴衰安危。顺应建设海洋强国的需要，加快培育海洋工程制造业这一战略性新兴产业，不断提高海洋开发能力，使海洋经济成为新的增长点。2018 年 4 月，习近平在庆祝海南建省办经济特区 30 周年大会上的讲话中强调中国是海洋大国，中共中央作出了建设海洋强国的重大部署，海南是海洋大省，要坚定走人海和谐、合作共赢的发展道路，提高海洋资源开发能力，加快培育新兴海洋产业，支持海南建设现代化海洋牧场，着力推动海洋经济向质量效益型转变。要发展海洋科技，加强深海科学技术研究，推进“智慧海洋”建设，把海南打造成海洋强省。

3. 积极分享全球海洋生物资源、水体资源、海洋油气资源、海底矿产资源、海洋港泊资源、战略通道资源、海滨旅游资源等，实行海洋资源开发与保护并举大力加强海洋环境保护；运用高新技术改造海洋传统产业调整优化海洋产业结构。2018 年 6 月，习近平在考察青岛海洋科学与技术试点国家实验室时强调海洋经济发展前途无量，建设海洋强国，必须进一步关心海洋、认识海洋、经略海洋，加快海洋科技创新步伐。

4. 针对现阶段中国海洋经济发展面临的主要问题，解决海洋经济大而不强，经济布局缺乏统筹规划、地区的产业同质化和重复建设，海洋产业结构不合理，海洋产业科技水平较低、科技成果转化率低，海洋生态环境污染严重等问题，解决推进海洋经济可持续发展、建设海洋大国战略，海陆经济一体化、海洋资源可持续开发、海洋贸易通道畅通、海洋国际影响力扩大，开辟中国崛起的新道路，以及中国海洋经济发展优化升级等重大问题。

二、发展向海经济

2017 年 4 月，习近平在视察广西沿海工作时提出了“向海经济”观点。2023 年 4 月，习近平在视察粤西沿海工作时提出雷州半岛与海南“相向发展”的观点。“向海经济”和“陆海统筹”“一带一路”有机结合，推动中国海洋经济向纵深方向发展。中国东南、华南沿海“向海经济”发展拥有政治平台、区位、港口资源、滨海旅游资源等优势，海洋产业发展较快，但存在海洋资源的科学利用不足、产业结构层次偏低、海洋产业体系发展不健全、与东盟国家海洋经济合作有待提高等问题。打造好向海经济，就是要加快发展向海经济促进整个经济社会健康持续发展，为了这一新使命、新定位，要科学制定全国向海经济发展总体方案，进而提出加快向海经济发展的对策措施。坚持以人民为中心的发展思想，让向海经济惠及更多群众，让群众有更多的获得感。①

（一）做大做强向海经济

2012 年以来，全国海洋经济转型升级效果明显、亮点频现，海工装备、海洋电力等新兴产业不断取得突破，海洋渔业、船舶制造等传统产业加快提升改造，海洋服务业创新发展并领跑海洋经济，海洋休闲娱乐、涉海金融等新兴业态彰显生机活力。京津冀、长三角、珠三角等区域凭借海洋经济优势不断焕发新的活力，海洋已成为陆海内外联动、东西双向互济开放格局中的关键一环。2017 年 2 月，国务院在批复《北部湾城市群发展规划》中指出，北部湾城市群应以共建共保洁净海湾为前提，以打造面向东盟开放高地为重点，以构建环境友好型产业体系为基础，发展美丽经济，建设宜居城市和蓝色海湾城市群，充分发挥对“一带一路”有机衔接的重要门户作用和对沿海沿边开放互动、东中西部地区协调发展的独特支撑作用。习近平总书记 2017 年 4 月视察北海时，首提“向海经济”，要求我们打造好“向海经济”。这是习近平总书记在中国特色社会主义进入新时代提出的新命题，对全国沿海地区发展赋予的新使命，为经济社会发展指明了重要方向与路径。在中国经济由高速增长阶段转向高质量发展阶段，面临转变发展方式、优化经济结构、转换增长动力机制的攻关期，面向海洋发展，壮大向海经济将是未来经济发展新的增长点。向海经济是海洋经济和外向型经济在更高层次上的融合，是创新、协调、绿色、开放、共享融合发展的经济形态，向海经济的内涵和外延比海洋经济更大。这是一个新命题，需要我们大胆探索和实践，在探索中完善，在实践中发展。打造向海经济，就是全国沿海城市需要更加重视海洋资源的开发利用，向海洋要资源、要财富、要发展。打造向海经济，坚持陆海统筹，推进向海经济协调发

① 习近平．习近平谈治国理政（第二卷）［M］．北京：外文出版社，2018.

展，促进陆海资源互补、布局互联、产业互动，形成陆海整体推进发展新格局。

坚持扩大开放，融入“一带一路”建设，加强与海外的国际合作，注重海外资源与市场，发展“大进大出”的港口物流和对外贸易，发展外向型经济。2017 年 4 月，习近平在广西考察时强调“写好海上丝绸之路新篇章，港口建设和港口经济很重要，一定要把北部湾港口建设好、管理好、运营好，以一流的设施、一流的技术、一流的管理、一流的服务，为广西发展、为“一带一路”建设、为扩大开放合作多做贡献。立足独特区位，释放“海”的潜力，激发“江”的活力，做足“边”的文章，全力实施开放带动战略，推进关键项目落地，夯实提升中国—东盟开放平台，构建全方位开放发展新格局。”①

（二）深入实施科技兴海

坚持创新驱动，增强发展动能，提高科技创新能力，推动海洋技术集成创新，加快科技成果产业化。2012 年来，中国海洋科技创新推动海洋事业发展的引擎效应凸显。“蛟龙号”达到世界应用型载人潜水器最高水平，与“海龙号”和“潜龙号”组成的“三龙”深海装备体系基本成熟。海水淡化技术、波浪能和潮流能发电、系列海洋卫星等跻身国际领先或先进行列。南海神狐海域天然气水合物试采成功，标志着中国成为世界首个成功试采海域天然气水合物的国家。

（三）着力推进生态管海

2012 年以来，不断深化海洋生态文明体制机制改革，生态管海贯穿于海洋经济工作的全过程。海洋主体功能区制度逐步落地，海岸线保护与利用、围填海管控、海域和无居民海岛有偿使用等机制加快建立，海洋空间规划约束和资源集约节约利用不断强化，“生态 + 海洋管理”新模式不断完善。湾长制、海洋资源环境承载能力监测预警等改革试点顺利开展，蓝色海湾、生态岛礁等大工程统筹实施，海洋生态环境治理成效显著。以习近平为核心的党中央从实

---

① 习近平．习近平谈治国理政（第三卷）［M］．北京：外文出版社，2020.

现中华民族伟大复兴的高度出发，着力推进海洋强国建设，提出一系列新理念新思想新战略，出台一系列重大方针政策，推出一系列重大举措，推进一系列重大工作，推动中国海洋事业发展。2017 年 5 月，国家发改委印发《全国海洋经济发展“十三五”规划》，其中提出到 2020 年，中国海洋经济发展空间将不断拓展，综合实力和质量效益进一步提高，海洋产业结构和布局更趋合理，海洋科技支撑和保障能力进一步增强，海洋生态文明建设取得显著成效，海洋经济国际合作取得重大成果，海洋经济调控与公共服务能力进一步提升，形成陆海统筹、人海和谐的海洋发展新格局。

党的十九大对生态环境保护问题空前重视。党的十九大报告首次将建设“富强民主文明和谐美丽”的社会主义现代化强国目标，正式写入“绿水青山就是金山银山”理念。坚持生态优先、绿色发展，处理好发展海洋经济与加强生态环境保护的关系，推进海洋生态文明建设。在顶层框架指引下，2018 年以来，国家发改委和国家海洋局协同推进加快：一方面，不断明确改善海洋产业规划，提升海洋产业经济发展空间。另一方面，完善支持相关产业改造升级，提高海洋经济产业整体综合能力。2019 年，农业部公布《国家级海洋牧场示范区建设规划（2017～2025 年）》，对海洋渔业发展方式、产业链条、海洋牧场综合效益的发挥等 3 个关键环节发力，聚焦于海洋渔业资源可持续利用和生态环境保护的矛盾问题，尝试转变海洋渔业发展方式，制定了促进海洋经济发展和海洋生态文明建设的重要举措。建设规划强调海洋牧场管理，以统筹兼顾、科学布局、分类管理、多元投入为基本原则的同时，加强海洋牧场后续管理监测，确保海洋渔业资源得到有效保护和可持续利用。鼓励各地制定更高的发展目标，结合全国沿海各省（区、市）海洋牧场建设和发展计划。截至 2020 年，中国沿海经济特区形成了以山东半岛蓝色经济区、浙江海洋经济发展示范区和广东海洋经济综合试验区为格局的国家三大海洋经济示范区，三大海洋经济示范区都制定了海洋经济产业发展的阶段性目标，陆续出台了细化的政策扶持办法。

三、建设海洋强国

2012 年党的十八大报告再次提出建设海洋强国战略目标，作出了建设海洋强国的重大部署。推进这个重大部署，对维护国家主权、安全、发展利益，对实现全面建成小康社会目标、进而实现中华民族伟大复兴具有重大而深远的意义。习近平在2013年中共中央政治局集体学习时强调，“21世纪，人类进入了大规模开发利用海洋的时期。海洋在国家经济发展格局和对外开放中的作用更加重要，在维护国家主权、安全、发展利益中的地位更加突出，在国家生态文明建设中的角色更加显著，在国际政治、经济、军事、科技竞争中的战略地位也明显上升。”同年10月，习近平在出访东盟诸国时提出了与其他亚洲国家共建“21世纪海上丝绸之路”的战略构想。[①] 2015年的《政府工作报告》中对海洋强国建设提出更多、更详细的要求。中国从现实基础上来看仅仅是一个海洋大国，称不上海洋强国，所以要根据中国的实际来制定并实施海洋发展战略，努力实现成为世界海洋强国的战略目标。随着海洋对国家发展战略价值日益凸显，人类文明进入了更富开拓性的“海洋时代”。同时，世界海洋强国的历史呈现出一些普遍性逻辑，国家对海洋战略价值的需求决定着海洋强国战略的地位，国家经略海洋的能力决定着海洋强国战略的效用，涉海大国可以超越客观环境而崛起为海洋强国，有的海洋强国衰落也是正常的规律。这些规律的核心要义是：一个长期有效的海洋强国战略，必然能够在海洋时代塑造出一个成功的海洋强国。

2013年7月，习近平在十八届中央政治局第八次集体学习时强调，“建设海洋强国是中国特色社会主义事业的重要组成部分。要进一步关心海洋、认识海洋、经略海洋，推动中国海洋强国建设不断取得新成就。要提高海洋资源开发能力，着力推动海洋经济向质量效益型转变。要保护海洋生态环境，着力推动海洋开发方式向循环利用型转变。要发展海洋科学技术，着力推动海洋科技向创新引领型转变。要维护国家海洋权益，着力推动海洋维权向统筹兼顾型转变。”同年8月，习近平在考察大连船舶重工集团海洋工程有限公司时强调海洋事业关系民族生存发展状态，关系国家兴衰安危。顺应建设海洋强国的需要，加快培育海洋工程制造业这一战略性新兴产业，不断提高海洋开发能力，使海洋经济成为新的增长点。中国是陆海兼备的地区性濒海大国，国家的安全和发展皆同海洋息息相关。2012~2019年，中国海洋经济总量已连续多年占

---

① 习近平．习近平谈治国理政（第一卷）［M］．北京：外文出版社，2014.

国内生产总值的9%以上，中国对外贸易运输量的90%通过海上运输完成，多数原油进口需要依赖海运，中国在海洋渔业、海运业以及造船业等领域位居世界第一，在全球海洋上拥有广泛的战略利益。① 从国家安全的角度，相较于陆地边界局势的基本安定，中国近年来的外部安全威胁主要来自海洋疆土。中国面临着来自美国及其军事盟国、有海洋争端的邻国等构筑的战略围堵态势，国家的海上战略空间长期受到外部力量的压制。作为全球性贸易大国，尽管中国一直都在参与地区海洋秩序的塑造以及融入全球海洋秩序的进程，然而赢得走向海洋的机会却并不等于"赢得海洋"。可以说，建设海洋强国已经成为中国保障国家综合安全、促进经济社会发展、拓展国家战略利益和塑造新型海洋秩序的必然需求。与此同时，中国的海洋强国战略无论是在政策和研究领域都还处于起步阶段，相关设计在战略评估、目标确定和手段选择上多少存在着结构性的缺陷。党的十八大、十九大、二十大报告都把"建设海洋强国"放在对内而非对外关系部分行文，告诉世人建设海洋强国是国内发展需要，绝不是"称霸海洋"，中国发展不对任何国家构成威胁，将一如既往重视海洋生态环境保护。

2017 年 5 月，习近平在视察海军机关时强调"建设强大的现代化海军是建设世界一流军队的重要标志，是建设海洋强国的战略支撑，是实现中华民族伟大复兴中国梦的重要组成部分。海军全体指战员要站在历史和时代的高度，担起建设强大的现代化海军历史重任。"同年 10 月，在党的十九大报告中明确提出要坚持陆海统筹，加快建设海洋强国，以习近平新时代中国特色社会主义思想为指导，走依海富国、以海强国、人海和谐、合作共赢的发展道路，力争早日把中国建设成为海洋经济发达、海洋科技领先、海洋生态良好、海洋文化先进的海洋强国，在实现中华民族伟大复兴的历史进程中发挥重要作用。②

2018 年 3 月，习近平在参加十三届全国人大一次会议山东代表团审议时强调"海洋是高质量发展战略要地。要加快建设世界一流的海洋港口、完善的现代海洋产业体系、绿色可持续的海洋生态环境，为海洋强国建设作出贡

---

① 习近平．习近平谈治国理政（第三卷）[M]．北京：外文出版社，2020.

② 国家发展改革委，自然资源部．关于发展海洋经济　加快建设海洋强国工作情况的报告 [EB/OL]. http://www.npc.gov.cn/npc/c12491/201812/83131907fb234bba96edd84b6cffd1f9.shtml, 2018-12-24.

献。”同年4月12日，习近平在海南考察时指出“中国是一个海洋大国，海域面积十分辽阔。一定要向海洋进军，加快建设海洋强国。南海是开展深海研发和试验的最佳天然场所，一定要把这个优势资源利用好，加强创新协作，加快打造深海研发基地，加快发展深海科技事业，推动中国海洋科技全面发展。”在庆祝海南建省办经济特区30周年大会上强调，“要打造国家军民融合创新示范区，统筹海洋开发和海上维权，推进军地共商、科技共兴、设施共建、后勤共保，加快推进南海资源开发服务保障基地和海上救援基地建设，坚决守好祖国南大门。”2018年6月，习近平在青岛海洋科学与技术试点国家实验室考察时强调“海洋经济、海洋科技将来是一个重要主攻方向，从陆域到海域都有我们未知的领域，有很大的潜力。发展海洋经济、海洋科研是推动我们强国战略很重要的一个方面，一定要抓好。关键的技术要靠我们自主来研发，海洋经济的发展前途无量。建设海洋强国，必须进一步关心海洋、认识海洋、经略海洋，加快海洋科技创新步伐。”同年12月，习近平在葡萄牙《新闻日报》发表题为《跨越时空的友谊面向未来的伙伴》一文指出，“我们要积极发展‘蓝色伙伴关系’，鼓励双方加强海洋科研、海洋开发和保护、港口物流建设等方面合作，发展‘蓝色经济’，让浩瀚海洋造福子孙后代。”习近平在青岛集体会见应邀出席中国人民解放军海军成立70周年多国海军活动的外方代表团，提出“集思广益、增进共识，努力为推动构建海洋命运共同体贡献智慧。海洋命运共同体重要理念，彰显了深邃的历史眼光、深刻的哲学思想、深广的天下情怀，为全球海洋治理指明了路径和方向。海洋命运共同体是一个新理念。新时代，海洋作为人类共有资源、资产，作为共生环境依赖的新认知，促使新海洋观萌生，呼唤建立基于维护人类共同生存发展的海洋治理新秩序。”海洋命运共同体理念的提出，进一步丰富和发展了人类命运共同体理念，是人类命运共同体理念在海洋领域的具体实践，而海洋治理新秩序的核心是重建海洋的共有性，即共同生存、共同资源、共同责任。主张以国家总体安全为目标，围绕中国主权海域开发，保障国土空间安全、统筹陆海两域国家开发战略，保障海洋权益安全、海洋生态安全、海洋社会安全、海洋信息安全、海洋资源安全、海洋军事安全、海上通道安全等，逐步提高海洋资源利用效率，坚持可持续发展，解决各大海域污染问题，创新涉海职能部门管理模式，完善四通八达战略格局，推进区域和谐海洋建设，保障全球海洋安全，全面经略海洋，逐步建成海洋强国。

树立总体国家安全观、坚持陆海统筹、坚持军民合力共建边海防，把国家主权和安全放在第一位，强化忧患意识、使命意识、大局意识，坚持发扬改革创新精神，推动边海防全面发展，建设强大稳固的现代边海防，周密组织边境管控和海上维权行动等。针对中国处于国家战略的转型时期，机遇和挑战越来越多地在海洋方面表现出来，习近平要求将海洋领域的利益和目标纳入国家战略一并考虑，捍卫国家主权和海洋权益就构成了中国处理海洋权益争端的难题。中国是一个陆海兼备的发展中大国，建设海洋强国是全面建设社会主义现代化强国的重要组成部分。当前，中国经济已发展成为高度依赖海洋的外向型经济，对海洋资源、空间的依赖程度大幅提高，在管辖海域外的海洋权益也需要不断加以维护和拓展。这些都需要通过建设海洋强国加以保障。中国一段时期曾处于世界内陆经济发达国家行列，但始终不是一个海洋经济发达的国家。清代中后期，中国开始在第一次世界海洋浪潮和产业革命浪潮中日益落后，更谈不上是海洋强国了。世界近代以来出现的强国无一例外都是海洋强国，当今世界发达国家也几乎无一例外。经过 40 多年的改革开放，中国国家利益遍布全球，能源资源、海外资产、海上战略通道和海外人员安全问题日益凸显，这对维护国家海外利益提出了新的要求。中国海洋经济发展不仅需要有能力和手段维护管辖海域内的海洋权益，而且应有能力与手段为管辖海域外的海洋权益拓展的战略支撑。未来一个较长时期，中国安全威胁主要来自海上。维护中国整体安全必须解决来自海上威胁的问题。不难看出，建设海洋强国，是中华民族永葆持续发展、走向世界强国的必由之路。以建设和谐海洋为根本基点，在和平发展中成为海洋强国人们有理由习惯性地认为，一个新的海洋强国的诞生必然伴随着战争的硝烟。然而，中国在实现海洋强国这一战略目标的进程中，要走的是一条与近代以来其他海洋强国完全不同的发展道路。

四、实施陆海统筹

习近平新时代陆海统筹的内容丰富。2012 年 10 月，习近平在党的十八大报告中提出坚持陆海统筹、维护海洋权益、建设海洋强国的思想。2017 年 10 月，党的十九大报告再次强调坚持陆海统筹。在复杂的国内外背景下，海陆统筹发展具有重要的现实意义与理论价值。以世界的眼光、战略思维，从服务国家战略高度，在海陆统筹战略中谋划大开放大开发，将开放开发作为“一带一路”与内陆腹地无缝对接的重要纽带，对接中国沿海、沿江、沿边、沿线产业。通过发挥优势，扩大开放、发展创新平台和海洋经济示范区，推进陆海区域深度融合，实现区域相连、环环相扣，打造陆海内外联动、东西双向互济的开放格局。

五、共建“21 世纪海上丝绸之路”

习近平在海洋外交的实践创新和理论探索中提出了“海上丝绸之路”的倡议，在坚决维护国家海洋权益的同时，提倡以和平合作、开放包容、互学互鉴、互利共赢为核心的“丝路精神”，和有关国家和国际组织共奏海洋和平合作的交响曲。针对中国在迈向海洋强国的历史进程中遇到并将继续面临各种严峻的挑战和考验，在不断克服困难和应对挑战中前进。建立海上丝绸之路系列合作机制，建设海上丝绸之路促进国内经济转型发展，优化对外开放格局的动力源，建立国际经济政治新秩序，将海上丝绸之路和“一带”合成一个综合的“一带一路”倡议，更好地体现“海陆统筹”的战略思维。

“21 世纪海上丝绸之路”合作倡议，不仅表现为高度的开放性，而且表现为合作领域、合作制度、合作目标的多样性与多重性，成为中国实施协同性、创新性、积极防御型战略理念和行动方案的重要载体，其战略实施需要加强顶层设计和整体联动，推进区域交通运输、基础设施建设等层面的互联互通，推动政策、制度和规则层面的务实合作，降低区域交易成本，提升区域合作的战略效应与经济绩效，建构区域合作新格局与区域治理新机制。

六、构建国际蓝色伙伴关系

2013 年 10 月习近平在印度尼西亚访问时，提出共建“21 世纪海上丝绸之路”的倡议。基于以海洋为载体和纽带的市场、技术、信息、文化等合作日益紧密，提出共建 21 世纪海上丝绸之路倡议，促进海上互联互通和各领域务实合作，推动蓝色经济、海洋文化交融，增进海洋福祉。2014 年 11 月，习近平在澳大利亚联邦议会演讲中指出，中国愿同相关国家加强沟通，共同维护海上航行自由和通道安全，构建和平安宁、合作共赢的海洋秩序，海上通道是中国对外贸易与能源进口的主要途径，保障海上航行自由安全对中方至关重要。2015 年，在博鳌亚洲论坛年会演讲中，习近平表示愿同相关国家加快制定东亚和亚洲互联互通规划，促进基础设施、政策规制、人员往来全面融合。要加强海上互联互通建设，推进亚洲海洋合作机制建设，促进海洋经济、环保、灾害管理、渔业等各领域合作，使海洋成为连接亚洲国家的和平、友好、合作之海。2018 年习近平在海南考察时表示，统筹海洋开发和海上维权，推进科技共兴、设施共建、后勤共保，推进南海资源开发服务保障基地、海上救援基地建设。南海是开展深海研发和试验的最佳天然场所，要把这个优势资源利用好。加强创新协作，打造深海研发基地，发展深海科技事业，推动中国海洋科技全面发展。海洋是高质量发展战略要地，要建设世界一流的海洋港口、完善的现代海洋产业体系、绿色可持续的海洋生态环境。

以“一带一路”建设为牵引，构建蓝色伙伴关系，中国的海洋朋友圈越来越大。中国承担大国责任，在应对气候变化、保护海洋生态环境、推动海上互联互通等领域和其他国家开展务实合作，提供海洋公共产品，为全球海洋治理贡献中国智慧和方案。通过加强对话磋商、深化互利合作、灵活运用规则，开展法理维权，正确引导舆论，实施有效管控，妥善应对和化解周边各种海上风险和复杂局面。实施海洋“走出去”战略，拓展发展新空间，加强双多边海洋合作，维护中国海外利益和海洋合法权益。到 2020 年，中国海洋经济实力大幅提升，海洋产业体系日臻完整，海洋科技水平不断提升，海洋资源开发能力持续增强，海洋经济实力增强。但对标习近平关于建设海洋强国的重要论述，对照中共中央、国务院有关海洋强国建设目标，对比发达国家海洋开发水平，中国海洋经济发展仍有很大空间。[①] 首先，是海洋开发利用层次总体不高，海洋经济主要以传统产业为主，新兴产业占比不高，对深海资源的认知和开发能力有限。其次，海洋资源环境约束加剧，滨海湿地减少，海洋垃圾污染问题逐步显现，防灾减灾能力有待提高。再次，海洋科技创新能力亟待提升，海洋基础研究较为薄弱，海洋科技核心技术与关键共性技术自给率低，创新环

---

① 习近平．习近平谈治国理政（第四卷）［M］．北京：外文出版社，2022.

境有待进一步优化。最后，陆海统筹水平较低，陆海空间功能、基础设施、资源配置等不协调，区域流域海域环境整治与灾害防治协同不足。

在实施区域协调发展战略基础上，全面把握陆域和海域空间治理的整体性和独特性，重视以海定陆，匹配陆海功能定位、空间格局划定、开发强度管控、发展方向和管制原则设计、政策制定和制度安排，加强陆海开发和保护的统一规划、协调，既大力发展海洋经济又保护好海洋生态，不断提高海洋科技水平。在健全国土空间开发格局方面，不断完善主体功能区配套政策，深入实施海洋主体功能区战略，健全不同海洋主体功能区差异化协同发展长效机制，推动主体功能区战略在市县层面精准落地。在海洋经济调控与指导方面，高度重视市场配置资源的决定性作用，把海洋经济管理重点放到为国家宏观决策服务、引导社会和市场预期上。在加强海洋领域军民融合发展方面，发挥海洋对经济社会发展和国防建设双向支撑作用，统筹蓝色经济发展和海洋国防建设需求，把军民融合发展作为建设海洋强国的长远战略抓手。在构建人类命运共同体方面，深度参与全球海洋治理，积极承担大国责任，为国际海洋秩序向公平公正合理方向发展贡献中国智慧与方案。

七、构建海洋生态文明

新时代习近平生态文明思想，主要包括美丽中国论、美好生活论、绿色发展论、生态生命论、绿色制度论、全球治理论等，其核心思想是“既要金山银山，又要绿水青山”“宁要绿水青山，不要金山银山”“绿水青山就是金山银山”等重要论断。这是习近平新时代中国特色社会主义思想的重要组成部分。2013 年 8 月，习近平提出全力遏制海洋生态环境不断恶化趋势，让中国海洋生态环境有一个明显改观，让人民群众吃上绿色、安全、放心的海产品，享受到碧海蓝天、洁净沙滩。坚持人海和谐，建设海洋生态文明和海洋低碳经济。构建海洋生态安全体系，保证海洋生态安全，处理好海洋经济与海洋生态环境、社会文化等协调发展问题。重视“海上森林”对海洋生态环境的调节作用，做好珍稀植物的研究和保护，把海洋生物多样性湿地生态区域建设好，青山绿水、碧海蓝天是海洋经济可持续发展的基础和最大的本钱，是一笔既买不来也借不到的宝贵财富。推进海洋生态保护和修复工作，建立海洋生态红线制度，加强重点流域海域水污染防治，严控填海造地。借鉴国际经验，比较全面地提出维护海洋生态安全政策，全面促进海洋生态道德建设、海洋生态文明组织管理建设，构建海洋生态恢复系统和海洋生态补偿机制，健全管理与协调机制，加强海洋环境检测，建立海洋防灾减灾体系、海洋生态文明保障体系包括法律保障体系、资金保障体系、国际协作保障体系，大力发展海洋低碳经济和循环经济。跟踪现代海洋科技和前沿海洋高科技产业化的主要领域，推进海洋高科技产业化。制定海洋高科技产业化策略，包括国家制定海洋高新技术产业发展规划，建立专门机构管理协调海洋高新技术产业，完善多元化多渠道资金投入机制，依托海洋高新技术企业集聚特色品牌，稳步建设高新技术产业园，产学研结合多学科培养海洋高新技术人才“以海强国、人海和谐”。

第八章　新时代中国海洋经济发展的动力与机制

第一节　新时代中国海洋经济发展的动力

一、海洋战略性新兴产业发展是新时代的主题

（一）海洋新兴产业与海洋战略性新兴产业

海洋产业，按照其形成时间可分为传统海洋产业、新兴海洋产业和未来海洋产业。相对传统海洋产业和未来海洋产业而言，海洋新兴产业是一个动态的、不断变化的概念。20 世纪 60 年代第三次世界海洋经济浪潮开始后，依托海洋高新技术发展起来的、以海洋资源大规模开发利用并由此带动且服务海洋资源开发利用需要为背景的产业演化进入成长期的海水利用、海洋生物制药和海洋油气业等逐步成为海洋新兴产业。到 21 世纪，随着新技术的不断更替，上述海洋新兴产业可能就成为传统海洋产业，而第三次世界海洋经济浪潮时的未来海洋产业有可能成为第四次世界海洋经济浪潮的海洋新兴产业。海洋新兴产业具有以下主要特点：第一，海洋新兴产业作为海洋产业的一部分，海洋产业所具有的特征海洋新兴产业必然具备。对海洋科技水平较高的依赖性、较高的风险性是作为依赖技术及装备进步而兴起的海洋新兴产业的突出特征，海洋新兴产业发展对海洋科技水平有较高的依赖性。中国海洋新兴产业发展仍处于初级阶段，海洋新兴产业具有不确定性，具体表现在资源的不确定性、技术的不确定性、组织的不确定性、经济的不确定性以及策略的不确定性。处于产业生命周期萌芽期的海洋新兴产业，需要多种技术的综合支撑才能完成产业结构升级换代。技术进步内在的不确定性以及合理的风险投资机制的缺乏，构成对

海洋新兴产业发展的制约。加之海洋产业对海洋环境资源的依赖和海洋环境物理及生态特性的不稳定，使海洋新兴产业发展具有不确定性。第二，海洋产业发展具有风险性。其风险来自以下四个方面的因素：一是技术风险因素，支撑海洋新兴产业发展所需要的技术相关的实验基地、设备等都会有风险。二是市场风险因素，这是任何产业都要面临的风险，海洋新兴产业也不例外。三是财务和政策风险因素，技术创新活动都会不同程度地碰到资金不足的问题，这些问题随时可能导致技术创新的风险。四是生产风险因素。海洋产业新型产品的工业化大规模生产，其原材料保障、生产周期保障等都构成生产风险的重要来源。①

海洋战略性新兴产业，是在海洋新兴产业群中起主导性、长期战略性的那一部分海洋新兴产业。海洋战略性新兴产业也是一个动态的、不断变化的概念。第四次世界海洋经济浪潮的海洋战略性新兴产业，既是指按照海洋产业技术4.0所形成的主导大规模开发海洋资源的新兴产业，又是指依据海洋高新技术主导开发海洋立体资源在相同或相关价值链上各类关键企业的集合，它涵盖了海洋新能源、海洋机器智能、海洋生物医学和海洋空间利用产业等。依托海洋产业技术4.0，海洋人工智能、机器智能、海洋生物医学、海洋神经科学、海洋机器人学等新兴行业领域会有更广阔的发展前景。

（二）中国海洋战略性新兴产业发展的内外环境

1. 中国海洋新兴产业发展的外部环境。外部环境，是指那些对产业活动没有直接作用而又能经常对产业发展产生潜在影响的一般要素，包括国际环境、管理政策环境、人文环境和自然生态环境等。（1）国际环境。海洋新兴产业发展的国际环境，主要包括国际竞争环境和国际贸易环境两方面。就国际竞争而言，经济全球化推动生产要素在全球范围内自由流动实现优化配置，各国都纳入海洋产业分工体系中，为海洋新兴产业发展带来广阔市场空间，带动整个海洋产业发展。随着市场开放，国内一些产业受跨国公司冲击。就国际贸易而言，WTO及区域性多边和双边经济一体化进程加快，扩大了中国在海洋产业同其他国家之间的联系。中国海洋水产品大量出口到日本、韩国、美国、

---

① 李乃胜．中国海洋科学技术史研究［M］．北京：海洋出版社，2010.

德国等。国际贸易环境中政治变化、地区冲突、恐怖主义、全球经济失衡、油价波动及金融市场波动，使得中国海洋产业尤其是竞争力还较差的海洋新兴产业发展受挫。（2）管理政策环境。中国海洋新兴产业发展离不开科技政策和法规支持。2007 年，国家海洋局全力配合国家发改委修订《国家海洋事业发展规划纲要》，为建立国家海洋规划体系奠定了坚实基础。此外，还编制了《全国科技兴海规划纲要（2008 ~ 2015 年）》《全国海洋环境监测体系业务“十一五”发展规划（纲要）》及《国家海洋事业发展规划纲要》等。相对发达国家而言，中国海洋产业规划明显落后，海洋科技体制已难以适应海洋科技发展形势，科技力量各自为战，难以形成大型科研团队，条块分割的管理体制严重分散海洋科技投入，使得海洋科研存在重复建设、力量分散、发展不协调等问题。（3）人文环境。海洋文化是支撑海洋经济发展的重要力量。中华民族不仅创造了灿烂的大陆文化，同时也创造了辉煌的海洋文化。与其他主要海洋国家相比，中国海洋文化建设还有很长的路要走。“十三五”期间重点将海洋基础教育列入学校义务教育的重要内容，普及海洋知识，提高海洋意识。在全社会形成关注海洋、开发海洋、保护海洋的良好氛围。重点实施海洋文化发展工程，充实发展相关海洋人文学科。（4）自然生态环境。一方面，中国海域面积广大，海洋所提供的资源十分丰富。另一方面，海洋生态环境急剧衰退，受到严重破坏。首先是内地人口不断向沿海移动，人口压力巨大。其次是大量陆域污染物入海，海洋污染物中 80% 来自陆地。还有不合理开发带来的生态破坏，海洋生态破坏和环境污染已成为海洋新兴产业发展的瓶颈。

2. 中国海洋新兴产业发展的内部环境。（1）产业环境。近些年中国海洋经济发展速度远远超过了 GDP 的增速，但海洋产业发展还存在产业机制不健全、高技术成果产业化能力弱、产业结构有待调整等问题。海洋高技术产业发展中，政府主导过多，企业介入较少，未能深度参与海洋科研成果转化，成果转化时间拉长，许多高技术成果无法实现产业化，海洋产业结构也有待合理化，海洋新兴产业亟须发展。（2）科技与人才环境。伴随海洋新兴产业发展，海洋科研机构和教学机构也不断发展。海洋创新能力有所提高，部分海洋高技术获得突破性进展。中国海洋大学、上海海洋大学、大连海事大学、厦门大学、同济大学、广东海洋大学、浙江海洋学院等涉海院校培养了大量海洋人才，且在海洋学科设置和专业建设方面逐步完善，但海洋科研体制尚未发生根本改变，海洋科研成果转化困难，制约了海洋新兴产业发展。（3）产业组织环境。随着海洋经济向前发展，中国沿海 11 个省市形成了一大批所有制性质不同、经营领域不同、产品各具特色且颇具竞争力的企业。截至 2008 年底，沿海地区海洋产业共有各类企业 1300 家，主要分布在山东、江苏、广东、浙江和福建五省。[①] 海洋产业群形成当前中国海洋经济载体，但存在企业规模小、重复建设等现象。就中国海洋新兴产业发展总体环境而言，沿海 11 省市产业发展具备资源、市场、人才基础、产业集中度和部分前沿技术条件，但存在产业总量偏小、产业间联系松散、产业结构有待优化、投入总量和利用效率低等问题。要适应经济全球化和不断扩大的自由贸易区对外开放，中国海洋新兴产业国际合作需不断强化，技术和资金支撑才能有保障，并借鉴国际产业发展经验。经济全球化、区域经济一体化给中国海洋新兴产业带来的挑战也不容忽视。中国海洋新兴产业将面临来自更多国外竞争对手的威胁，国际竞争将更加激烈。全球范围的技术创新也会对中国海洋新兴产业技术改造提出更高的标准。此外，人民币汇率波动及经济危机爆发会影响海洋产品出口创汇能力，影响中国海洋新兴产业发展。

（三）助推海洋战略性新兴产业成长

进入 21 世纪，海洋技术创新和市场需求共同推动了海洋新兴产业的飞速发展。未来 20 年是中国海洋新兴产业发展的关键时期，中国应紧紧把握未来 20 年的战略发展机遇期，不断完善海洋新兴产业发展的环境、战略和政策支持，推动中国海洋经济实现跨越发展。对海洋生物制药和功能食品业而言，要在未来 20 年构建具有自主知识产权、国际竞争主动权的海洋生物医药和功能化食品技术创新体系，形成具有中国特色的产品体系及产业集群。争取到 2030 年，海洋生物医药成为国家海洋战略新兴产业的第一大支柱产业。对海水利用而言，要形成海水利用技术标准管理体系，使海水成为重要的生产生活用水资源，并形成与之配套的装备制造能力。对海洋信息服务业而言，要重点建设以“数字海洋”为核心的海洋信息基础设施建设，展开海洋基础测绘和资源调查，形成规模并制度化，充分利用互联网打造海洋信息共享与应用服务

---

① 乔琳．面向国际的我国海洋高技术和新兴产业发展战略研究［D］．哈尔滨工程大学，2009.

网络系统。对海洋电力开发业而言，争取 2030 年全面实现海洋可再生能源的商业化和规模化产业集群。对高端船舶和工程设备制造而言，重点发展深海运载和探测技术装备、离岸海上风电设备、特种船舶及工程装备等。争取 2030 年实现 80% 海洋观测仪器装备的国产化能力。必须抓住未来 20 年的战略机遇期，实现海洋新兴产业的快速发展。

实现海洋新兴产业的跨越式发展，制定和出台相匹配的产业发展战略和政策，并一以贯之执行下去，促使海洋新兴产业引领海洋经济发展。第一，要借鉴发达国家经验，建立海洋新兴产业专项资金，不断加大财政对海洋新兴产业投入力度，推动拥有自主知识产权的高技术成果实现产业化。第二，要建立多元化的投融资机制，鼓励社会资本、风险资本进入海洋新兴产业的生产服务部门。扩大投融资支持和税收优惠。鼓励银行提高对高技术产业的贷款比例，开展科技保险试点，加大相关产品的政府采购。第三，推进海洋高技术产业基地建设，引导资金、技术等生产要素向海洋高新技术产业基地集聚，形成产业特色鲜明、配套体系完备的高技术产业群。第四，建设高素质人才队伍。引进创新人才培养、评价、表彰机制，实施高端产业人才引进计划和培养工程。支持企业培养创新人才，鼓励人才流动，缓解海洋高技术领域的人才短缺。依托国家重大科技攻关项目，加大海洋高技术实用人才培养力度，推进研发团队建设。鼓励科技人才采取技术入股等方式与企业开展合作。第五，促进海洋新兴产业发展的国际领域合作。推动关键领域的引进、消化、吸收、再创新和集成创新，推进原始创新，加快创新转化。同时鼓励和支持有条件的海洋新兴产业以独资或合资的形式在国外建设生产基地、营销中心、研发机构和经贸合作区，开展境外海洋资源合作开发、国际劳务合作、国际工程承包，发展海洋高技术服务业外包等。①

海洋战略性新兴产业的成长，首先是以第四次技术革命和人工智能发展为背景的，是高新技术产业化、社会化、全球化的必然结果，也是智能技术大众化、现代化、国际化的推动力量。传统海洋产业对海洋资源开发利用处于浅层次状态，产业结构水平偏低。随着后工业化的逐步推进，海洋新兴产业数量上不断增多，技术集成更加复杂，结构不断高级化，逐步实现对海洋资源大规

① 刘明，汪迪. 战略性海洋新兴产业发展现状及 2030 年展望［J］. 当代经济管理，2012（4）.

模、立体式、综合性开发。海洋新兴产业中第二、第三产业比重不断加大，是海洋产业升级的重要表现，也是中国式现代化的重要标识。近年以海洋智能探测、海底智能采掘、海水智能淡化、深海智能潜水、海洋生物基因智能工程为标志的第四次海洋经济浪潮，伴随着电子计算机、遥感、激光、新材料、新能源、新设备制造等重大技术突破及其产业转化，海洋高新技术为海洋战略性新兴产业发展奠定了良好基础。就全球而言，拥有较强经济技术基础的主要发达国家都将发展海洋战略性新兴产业作为重要的国家发展战略。一方面，在海洋科学研究下大力气，建立较完善的海洋高新技术研究开发体系；另一方面，针对海洋投资与管理采取了有效措施。包括美国、日本、加拿大、英国、法国等都出台一系列发展报告，指导海洋战略性新兴技术及其产业发展。包括海洋环境监测技术体系、海洋油气开发技术体系、大洋矿产资源勘查技术体系、海洋生物技术体系和海洋空间利用体系等都得到了较快发展。中国沿海发达省市必须加大对海洋高新科研产业的投入力度，制定相应的海洋战略性新兴产业发展规划，以争取 21 世纪海洋经济发展的有利位置。

市场需求拉动同样对海洋战略性新兴产业发展起了重要作用。长期以来陆域经济发展的三大难题使人们对海洋资源开发逐渐重视，充分开发利用海洋资源已成共识。海洋空间利用日益多样化，如海滨文化、海洋医疗、水上运动、海上垂钓等许多项目市场需求增长。海水资源利用及海洋矿产资源开发向纵深发展，海洋农牧化和海洋环保产业逐步发展，构成了海洋新兴产业发展的市场需求。海洋战略性新兴产业是在科技进步、消费需求的共同推动下产生的，市场需求是其产生的基本动力，科技进步是其发展的关键因素。海洋战略性新兴产业的产生有基本方式、研发模式和产业化模式等。

首先，海洋战略性新兴产业产生的基本方式有产业新生、原有产业分化、关联产业发展的带动和产业融合。产业新生是指其形成过程是独立完成的，与原有的其他产业没有任何的依附关系。一般而言，海洋战略性新兴产业往往是科学技术产生突破性的结果。譬如海洋生物医药以及海水利用等产业都与实验室关键技术的突破有重要的关联。海洋产业的分化是指萌芽于原有产业中，经过充分发展进而独立成一个新产业的过程。一个产业发展到一定程度时就会有新工艺、新产品及新技术产生，从而催生新产业。海洋产业派生是一个海洋产业发展带动另一个相关联海洋产业发展，包括前向派生、后向派生和旁侧派生三种方式。海洋产业派生实质是海洋产业链延伸的结果。海洋产业融合是指不同产业或同一产业内不同行业相互渗透、相互交叉，最终形成新产业的过程。

其次，中国现行海洋战略性新兴产业的研发模式有计划型、结合型、混合型三类。所谓计划型是指产业研发过程主要依赖国家或地方政府的计划及其提供的资金及研究资源。一般是由国家部委牵头组织项目、人员、技术装备进行技术攻关，研究成果及其市场转化都由政府计划执行。该模式中华人民共和国成立后一直到20世纪80年代采用，曾对海洋战略性新兴产业的萌芽以及一些重要产业的兴起和发展起了重要的推动作用。结合型是指政府计划引导和企业自主研发结合起来，共同承担科研以及产业化过程中的经费。该模式能在更大程度上调动社会资源，集中进行海洋资源的开发和利用，有效推动了海洋战略性新兴产业的发展。混合型是指融合了上述两种模式以及政府、企业、个人自主研发等的一种模式。这种模式既是对前面两种模式的延续，又是一种新的尝试，其目的同样是吸引更多的力量参与海洋战略性新兴产业的发展，将产业发展的更多经验和模式融入混合型研发的模式中来。近年来，伴随着海洋经济的飞速发展，海洋战略性新兴产业也增长迅速。根据中华人民共和国自然资源部发布的《中国海洋发展报告2022》，海洋战略性新兴产业整体年平均增长速度超过26%，其中具有代表性的海洋生物医药产业年均增速达32%，海水利用业年均增速达28%，海洋新能源产业年均增速达27%。同时，国家高度重视海洋新兴产业发展，2022年国务院发布《“十四五”国家战略性新兴产业发展规划》部署了海洋领域重点发展的新兴产业，其间培育成熟壮大3~5个海洋战略性新兴产业，形成以海洋战略性高技术为特征的海洋新兴产业体系，支撑和引领海洋经济发展，通过海洋高技术新兴产业发展带动全国海洋产业发展。

1. 海水利用业。海水利用包括海水淡化和海水直接利用。海水淡化是通过高技术手段和装备把海水变为淡水，方便生活和生产使用。海水直接利用就是直接用海水代替淡水满足生活以及工业用水的需求，例如海水冷却、海水冲厕、海水洗涤等。国外海水淡化起步于20世纪50年代，大致经历了三个阶段：第一阶段是研究开发阶段（1950~1985年），主要研究蒸馏法、电渗析、反渗透法以及冷冻法。第二阶段是蒸馏法应用的阶段（1986~2000年），蒸馏法广泛应用。第三阶段是2000年开始的反渗透海水淡化应用的阶段。经过半个多世纪发展，全球海水淡化市场颇具规模，全球许多拥有海水资源的国家采用海水直接用作工业用水和生活用水，海水直接用作工业冷却水量占工业总用水量的40%～50%。[①] 中国海水淡化技术始于20世纪60年代，主要集中在膜法和蒸馏法研究，特别是在膜法海水淡化技术应用方面。国家和地方科技项目、产业化项目实施，建成日产百吨级、千吨级和万吨级反渗透海水淡化示范工程，拥有一批自主知识产权技术并得到广泛应用和推广。目前已建成反渗透海水淡化装置近20座，使中国成为世界上掌握海水淡化技术的少数几个国家之一。近20年北方地区缺水，中国在海水直接利用方面有所进步。中国沿海地区工业冷却水海水用量占到全国的2/3。但在海水直接利用方面，中国与发达国家相比仍有较大差距。

2. 海洋生物制药业。海洋生物制药是指从海洋生物中提取有明确药理作用的活性物质，并利用这些活性物质加工生产药品的全过程。包括海洋医药、海洋功能食品、海洋生物制药、海洋生物环保及海洋生物技术服务等。中国海洋生物制药业尚处于萌芽阶段，是海洋产业中最年轻最具前途的高科技产业之一。自20世纪60年代起，海洋生物制药就成为世界关注的新热点。全球已经从海洋生物体内分离和鉴定了新型化合物10000多种，部分化合物已经进入临床或临床应用。1995年世界海洋生物产业总产值约8000亿美元，2000年增长到15000亿美元，全球生物技术药物市场发展规模进一步扩大，但市场集中度较高。少数发达国家处于产业的主导地位。在世界药品市场中，美国、欧洲、日本三大药品市场的份额超过了80%。特别是美国，其开发产品和市场销售额均占全球70%以上。全球4000多家生物技术企业有76%集中在欧美，销售额更是高达世界销售总额的93%，亚太地区仅占3%左右。同时，大的跨国公司成为了世界专利药市场的主导，比重日益攀升，单品种销售的市场集中度也不断增加，市场较为集中。中国海洋活性物质研究始于20世纪70年代。进入21世纪，中国海洋生物医药进入快速发展期，药物研制、成果转化以及产业化的过程都在不断加快。2010年实现增加值67亿元，远高于海洋经济总体增长速度。但总体规模有限，海洋生物医药占全国海洋经济总量比重仅为0.43%，贡献较小。[②]

---

① 《浙江手册》编委会. 浙江手册·海洋浙江［M］. 杭州：杭州出版社，2005.

② 孙吉亭. 蓝色经济学［M］. 北京：海洋出版社，2011.

3. 海洋油气开发。海洋蕴含丰富的油气资源，其石油资源占全球石油资源总量的34%，累计探明储量400亿吨。20世纪50～60年代海洋油气业快速发展，出现了移动式钻井装置、浮式生产系统及海底生产系统，海域作业范围不断扩大。20世纪60年代末期，欧洲许多国家开始北海油气勘探。20世纪70～80年代随着平台和钻井技术的发展，海域油气开采作业范围扩大，参与国家由最初30多个增至100多个。如年代海域油气开发相关的钻井、采油、集输和存储等问题的解决，一系列技术的重大突破，使得作业水深不断加大，范围进一步扩展。目前全球海域油气开发作业面积已达1300多万平方千米，约占全球大陆架面积的一半。全球海洋油气开采逐步向深水和南北两极发展，油气开发的国际合作趋势明显。始于20世纪60年代的中国海洋油气业自营勘探开发，80年代开始引进外资和先进技术合作开发。经过近30年的发展，海洋油气业建立了与国际石油业接轨的管理体制机制，在掌握油气勘探开发技术的基础上，不断自主创新海上油气开发，达到了国际领先水平。根据2005年英国石油公司的统计，中国海上天然气生产排名世界第10位，海上石油生产列第6位。[①] 中国经济高速发展对油气资源依赖显而易见。据预测，到2050年中国石油消耗量超过8亿吨，而国内产量因资源和生产能力限制稳定在年产2亿吨左右，进口依赖程度将达75%。

4. 滨海旅游业。滨海旅游业，包括海岛旅游、邮轮旅游、港口旅游和远洋旅游等。起步于18世纪初到19世纪末的国外滨海旅游业，与工业革命带来的交通、生活方式的巨大改变有很大关联。早期滨海旅游主要依托“3S”资源，即阳光（Sunshine）、海滩（Seabeach）和沙滩（Sandbeach）。19世纪末到20世纪中叶，内燃机带动汽车工业发展、城市化工业化导致回归自然观念及经济发展共同推动滨海旅游向前发展。20世纪中叶至今迎来了世界滨海旅游的繁荣阶段，地域范围不断扩展，热带海域海岛旅游方兴未艾。在发展传统滨海旅游的同时，度假地旅游业成为新的旅游形式。旅游业逐步成为一些海岛、滨海国家和地区的支柱产业和主要创汇来源。2009年，世界入境旅游人数达8.15亿人次，位居前10位的国家有8个是滨海国家，法国、西班牙、美

① 孙吉亭．海洋产业资源与经济研究［M］．北京：海洋出版社，2010.

国和意大利，接待入境旅游人数占总人数的30%以上。① 中国滨海旅游进入蓬勃发展是20世纪80年代后期。进入21世纪，中国滨海旅游继续保持长期增长的态势，各沿海省市积极开发独具海洋生态、海洋文化特色的旅游市场。滨海城市旅游、观光旅游、度假旅游多种旅游产品不断开发并逐步进入大众化阶段，在国民经济中所占比重越来越大。与国外相比，中国滨海旅游总体还处于起步阶段。

二、蓝色低碳产业主导可持续发展的客观要求

（一）全球蓝色低碳经济发展释放的巨大能量

蓝色低碳经济发展的时代趋势。蓝色低碳经济，是现代海洋产业体系优化与海洋经济现代化的主要内涵与战略支点，它具有海洋生产与服务的高技术化、智能化、低碳化及生态化等基本特征。在全球新一轮海洋科技革命驱动下，传统海洋产业体系的内涵和形态正在发生越来越快的变革，低碳化、智能化、国际化是海洋产业体系变革演进的主要方向与路径。面对21世纪20年代新一轮海洋科技革命，中国沿海必须加快基于蓝色低碳经济的现代海洋产业体系构建。为此，需要健全新一代海洋技术创新支撑体系，完善市场型并符合国际规则的产业贸易支持体系，完善科学技术知识产权制度体系。蓝色低碳经济发展的重点在现代海洋产业体系优化。蓝色低碳经济是存在现代海洋产业体系构建这一实体，并且是立体交互关系，但不是机械式的1加1，而是立体有机的组合。但它又不是生产要素间单向联系的机械组合相加，而是要素间关联互动的整体系统。

向海发展成为主要经济体和新兴经济体的共同选择，全球海洋经济版图深刻重构。沿海区域实体经济发达、科技水平高、人才资源富集、海洋开发空间广阔，正成为吸引国内外涉海投资的强磁场，为海洋经济创新转型、借力登高创造了有利条件。中国海洋强国建设蕴藏发展良机，一批高质量海洋经济发展示范区和特色化海洋产业集群布局落地，沿海新型基础设施以及交通、水利等

① 李瑞．我国滨海旅游发展研究［M］．北京：科学出版社，2012．

重大工程建设的支持政策相继出台，为激发海洋经济更深层次发展动能创造有利条件。大国市场效应加速显现，中等收入群体不断壮大，带动消费持续升级，海洋旅游、高品质海产品、海洋药物和生物制品等海洋大消费大健康领域需求日益旺盛，正致力于打造具有世界聚合力的双向开放枢纽，开放赋能海洋经济的优势效应更加彰显，将极大拓展海洋经济发展空间。“一带一路”建设、长江经济带发展、长三角区域一体化发展、海洋强国、淮河生态经济带等重大战略以及自由贸易试验区、国家自主创新示范区等重大布局交汇叠加，沿海产业基础、创新能力、城市能级显著提升，国家战略叠加赋能海洋经济发展，为海洋经济高质量发展提供有力支撑。

中国海洋经济发展面临以下现实问题：第一，海洋输入型风险加剧。世界不稳定性不确定性明显增加，单边主义和贸易保护主义抬头，国际贸易成本持续抬高，海洋经济外向度高，受国际市场波动影响大，风险挑战不容忽视。第二，海洋科技短板凸显。全球科技制高点和价值链竞争日趋激烈，海洋科技面临“卡脖子”风险，海洋船舶、海洋工程装备、海洋可再生能源、海洋药物和生物制品、海洋新材料等重点海洋产业均面临核心技术或关键零部件供给不足的挑战。第三，涉海优质资源要素竞争越来越激烈。国际海洋科技创新、海洋新兴产业制高点争夺激烈展开，上海、青岛、深圳、宁波、厦门等纷纷布局海洋中心城市建设，海洋创新资源向核心板块集聚加速，其他缺少竞争力强的海洋中心城市，集聚涉海优质要素面临更强竞争压力。第四，各地海洋经济发展不平衡不充分问题比较突出，海洋经济结构性矛盾突出，海洋传统产业比重过高、新兴产业规模偏小，海洋领域产学研合作不够紧密，海洋船舶、海洋工程装备关键核心技术自给率偏低；全域化海洋经济发展格局有待深化，海洋资源与生态环境约束加大，实现“碳达峰、碳中和”对协调海洋开发与保护提出更高要求。

（二）全球蓝色低碳经济发展的路径依赖

1. 协同联动。现代海洋产业转型及结构优化要求在蓝色低碳发展中进行系统性调整。实现海洋产业转型升级，确保海洋产业体系稳步正向发展，首先需要在蓝色低碳指引下，海洋先进制造业、现代海洋服务业的实体经济、科学技术创新、金融保险和人力资源等要素共同发力。其次，海洋先进制造业、现代海洋服务业各要素间存在互相促进的协同作用，个别要素或者局部失衡会影响整个海洋产业体系协同发展。海洋产业体系由于技术创新应用，在失衡——协同——再失衡——再协同之间的不断循环动态变化。

2. 要素多样。蓝色低碳发展与现代海洋产业有机结合，不是要素间单向联系的机械组合相加。各要素间关联互动的整体系统协同，致使海洋产业体系在不同条件下拥有不同的具体形式。无论海洋产业构成还是要素配置，目前各国都不存在一个统一的固定的标准形态，其合理性和有效性主要通过海洋经济发展绩效及其能否有可持续性来检验。

3. 动态转换。驱动海洋产业体系转型升级的因素在不断转变，因而使协同发展的海洋产业体系变化具有明显的阶段性特征。在中低收入阶段，海洋产业体系变化较多依赖海洋生产要素的数量与规模调整；在高收入阶段，海洋产业体系变化则更多依赖海洋生产要素的质量提升、配置效率提高、结构优化，进而推动一国或地区海洋产业逐步趋于高端化，在全球海洋产业价值链分工地位和排名的不断提升。

4. 开放增量。开放性是衡量海洋产业体系是否现代化的一个重要指标。科学技术创新成果要素、金融资本要素、人力资源资本要素等跨国界流动，是全球化、现代化、低碳化的必然要求。由于国际的产品流动和要素流动，影响一国或地区内部要素禀赋、资源配置以及全球产业的分工定位，进而改变该国或地区现代海洋产业体系状态与效率，所以协同发展的现代海洋产业体系必须具有开放结构，才能使其不断充满生机与活力，和体系外进行物质、能量的开放式交流。海洋生产要素跨国流动已成为常态，充分利用要素的比较优势，通过海洋装备制造、现代海洋服务业提升海洋产业体系科技创新成果要素、金融资本要素、人力资源资本的利用效率，促进发达经济体技术、资金、人力资源向海洋产业体系配置，带动国际技术扩散效应的不断增强。

5. 可持续发展。蓝色低碳发展很大程度上要求海洋装备制造、现代海洋服务业的实体经济、科技创新、金融保险和人力资源等长期具有活力，或者有新要素不断替换旧要素。随着海洋经济发展阶段演进，海洋产业进步越来越依靠先进性、前沿性科技带动，实体经济的资金需求呈现出规模大、时效性强等特点。

三、全球海洋命运共同体建设的要求

（一）资本和制度驱动的模式选择

1. 重视国际规则等制度型开放。借助“一带一路”建设之机积极参与国际规则重塑，在国际海事、金融机构、国际贸易规则、港口体系建设和航海船舶技术改革等方面拿出中国方案。利用碳达峰、碳中和目标建设蓝色碳汇共同体市场的契机，加强与各国的海洋事务合作。在继续发挥香港金融中心、航运中心、贸易中心地位的同时，提升上海、深圳的地位与作用，为中国拓展蓝色空间、建成海洋强国作出更大贡献。就制度探索而言，碳达峰、碳中和目标建设蓝色碳汇共同体市场有以下切入点：第一步，粤闽琼桂港澳台联合共同谋划和推动南海海洋协同发展区域的形成，补足目前港澳台只有陆域发展平台没有海域发展平台的短板，同时支撑蓝色大湾区建设；第二步，利用这个平台，联合南海周边国家尤其是越南、菲律宾、马来西亚、印度尼西亚、文莱等国，做蓝色碳汇共同体市场的文章，也可以做蓝色碳汇产业协作的文章，拓展蓝色空间；第三步，向全球各国，构建蓝色碳汇市场共同体，重新融入全球化海洋经济发展。在这个过程中，还要探索建设海南自由港的制度创新问题，自由港代表中国最高开放水平，国家已授权海南分阶段分步骤建设自贸港，近期不宜再支持其他海域搞自贸港。在粤港澳大湾区规划里主要考虑到港澳产业发展需求，特别为行业类的自贸港留下了空间，可能是针对单一行业的自由港政策，不同于海南建设各行业的自由贸易港规划。港澳台地区有很好的国际市场制度，有强烈的国内外市场需求，广东有雄厚的经济基础，福建和台湾血缘地相连，海南有浩瀚的海域，广西有连接北部湾与西南腹地的空间，粤闽琼桂港澳台运用国际规则制度型开放开发建设国际自由港，建设 21 世纪中国开放发展平台。

2. 以蓝色碳汇共同体市场这个细分行业为突破口，推动沿海实现高水平融合开放，夯实自身作为国家高水平开放门户的地位，才能为中国社会经济长远发展注入活力，在构筑沿海自由贸易区、自由港区过程中完成内地产业经济转型实现梯度发展。如香港港要实现从吨位大港向价值大港的转变，就需要在航运产业链上向高端发展，在这个过程中深圳要做好支撑配套，巩固提升香港国际航运中心的地位，携手开展国际船舶登记业务创新和航运金融创新，在方便旗船回归登记、船舶租赁、航运设计、海事仲裁、船舶保险和船舶再制造等方面，深圳要积极提供空间、平台、资源等支撑，在与香港相互支撑中实现全球海洋中心城市的定位。

3. 完善蓝色增长科技创新管理体制。以建设具有国际影响力的蓝色增长科技创新中心为主线，加快实施蓝色增长创新驱动发展战略，完善海洋科技管理体制机制，加强重点领域科技攻关，大力发展海洋高新技术，推动海洋科技协同创新，提升海洋科技进步对经济发展的支撑能力。通过科技兴海基地、工程技术研究中心培育和发展，深远海工程装备等方面关键技术有所突破，海洋科技成果产业化水平明显提升。完善科技兴海工作机制，围绕加强研究开发、科技成果转移转化、产业化等环节，制定促进科技发展的配套政策，更好发挥政府引导作用。

4. 完善蓝色科技成果转化的激励机制。收益分配重点向发明人和转移转化人员倾斜。畅通科技成果转移转化链，鼓励应用开发类科研院所建立科技成果转化的小试、中试基地，加强政府采购首购、订购等方式的支持力度，加快科技成果转移转化和资本化、产业化。

（二）海洋高新科技产业集聚导入的模式选择

1. 优化海洋科技创新环境。实施海洋标准化战略，发挥标准在海洋科技成果产业化和市场化中的桥梁纽带作用。加快海洋科技资源整合，探索建立以企业为主体、市场为导向的海洋产业技术创新联盟。加快海洋科技信息服务网络建设，拓展海洋科技研究领域，加快培育海洋领域重点实验室和工程技术研究中心，打造海洋产业化平台和海洋高新技术产业集群。

2. 提升海洋高科技产业与自主创新能力。认识海洋科技在海洋经济发展中的地位与作用，跟踪现代海洋科技前沿领域，把握海洋高科技产业化的主要领域，剖析影响中国海洋高科技产业化的主要因素，明确蓝色高科技产业化策略。

3. 探索民族复兴与实现海洋强国梦的路径。主要是全面深化海洋资源的开发，加强开发的整体协作性，拓展海洋蓝色经济区，实现蓝色产业跨越式发展，将建设海上丝绸之路的目标和蓝色增长整体思路有机结合。

（三）海洋产业升级与集成的模式选择

1. 推动海洋产业与海洋经济升级。从产业经济角度，把发展海洋产业作为国民经济新的增长点，努力打造升级版海洋经济。

2. 推动沿海中心城市与地带产业经济升级。如推进全球海洋中心城市建设，从航运中心、海洋金融与法律、海洋科技、港口与物流、城市吸引力与竞争力五大发展目标入手，不断提升中国沿海中心城市与开放前沿地带在全球海洋城市和国际海洋经济领域的影响力、领导力和软实力。

3. 拓展蓝色产业经济。相比传统海洋经济，“蓝色经济”的外延涵盖海洋经济、临海经济、涉海经济和海外经济，范围更大，更强调陆海统筹，腹地经济的发展程度决定该海洋中心城市的发展上限。必须对蓝色产业经济进行多方面研究。

（四）社会服务为主的多极复合型模式选择

1. 蓝色增长可以分解为海洋政策和制度系统、海洋产业科技研发系统、海洋资源和生态系统、海洋产业经济系统等四大系统，这四大系统相辅相成、相互促进，共同构成蓝色增长体系。

2. 蓝色增长、海洋低碳产业经济发展、海洋生态建设文明密切关联，社会化服务是重要一环。以社会服务为主的蓝色增长、海洋生态文明建设，通过借鉴国际经验，构建完整海洋生态安全评价体系，并利用这一体系全面促进海洋生态道德和海洋生态文明组织管理建设，构建海洋生态恢复系统和海洋生态补偿机制。

3. 从政府管理方面提出建立健全管理与协调机制、加强海洋环境检测、建立海洋防灾减灾体系；强调海洋生态文明保障体系建设，包括法律保障体系、资金保障体系、国际协作保障体系；发展海洋低碳经济和循环经济。

（五）融入全球蓝色增长战略

1. 加强蓝色增长组织协作。建立蓝色增长合作机构、促进蓝色经济组织发展。沿海中心城市率先建立中国海洋城市蓝色增长合作促进会。开展跨国界海域蓝色增长协调与海洋环境管理协调工作。参照国际跨边界水域环境合作管理经验，如美、加五大湖区域双边合作管理、黑海地区六国多边合作管理经验，加强中国跨边界海域海洋环境管理协调工作，建立合理的管理程序和管理方法。

2. 培育蓝色金融产业和蓝色创新人才。支持上海、深圳、青岛、大连、海口等沿海城市在资本与驱动能力建设上创新海洋金融产品，拓展海洋融资渠道，设立海洋金融机构，发展蓝色金融产业。加大海洋金融产业体系培育力度，为中国蓝色增长与全球海洋中心城市建设提供强大的资本保障；重视蓝色经济在低碳经济中的重要地位与贡献，完善相关法律法规体系，重视蓝色经济社会治理，为蓝色经济发展提供完善的制度体系安排。制定蓝色人才培养与引进方案，将人才发展规划贯彻落实到蓝色增长目标中，建立一个符合蓝色经济增长的人才发展规划，以规划为指导推动人才的培养与引进。

3. 运用国内外蓝色政策资金支持。准确把握国家实施积极的财政政策和实现碳达峰、碳中和双目标的重大机遇，以项目为载体充分挖掘蓝色产业潜力，围绕蓝色增长的基础条件建设、蓝色产业集群发展、蓝色产业区建设等，精心策划蓝色经济发展规划，争取更多的国内外政策投资。建立国家和地方蓝色发展专项转移支付政策，让条件具备的地方有更多专项资金。引入竞争机制，充分发挥碳汇市场配置海洋资源的基础性作用，完善资金运行机制，推行蓝色增长投融资主体的多元化和融资方式的多样化，将政府包建变为多方共建，将政府独资变为多方筹资。

4. 制定科学高效的协调政策，推进蓝色产业示范区、蓝色经济综合试验区建设。消除蓝色经济活动中的行政壁垒，促进生产要素趋于自由流动，构建区域有效、适宜的蓝色产业分工体系，形成区域内统一的蓝色经济市场、要素市场和服务体系，促进经济政治、社会文化、生态环境之间的协调发展。以供给侧结构性改革为主，推进海洋经济方式转变、海洋经济结构战略性调整，推动建立具有国际竞争力的现代海洋产业体系。推进海洋中心城市与区域协调发展。作为长三角、珠三角区域内的海洋中心城市，上海、深圳要引领区域发展，实现区域有效、适宜的分工体系，形成区域内统一的海洋经济市场、要素市场和服务体系，辐射带动区域协调发展。科学定位沿海区域海洋中心城市性质、职能与区域合作目标及角色。将上海、深圳未来的城市性质定位为“创新型综合蓝色经济区，东南部沿海地区重要的海洋中心城市，上海、深圳共同发展的国际碳汇市都会”，促进海洋中心城市与区域协调发展。

5. 创新蓝色科技管理。拓展海洋科技研究领域，加快培育海洋领域重点实验室和工程技术研究中心。鼓励企业设立科技研发中心，加快培育一批蓝色创新企业，打造海洋产业化平台；建立蓝色科技项目库，争取国内外资金支持，加大科技成果转化扶持力度；制定激励蓝色企业科技创新的约束性税收政策。推进海洋科技管理规范化高效运转，实施知识产权战略，提高科技服务水平，增强海洋创新发展新动能。

6. 打造蓝色高端产业集群。拓展蓝色高端产业，推进蓝色高端产业集群发展的规范化高效运转，实现蓝色经济上新台阶，发挥蓝色高端产业集群的带动作用。制定特殊的蓝色高端产业集群知识产权标准，打造出具有特色科技的蓝色高端产业集群。对标国际，构建蓝色高端产业集群科技创新体系。

7. 加快蓝色增长信息服务网络建设。实施蓝色社会服务标准化战略，发挥标准在海洋科技成果产业化和市场化中的桥梁纽带作用。加快海洋社会资源整合，探索建立以企业为主体、市场为导向的蓝色增长信息服务创新网络联盟。

四、海洋智能产业发展的市场需求

在海洋智能产业发展中促进现代海洋产业结构转型升级，现海洋产业结构的智能化。通过海洋智能产业增长，改进现代海洋产业体系，发展壮大海洋智能制造业和现代海洋服务业，从而推动海洋产业结构优化升级，促进海洋产业发展方式转变，实现海洋产业的高级化。

1. 开放先导、创新驱动。向发达国家和地区学习海洋产业技术4.0，以开放先导促进科技、制度、政策创新，带动海洋智能制造业和现代海洋服务业融合创新，不断完善战略性海洋高新技术产业的发展政策和制度创新，建立监管立体化、执法规范化、管理信息化、反应快速化的现代海洋产业和智能技术管理体系。

2. 市场导向、利益共享。运用市场机制创新海洋智能技术产业金融支持系统，深化财税体制改革促进海洋智能技术成果产业化、商品化；构建海洋智能产业集群服务区，引进大量海洋智能建设项目和重点服务企业，提升海洋智能科研服务能力与水平，健全权利与义务相统一的利益共享机制。

3. 整合资源、激活存量。积极整合海洋智能各种要素资源，激活海洋智能产业科技研发系统，形成海洋智能产业研发集团和自主知识产权，建立“开放、流动、竞争、协作”的现代海洋智能产业组织、功能园区和人才队伍。

4. 海洋智能与现代海洋产业联动。优化海洋智能资源与生态系统，为海洋智能共性技术产业可持续发展提供基础保障；提升海洋智能社会服务与管理服务能力，重点构建为海洋智能制造业和现代海洋服务业深度融合的社会服务体系，重点提升利用海洋智能的综合研发能力。

5. 科技教育与社会管理综合运用。运用“海洋智能资源—技术—市场”和“海洋智能区位—政策—结构—功能”相关律，探索构建海洋智能产业、海洋智能技术管理体系、海洋智能产业增长模式，建立中国特色的海洋智能产业增长、科技教育与社会管理测度体系。

6. 多元化、多层次参与。动员社会、企业、个人多元化、多层次促进海洋智能产业建设、海洋智能技术产业增长。扶持海洋智能服务业在各个沿海中心城市的培育壮大，以扩大产品优化、结构改进、设计科学为向导，专注海洋主导产业并进行分指导，优化海洋智能产业创新的制度机制，加强官产学研一体化。

第二节　新时代中国海洋经济发展的机制

一、借鉴发达国家经验完善中国海洋经济管理体制

（一）国外海洋经济管理体制演变

1. 美国的海洋经济管理

美国是一个典型的对海洋经济实行相对集中管理的国家，美国拥有 22680 千米的海岸线，972 万平方千米的专属经济区。3 海里范围内的海域由沿海各

州管辖，3 海里以外的海域由联邦制定法规，各行政机构执行。在联邦级的海洋行政管理中，主要职能部门是隶属于商务部的国家海洋大气管理局和隶属于国土安全部的海岸警卫队。国家海洋大气管理局行使全国海洋事务的综合管理职能，还负责管理美国海洋资源和海洋科研工作，并参与主要的国际海洋活动，下设六个局，分别为国家海洋局、中国渔业局、国家气象局、国家卫星资料局、国家海洋与大气局、国家研究局。美国国家海洋大气管理局职能涵盖了中国的国家海洋局，农业部渔业局，中国气象局的职能。海岸警卫队是美国海上唯一的综合执法部门，负责在美国管辖海域执行国内相关法律和有关国际公约、条约，主要包括禁毒、禁止非法移民、海洋资源保护、执行渔业法，还包括海上安全管理和海上交通管理，担负了大量的海上执法活动。从美国海岸警卫队的任务可以看出，其职能覆盖了相当于中国海军、海警、海监、海事、渔政、海关、环境保护等部门的大部分业务，它既是军队，又拥有广泛的国内法执法权，不但可以执行本部门相关法律，还可以执行其他部门的法律法规，是一支海上综合执法队伍。美国政府中有 2/3 的部门其职责涉及到海洋，包括总统科技办公厅、国务院、国防部、内政部、海军、能源部、国家科学基金会、环境保护局、国家航空与航天局、卫生教育与福利部等。美国在海洋经济综合管理实践中，一直重视协调机制对于美国海洋经济政策的重要性，通过加强协调机制建设，保证有关各方采取协调一致的方式履行自己的职责。2004 年，美国成立了新的海洋协调机构——内阁级海洋政策委员会，以协调美国各部门的海洋活动，全面负责美国海洋政策的实施，并与国家安全委员会政策统筹委员会的全球环境委员会、海洋研究顾问小组扩展委员会保持密切联系。其职责分工见表 8 - 1：

表 8 - 1　　美国海洋政策委员会附属机构职责分工

附属机构	联合主席成员	人员组成	职责
海洋科学和资源综合管理跨部门委员会	科学技术政策局（OSTP）科学副局长、环境质量理事会的副理事长	政府各部副部长、部长助理等	1. 协调联邦涉海部门的活动 2. 为国家和地方的利益制定战略和政策 3. 发展并支持政府部门、非政府组织、私营部门、科研机构和公众之间的伙伴关系 4. 定期评价全国海洋和海岸带现状，衡量实现国家海洋目标的成就 5. 向新海洋政策委员会提出政策和建议

续表

附属机构	联合主席成员	人员组成	职责
海洋资源管理跨部门工作组	环境质量理事会副理事长和部门代表	部长副助理	1. 促进和协调现有涉海部门的工作 2. 协调环境和自然资源的管理工作 3. 促进海洋科技在实施海洋管理和政策中的应用 4. 提出评估和分析的建议 5. 确定机遇，阐述提高海洋教育、宣传和能力建设的优先重点、促进国际合作的机会
NTAC 海洋科学技术联合小组委员会	科技政策局和部门代表	部长副助理	主要负责政府行政部门海洋科学技术问题的协调工作

由表 8 –1 可以看出，美国的海洋政策委员会是美国政府涉海部门的综合组织协调机构，层次很高，可直接向总统提出建议和咨询，可充分发挥美国政府高层的领导和协调作用，可发挥对各级地方政府海洋管理的指导作用。

2. 英国的海洋经济管理

英国是一个典型的海洋经济分散型管理的国家，英国是欧洲最大岛国，但它没有专门负责海洋开发和海洋管理的统筹组织或机构，其海洋事务分别由各政府部门担当，主要职责分工见表 8 –2：

表 8 –2　　英国涉海管理部门及其职能分工

涉海管理部门	主要行政职能
农业、渔业和粮食部	负责 200 海里专属经济区内海洋渔业资源的保护与管理
能源部	负责管理大陆架的油气开发
外交部	负责政府各部门有关海洋政策和法律性质的对外交涉
交通部	承担较多的海洋行政管理职责，主管海上人命救生、海上交通安全、海上船舶污染和石油污染处理
科学教育部	主要是海底资源的科学调查工作
贸易工业部	负责海上石油开采区域的规划、统管招标、发放许可证，负责安全区的环境跟踪监督等
环境部	负责海洋环境方面的各种调查研究
国防部	主要开展舰船与潜艇、潜器以及图像特征处理、海床、海洋卫星系统及通信工程等的研究
自然环境研究委员会	负责协调政府资助的海洋科技活动
工程和物理研究委员会	补助民间企业的海洋研究开发活动

在这种情况下，为了有效协调各部委之间、政府部门和企业公司之间、管理部门和研究机构之间的海洋事务的矛盾，英国成立了海洋管理协调机构海洋科学技术委员会和皇家地产管理委员会，前者负责协调政府资助的有关海洋科技活动，后者主要负责海域的使用管理。英国的分散模式与英国特殊的政治体制、自由经济制度及普通法系是相适应的，由于各部门分工明确、协调有力，证明了能有效协调的分散制不失为海洋经济管理的一种有效制度。

3. 韩国的海洋经济管理

韩国是一个典型的实行海洋经济集中统一管理的国家，其特点是高度集中统一的、高效的海洋管理职能部门，高规格的海洋综合管理法，统一的海上执法机构以及对海岸带两部分实行统一的综合管理业。韩国的海洋水产部于1996年8月成立，在新的管理体制下，韩国海洋水产部把原来松散型的海洋经济管理转变为高度集中型，综合了原水产厅、海运港湾厅、科学技术处、农林水产部、产业资源部、环境部、建设交通部等各涉海行业部门分担的海洋管理职能，由计划管理室、海洋政策局、海运分配局、港湾局、水产政策局、渔业资源局、安全管理局、国际合作局各司其职，分工负责海洋的开发与协调，实现海洋经济综合管理。同时，韩国的海上执法力量——海洋警察厅也归属到了海洋水产部领导。此外，海洋水产部还设立了个研究机构和个业务指导所，在全国各地方还设立了12个地方海洋厅。具体职能分工见表8-3：

表8-3　　韩国海洋水产部各部门主要职能

内设部门	主要行政职能
计划管理室	制定工作计划、编定预算、编写法规、构建海洋部信息、系统等
海洋政策局	海洋资源和能源的开发利用、海洋科技、海洋环保、海洋管理、海洋教育和海洋文化的振兴等
海运分配局	制定并调整海运政策、国际及沿岸海运管理、船员管理、港口营运及管理等
港湾局	制定并调整港口基本计划和建设计划、港口建设管理、港口设备安全管理等
水产政策局	水产政策资金利用、水产政策综合调整、水产流通与加工、安全管理、渔村、渔民、渔港相关事宜等
渔业资源局	捕捞业及养殖业管理、渔业资源管理、水产资源调整、韩日韩中渔业协定签订及运用

续表

内设部门	主要行政职能
安全管理局	海洋安全管理及海洋交通业务、船舶检查等
国际合作局	有关海洋的国际公约应用、远洋渔场开发等
海洋警察厅	海上治安、警备救难、海上交通管理、海洋污染防除等
下属部门	主要事业职能
国立水产科学院	水产业的调查、试验、研究开发，对海洋水产公务员与从业者提供教育培训
国立海洋调查院	海洋调查测量及观测资料的收集、分析和评价，航海安全资料收集分析
国立水产品质量检察院	水产品的品质认证和管理
渔业指导事务所	渔业指导船的营运管理、通信管理，船员培训等
中央海洋安全审判院	海上事故的调查及审判
地方海洋水产厅	地方海洋及水产事务管理

（二）国外海洋经济管理实践对中国的启示

不同国家的海洋经济管理模式都有自己的特点，都受各个国家的海洋国情、海洋实践传统尤其是政治体制不同等多种因素的影响，难以简单评论哪种模式更加先进，但是综合分析各种模式，可以找出一些共性与规律，对中国的海洋经济管理体制具有一定的借鉴意义。

1. 加强海洋综合与协调管理。随着海洋经济的高速发展，世界各国政府都把目光投向海洋，关注海洋经济发展。特别是海洋经济大国，在世纪后期开始便纷纷对本国的海洋经济管理体制进行调整或改革，重新审视本国海洋政策，制定新的海洋开发战略，加强海洋综合管理。前文提到的美、英、韩，分别代表了海洋经济综合管理的三大模式，都走出了一条符合本国国情的海洋综合管理之路。

2. 强化政府在海洋活动的领导与协调作用。通过加强政府对话海洋活动的领导与协调能力，成立国家级的高层次的统领海洋经济发展的协调机构。发挥政府在协调海洋经济中的主导作用，同时注重发挥政府部门、非政府组织、私营部门、科研机构和公众之间的伙伴关系。

3. 统一执法，确保海洋经济综合管理的实施。充分运用强有力的统一执法的手段，确保海洋经济综合管理的实施。统一执法可以大幅度精简机构和人员，节约执法成本，消除多部门下政出多门、职责交叉、相互掣肘的弊端，避免无谓协调，提高行政效率。

总之，加强政府对海洋经济的管理，建立多部门合作、社会各界参与的海洋经济综合管理制度是大势所趋，中国应积极同时要慎重推进海洋经济综合管理体制与协调机制的构建，探求最佳方案迎合世界海洋发展的潮流。中国现行海洋经济管理体制与美、韩之前的管理体制有许多类似之处，都经历着由于分散的管理架构和非综合的海洋政策导致的海洋经济管理的种种问题。美国的委员会模式、韩国的海洋水产部模式，作为其中的两大主流，都取得了一定的成功并积累了一定的经验，可以成为我们借鉴的方向。但我们认为，如参照韩国模式将原先分立的管理机构进行统一的过程将会非常艰辛。回顾中国行政机构改革历史，涉及如此多部门的机构整合还未有过，其可行性值得商榷。此外，韩国的海洋水产部成立20多年来虽然取得了很大成绩，但是该模式仍然会存在部分职能重叠和权限模糊问题，直到现在还存在一些未能完全移交的事宜，造成海洋水产部与其他相关部门职能冲突的现象。相比较而言，国际上推荐的委员会模式，制度变迁成本相对较低，也较符合中国国情，值得我们进一步借鉴。通过对现代海洋经济管理理论知识的学习，以及对国内外海洋经济管理实践的分析，我们不难得出，为解决中国海洋经济管理中出现的种种问题，促进中国海洋经济又好又快可持续发展，不仅需要建立有效的海洋经济综合管理与协调机制，还需要制定科学合理的海洋经济发展规划，制定完善的产业政策，以及合理的海洋产业布局。

1. 加强海洋行政主管部门的自身建设。目前，地方海洋行政管理机构通常也都是政府的直属部门，行政级别也低于一些属于政府组成部门的海洋经济行业部门，造成海洋行政主管部门在综合协调中缺少行政权威，无法完全避免海洋管理与海洋规划中的利益切割与人为干预。加之，中国又没有综合性海洋基本法律制度的支撑，海洋综合执法能力严重不足。要使这种现状得以改善，需要提升海洋行政主管部门海洋综合管理的管理层次来解决，提升海洋管理部门的地位和级别。其次，建立统一的海上执法队伍，保障综合管理职能的履行，避免不同行业部门多头执法，各自为政引起的不同行业管理部门之间的矛盾。在内部，要明确划分中央与地方海洋行政管理部门，上级地方海洋行政管理部门与下级海洋行政管理部门，同级海洋行政管理部门之间的权责，有效协调海洋管理系统之间的各种关系，保证海洋管理系统的正常协调运行。

2. 构建以政府主导的多主体协调机构。海洋经济发展过程中出现的不协调，究其本质主要是各海洋经济主体追求利益最大化造成利益不协调乃至冲突引起的。为此，有必要引入委员会式的协调机构，政府主导的委员会模式可以在不同行业的横向管理与政府的纵向管理的基础上，通过对纵向和横向管理人员及职能的重组，形成一个具有一定法定职能，充分实现不同利益主体间信息交流从而达到利益均衡的组织结构和管理模式。其优势主要表现在以下方面：一是能够实现信息共享，它通过海洋经济不同主体的共同参与，实现真正的信息共享，共同管理一定区域内海洋经济事务，协调处理跨部门、跨行业矛盾，如海洋污染矛盾，不同海洋产业规划矛盾等，从而达到利益的协调与均衡；二是制度变迁成本较低，委员会式的协调组织模式，因为各主体的广泛参与，又有政府的主导，为各主体实现自身利益最大化实现了条件，减少了制度变迁的阻力；三是组织形式较为灵活，根据主要协调事项的需要，委员会可下设各专门委员会，吸收有关主体参与，并根据海洋经济发展过程中出现的特定问题，相关主体组成临时委员会，事毕解散。考虑到中国海洋经济管理实践并有借鉴国外的经验，我们设想，可以成立海洋经济协调委员会，由区域内的政府负责，海洋行政主管部门牵头（前提是海洋行政主管部门地位得到提高），成员包括：涉海行业部门代表、下级政府代表、下级海洋行政主管部门代表、涉海企业、海洋科研部门、公众代表等。根据区域内的海洋经济发展实际，合理设置委员会规模，海洋经济发达的地区，委员会组成可以复杂些。委员会根据需要可下设不同分委员会，如海洋经济政策分委员会、海洋产业规划分委员会、海洋科技分委员会等。海洋经济委员会主要职责，包括研制不同区域内海洋经济发展政策和规划协调各主体关系，达成一致的海洋开发和利用意见，实现与其他区域海洋经济委员会的交流与信息共享。重点制定海洋经济发展政策，保证决策公开、协调的过程，确保有利益关系的主体意见，无论是政府还是公众的都能得到充分吸收与体现。

二、第四次海洋经济浪潮运行机制的内在要求

（一）决策规则

海洋经济综合管理与协调机制运行必然涉及决策，需要构建与协调机制建

设相应的决策系统。第一，改变决策范围，打破单一行政主体参与，在各主体广泛参与的前提下决策。第二，改进决策程序，提高决策的科学性。在海洋经济综合管理与协调机制决策过程中，作为领导者身份的政府应增加投入，加强对海洋的研究，掌握更多的知识并与其他主体分享。另外，要打破各涉海行业的信息壁垒，共享海洋经济相关数据和研究成果，在信息充分的基础上做出科学合理的协调决策。第三，站在国家海洋经济可持续发展的高度进行决策。中国海洋经济管理各自为政现象严重，各部门和地方政府在决策时都把实现本部门利益最大化为目标，从而忽视海洋可持续发展与利用，要实现科学合理的决策先要改变决策者思维。

（二）主体间的协商规则

协商指海洋经济各主体间以协调机制为平台，相互沟通与交流，通过涉海特定主体间的对话谈判，来化解矛盾，解决冲突，取得共识，达成一致，从而实现多赢。区别于传统的行政管理运作模式，海洋经济综合管理协调机制的协商参与者不仅包括各级政府与部门，还包括涉海企业、科研人员、社会团体及民众等。沟通协商的模式即可以以官方的名义组织实行，也可以通过非官方行为以非正式形式组织实施。目前，第一种方式比较常见，实践中比较成熟的如各级海洋行政主管部门在审批海域使用权前，会召集相关利益者举行用海项目听证会。第二种方式由于目前中国公共参与机制并不完善，因此相对较弱化。

（三）利益协调规则

利益关系是海洋经济综合管理各类关系中最根本的关系，也是海洋经济协调发展的核心问题。涉海权益冲突、用海冲突、海洋经济的地方保护主义等归根结底就是利益问题。利益协调要本着服从海洋经济发展大局和兼顾互惠的原则进行。一方面，通过事前利益协调，创造同等的发展机会和分享海洋权益等实现利益分享；另一方面，通过事后利益补偿，对部分涉海主体的利益损失给予补偿，如对受损地区给予资金、技术、人才、政策上的支持，使各方主体共享海洋经济发展成果。治理理论的核心观点就是主张通过主体间的协商、合作，确定共同的目标，从而实现对公共事务的管理。运用该理论，协调机制运行中的冲突解决指的是依靠主体间的相互协调协商，在不借助或者尽量少地借助公权力的情况下解决冲突。海洋经济中的涉海主体多样复杂，单一靠政府的制度安排难以满足各个主体多样化的需求，有必要引入冲突解决机制作为正式制度的有益补充，且在公民意识日益提高的社会背景下，这点对海洋经济的综合管理也越来越具有借鉴意义。

三、构建与新时代中国海洋经济发展运行规则相适应的新机制

（一）建立新机制的原则

1. 规避风险，提高海洋科技创新能力。海洋技术高风险、高投入、高收益的基本特征决定了在海洋经济发展进程中应考虑如何规避风险，提高海洋科技创新能力。高风险是导致海洋经济大起大落的主要原因，需要全面及时地了解海洋经济的运行状况，尽早预测到海洋经济运行过程中的各种威胁，做到早发现、早预防、早解决，将海洋经济发展中的风险降到最低。提高海洋科技创新能力，需要各级政府的重视，在海洋经济管理工作中着力研究和解决海洋经济发展中有关技术创新的体制机制和政策扶持问题，把技术创新视为海洋经济的第一生产力，为海洋经济又好又快发展提供技术保障。

2. 遵循市场规律，运用市场监督与经济调控等手段。中国社会主义市场经济的基本特征决定了海洋经济管理工作要以市场监管、经济调控为主基调。海洋经济管理作为全国经济管理的重要组成部分，必须尊重市场规律，强调市场的手段和市场配置海洋资源的基础性作用。海洋经济调节方式要与国家宏观调控的手段相适应。海洋经济有其鲜明的不同于陆地经济的特征，需要准确了解海洋经济动态，把握海洋经济发展规律，引导海洋经济发展，加强海洋经济运行监测与评估。

3. 改变管理理念、模式及手段。海洋经济要实现科学发展，决定了海洋经济管理理念、管理模式和管理手段必须要进行相应的改革。改革要与社会主义生态文明建设目标相契合。海洋经济管理要在引导产业结构调整、优化布局、落实节能减排指标、发展海洋循环经济、实施海洋功能区划等方面下大力气，引导海洋经济的健康持续发展。

4. 强化服务引导功能，规范海洋开发秩序。中国海洋经济发展处于高速

增长期和矛盾凸显期，决定了海洋经济管理要以加强服务引导功能，规范开发秩序为核心。目前中国海洋经济发展正处于区域一体化、全球化和国内经济结构转型的关键时期，海洋经济领域地区之间、产业之间和企业之间的竞争日趋激烈，各种关系日益复杂；产业结构、布局结构趋同，海洋资源垄断性和破坏性开发等问题都十分突出。认清海洋经济所处的历史时期和基本矛盾，加强对海洋经济的指导和调节，制定和完善相应的法规。

（二）新机制建设要点

1. 健全会议协调制度。会议协调制度作为最经常使用的协调手段，应注意以下两个方面：一是规范运行，防止效率低下。合理规定会议召开的时间、内容、范围等，尽量缩小会议规模，减少不必要的人力、物力、财力的损耗。如省、部长联席会议由于层次较高，人员较多，一年内可举行一次，着重讨论与制定中国海洋经济发展与政策，协调各省、各行业的海洋经济发展规划层面上的矛盾与冲突。二是强化民主参与机制，提高公众参与度。明确规定代表比例，保障民众、涉海科研人员、涉海企业代表的参与，给予他们决策发言权，充分照顾他们的利益。

2. 建立信息共享制度。海洋所涉领域的多面性、海洋活动的复杂性及海洋开发的高难性等问题的存在，需要涉海部门具有较强的专业性与技术性。而涉海主体各有各的知识与信息优势，容易形成信息壁垒，难以实现信息的共享与互换，给协调机制的发挥造成了困难。因此，要建立海洋信息共享制度，健全海洋信息资源管理体制，协调涉海部门、行业、企业的信息管理过程中的行为，实现信息的高效流通和共享，使各涉海主体的海洋信息服务和技术深入到海洋经济和社会发展的实践中去。

3. 建立临时协调机构制度。特别行政区、省、自治区、直辖市层面上的海洋经济委员会，有时在特定时间、特定区域会出现某一具体问题，这时需要设立临时性的协调组织机构。如没有制度的规范，容易造成设立易，撤销难，临时委员会固化，机构臃肿等负面作用。因此，要对临时机构的设立加以制度规范，规定设立的条件、职责、时限，人员的构成与去向等，既保证协调的有效运作，又避免产生不良后果。

4. 完善督查评估制度。为确保协调的有效性，应设立相应的督查与评估制度，对协调机构及各个部门的主要工作及一段时间内主要协调事项进展情况进行督查，评估协调的效果，总结其中的问题，分析产生的原因，促使协调工作不流于形式。

5. 制定科学合理的海洋经济发展规划。如果将海洋产业分为传统产业和新型产业，传统产业包括传统捕捞业、交通运输业等，新型产业则包括休闲渔业、滨海旅游疗养业、海洋新能源、海洋生物制药等产业。此外，海洋经济发展呈现区域化，不同区域的海洋经济产业结构和布局是不相同的。提升海洋经济的区域管理水平，制定科学合理的海洋经济发展规划应注意以下 7 点：第一，以海洋资源合理开发利用为核心。在制定海洋发展规划时应重点加强新海洋资源的开发。以创新、协调、绿色、开放、共享的新发展理念为指导，以海洋经济高质量、可持续发展为重点，根据各地海洋经济发展条件与现状因地制宜发展海洋经济，充分发挥海洋经济发展的特色优势，提高整体开发水平。第二，海陆一体化规划。海洋经济与陆域经济在产业、技术等方面有着密切联系，海陆资源能否合理配置事关海陆经济的综合效益，应当运用系统论和协同论的思想制定海洋经济发展规划，解决海陆联动发展的资源配置、结构优化、产业集群等影响海洋产业经济的现实问题。第三，合理布局海洋产业。由于海洋产业涉及诸多的行业，因而应当从宏观角度出发，制定海洋经济发展规划，解决影响海洋经济发展的主要问题。尤其是国家应创建良好的海洋经济政策，保证海洋资源的适度开发。加快海洋产业结构转型升级，优化海洋产业的区域布局，发挥区域特色优势，实现海洋资源的合理配置。第四，加强海洋经济的宏观调控。适应全球化，政府应当从宏观角度出发，制定合理的海洋经济管理政策，以维护海洋经济市场的平衡。地方政府应结合本地区情况，制定适合本地区情况的海洋经济发展战略，提高区域经济整体发展水平。重点培育大型的海洋科技企业，建设具有区域特色、中国特色的海洋产业，提升海洋产业的核心竞争力。第五，重视特色海洋经济区建设。沿海地区应当结合本地经济发展状况和海洋资源优势，形成具有产业优势的海洋产业。如港口经济、海洋水产品生产基地等。第六，合理布局海洋产业，产业实现海洋经济效益、生态效益、产业效益的最大化，实现海洋经济的可持续发展，突出区域特色。结合当地资源优势，实现海洋资源的最佳配置。在开发近岸海洋资源基础上，不断开发利用深远海资源，优化海洋区域布局，避免同质化竞争带来的产能过剩。统筹海洋资源开发利用与生态环境保护，实现可持续发展；通盘考虑空间资源、岸线资源、生物资源、油气矿产资源和海洋旅游资源等；统筹提升总量与发展质量，发展战略性新兴海洋产业，重点发展海洋生物医药、功能食品、海洋精细化工、海洋新能源等。第七，完善海洋产业政策。发挥海洋产业政策促进海洋产业结构调整优化作用，引导海洋战略性新兴产业成长。

四、突出以结构调整为主线的发展策略

海洋经济结构是各海洋产业部门在海洋经济发展过程中形成的数量比例及其相互关系。它包括的范围很广，主要包括海洋产业的所有制结构、部门结构、地区结构、组织结构、技术结构、人力资源结构等。海洋经济结构对海洋经济发展的效益和速度影响很大，海洋经济结构不同，海洋经济效益及发展速度就不同。目前，世界贸易组织（WTO）、跨太平洋伙伴关系协定（CPTPP）等国际经贸组织成员间的经贸额占全球经贸总额的98%左右，欧美各国认为中国大陆在经济、政治、法律等方面作为国际经贸组织成员国还有很大差距，不改善经济政治结构就没法参与世界各国经贸活动。中国大陆2001年12月正式成为WTO的成员，但至今离WTO的系列规则尚很远。冲突涉及国际经济贸易的方方面面，特别是受中国经济结构影响和制约很大，牵涉到国内各行业与企业的切身利益。中国要融入全球，经济结构必须适应于国际产业分工与经济体系中，因此要不断调整和改组结构，包括所有制结构、产业结构、投资信贷结构、消费结构等。调整的主要思路如下。

（一）优化所有制结构

改革开放40多年来中国所有制结构有了很大改善，形成了以公有制为主、多种所有制成分并存的格局，但与WTO、CPTPP规则及现代市场经济体制的要求还有不小差距。在所有制结构调整优化中还存在不少难点：一方面，中国大陆社会生产力整体水平偏低，后工业化程度低，各地社会经济发展极不平衡，经济结构不合理状况短期难以改变；另一方面，长期社会主义所有制经济使中国公有化程度高，国有经济比重大，生产关系与生产力水平出现结构性背离。与经济结构相联系，非国有经济比重低，非国有企业、混合型企业发育不

充分，产业关联度低。必须从战略上调整国有经济布局，鼓励非国有企业、混合型企业特别是民营企业回归，探索建立既符合国际市场经济规则又适应中国国情的所有制结构。在坚持公有制包括国有制和集体所有制占主体地位、国有经济起主导作用的条件下，合理收缩国有经济战线，改变国有经济范围过宽的局面，通过产权制度创新使国有企业的体制和机制逐步与市场经济的发展要求相适应。考虑到中国社会生产力整体水平较低，应在加大国有企业改革力度的同时，大力发展非国有经济。除涉及国家主权、安全的领域，垄断性、公益性很强的产业以及关系国计民生的基础产业、资源型产业、支柱产业、幼稚产业和重要的加工工业，须继续控制在国家手里实行国有经营外，在其他领域和产业广泛地发展壮大非国有经济，为集体所有制企业、混合所有制企业、股份制企业、私营企业和个体经济回归创造有利的政策环境。

1. 再度创新国企产权制度。在加强对国企管理的基础上，进一步完善国企改组、联合、兼并、股份合作制、租赁、出售等方式，建立国有大中小型企业并举、多种所有制并存的产权结构。对不是关系到国计民生的国有行业，采取改组、联合、中外合资、托管经营、股份合作、承包、租赁、兼并、破产、有偿转让、公开拍卖等方式中的任何一种办法，逐步改为非国有或非国家经营的企业。将少数特殊垄断性的国有大中型企业改为国有独资公司，将部分规模较大、效益好、有竞争能力、有发展前途的企业改为股份有限公司，多数企业则改为有限责任公司。

2. 变革国企组织制度。着眼于搞好整个国民经济，对国有企业实行战略性改组。以资本为纽带，通过市场形成具有较强竞争力的跨地区、跨行业、跨所有制和跨国经营的大企业集团或跨国公司。通过国有企业与各类非国有企业之间的联合，使国有企业资产带动数倍于自身的非国有资产，从而提高中国海洋经济总体运行效率。

3. 培育和扶持非国有经济成长。借鉴国际经验制定一系列有利于非国有制经济发展的政策法规，让各种非国有制企业在市场经济中展开机会均等、税负平等的竞争，让客观的市场决定所有制的最优结构。通过改革调整，以产权结构代替长期存在的行政权力结构。在新建产权结构的基础上，正确选择产权分布、经济行为、人的行为目标及政府干预的方式和程度，形成以市场为导向、多元化、多层次、协调发展的市场主体群，为加快海洋经济发展奠定制度基础。

（二）调整产业布局与产业的地区结构

在环渤海、黄海、东海、南海区域实施合理的海洋生产力总体布局，改善海洋产业的地区结构。首先，中国沿海各地的海洋生产力发展不平衡，呈现出低水平、多层次、不平衡等特征，海洋资源分布与海洋产业布局的地区结构需要继续改善。其次，各海洋区域产业结构尤其是重石化产业结构趋同现象相当严重，出现重复建设、重复引进、重复生产的现象。这种盲目竞争往往伴随着海洋资源配置的巨大浪费，严重阻碍海洋资源向低成本、高利润区位流动。各地本能地从自身利益出发，竭力扩张对自己有利的海洋产业，与其他地区在海洋产业与产品结构上存在趋同，从而加剧结构失衡，不断加剧地区摩擦形成巨大内耗。最后，沿海三元结构突出，制约海洋经济的区域协同发展，也产生由盲目竞争带来的海洋资源浪费和地方部门分割现象。在小农经济、计划经济与市场经济并存的制度结构里，新旧体制、秩序、规范及机制并存。

近几年国有制经济回归、非国有制经济出现较大萎缩，一度形成的多种经济成分共同发展的格局失衡。但许多人没有看到，中国大陆所有制结构调整的进展与成效远落后于 WTO、CPTPP 等国际经贸组织的要求，适合外资企业、混合型企业、私营企业、个体工商业等非国有制经济快速增长的环境还很不理想。为此，要制定实施科学的海洋产业地区结构政策。以海洋中心城市为依托，延伸至沿江、沿线、沿边经济区腹地，在加速发展条件较好的海洋中心城市的同时，积极支持延伸区域开发，重点培植海洋支柱产业和区域性陆海经济综合体，在优化产业结构的基础上形成一批海洋经济增长中心。与此同时，实施海洋重点产业区域布局政策，坚持海洋产业与空间布局有机结合，在纵横交错坐标中找到最优的海洋产业发展政策。充分合理地利用各种海洋资源和生产要素，就必须不断调整海洋地区产业结构，以市场为导向促进海洋生产要素的合理流动与优化组合，形成各海洋产业有序推进、协调发展，带动海洋经济增长的新格局。继续完善海洋基础设施，满足人流、物流、信息流对能源、交通、通信等基础设施建设的需求，从根本上改善海洋投资环境。

（三）调整海洋产业的产品结构

目前，中国海洋第一、第二、第三产业及其各产业内部行业之间的比例不协调，行业内部产品结构也不尽合理。海洋产品对国内外市场的适应能力较弱，竞争力不强。在出口创汇产品中，大部分是海洋原材料与劳动密集型的低级产品，高水平的附加价值的海洋产品很少。某些产品由热变冷、由短变长、产品积压、库存量大幅度增加，结构性矛盾突出。由于资金困难，低水平的长线产品生产能力难以转化为高水平的短线产品生产能力，结构性调整进程缓慢，海洋经济效益差的状况没有根本性改变。技术投资偏少，大部分企业产品技术价值含量低，规模经济效益很难发挥。尤其是海洋工程机械、海洋新能源、海洋生物制药等行业，大多没达到某一个合理的规模，其生产成本要比国际同行业高，产品没有市场竞争优势。第一，继续调整海洋产品结构，重点扶持海洋高新技术产业产品开发，切实优化海洋产品结构。以提高海洋综合效益为中心，以国际市场需求为主要导向，以各地优势海洋资源为依托，以增加国民收入和实现民富国强为目标，调整海洋生产结构和经营制度，大力发展生态与创汇海洋产业，大力发展名、优、特、新产品。进一步完善海洋产业化经营体系和社会化服务体系，调整优化海洋产业结构。在提升海洋生产力的基础上，搞好海洋生态环境保护，注重蓝色、绿色海洋产业发展，加快以海洋生物工程、信息智能技术为重点的海洋高新技术产业的示范、推广、应用，培植生产基地并使之产业化，逐步形成特色产业和拳头产品，建立以特色产业为龙头的海洋产品集约化经营体系。第二，根据劳动生产率上升率基准、需求收入弹性基准、产业关联效应基准、就业增长弹性基准、出口换汇率基准、产业区位系数，以及各地工业化的实际进程，选择适当的海洋产业作为海洋区域性主导产业。第三，加快发展现代海洋服务业。重点加快海洋金融、海洋保险、海洋法律、海洋商贸、海洋科技、海洋文化教育、海洋信息咨询等行业发展，缓解就业压力，提高居民收入，推动经济结构转换。第四，在加快海洋新兴产业和主导产业发展的同时，重视海洋相关产业发展，特别是前向和后向关联产业的发展，形成各产业间相互推进、递进有序发展的新格局。

（四）优化海洋产业的组织结构

目前，“麻雀虽小五脏俱全”的海洋企业组织结构普及中国沿海，规模偏小、资本有机构成低、行政构架不缺的中小企业占绝对优势，需要集中生产的行业（如海洋生物制药、海洋新能源）企业规模小，难以实现专业化协作基础上的规模经济效益。行政组织构架齐全又使大中型企业包袱沉重，生产经营难度不小。在一些短线行业中出现过度竞争、重复投资、重复生产等现象。加上企业破产法贯彻乏力，价格严重扭曲且社会保障体系不健全等，至今尚未形成有效的优胜劣汰机制和合理的企业组织结构。为此，第一，要以建立有效竞争的市场结构为主要目标，建立大中小型企业合理配置、协调发展的海洋产业组织结构。第二，促进大中型企业改组，成为合理的海洋产业组织核心，分门别类地引导中小企业发展，协调大中型企业与众多小企业的关系。在市场机制作用、分工协作的基础上，建立起大中小型企业有机结合的、合理的海洋企业组织结构。第三，根据市场经济法则，建立起竞争性的具有分层竞争和协作相结合的市场结构，实现多层多级竞争与多层多级规模经济的统一。第四，根据海洋产业技术、资源类型和发展阶段，结合海洋产业结构的调整目标，分类确定海洋产业组织结构调整的具体内容。第五，通过加强宏观管理，改善投资体制，实行重点扶持与重点限制的海洋产业政策。第六，制定独立的中小型企业发展规划，鼓励中小型企业与大企业建立各种系列化关系，为中小企业创造良好的竞争环境。根据市场需求和经济效益等来确定扶持对象，促进中小企业的技术与管理水平不断提高。第七，对造成海洋环境污染、资源浪费严重的企业，必须用严格的行政、法律手段加以制止。第八，稳妥组建企业集团和跨国公司，有计划地建设一批不同层次、不同类型的海洋经济产业区、开发区和开放区，吸引众多的海洋企业形成聚集效应。建立平等竞争和要素流动的机制，逐步形成统一的市场，创造一个使企业能自由进入金融市场的环境，使之自觉地进行组织结构调整。

（五）调整海洋产业的技术结构

目前，除少数海洋中心城市外，中国沿海绝大部分区域的海洋生产技术要比主要发达国家落后20年左右，现有企业的技术设备近1/2是20世纪90年代形成的，相当部分设备陈旧落后。因国有企业具有软预算约束性质，就业和价格是刚性的，生产要素难以自由流动，平均利润规律在企业经济运行中没发挥主要作用，致使企业科技创新和科技进步相当缓慢，其技术进步贡献率比目前主要发达国家要低1倍多。技术开发能力和科技转化能力更是明显不足，海洋产品更新慢，管理费用支出大，综合成本增加，从而影响海洋产业劳动生产率的持续上升。在相当部分企业，生产管理没有脱离传统的管理模式。忽视市场预测、分析及新技术产品的研制开发，大部分企业现有技术力量只能应付日常生产经营活动，对研究开发新产品感到心有余而力不足，不少企业连试制车间都没有。由于长期缺乏大量投入，海洋科技进步难，新产品开发少，生产经营难以形成良性循环。加上企业研究开发机构与相关科研院所联系减少，信息手段相对缺乏，致使吸收消化先进技术的能力低，新产品开发周期长。技术缺乏先进性，大部分产品是“大路货”，产品档次多为中低水平，技术简单的劳动密集型产品生产得多，技术密集型的高、新、精、尖产品少，与发达国家之间存在很大差距。由于配套件生产工艺水平低，绝大部分零件加工采用老设备、老工艺，技术薄弱的状况多年得不到改变，从而影响主机的开发速度与产品质量，使主机的产品质量波动较大，无法形成批量生产，企业生产效率低，产品质量难以保证，市场批量的形成速度慢。

为此，应以市场需求为导向，以开发先进适用技术为主导，坚持技术优势与产业优势相结合，建立起以先进适用技术为主、高新技术为辅的海洋开发技术结构。第一，坚持适用技术为主、传统技术及现代技术并举的方针，保证技术上的继承性和连续性。通过现代技术与传统技术相结合，产生出新的综合技术，包括新产品、新工艺及新材料等。第二，发挥技术系统内各技术要素的积极作用，促使其协调发展，从而发挥整个技术系统的最高效能。根据 WTO、CPTPP 等国际经贸组织规则中有关的技术标准，明确海洋产业、行业的具体技术规则、标准和政策，进一步完善研制、开发、推广的技术进步体系。根据市场需求和产品发展方向，加速海洋企业技术进步。第三，形成合理的先进技术、中间技术和初级技术结构，技术系统内主体技术、共有技术及相关技术结构，以及相关技术结构，形成功能齐全、运作有序的海洋产业技术能级结构或循环体系。同时注意技术的政策配套问题，促使技术项目之间、技术项目内部以及技术项目整体之间的相互配套。如海洋生产技术设施与非生产技术设施之间，生产技术设施内部之间等必须相互配套。第四，完善海洋科技管理体制，对海洋国防科技、国有企业技术进行“移植”“嫁接”“插条”“交配”等，开发多种“名、优、高、精、尖、新”产品，使之成为海洋经济贸易的创新板块。

（六）调整海洋税收结构

总之，中国大陆沿海整个的财政与税收结构尚未形成促进海洋资源最优配置的运作机制，财政与税收结构内部的不和谐运行，与 WTO、CPTPP 等国际经贸组织规则的要求存在矛盾。海洋资金的积累积聚及利用效率低下、浪费严重。为此，第一，要改革以分税制为主要内容的财税体制，对中央与地方征收的税种、项目和产业产品等作进一步协调。第二，完善财政转移支付制度，建设性资金扶持向西部倾斜。第三，抓好效益型财源建设，因地制宜地搞好企业转制，使资源得到最佳配置。同时加强企业内部管理，推行目标成本核算，降低生产成本和经营费用。第四，大力发展非国有经济成分和现代海洋服务业，抓好新兴财源建设。

（七）调整海洋信贷结构

根据 WTO、CPTPP 等国际经贸组织规则，按照国际金融惯例要求，多渠道、多层次地筹措海洋发展资金，建立起多元化的海洋开发资金供给结构，优化海洋资源配置，提高海洋经济素质及其运行效率，切实解决海洋经济发展中的资金短缺。第一，调整现行海洋信贷结构，利用国外资金渠道，采取灵活政策进行融资和集资。第二，进一步理顺银行与财政、银行与企业、银行与政府及银行与银行之间的相互关系，摆脱财政拖欠企业、企业拖欠银行及企业间相互拖欠等问题。切实解决企业不合理储备和占用资金过多的问题，清收沉淀逾期贷款。第三，发挥国家宏观调控海洋金融的作用，发行建设公债、彩票，推行小额信贷办法，千方百计增加资金投入。第四，健全海洋金融市场法规体系，利用融资租赁方式，创建海洋风险投资基金、发行地方公债等进行海洋开发融资。

（八）调整总量结构

在总供给与总需求结构、进出口结构以及消费结构等方面，也存在失调现象。如总供给与总需求之间不平衡，有效供给不足与有效需求不足并存，使经济增长乏力；外汇收入增长缓慢，出口商品结构档次不高，进出口商品结构不尽合理；畸形的个人生活消费超前与有效的合理消费不足并存，使市场需求信号失真，失衡的消费结构不能有效地刺激生产结构的调整优化。这些结构性问题，使企业产品滞销积压与有效需求不足并存，大量设备闲置与固定资产投资不足并存，资金占用量大与资金短缺并存等。财政、金融、税收等经济调节手段失灵，市场信号失真，社会供需关系失衡，海洋经济运行效率受到影响。为此，要从海洋经济供给与需求的相互关系上，研究海洋经济总需求变动的供给效应，并在此基础上制定调节需求、推进供给的具体政策。了解社会总需求与总供给结构状况，才能制定出合理的投资规模和投资率，解决海洋经济发展过程中的总量结构失衡问题，避免海洋经济波动。近期重点预测和制定不同时段经济增长过程中的消费需求、投资需求及净出口需求，为进行不同时段的社会总需求实证分析提供基础性条件，从而为进一步调整和优化消费结构、进出口结构及投资结构提供科学依据。

第九章　新时代海洋经济发展趋势

第一节　现代海洋服务业优先发展趋势

一、第四次世界海洋浪潮与现代海洋产业体系构建

（一）传统海洋产业与现代海洋产业体系

现代海洋产业体系与传统海洋产业体系是相对而言的概念。现代海洋产业体系，是人类运用现代科技方法、手段、先进工艺开发利用海洋资源及空间而形成的各海洋产业集合及其相互关系总和。它包括现代海洋技术应用、现代海洋生产性产业、现代海洋服务性产业及其管理体系，这是现代海洋经济的主体内容①。

2015 年 5 月，中国提出《中国制造 2025》。在此基础上，中国工程院等确定了十大领域 23 个重点方向作为未来十年的发展重点，分别是：新一代信息技术产业、高档数控机床和机器人、航空航天装备、海洋工程装备及高技术船舶、先进轨道交通装备、节能与新能源汽车、电力装备、农业装备、新材料、生物医药及高性能医疗器械等，发展先进制造业是各国提升制造业竞争力的重点。因此，先进制造业是利用现代化技术制造高技术和高附加值产品，并将现代管理技术和科技手段融入企业管理、发展模式中的技术密集型和资本密集型制造业行业。或者说，它是人类运用先进工业生产技术装备开发、加工出用于生产与生活的产品生产部门或行业。由于科技发展具有阶段性、动态性、比较性特点，因而先进制造业在不同时期不同国家和地区有不同的技术标准。先进

① 参见朱坚真主编《海洋经济学》第三版，中国农业出版社，2019。

制造业，不仅包括陆地先进制造业，而且包括海洋领域的先进制造业。

海洋先进制造业包括海洋工程装备制造业、海洋船舶工业、海洋化工业等行业。其中，海洋工程装备制造业指人类开发、利用和保护海洋活动中使用的工程装备和辅助装备的制造活动，包括海洋矿产资源勘探开发装备、海洋油气资源勘探开发装备、海洋风能与可再生能源开发利用装备、海水淡化与综合利用装备、海洋生物资源利用装备、海洋信息装备、海洋工程通用装备等海洋工程装备的制造及修理活动。海洋工程装备制造业在建设海洋强国规划蓝图中具有重要的地位。海洋工程装备作为战略性新兴产业其是从事海洋资源勘探、开采、加工等，所使用的大型工程装备和辅助装备。海洋工程装备制造业具有高技术、高投入、高集成、高综合、高产出、高附加值和高风险及多品种、小批量、可靠性要求高、产品成套性强等特点，产业辐射能力强，对国民经济带动作用大。中国建设海洋强国战略的实施，急需海洋工程装备的高端发展和应用，进而实现海洋经济的可持续发展。

海洋船舶工业包括海洋船舶制造、海洋船舶改装拆除与修理、海洋船舶配套设备制造、海洋航标器材制造等活动。海洋船舶工业是我们国家的战略性产业，海洋船舶工业为能源运输提供了交通运输工具，同时为国防建设、国防安全等提供相关技术的支持和后勤保障，为其他的产业发展和国际的贸易往来提供便利。当前，与日本、韩国等造船强国相比较，中国海洋船舶工业在高技术、高附加值船舶等领域仍然存在一定差距，伴随着人类生活需求层次的不断提高，这些领域在国际船舶市场份额占比也越来越高。

（二）现代海洋服务业在现代海洋产业体系中的地位

1. 现代服务业

根据2006年首次发布，2021年第一次修订的国家标准《海洋及相关产业分类》（GB/T 20794－2021）。该标准规定了中国海洋及相关产业的分类及代码，是海洋经济领域基础标准之一，在海洋经济管理等诸多活动中得到了广泛应用，为从事与海洋有关工作的政府机关、企事业单位、社会团体、基金会、国际组织等对海洋产业类别划分提供重要依据。2021年12月31日，国家市场监督管理总局（国家标准化管理委员会）发布公告，由国家海洋信息中心负责起草的国家标准《海洋及相关产业分类》（GB/T 20794－2021）正式发布，标准从2022年7月1日起正式实施，替代现行标准。因此，现代服务业是人类运用先进科技为市场提供生产生活劳务或管理的现代服务性行业。在当今世界互联网、大数据时代，现代服务业的活动范围、内容和规模越来越大，对人类生产生活的影响越来越深刻。现代服务业，不仅包括陆地现代服务业，而且包括海洋管理、海洋环保、滨海旅游餐饮等众多海洋行业的现代服务业。

2. 现代海洋服务业

海洋服务业，是指海洋经济部门和各种海洋相关企业提供物质生产或提供各种劳务、服务业的集合。现代海洋服务业，是指海洋经济部门和各种海洋相关企业依托科技进步所提供的现代物质生产或提供各种劳务、服务的集合。现代海洋服务业是基于海洋科技文化、海洋科技产品以及海洋空间元素新组合形成的各种劳务与服务，包括现代海洋旅游、海洋科研教育、海洋行政管理、涉海行业管理、海洋开发区管理、海洋社会保障服务、海洋信息服务、海洋技术服务、渔港经营服务、船舶用资源供应服务、涉海公共运输服务、涉海金融服务、海洋仪器设备代理服务、海洋餐饮服务、涉海商务服务、涉海特色服务等涉海经营服务活动，这些行业与自然科学研究、人文社会科学研究、社会化服务和海洋经济与管理都有紧密的联系，是现代文明进步的标识。

3. 现代海洋服务业对现代海洋产业发展的乘数效应

现代海洋服务业对现代海洋产业发展的乘数作用，主要体现在：培育高端海洋生产要素→构建海洋产业协同机制→优化海洋企业发展环境→促进海洋企业内部优化→推动海洋产业结构高级化→海洋经济高质量发展。可见，这与国家强化高端要素支撑、陆海统筹、构建更加紧密的区域间产业分工合作机制，加快海洋产业、先进制造业、现代服务业三者融合，完善相关区域增长、加大产业技术要素影响、促进海洋经济高质量发展等路线是一致的。

探索由海洋产业、先进制造业、现代服务业深度融合，构建现代海洋产业体系，将长期工业文明形成的现代科学成果、技术装备、先进管理和社会服务广泛运用于海洋开发领域，从而促进海洋产业与先进制造业、现代服务业的协同发展，推动中国蓝色崛起和“双碳”目标实现，在较短时期达到跨越发展的示范价值。探求利用中国沿海长期积累的先进制造业基础，促进先进制造业与现代服务业深度融合，跨越式构建中国现代海洋产业体系，促进海洋产业创新、科技创新、海洋资源、现代金融协同发展的现实方案。

中国沿海构建现代海洋产业体系，推动陆海产业技术链条横向、纵向延伸，提升高端价值链，整合全球供应链，促进海洋产业向质量效率型、高端引领型、分工主导型转变，提升现代海洋产业的技术、产业、企业、文化全面创新驱动的能力，增强链条掌控能力和辐射带动能力，增加社会就业，实现海洋强国目标。因而体现贯彻习近平新发展理念、推动海洋经济高质量发展和建设海洋强国等重要思想，形成推动海洋产业体系转型升级的社会共识与必然选择。

二、现代海洋服务业引领第四次世界海洋浪潮

（一）发达国家现代海洋服务业发展新趋势

1. 重视运用现代智能改造传统海洋产业

——依靠现代智能加速改造传统海洋产业体系。从世界主要海洋国家海洋经济发展趋势看，海洋渔业、海洋交通运输业、海洋制盐及盐化工业、海洋石油工业、海洋娱乐与旅游业仍是海洋经济收入来源的主要产业部门。传统海洋产业仍有很大市场，在海洋经济贡献率、就业贡献率中居重要位置。因此，在发展海洋经济时，各国对这些传统海洋产业极为重视，特别注意大力投入技术、资金、劳动并制定系列扶持优惠政策，以保持传统海洋产业对国民经济的基础地位。其中，依靠智能制造业与智能服务业融合发展海洋科技加速改造传统海洋产业体系，构建现代海洋产业体系，成为各国海洋经济竞争的重要手段。以澳大利亚为例，澳大利亚是典型的“外向型”海洋经济国家，为了确保其在世界海洋油气业中的地位，澳大利亚政府不断加大对国内海洋油气开采业的大型技术装备与资金、劳动投入，经过一段时期的努力终于将石油天然气产能提升到了世界首位。

——创新、延伸并不断丰富海洋产业，拉升整个海洋产业体系。如在海洋运输业领域，传统海洋国家力求保持长期形成的全球海洋枢纽中心地位。以英国为例，英国海洋港口运输业的就业贡献长期居欧盟首位，其经济贡献率也是英国各个行业对国民经济贡献率最高的。英国在《海事 2050 战略》中，明确提出保持英国在全球海洋航运枢纽中的领先位置，并依托现有沿海港口与国际远洋航线进一步推动现代海洋服务业的发展。在海洋渔业方面，由于近年全球

海水产品价格上涨，海洋渔业被诸多国家确立为运用新兴技术改造的主要海洋产业之一。以日本为例，海洋渔业一直是日本国民获得生物蛋白质重要来源的主要海洋产业，日本在修改和制定新的海洋法中，不断加大政策与资金支持力度，推行开拓型的海洋生物资源开发策略，通过创新增加了许多新产品、新行业，分工越来越精细，从而实现日本海洋渔业持续升级发展目标。

——坚持智能制造业与现代服务业融合、数字经济与实体经济、投资与贸易多重“双轮”驱动策略。从目前全球沿海各国看，世界主要海洋国家运用智能制造业与现代服务业融合、数字经济与实体经济、投资与贸易多重“双轮”驱动，形成高新技术产业制高地，完成对传统海洋产业改造与升级，加速构建现代海洋产业体系。

——采取开拓型的海洋资源开发政策，通过不断加大资金扶持力度，促进智能制造业与现代服务业深度融合。在推动海洋产业技术创新体系升级的同时，不断巩固提升优势海洋产业在世界的领先地位，从而保持其海洋产业在国际贸易中的核心竞争力。

2. 产业结构逐步向高级化方向演进

——从全球海洋产业发展态势来看，美国、英国、加拿大、日本等全球海洋强国，已经从过去较多重视增加海洋产业产值问题，转向更加强调促进海洋产业结构优化升级、海陆产业互动、可持续开发利用海洋资源问题的新阶段。

——各沿海国家纷纷实施“科技兴海”战略，加快调整海洋产业政策，加大海洋智能产业投入，积极发展以现代知识技术为基础的现代海洋智能产业，已经成为主要发达海洋国家推动全球海洋经济上新台阶的时代趋势。

——全球各国海洋产业结构升级已成文明进步标识，即由从前的“海洋第一产业独大”，转向“三、二、一”高级结构转型过渡。其主要特点是，产业层次从劳动密集型向技术密集型升级。如滨海旅游的兴起，带动了海洋第一、第二产业与第三产业的融合发展；海域空间开发，正从领海、毗连区向专属经济区、大洋、公海等海域推进。

3. 以智能科技创新发展转化催生海洋新兴产业

——近几年全球经济增长乏力，海洋经济成为世界主要海洋国家经济的新的增长点，科学技术成为海洋经济发展的活力。如在船舶制造业中，无人驾驶技术的研发与应用使无人驾驶船舶成为近年来船舶市场的一大发展趋势。海洋信息技术的研发与应用，扩大了信息与通信技术、大数据分析、自主系统、生物技术、纳米技术等在海洋领域的应用，从而催生出一系列新兴海洋产业并使其不断壮大。

——新的知识和越来越多的技术逐渐渗透到各个海洋产业部门，这些产业部门采用这些新知识和技术，引发新一轮的产业技术创新。在接下来的几十年中，一系列即将实现的技术有望在科学研究和生态系统分析、航运、能源产业、渔业和旅游业等领域得到运用，提高海洋生产效率和生产力。

——海洋智能技术研发与产业创新进一步推动海洋科技产业的国际合作，为构建现代海洋产业体系、海洋经济体系带来更多的利益集团与权利相关者。如随着深远海勘探技术的发展，水下机器人、传感器等相关产业迅速融合，快速推动了相关科技的进步与发展，同时海洋科技创新与发展逐步改变了海洋经济活动的生产方式、商业模式、贸易模式等，海洋新兴产业逐步凸显，开始向成熟的海洋产业方向快速发展，从而使海洋产业体系变得更加丰富。

——全球主要海洋国家科技创新与智能产业发展将引起海洋生产活动方式改变，从而对整个海洋经济发展模式产生巨大的冲击力，如工作条件、劳动力需求、资金技术需求等要素出现较大程度的变化。智能技术创新与融合将为现有的生产方式带来颠覆性变化，催生新兴海洋产业，从而推动海洋新兴产业转型升级发展，为现代海洋产业体系形成注入新的内容。

4. 坚持绿色发展主题，促进经济可持续发展

——海洋资源枯竭和环境问题已引起了全球民众的担忧，因此世界各国开始重视海洋经济发展的可持续性。2015 年《变革我们的世界：2030 年可持续发展议程》，将海洋和海洋资源的可持续发展列入了联合国发展目标，此后的“蓝色经济”理论与实践活动，在海洋发展领域获得越来越多的认同。如美国的特朗普时期，政府虽对奥巴马的海洋发展战略做了较多调整，但依然强调海洋经济的绿色发展，强调解决海洋环境问题。澳大利亚更是在海洋环境保护方面保持世界领先地位，在海洋经济绿色发展方面凭借其先进的海洋技术和丰富的海洋产业发展经验，以海洋经济的绿色发展作为澳大利亚发挥国际影响力的重要抓手，不断巩固绿色发展在世界发展中的地位。欧盟在 2014 年提出了“蓝色增长”战略，尤其是在波罗的海等海洋管理中，凸显了欧盟在解决海洋区域环境问题上推进海洋区域环境整体治理方面所具有的海洋治理体系及治理经验。

——从全球来看，2017 年世界银行发布《蓝色经济的潜力》，提出蓝色经济分类框架；经合组织（OECD）发布《海洋经济 2030》，都将海洋经济可持续发展放在突出位置。海洋经济绿色发展已成为世界海洋发展战略的共识，成为世界海洋经济发展的重要议题与主题。海洋环境问题具有全球性，将深刻影响未来海洋经济发展趋势和全球海洋经济发展格局。因此，坚持绿色发展主题、促进海洋经济可持续发展，是世界各国出于国家利益及持续发展需求的长期考虑，是适应现阶段海洋经济发展的全球性策略。

——从整体看，海洋环境问题具有全球性，与海洋经济发展是一脉相承的。人类与日俱增的对海洋的需求和全球科学技术的进步，共同促进各国海洋经济的快速发展。但是，人类经济活动也对海洋环境造成了全球性影响，必须加以整体性治理。选择绿色发展为主题，是世界各国海洋发展战略的必然选择，也是全球海洋经济发展各利益主体达成的共识。

（二）现代海洋服务业与中国现代海洋产业体系构建

1. 中国海洋产业体系建设

海洋产业体系的概念界定。海洋产业体系是人类运用科技方法、手段及工艺开发利用海洋资源及空间而形成的各海洋产业集合及其相互关系的总和。“产业体系”在中国是有独特语境下的概念，至今没有明确一致的内涵界定。如党的十七大、十八大报告的阐述，主要从产业体系的产业构成和表现形态角度进行了表述。党的十九大报告提出，建设“协同发展的产业体系”，新的阐述主要从产业体系的支撑条件出发，更加强调了实体经济的主导地位，更加注重驱动经济发展的关键要素及其互动关系。这种阐述变化，既立足于新时期中国经济发展的时代特征和突出矛盾，也体现了产业政策着力点由偏重倾斜性的产业结构调整向更加注重功能性的要素供给环境转变。产业体系是一个国家或地区国民经济中各产业类型、产业环节的构成联系，及其与各产业要素的互动关系。本质上看，产业体系是从产业角度对国民经济一种阐释。

新中国成立 70 多年尤其改革开放 40 多年发展，中国逐步形成以海洋渔业、海洋交通运输业、滨海旅游业、海洋电力业、海洋工程与建筑业、海水利用业等 12 大主要海洋产业主体、海洋科研教育管理等服务业与海洋相关产业全面发展的海洋产业体系。总体来看，海洋产业体系结构形态已呈现出高级化演进趋势。在三次产业结构不断优化的基础上，海洋高新技术产业、海洋战略性新兴产业以及海洋现代服务业不断孕育壮大并取得突破性进展，海洋经济步入了战略转型期与快速增长期。特别是近几年由于中美贸易摩擦加深，中国国际市场、海洋经济发展面临的挑战加大，海洋产业结构不合理，海洋经济发展方式粗放，不平衡、不协调、不可持续问题突出，现代海洋产业体系建设的深层次矛盾显现。在推进海洋供给侧结构性改革，转方式、调结构，为国内经济发展提供新动能的同时，也必须认识中国经济发展的内外部环境正在发生深刻变化，许多长期积累的矛盾亟待解决。尽管如此，但中国现代海洋产业体系建设还是有了长足进步，主要表现在以下方面。

——国家重大战略部署为先进制造业和现代服务业深度融合、构建现代海洋产业体系指明了方向。以“创新、协调、绿色、开放、共享”发展新理念为基础的系列战略规划，为发展中国经济高质量发展提供了机遇。根据陆海资源环境的承载能力和主体功能统筹谋划陆域和海域开发布局与强度，先进制造业和现代服务业深度融合，构建现代海洋产业体系，合理配置海陆功能的主要定位、空间格局安排、对开发强度的充分控制以及合理设计发展的方向和管制的原则，制定合理的协同发展政策与机制，从而使得海陆一体化得到充分发展；等等。

——自然资源、生态环境与社会经济相互协调的发展目标，为先进制造业和现代服务业深度融合、构建现代海洋产业体系提供了条件。先进制造业和现代服务业深度融合，加速改变长期不合理的产业发展模式，改造、创新传统生产经营方式，按社会主义市场经济要求创新体制机制，提高创新驱动带动现代海洋产业发展的内生动力。通过先进制造业和现代服务业深度融合，不断推进陆海统筹循环产业发展模式，节约资源、土地和人力，加大对生态系统的修复力度及对生态环境的保护力度。

——与满足人民群众日益增长的物质文化消费升级相适应，先进制造业和现代服务业深度融合为产业结构转型升级、构建现代海洋产业体系创造新的需求。随着社会生产的组织化、产业化、标准化程度不断提升，建立数字化的现代海洋产业、产品质量安全检测体系势在必行，海洋产业的质量安全、资源利用率及设施、科技创新能力将不断提升。各沿海省、自治区、直辖市以人与自然和谐发展为指引，将产业发展主要目标从重视产品产量增长转化为重视质量与效益，从重视资源的充分利用转变为重视保护环境可持续发展，从重视物质投入变成重视产业科技进步。

——国内外产业结构转型升级为先进制造业和现代服务业深度融合、构建现代海洋产业体系带来了新的发展空间。由于科技水平较低的海洋传统产业在整个海洋经济体系中占有很大比重，新兴产业处于起步阶段。先进制造业和现代服务业融合发展，就是要改变片面追求海洋产值产量和 GDP 崇拜，加快现代海洋产业体系、相关运营模式和产业技术体系建设。

2. 现代海洋产业体系

现代海洋产业体系包括现代海洋技术应用、现代海洋生产性产业、现代海洋服务性产业及其管理体系，它构成现代海洋经济的主体。现代海洋产业体系的核心，是以高科技含量、高附加值、较强自主创新能力、低污染、适宜海域发展的海洋产业群为主体，通过海洋人才、资本、技术、信息创新等高效运转的产业辅助系统支持，以完备的海洋基础设施、完善的海洋政策法规、雄厚的自然环境承载力与产业发展基础为依托的海洋产业体系。现代海洋产业体系，既包括改造升级的海洋渔业、海洋交通运输业等传统海洋产业，也包括海洋装备制造业、海洋油气业、海洋化学化工业、海洋生物医药业、海洋电力业、海水利用业、滨海旅游业、海洋科研教育管理服务业等新兴海洋产业。

根据 2006 年首次发布，2021 年第一次修订的国家标准《海洋及相关产业分类》（GB/T 20794 -2021），海洋经济是指开发、利用和保护海洋的各类产业活动，以及与之相关联活动的总和。根据海洋经济活动的性质，将海洋经济分为海洋经济核心层、海洋经济支持层、海洋经济外围层，分别对应两大产业类别。海洋经济核心层包括海洋产业 1 个类别，海洋经济支持层包括海洋科研教育、海洋公共管理服务 2 个类别，海洋经济外围层包括海洋上游相关产业、海洋下游相关产业 2 个类别。海洋经济核心层主要海洋产业包括海洋渔业、沿海滩涂种植业、海洋水产品加工业、海洋油气业、海洋矿业、海洋盐业、海洋船舶工业、海洋工程装备制造业、海洋化工业、海洋药物和生物制品业、海洋工程建筑业、海洋电力业、海水淡化与综合利用业、海洋交通运输业、海洋旅游业。海洋经济支持层为海洋科研教育和海洋公共管理服务，海洋科研教育包括海洋科学研究、海洋教育，海洋公共管理服务包括海洋管理、海洋社会团体、基金会与国际组织、海洋技术服务、海洋信息服务、海洋生态环境保护修复、海洋地质勘查。海洋经济外围层分为海洋上游相关产业、海洋下游相关产业。海洋上游相关产业主体是涉海设备制造、涉海材料制造业，海洋下游相关产业主要是涉海产品再加工、海洋产品批发与零售、涉海经营服务。

3. 现代海洋产业体系的主要特征

归纳学术界和实际部门对现代海洋产业体系基本内涵的理解，可以从以下4方面来表述现代海洋产业体系的主要特征：第一，海洋生产与服务的高技术化、知识化。现代海洋产业体系，不是单一海洋行业或部门的生产经营活动，而是多种复合技术、产业、人才、资源等要素整合基础上长期形成和发展起来的海洋生产经营活动系统。它以高科技含量、高附加值、低能耗、低污染的海洋产业为核心，以技术、人才、资本、数据等要素为支撑，以环境优美、基础设施完备、社会保障有力、市场秩序良好的产业发展环境为依托，实现要素资源优化组合、产业深度融合、链群发展、创新协调联动、开放合作共赢和可持续发展的新型海洋产业体系。由于国际国内市场劳动力、海洋和资本要素边际报酬递减，技术和知识要素边际报酬递增，技术、知识就成为海洋经济活动的主导要素。与此相适应，海洋生产与服务具有高技术化、知识化特征。第二，海洋生产与服务体系的信息化、智能化。海洋生产与服务，是随着科技进步、社会经济发展和海洋产业行业不断增加而日益丰富的。从某种程度上说，海洋生产与服务水平高低、范围、种类、规模、数量等，是科技发展、社会经济发展、海洋产业技术发育水准的映像。现代海洋产业体系的技术标准，体现了海洋生产与服务体系的信息化、智能化标识。第三，海洋生产与服务体系的低碳化、生态化。随着“人类只有一个地球”、可持续发展理念等不断深入，绿色低碳生产模式、循环经济将成为全球各国与地区海洋产业发展的主要模式，要求海洋生产和服务对海洋生态环境的损害最小化，低碳化、生态化成为必然趋势。第四，海洋生产要素与产业之间相互融合越来越明显。海洋资源是公共资源，只能由国家所有而不能由某些企业、组织、团体和个人所有，这种资源的共享性和陆地资源、环境空间、人口之间矛盾加剧，环境保护政策加强，使得海洋生产要素与产业之间相互融合显得越来越紧迫。

4. 现代海洋服务业与海洋产业体系发展趋势

——海洋产业高端化。第一，海洋经济高端化，一方面将表现为海洋产业向新兴海洋产业倾斜，另一方面，则表现为海洋经济各行业向各自产业链高端环节迈进。把“人才链＋产业链＋创新创业链”作为集聚创新资源的战略基点，以海洋科技创新体系来支撑海洋经济高质量发展。第二，新兴海洋产业迅速成长，成为中国发展海洋经济的战略重点。新兴海洋产业作为沿海省市经济转型升级的重点力量，未来几年仍将保持迅速增长的态势。经过产业化初期的迅速增长，新兴海洋产业必将面临要素驱动向技术驱动发展的新阶段。以海洋工程装备、海洋生物医药为代表的新兴海洋产业，是未来海洋经济新的增长点和关键点。随着未来中国海洋经济在政策层面的推动、海洋产业配套基础的完善及在技术领域的不断提升进步，也将带动各新兴海洋产业突破各自发展瓶颈。推动海洋工程装备制造高端化、海洋生物医药与制品系列化、海水淡化与综合利用规模化、海洋可再生能源利用技术工程化、推动海洋新材料实用化、海洋服务业多元化。第三，海洋经济向高附加值产业链环节转移。随着中国近海渔业资源的枯竭，目前中国海洋渔业已进入到以海水养殖为主的阶段，未来有进一步替代近海捕捞的趋势，并随着海水养殖规模的扩大，向水产品精深加工延伸。随着技术提升及中国制造能力的不断增强，以 LNG 船舶、海上风电等关键零部件为代表的高端制造产业，也将随着市场倒逼、研发投入的持续增强等大环境因素逐步实现国产化。

——海洋产业集群化。由于海洋产业具有技术密集、关联广泛的特点，链条式、集群化发展能更好地形成规模效应，提高创新速度和资源利用效率，提升企业经营效益。第一，海洋产业集群化方向。一方面，在沿海区域发展以产业园为主体的海洋经济集群，另一方面，可以协调沿海地区海洋经济产业，充分发挥各自特色，协调区域间的竞争合作关系，避免产业结构同质化。以产业园区为依托，积极培育产业链条，构建企业分工协作、协同发展的内部联系，实现产业集群化发展，是海洋产业园区的发展方向。第二，海洋产业集群的优势。海洋产业集群一旦形成，在产业增长速度、市场占有率和生产效率方面将产生较强的正面影响，形成产业竞争新优势，形成集聚效应。即具有共同生产要求的企业共享各种基础设施、公共服务资源，节约原料消耗和生产成本，加快新技术的推广扩散。第三，提高海洋产业专业化水平。借助海洋产业专业化，进而提高海洋产业整体经营效率。集群内大中小企业集中在一起，共同构成一个环节完善、功能齐全的企业功能生态网络，既有利于大企业内部分工的外部化，也有利于小企业的经营专业化，提高专业化效率。第四，建立海洋产业集群形成良好的竞合关系。同类企业集聚在一起，市场信息相对透明，企业间既存在激烈的市场竞争，便于开展各种形式的合作，强化区域核心竞争力。第五，海洋产业集群刺激企业创新行为。在特定的区域范围内，集合涉海企业、科研机构、高校和中介服务组织，通过产业链、价值链和创新链联结在一起，进行海洋科技研发、产业化等一系列活动和服务，通过相互学习和竞争，提高创新动力和创新效率。

——绿色低碳化。随着海洋生态环境问题日益突出，绿色海洋经济发展理念已经成为海洋经济高质量发展的重要指导。如何实现由“蓝色经济”向“绿色经济”平稳过渡，重要的是充分注重发展质量。第一，从海洋管理角度看，保障海洋经济绿色可持续发展已经成为海洋的重要内容之一。未来将逐步实现区域内产业政策、环保政策、节能减排政策有效衔接，完善跨界污染防治的协调和处理机制，全面提升海陆两大生态系统的可持续发展能力。第二，从产业发展角度看，培育绿色产业，把“调结构、转方式”作为提质增效的重要举措，以现代海洋产业体系来引领海洋经济高质量发展。首先，是拓宽海洋绿色养殖空间，发展现代绿色海洋渔业。加大海洋渔业资源养护力度，发挥海洋牧场示范区的综合效益和示范带动作用。其次，是遵循绿色发展路径，实施新兴产业培育计划。加快培育海洋生物医药、海洋高端装备、海水综合利用、海洋新能源等新兴产业，推动海洋产业结构向中高端攀升，构建绿色海域经济链，打造沿海绿色产业经济带。第三，加快构建“立体海洋”绿色发展新模式。以低碳化为引领，通过构筑规模化、标准化的生态型和集约型海洋循环经济示范企业和产业园区，集聚发展海洋战略性新兴产业，实现海洋经济向质量效益型转变。第四，发展现代海洋服务业，推进航运服务功能集聚区建设。完善金融服务、科技研发、行业中介等海洋公共服务平台建设，整合海洋信息技术和资源，加快现代海洋服务业向集团化、网络化、品牌化发展。

——海洋产业国际化。第一，海洋天然就是面向国际的。从自然地理学、区域经济学角度看，海洋天然就是全球开放的、循环的整体，是相互联系、深刻影响全球气候环境、人类社会及国际经济政治文化的有机整体。特别是现代世界，陆海一体化，海洋就是一个有机联系的通道体系，它是全球化的一个边界，也是一个平台载体。第二，在经济全球化的时代，只有积极主动地参与产业链的全球分工协作，才能分享全球分工协作的好处。以船舶工业为例，近年中国船舶企业利用国际航运市场小幅上涨，新船市场持续活跃的契机，积极开拓市场。截至2021年上半年，中国出口船舶分别占全国造船完工量、新接订单量、手持订单量的90.3%、89.1%和83.7%。造船工业出口船舶的高占比、产业发展中不可避免的国际化趋势都对中国制造业及产业链协作水平提出了更高的要求。

——海洋产业信息化与智能化。“智慧海洋”建设事关重大战略和国家利益，是实现国家海洋强国战略的需要。作为国家信息化发展的重要方面，海洋信息化发展正步入大有作为的重要战略机遇期。随着中国科技、经济实力的增强，海洋信息化技术装备得到快速发展，但相对于迫切的现实需求和海洋产业发展而言还有很大差距。加速推动海洋信息领域核心技术突破，要加强云计算、大数据等新一代信息技术在海洋领域的深度融合，着力推进形成“信息透彻感知、通信泛在随行、数据充分共享、应用服务智能”的海洋信息化体系。

第二节　蓝色低碳产业主导发展趋势

一、蓝色低碳产业主导发展的差距与制约

（一）蓝色低碳发展的国际差距

中国的海洋生产总值一直处于全球较高水平，成为全球海洋经济发展的核心区之一，但与发达海洋国家及地区相比，中国蓝色低碳发展水平还处于低级阶段。首先，将中国的单位能耗、税收、利润所实现的海洋生产总值与美国、德国、英国、澳大利亚、日本、韩国等进行对比，不仅可以发现中国海洋经济发展的质量与水平，而且能直观地看出中国和这些国家海洋产业结构、技术结构方面的差距。2012～2022年，中国海洋生产总值一直呈现不断上涨的趋势，属于稳中上升的状态，但美国、德国、英国、澳大利亚等国的海洋生产要素质量提升一直以高于中国，且有差距不断扩大的态势，中国在提高海洋劳动生产效率、质量、收益等方面必须加大追赶力度。其次，从中国与美国、德国、英

国、澳大利亚、日本等国海洋产业结构比较分析可以看出，包括海洋渔业中的海洋水产品、海洋渔业服务业等在内的海洋第一产业产值，2012～2022年中国一直处于较低水平。包括海洋水产品加工、海洋油气业、海洋生物医药业、海水利用业、海洋盐业等在内的海洋第二产业产值，包括海洋交通运输业、滨海旅游业等在内的海洋第三产业产值比较，同期中国海洋第二、第三产业远低于发达国家。尤其是海洋第三产业，中国与美国、日本相差比较大，还有差距扩大的趋势。可见，中国还只是海洋大国，不是海洋强国，除了充分利用自然地理位置和海域面积优势外，其他优势并不明显。再次，中国与美国、日本等海洋强国的发展差距，还体现在蓝色低碳经济与现代海洋产业体系的协同程度差异上。如美、日在蓝色低碳指引下，着力提升港泊建设标准与综合服务水平，运用现代海洋科技不断推动海洋传统产业转型升级，促进海洋产业结构优化，构建起现代海洋服务业体系。中国在海洋产业集群培植方面，坚持科技创新引领，强化科技创新能力转化，最大程度利用海洋资源、完善海洋产业经济结构、构建现代海洋产业体系方面，仍然任重而道远。最后，从海洋GDP占各国GDP的比重来看，中国与美国、日本等海洋强国的发展差距不小，中国的占比不稳固，呈现有升有降的微波动状态；而同期的美国、日本、韩国等一直处于上升状态。

（二）蓝色低碳经济发展的主要制约

中国蓝色低碳经济发展还有很大的提升空间，今后面临以下6方面制约：

第一，智能制造业对现代海洋服务业的拉力不够。随着现代信息技术的不断发展，全球制造业日趋服务化，这种趋势会越来越明显。如海洋工程装备制造行业，总利润中制造环节约占40%，服务增值则高达50%～60%。中国虽然已成为亚洲排名靠前的海洋工程装备制造大国，但产品价值转换率偏低、附加值不高，不能占据价值链中的高端。先进制造业与现代海洋服务业整体融合度不高的问题，严重制约海洋产业转型升级，导致海洋制造业对研发设计、投资融资、检验检测等现代海洋服务需求不够旺盛，也使得先进制造业对现代海洋服务业的拉力不够。

第二，现代海洋服务业对蓝色低碳制造业的推力不足。发达国家通过后工业化使得海洋现代服务业成为支柱产业，为海洋领域的制造业提供了强大支撑和引领作用。现代海洋服务业以其在海洋科技产品研发、设计、销售渠道的特有优势，在现代海洋产业价值链中形成较强的控制力。与此同时，发达国家和地区将现代海洋服务业作为重要的中间投入要素，不断在制造业产品生产过程中加入，大大提升了海洋产业产品的附加值。目前，中国海洋领域的现代高端海洋服务业不仅未成为发展主体，同时也缺乏领军的海洋服务业龙头企业，这些使得现代海洋服务业对先进制造业的推动力不足。

第三，国内各区域竞争资源、市场等海洋生产要素加剧。如环渤海、长三角、珠三角区域内各沿海省市之间的资源、市场等竞争进一步加剧，已从单一资源的竞争扩展到资源、市场、技术、人才、公共服务等全方位的要素竞争。近年海南、广西、广东、福建、浙江、上海、江苏、山东、天津、辽宁等纷纷出台人才新政，这些新政抢人的对象多集中于现代海洋服务业，引进的高层次科技人才多集中于蓝色低碳制造业。除了人才资源外，蓝色低碳制造业在研发方面的经费投入有待加强，2022 年的占主营业务收入比重只有 1.24%，明显低于日本的 3.48%、德国的 2.87%、美国的 2.85%。

第四，蓝色低碳经济人才结构与培养机制不完善。首先，传统海洋服务业对蓝色低碳科技与人才吸纳与转化能力有限。长期处于产业链低端的传统海洋服务业对蓝色低碳科教资源与人才吸纳与转化的能力有限。海洋经济领域的人才主要集中在临港大工业、港口服务业和海洋渔业等领域，而在相对较高层次的海洋航运金融、航运保险等高端海洋服务业的人才匮乏，与发达国家存在很大差距，亟须扩充海洋科技人才队伍。其次，蓝色低碳科研成果转化能力有限。在海洋科技人才培养计划中，偏重理论知识的学习掌握，相对缺乏对蓝色低碳实际应用、技术创新与管理策划人才队伍的培养。加之蓝色低碳科研机构因经费缺乏，海洋科研力量闲置，导致海洋科研资源浪费，无法实现产学研的协同进步，科研成果难以转化为实际生产力。最后，创新型海洋科技人才培养水平有限。相比之下，海洋强国注重海洋产学研的结合，大力培养海洋创新型人才，在发达国家的海洋人才培养体系中，大学、科研机构和相关企业都是重要的主体，他们之间相互合作，共同承担培养紧缺的高层次创新型海洋科技人才的责任。

第五，蓝色低碳产业融合创新能力不强。首先，近年现代海洋服务业尤其是生产性服务业发展迅速，但其整体创新能力仍显不足。现代海洋服务业对先进制造业的支撑作用不够强，在一定程度上影响了企业的整体分工协作。在海洋科技产品研发设计方面，只有一部分龙头涉海企业、骨干企业等拥有了较为先进的海洋技术，而绝大部分小型企业还没能达到先进技术所代表的核心竞争力；特别在现代海洋生产性服务业方面，寻求全球范围内配置资源的能力严重不足。其次，在海洋企业“走出去”方面，缺乏技术研发、市场研究、法律顾问、风险管理等诸多现代海洋生产性服务业的协同配合，在推进“一带一路”建设大背景下，蓝色低碳产品、服务、技术标准等尚未作出更大贡献。只有吸收并借鉴国外先进技术，创新出符合蓝色低碳产业融合的新模式，不断提升蓝色低碳产业协同创新能力，加强其融合创新力度，拓展其融合广度深度，才能促成现代海洋产业结构升级。

第六，生态环境破坏，阻碍蓝色低碳产业融合发展进程。首先，海域治理体制机制存在障碍。在海域治理方面，过度索取、管理不善已经造成对海洋生态环境的破坏，生物多样性的损失以及海岸线的逐渐萎缩。应重视蓝色低碳产业融合的相关体制机制，破除体制机制存在的障碍，出台系列蓝色低碳产业融合发展政策。其次，近海生态环境污染严重。蓝色低碳产业融合发展离不开海洋产业技术的发展，而海洋产业技术发展和海洋生态环境密不可分，严重的海洋生态环境污染问题，已经极大地制约了蓝色低碳产业成长壮大。最后，海洋资源无序开发或开发过度。由于沿海及沿江产业结构的问题，一些工业废水未经处理直接排放入海，氮和磷等化合物对海水生态环境污染程度加剧，以及随着滨海游客数量的增多，垃圾漂浮海上现象依然存在。由于陆域资源耗竭，人们将投资目光转向海洋，非法采砂、非法采矿等违法现象屡见不鲜，近海资源的无序开发及开发过度问题，必然出现对海域生态系统的破坏。

二、机构调整后蓝色低碳产业发展面临的新难题

从蓝色低碳产业发展的必要性及发展趋势来看，智能制造业是现代海洋服务业发展的前提和基础，现代海洋服务业是智能制造业高质量发展的助推器，二者之间相互作用、相互补充的关系不断加强，是实现制造业高质量发展的重要途径。近年一些海洋制造企业成功转型，说明转型就是发展的新契机。随着中美摩擦加深，特别是2018年中国海洋管理机构调整后中国海洋经济发展面

临的挑战加大。与此同时，海洋产业结构不合理，海洋经济增长方式粗放和海洋经济发展不平衡、不协调、不可持续问题更加突出，海洋产业体系的深层次矛盾显现。在推进海洋供给侧结构性改革，转方式、调结构，为国内经济发展提供新动能的同时，必须认识中国海洋经济发展的内外部环境已发生了深刻变化，许多长期积累的矛盾亟待解决。就蓝色低碳产业与现代海洋智能产业有机融合而言，主要有以下难题。

（一）海洋经济综合实力不强

与同期美国、日本、英国、澳大利亚等海洋强国相比，中国海洋经济发展的综合实力差距还很大，海洋经济总体质量偏低，与 GDP 全球第二的地位不相称。本来应该得到加强的海洋综合部门却被 2018 年机构调整边缘化、碎片化，致使海洋经济综合实力趋弱，海洋经济质量不高。

（二）现代海洋产业群带动经济增长能力不强

海洋产业现代化水平不高，海洋产业结构不优。第一，传统海洋产业仍是中国海洋经济主体构成，部分行业仍在小规模、低水平的手工劳动经营阶段，大多数中小企业引进高技能人才困难，缺乏技术开发与消化的能力，带动性不强，现代海洋科学技术尤其先进技术装备推广应用进展缓慢，停留在初级加工阶段，缺乏竞争力，附加值低，经济效益难以提高。第二，现代海洋装备制造、海洋可再生能源利用、海洋生物制药、海水淡化与综合利用等新兴产业规模偏小，如海洋可再生能源利用、海洋药物与生物制品、海水淡化与综合利用等 3 个新兴产业增加值占主要海洋产业增加值的比重总共不到 9%。第三，现代海洋服务业发展严重滞后。多年来中国海洋三次产业一直是“二、三、一”结构，海洋服务业在三次产业中的比重不足 50%，同期美国、日本、英国、澳大利亚等海洋服务业在三次产业中的比重达 50% 以上，同期美、日、英的海洋服务业在三次产业中的比重高达 60% 以上。中国现代海洋服务业在三次产业中的比重更低于 35%。第四，传统海洋贸易仍是海洋产业经营的主要方式，且经营规模小、集约化和组织化程度低、受自然条件影响严重、经济收入不稳定等特点限制了海洋产业现代化水平的提升。

（三）海洋智能产业支撑引领作用不大

海洋智能科技力量偏弱，海洋科技创新能力不强。第一，海洋科技平台、科研机构数量、科研机构研发人员数量指标，在全球海洋强国、大国中排名较后。第二，涉海科技投入不足。近几年中国海洋科研机构经费收入明显低于海洋发达国家，每年平均用于海洋科技专项资金严重不足。第三，在大型涉海智能企业尤其先进智能海洋产业集群不多。第四，海洋智能产业核心技术受制于人。如高技术船舶、海洋工程装备70%以上的核心零部件和关键配套设备、多数风电主机技术及核心零部件大多依赖进口。

（四）蓝色低碳产业与现代海洋智能产业有机融合存在结构性矛盾

随着蓝色低碳产业与海洋智能产业融合不断升级，与现代海洋产业供需结构不对称现象日益凸显。主要表现在：第一，制造业、服务业、海洋产业之间人才、技术、信息、市场衔接存在结构性矛盾。第二，先进制造业与传统制造业、现代服务业与传统服务业、现代海洋产业与传统海洋产业之间的人才、技术、信息、市场衔接存在结构性矛盾。第三，先进制造业内部各行业、现代服务业内部各行业、现代海洋产业内部各行业之间要素衔接也存在结构性矛盾。第四，尤其沿海地区海洋产业大多处于分散经营状态，多数是私营、个体经营，从业人员对海洋产业行业高质量经营发展的现代意识薄弱，企业所有制结构、组织结构、技术结构、投资信贷结构等都存在一定程度的结构性矛盾。

（五）对蓝色低碳产业与现代海洋智能产业支撑不力

蓝色低碳产业与现代海洋智能产业有机融合的科技支撑能力较弱、产业组织化与基础设施程度不高。主要表现在：第一，多数沿海省份无支持海洋产业发展的专项资金、引导资金、发展基金。第二，海洋智慧产业建设水平仍较低，缺乏长期从事海洋专业技术人才，缺乏系统化地跟进提升；相关监控技术管理没有跟上，智能标准化管理没有达到，整体竞争力不高。第三，蓝色低碳产业与现代海洋智能产业有机融合的基础设施不健全。尽管近几年加大建设、整治、改造升级投入，由于建设周期长、投资大，基础设施难以在短期内根本改观。生态环境污染加剧了对海洋经济发展质量的要求，产品质检测水平落后，检测技术缺乏更新，监管手段只是传统的方式方法。第四，尚未制定具体针对智能海洋产业发展的财税金融扶持政策。

（六）海洋智能综合管理和统筹协调力度不大

主要表现在：第一，海洋经济发展统筹协调机制尚未建立。作为全国海洋经济发展的主管部门，中华人民共和国自然资源部牵头管理、统筹推进的难度较大。发达海洋国家一直有中央政府主要领导牵头的海洋发展宏观协调机构，统筹各国海洋经济、社会、科技、文化事业发展的法规政策举措。第二，海洋强国建设统筹推进力度不大。海洋强国建设大多停留在口头宣传、专题例会，没有实际推进内容。第三，海洋综合管理趋于弱化。原国家海洋局被撤销后，仅 3 个海洋业务局归并到中华人民共和国自然资源部。目前的海上执法改由不同涉海部门承担，力量分散、装备较弱，不能集中行使省级权限范围内的涉海综合执法职责。原海洋管理系统人员分流，海洋经济监测评估、海域使用动态监视监测、海洋防灾减灾等队伍力量不足，各级管理部门中海洋管理技术支撑单位、人员偏少且不被重视。

三、蓝色低碳产业主导发展的策略

21 世纪是海洋开发与保护的世纪。几千年世界历史和全球四次海洋浪潮经验告诉我们“向海则兴、背海则衰”是真理。要实现民族伟大复兴和区域振兴，建立现代海洋产业体系、促进海洋经济高质量发展，无疑是明智的选择。

（一）制定科学可行的发展规划

蓝色低碳产业与现代海洋智能产业的深度融合，是构建现代海洋产业体系的关键。它涉及各行业各部门的工作，是复杂而艰巨的系统工程。首先必须制定清晰明确、科学可行的发展规划。建议在国家发展改革委等 15 部门联合印发的《关于推动先进制造业和现代服务业深度融合发展的实施意见》基础上，研究制定《蓝色低碳产业与现代海洋智能产业深度融合构建现代海洋产业体系的实施意见》等文件，出台《蓝色低碳产业与现代海洋智能产业深度融合构建现代海洋产业体系的中长期规划》，对蓝色低碳产业与现代海洋智能产业融合模式、融合路径、融合主体作用，以及现代海洋产业体系建设目标、步骤、重点内容等提出明确的政策指向。

（二）培育一批海洋战略性新兴产业行业

利用已有的制造业基础，打通海洋生物医药、海洋工程等上下游产业链，形成现代海洋产业的新行业新领域。以海洋工程装备制造为例，目前以关键零部件和配套设备为主，可培育或引进钻井和生产平台制造龙头企业，提升市场份额和产业附加值，充分享受海洋智能行业高增长的利好，对提升现代海洋服务业、拓展海洋产业、海洋经济新的增长点至关重要。这是中国现代海洋经济发展的内在趋势，也是建立双循环系统的现实需要，将推动经济新一轮的跨越式发展。

（三）促进先进海洋制造业的社会化服务升级

以已有的海洋装备制造业龙头企业为主导，以信息技术的快速发展和信息基础设施的不断完善为技术支撑，以一系列国家战略实施为发展机遇，促进先进海洋制造业的社会服务化升级。这是引领海洋智能制造业实现高质量发展的重要战略途径，有助于海洋智能制造业促进产品差异化、实现价值增值和产业结构升级。通过优化海洋智能制造业在产品质量、贸易流通等方面的功能结构，优化环境约束和消费者偏好等因素驱动的有效需求，促使海洋智能制造业逐步从以产品为中心向以服务为中心的现代海洋服务业升级。

（四）促进现代海洋服务业的国际化

海洋现代服务业是现代服务业板块中的一个重要分支，这是全球化带来的结果。但目前国际上对海洋现代服务业尚未有明确的划分，改革开放40多年海洋现代服务业在中国拥有一定的地位。海洋现代服务业在一定程度上说，就是海洋经济部门和各种海洋相关企业的集合，此类企业的主要作用是为消费者生产或提供各种海洋类服务。根据国家海洋局《海洋及相关产业分类》的标准，海洋现代服务业中包括基于海水、水产品以及海洋空间元素的海上运输业、仓储业、批发和零售贸易及餐饮业、旅游生产生活服务业环境保护以及海洋地质勘探服务业，海洋金融生产服务业等，这些行业与国际海洋科学研究、教育、社会服务和海洋经济管理有密切的联系，国际化是必然选择。

（五）形成以涉海先进装备制造业为主的海洋产业集群

目前中国沿海正处于经济结构调整阶段，在大力发展海洋智能制造业和智能航运业的同时，必须注意拓展与之密切相关的现代海洋服务业，实施海洋第二产业与第三产业协同的发展策略，促进蓝色低碳产业与现代海洋智能产业深度融合和现代海洋产业体系的良性互动。首先，海洋智能制造业是现代海洋产业体系的构成主体，海洋智能制造业是海洋产业能级和核心竞争力的重要支撑。建议国家尽快出台鼓励海洋智能制造业发展的扶持政策，全面提速沿海海洋智能制造业集群发展，抢抓海洋智能制造业的战略机遇期。其次，利用海洋新材料具有重点突破的潜能优势，重点发展海洋新材料，特别是海洋工程装备、海洋涂料、海上钻井平台、海洋污染治理等海洋新材料，努力打造全国海洋新材料产业基地。

（六）重视数字化智能升级

蓝色低碳产业与现代海洋智能产业深度融合，构建现代海洋产业体系，应该重视产业融合过程中的数字化智能升级。第一，推进涉海智能制造业、服务业的数字化智能升级，打造现代涉海智能制造与服务产业体系，构建涉海智能制造特色产业集群，强化涉海智能制造企业梯队建设，强化涉海智能制造企业梯队建设。第二，把握好涉海智能制造业的高科技性，依靠科技开发利用海洋资源、海洋空间，发展涉海智能制造业和现代海洋服务业。第三，把握好涉海智能制造业的高成长性。有别于传统制造业，涉海智能制造业正处于产业生命周期的初创期，具有较强的生命力和发展前景，未来必将拥有更大的成长空间和较大的市场份额。第四，把握好涉海智能制造业的高增长性。近年涉海智能制造业发展势头良好，呈现出快速增长趋势，特别是海洋生物医药、海洋工程、涉海高端装备等海洋战略性新兴产业领域，行业发展前景巨大，一批在国际国内具有竞争力的行业企业迅速崛起。

第三节　蓝色经济重点发展趋势

一、蓝色经济重点发展的客观要求

21 世纪海洋合理开发利用成为人类社会发展的重要方向，各国纷纷开展海洋综合管理及开发战略相关研究，制定适应本国发展的海洋开发战略，形成了各自的国家海洋战略发展框架。与此同时，作为海洋经济发展基础的海洋和海岸带生态系统服务在持续丧失和退化。人类开发利用海洋的同时对海洋环境与生态系统造成了破坏，海洋环境质量恶化、生态系统受损、生态承载力持续下降等问题严重威胁到海岸带地区社会、经济的可持续发展。在这种背景下，蓝色经济理念应运而出。通过发展蓝色经济促进海洋经济增长，同时保证环境的可持续发展和社会公平，成为一种新的经济发展形式。当前和今后，与低碳经济、可持续发展相伴随的蓝色经济发展理念逐渐代替传统的海洋经济发展观，以海洋经济为主体的“蓝色经济”日益成为实施可持续发展战略的重要领域。以海洋为核心的蓝色经济，被视为实现可持续发展的重要方式，对海洋国家的可持续发展和转变经济发展模式的重要性不言而喻。因此，探索蓝色经济发展之路、推动海洋可持续发展，已成为当前重要的发展主题。蓝色经济发展战略是一项复杂的系统工程，需要动员社会中必要资源、协调处理各方面关系，制订周密计划才能实现。

（一）“蓝色经济”的概念与时代发展要求

1. 蓝色经济的含义与内容。国际上较早表述“蓝色经济”，是 1999 年 10 月加拿大举办的“蓝色经济与圣劳伦斯发展”论坛。但其时该论坛中涉及的蓝色经济只针对江河流域和清洁淡水资源。对蓝色经济理念进行探讨并形成共识是 2014 年的 APEC 会议，其海洋与渔业工作组认为，蓝色经济是“促进海洋和海岸带资源的可持续管理与保护以及可持续发展，实现经济增长的有效途径与方式”，该共识对蓝色经济发展的理念与模式有了比较明确的界定。作为政府行动则是从 2004 年开始，北美、欧洲许多在国际上具有重要地位的大国和地区性组织相继出台一系列海洋战略中包含海洋绿色、可持续发展，即蓝色经济发展的含义与内容。2011 年 11 月中国代表在亚太经合组织（APEC）框架下提出了蓝色经济发展，同年在厦门召开首届 APEC 蓝色经济论坛，此后蓝色经济相关活动与议题在 APEC 框架内得到了积极响应与推动。2012 年第二届、2014 年第三届、2016 年第四届 APEC 蓝色经济论坛陆续召开，实施蓝色经济示范项目，推动了蓝色经济从理论到实践的转变，有效提升了国际社会对蓝色经济的关注度。

2. “蓝色增长”的含义与内容。2012 年 1 月，联合国环境规划署（United Nations Environment Programme，UNEP）出版《蓝色世界里的绿色经济》报告指出，通过对渔业、海洋运输、滨海旅游业等海洋有关人类活动的绿色管理，能够达到促进经济、减少贫困、保护生态等多重目标。报告还呼吁，通过采取发展可再生能源、提倡生态旅游、促进可持续渔业和海洋运输等可持续的经济发展策略，在满足人类日益增长的需求的同时，保护海洋生态环境实现可持续发展。2012 年 9 月欧盟委员会以通讯的形式，发布题为《蓝色增长：海洋及关联领域可持续增长的机遇》（Blue Growth：opportunities for marine and maritime sustainable growth）的报告，提出了“蓝色增长”的战略构想，围绕蓝色增长的含义、主要领域及政策，系统阐述海洋及关联产业对欧洲经济复苏及长期可持续发展的重要作用，提出至 2020 年的发展目标，为欧盟委员会制定相关法案、实施蓝色增长计划提供了理论依据。随后阿联酋、葡萄牙、毛里求斯、美国等国家及二十国集团（G20）、联合国可持续发展峰会、联合国教科文组织政府间海洋委员会（IOC）、欧盟（EU）、环印度洋联盟（IORA）、小岛屿发展中国家论坛、东亚海环境管理合作伙伴关系（PEMSEA）等国际组织，纷纷主办以蓝色经济为主题的活动，或将该理念纳入各自发展议程，经过十几年的发展演变，蓝色经济当前已成为国际海洋合作新领域被许多国家和组织认可，成为海洋领域交流合作的热点。

3. 中国蓝色经济发展。蓝色经济发展是 21 世纪海洋时代对中国的要求。结合国家有关海洋发展规划及 2030 年前碳达峰、2060 年前碳中和目标计划，中国实施蓝色经济发展战略应该遵循：第一，以政策制度创新带动蓝色产业创新，不断完善战略性海洋高新技术产业的发展政策与制度创新，建立监管立体化、执法规范化、管理信息化、反应快速化的蓝色技术产业管理体系。第二，整合各种资源激活蓝色产业科技研发系统，形成蓝色产业研发集团和自主知识产权，建立起一支“开放、流动、竞争、协作”的人才队伍。第三，创新蓝色技术产业金融支持系统，深化财税体制改革促进蓝色技术成果产业化、商品化。第四，坚持蓝色产业的陆海联动，优化海洋资源和生态系统，为蓝色技术产业可持续发展提供基础。第五，运用“资源—技术—市场”和“区位—政策—结构—功能”探索蓝色技术产业增长模式，建立符合国情的蓝色增长测度体系。第六，多元化多层次促进蓝色技术产业增长。

（二）实施蓝色经济重点发展的条件

海洋是蓝色经济区最大的自然资源，从稳定经济增长看，迫切需要加快发展以创新驱动为核心的海洋战略。为了克服长期存在的海洋科技创新不足、高端海洋人才匮乏、海洋金融资源配置效率低下等问题，在实践层面必须有效搭建海洋人才教育平台，提升海洋科研创新能力，构建产学研协同创新体系，将蓝色经济发展与“一带一路”机制相衔接。共建“一带一路”国家国情各异，套用一种理念、规划或合作模式不现实。应在相互尊重的基础上，找出共同点与合作点，进而制定共同规划，实现发展战略对接，项目和企业对接，机制对接等。党的十九大报告中明确提出，2020～2035 年在全面建成小康社会的基础上再奋斗 15 年，基本实现社会主义现代化，其中蓝色经济发展对实现 2035 年的奋斗目标起重要作用。改革开放 40 多年来，海洋经济对中国沿海地区社会经济发展、人民生活水平提高和就业的贡献越来越大，海洋已经成为推动中国蓝色经济发展的重要引擎。近几年，蓝色经济、蓝色增长的相关理论与实践活动在中国逐步丰富起来。首先是理论界的积极推动，提出结合新时代海洋强国建设、创新驱动发展战略，建立国家海洋数据共享平台，加强国际海洋科技交流与合作，培植海洋战略性新兴产业发展所需的工程技术、科技服务和产业化人才队伍；利用国家对外开放的政策优势和区位优势，多层次、全方位推进国际合作，提升区域综合实力和整体竞争力；通过海洋科技创新、体制机制改革和开放合作，实现蓝色经济升级形成最大的合力；推进政产学研协同创新，使蓝色经济发展走上创新驱动、内生增长之路；等等。与此同时，随着海洋高新产业逐步成长，陆海统筹、开放合作，以科技创新推动蓝色产业发展，实现海洋经济、社会、环境“三位一体”同步发展，中国蓝色经济发展开始起步。

加快蓝色经济发展，对海洋实施有效管理，遵循经济贡献最大化、资源消耗节约化、环境承载友好化的原则，有效、合理整合海洋活动，促进中国海洋经济、社会、政治、外交、国防、文化相互协调发展，实施海洋综合开发，构建一整套蓝色增长战略与综合开发体系，将蓝色增长战略系统化、规范化、层级化、综合化，实现海洋经济、社会、政治、文化领域的全面飞跃。近年中国将海洋高质量经济发展当作工作重心，海洋高质量发展是指不再以牺牲海洋自然环境和资源获得的GDP总量作为衡量海洋经济增长标准，而是转变海洋经济发展方式后的一种蓝色经济发展。衡量海洋经济增长质量必须将海洋资源投入与环境污染的代价考虑进去，蓝色增长方式就是在原有计算海洋经济增长基础上将海洋资源消耗与环境因素考虑计算的一种综合评价方式。海洋高技术产业的特点是海洋技术密集型与资金密集型，通过技术积累和资金外溢给社会带来较高的产业附加值和经济效益，促进海洋产业科技创新，优化海洋产业结构并促进整个海洋产业经济发展，通过集聚作用引导其他产业形成更大规模经济效应。

（三）中国实施蓝色经济发展战略的优劣势分析

陆域资源日益短缺，必须发展海洋经济。20世纪60年代以来世界面临的人口、粮食、环境、资源和能源五大危机日益明显。人类进入21世纪20年代，旧的国际经济政治秩序矛盾尤其受全球疫情影响，国际经济政治与不同社会文化的冲突明显加剧，新一轮蓝色经济发展浪潮席卷各国。海洋资源开发及海洋经济蓝色增长已成为经济全球化信息化的有机组成部分。沿海各国加快海洋资源和权益的竞争，积极调整海洋开发战略，海洋竞争日益激烈。主要沿海国家将“海洋战略”超出一国视野，提升为“国家与地区间合作战略”，如日本提出将海洋纳入亚太大战略及美日全球联盟视野；韩国、澳大利亚提出面向亚太调整海洋产业，实施新的海洋经济发展战略；美国、俄罗斯提出以海洋经济、海洋安全为核心的全球海洋战略。爱尔兰、澳大利亚、新西兰等很多国家先后发布新的海洋经济发展报告。

1. 中国实施蓝色经济发展战略的有利条件

第一，蓝色增长战略是中国新时代的担当与使命。实现碳达峰和碳中和是中国向世界做出的庄严承诺，也是一场广泛而深刻的经济社会变革。改革开放

40 多年中国经济发展取得了举世瞩目的成就，同时面临资源枯竭、生态环境恶化等问题。这些问题的积累，与传统的以陆地为轴心的发展理念和发展模式有关。2020 年 9 月，习近平主席在联合国大会上郑重宣布：中国将采取更加有力的政策和措施，力争二氧化碳排放 2030 年前达到峰值，争取 2060 年前实现碳中和。为此，中国编制和发布了《国民经济和社会发展“十四五”规划及 2035 远景目标纲要》，明确建立以碳强度控制为主、碳排放总量控制为辅的管控原则，从 2020 年到 2035 年、2060 年甚至更长时期，要兑现实现“双碳”目标要求的承诺需要更新发展战略，开阔蓝色发展视野，转移到发展蓝色高端产业群为主，拓展健康生存发展空间，实现中国社会经济与生态环境的可持续发展。海洋生态系统是地球上最大的碳汇体，包括河口和近海陆架在内的滨海蓝碳生态系统年碳埋藏总量估计为 2.38 亿吨，单位面积碳埋藏速率分别是陆地温带林、热带林和北方林的 4.5 倍、3.0 倍和 4.8 倍。联合国《蓝碳：健康海洋固碳评估报告》认为，海洋生物捕获的碳占全球自然生态系统捕获碳总量的 55%，蓝碳经济发展前景广阔。中国东南沿海处于改革开放的前沿地带，在地理、历史、人文、经贸、开放先导等方面具有率先落实海洋碳汇资源交易、建立海洋碳汇市场平台、释放海洋碳汇潜力、推动蓝碳市场化等优势，进一步拓展蓝色空间，可以提高政府、企业和社会保护海洋生态环境的主动性积极性。

第二，海洋地理位置与海域面积。中国东南沿海地处太平洋和印度洋的战略枢纽地带，华北东北沿海地处太平洋—北冰洋—大西洋的国际航线，主张管辖海域面积 300 多万平方千米。拥有众多亿吨大港，形成能往世界各国的密集运输航线，与世界各国具有长期的海上合作基础，有利于构建国际海洋经济合作区、海峡通道国际海洋产业合作区、国际海洋自由贸易合作区、太平洋—印度洋—全球海洋区域海洋碳汇交易系统等海洋国际合作平台。

第三，长期沉淀的海洋文明与人文资源。中国东南沿海开海洋文明风气之先，拥有海上丝绸之路历史悠久的港口，是对外交往与国际经济贸易海上通道的重要起点，具有衔接世界海洋文明的先天优势，有利于在落实“21 世纪海上丝绸之路”建设项目基础上，加强与世界各国及地区的经济技术交流合作。沿海省市拥有海洋文化互通的人文优势，拥有祖籍海外华侨华人有 5000 多万，分布在世界 160 多个国家和地区，侨务资源十分丰富，不少华侨华人在当地国家及地区拥有较高的经济、政治、社会地位，发挥重要作用。通过以侨为桥、以商引商，有利于借助侨胞民间力量，加强国际海洋人文交流合作，拓展蓝色海洋产业领域。

第四，规模较大的海洋产业经济。改革开放40多年，中国海洋GDP稳居全国GDP的1/10强，而人均劳动生产率、实现税利、国内生产净值、对外经贸远超过全国同类指标的平均水平，沿海中心城市海洋产业技术先进、基础设施发达、经济实力雄厚，具有构建蓝色海洋产业群及蓝碳市场共同体的有利条件。依托与"21世纪海上丝绸之路"沿线国家及地区的良好经贸合作基础，有利于发挥海洋区域中心城市拓展蓝色金融空间的辐射作用，建设国际蓝碳市场的合作平台。

第五，海洋生态环保技术开发方兴未艾。党中央、国务院和沿海各省政府高度重视海洋生态环保技术开发工作，党和国家领导人就如何做好海洋生态环保技术开发工作多次发表重要讲话、进行专门批示，地方和企业响应，"蓝色革命"方兴未艾。探索政府、企业和社会保护海洋生态系统的新领域、新途径、新办法，打造"开放合作、互惠共享"的蓝色增长极与国际蓝碳市场，激发各级政府和企业蓝碳发展动力，增强对海洋生态系统保护和管理长期投入。

第六，中央高度重视蓝色经济与蓝色产业发展规划。地方政府纷纷出台海洋经济发展规划、海洋高技术产业基地建设行动计划等文件，多渠道增加海洋科技投入，推动科技创新资源集聚。海洋产学研联合攻关初具规模。

2. 实施蓝色经济发展战略的不利条件

第一，海洋经济与海洋产业发展质量有待提升。近几年全国海洋生产总值占全国GDP比例为10%左右，与300万平方千米的海域面积不相称，发展质量问题明显。第二，海洋经济与海洋产业的整体科技支撑能力有待增强。第三，海洋经济与海洋产业仍较粗放，自主创新能力较低。第四，沿海区域内部发展不协调问题仍较突出。第五，海洋治理体系有待完善，海洋治理能力有待提升。第六，蓝色产业风险投资较大，金融信贷支持与保险行业难以突破传统限制。第七，蓝色产业发展所需的专业人才与科研机构缺乏。第八，国民经济发展与蓝色增长的两难选择。

二、蓝色经济重点发展的内容

（一）发展目标与步骤

1. 目标

借鉴国际蓝色增长经验，结合国家海洋发展中长期规划、海洋高新技术产业发展计划和国家海洋发展战略目标，结合中国不同区域海洋资源分布与海洋经济发展状态，在发挥各区域比较优势、准确定位蓝色产业、着力优化结构布局基础上，以习近平新时代中国特色社会主义思想统领蓝色经济增长，以建设海洋强国实现蓝色崛起为主要目标，以集约布局、协调发展、海陆联动、生态优先为指引，以宽视野、大时空、高目标的海洋战略意识，以蓝色崛起战略为核心，以蓝色产业支撑为基础，以科技兴海为引领，以港城一体化为突破口，以科技人才为支撑，以蓝色增长为方向，向海洋要资源、要空间、要财富、要发展，沿着江河入海口—海湾—海岸—海岛—远洋的开发路径，从陆地走向海洋，从陆海时代迈向蓝色时代，不断提高蓝色经济的综合竞争力和可持续发展能力，构建蓝色引擎，实现蓝色崛起。围绕2030年、2060年“双碳”实现目标，确定阶段性发展目标，从海洋文化、海洋经济、海洋生态、海洋建设等领域着手，提出蓝色技术、蓝色产业集群、蓝色经济增长、蓝碳共同体全面发展的指标体系，将蓝色增长置于社会经济政治文化全面发展和自然环境协调发展的重要战略位置，力争到2030年基本建成海洋经济发达、海洋生态优美、海洋文化繁荣、海陆融合、机制健全、保障有力且具有国际影响力、竞争力、吸引力的海洋强国。同时，把海洋管理重点定位在开拓全球海洋碳汇核算与交易等新领域，强化陆海统筹，建立健全蓝色技术、蓝色产业集群、蓝色经济增长、蓝碳共同体等法规政策，壮大海洋航运、海洋生物、海工装备、海洋旅游、海事服务、海洋金融等产业，以此来促进全球海洋事业发展，为“人类命运共同体”“海洋命运共同体”建设作出更大贡献。

2. 步骤

蓝色经济发展是个复杂而系统的工程，必须分阶段、有步骤、有计划推进，将落实“海洋强国”战略与蓝色崛起、蓝色技术发展、蓝色产业集群建设、蓝色经济增长、蓝碳共同体建设等有机结合，将蓝色崛起置于整个国家发展战略的重要位置，突出政府引导、市场参与，以制度创新引领海洋科技发展，为未来中国发展带来新的动力。蓝色经济发展应体现全面性、系统性，涵盖海洋产业、科技、空间、生态、文化和全球治理等领域，从规划、政策、计划等方面进行系统谋划，为未来蓝色经济发展指明方向。到 2025 年：建设海洋科技创新高地；高质量发展现代海洋产业体系；提升沿海国际航运中心能级；加强海洋城市生态环境修复，完善海洋规划体系，积极参与"一带一路"建设与全球海洋中心城市治理。到 2030 年：突出重点实现蓝色产业集群跨越发展；突出蓝色技术凸显海洋城市文化特色；整合资源提升海洋中心城市综合管理能力。到 2060 年：服务全球并参与全球海洋中心城市治理，打造中国海洋中心城市综合开发先行区；建设世界级深海科考中心、远洋技术开发基地；上海、深圳、天津、青岛、厦门、宁波、大连、宁波、海口等沿海中心城市不同程度在实现建设全球海洋中心城市目标，初步建成海洋强国，海洋经济总量显著提升，海洋生产总值居世界领先地位，海洋事业实现全面协调发展，建成一批具有国际领先水平的蓝色经济区和新兴产业集聚区，成为推进海洋强国建设的重要支撑。

（二）科学构建蓝色经济发展战略的指标体系、评价方法与模式选择

1. 指标体系

针对蓝色经济发展的评判，国内外专家学者、政府部门、咨询机构等提出了各有侧重的评估方法及评价指标体系。我们根据已有研究成果以及指标数据的可获取性，建立蓝色经济发展战略评价体系。实际部门可以此评价体系为蓝本，结合不同区域政策及实际情况，进行系统全面的科学评判，构建蓝色经济发展战略评价标准。我们将蓝色经济发展战略评价体系的一级：蓝色管理体制机制、蓝色产业体系、蓝色科技创新能力、蓝色自然环境、蓝色法律与金融、蓝色社会文化事业；将目标层划分为 26 个准则层：蓝色管理模式、蓝色机构数量、蓝色管理者素质、蓝色管理政策、蓝色管理效率，海洋第一产业、海洋第二产业、海洋第三产业，蓝色科技创新、蓝色科技推广、蓝色科技人员与结构、蓝色科技贡献，海洋自然资源、海洋生态环境状况、海洋生物系统修复、江河入海口生态系统、陆海生态协调程度，蓝色核算与交易便利程度、法律法

规透明程度、企业准入难易程度、海域使用价格、公司税负，海洋教育规模与质量、海洋文化规模与数量、海事联合贷款管理者/投资者数量、社会蓝色投资组合规模、国民蓝色意识、蓝色公益组织数量。然后根据筛选的指标，对应准则层，选取62个三级评价指标、216个四级评价指标，构成蓝色增长战略评价指标体系。

从评价体系指标可看出，第一，科技、教育、资源、环境、人才、产业是评判蓝色增长成败的主要因素，科技、教育质量规模和资源、环境、人才、产业相互协调发展是体现蓝色发展状况的重要指标，直接影响蓝色增长的发展进程；第二，海洋金融与法律体系是蓝色增长的重要保障，因为陆地法律不一定适用于海洋，海洋经济的运行离不开完善的海洋法律体系；第三，海洋科技发展水平决定着蓝色增长的高度与未来走向，科技领先的海洋企业和海洋领域高级人才对蓝色增长起着重要推动作用；第四，蓝色增长作为社会经济发展重要的评判指标，陆海统筹可以为蓝色经济提供强大的基础和后盾；第五，生态环境指标在蓝色增长中不容忽视，经济过度发展带来资源浪费、环境污染等一系列环境问题，在海洋领域推行可持续发展的“蓝色经济”任重而道远。

2. 评价方法

——运用层次分析法。从决策目标和对象出发，将指标体系划分为目标层，准则层和方案层，通过各层面指标权重进行赋值，计算各个指标权值。层次分析法是一种定性与定量结合的分析方法，该方法将一个整体系统分解成多个层次和多个指标，继而利用定量的方法将多个指标和层次数字化，以此得出各个对象的分级和综合评价。

——模糊综合评价。模糊综合评价法是一种基于模糊数学的综合评价方法。运用模糊综合评价法通过推算可以得出区域海洋创新驱动能力得分，在一定程度上说明该利用现有存量资本与制度驱动能力，资源驱动能力及要素支撑能力资源，将其转化为创新驱动能力的效率较高。反之，在这一效率构建上滞后。在资本与驱动能力建设上，应该大力创新海洋金融产品，积极拓展海洋融资渠道，设立海洋金融机构，大力鼓励发展碳汇金融，同时加大海洋金融人才培育力度为蓝色崛起提供强大的资本保障；同时应充分重视蓝色增长在海洋经济和国民经济体系中的重要地位，完善相关法律法规体系，重视海洋经济社会治理，为海洋经济发展提供完善的制度体系安排。在资源能力建设上，积极扩展海洋经济要素活跃度；扩大与国内外蓝碳的交流与合作，拓展蓝碳发展空间，大力拓展蓝碳共同体市场；协调海域和陆域产业，增强蓝碳发展潜力。在蓝碳要素支撑能力建设上，推进基础设施建设，完善营商环境，积极改善治理体系，引进高素质人才投身海洋科技创新，充分发挥蓝碳市场化对海洋经济发展的要素支撑作用。

3. 共同但有区别的国际责任担当模式选择

坚持“共同但有区别的责任”原则，采取务实态度与灵活方式相结合，在合作交流中解决中国蓝色经济发展问题。第一，正视各国国情，尊重各利益相关国家发展权利基础上进行合作。加强现有国际海洋管理机构间的组织与协调，构建高效的蓝色增长制度构架，提高国际蓝色增长合作效率，坚持蓝色增长和合作发展相结合，构建由各利益相关国平等参与的蓝色共同体，促进跨国界海域区域一体化，分层次、整体开发管理海洋资源开发利用，组建政府间合作的跨国界水域协调委员会，加强政府间的交流与合作，保证跨国界水域管理机制的权威性、合法性，实现蓝色增长。第二，实施目标明确的海洋资源统一管理与综合开发利用规划。制定目标明确的海洋资源统一管理与综合开发利用规划，着重于多目标的协调并兼顾各方利益，制定合理的利益分配补偿机制，确保沿岸不同区段为不同的开发和保护目标获得合理利益。第三，制定跨国海域法律框架与保护公约。依法管海，制定跨国界水域法律框架和保护公约。第四，加强跨国海域环境监测站网建设与水质监测。加强跨国海域环境监测站网建设、水质监测、跨国界水域基础工作，建立跨国水域基础数据库。第五，加强法规宣传，引导公众参与，发展民间协会。

（三）发展的重点领域与行业

1. 贯彻国家发展蓝色经济意图。中国是海洋大国，具有丰富的海洋资源，但目前距海洋强国差距明显，海洋资源的利用率、海洋产业效益等指标比较低。要落实习近平总书记提出的“发展海洋经济、海洋科研”“关心海洋、认识海洋、经略海洋”“关键的技术要靠我们自己研发，海洋经济的发展前途无量”等经略海洋重要思想，不断提高海洋资源开发能力。在推动海洋开发向纵深拓展、海洋产业结构优化升级、海洋经济发展方式转变中，完成现代海洋产业体系的构建。着力推进重点海洋行业重点领域和区域融合发展，破解陆域发展瓶颈、摆脱传统发展路径依赖，让现代海洋产业成为拉动中国经济发展的重要引擎。贯彻落实党中央有关蓝色经济发展的战略部署，推进海洋强国与现代海洋产业体系建设目标。坚持以蓝色产业为主体，强化体制机制创新，推动陆海资源统筹，加快汇聚数据信息等高端要素，顺畅要素自由流动机制，强化高端要素支撑，构建更加紧密的区域间产业分工协作机制。聚焦海洋产业体系发展与蓝色经济融合所需要的技术、资金、人才、数据、海洋资源等各类要素，推动海洋装备修造、海水淡化、海洋新能源与海洋交通运输业、海洋电子信息产业、海洋科教服务业的高质量融合，建设海洋大数据产业服务体系，推进海洋产业转型升级。大力发展海洋新兴产业，促进海洋经济发展方式转变，实现海洋产业的科技化信息化。

2. 促进现代海洋服务、先进制造业和海洋新兴产业的蓝色融合。把握海洋产业结构高级化趋势，大力发展现代海洋服务和海洋工程装备、海洋药物与生物制品、海洋新能源等海洋战略性新兴产业，不断提升海洋产业创新发展能力；探索海洋产业新技术、新业态、新模式，打造海洋产业高质量融合示范区。推动海洋技术装备创新，促进海洋装备修造、海水淡化、海洋新能源产业与海洋交通运输业、海洋电子信息产业、海洋科教服务业的有机融合，支持相关企业进入高端产业链，实现产业链、价值链的高端化。实施创新驱动海洋产业发展战略。推进各类科技创新载体建设，强化海洋人才培养和引进，完善科技创新体系，极大地推动海洋科教人才进入各海洋产业领域就业。提升海洋产业高质量融合度，实现从外延式、粗放型的发展模式向内涵式、集约型发展模式转变。推动海洋领域质量变革、效率变革、动力变革，从“应用技术”到“原创技术”转变，以现代技术助推制造业迈向高端；以现代技术使传统产业现代化，发展各类新兴产业；“大国重器”不是强调“大”，而是强调关键核心技术，运用核心技术加快构建创新引领、富有竞争力的现代海洋产业体系。

3. 拉长处于优势地位的支柱型海洋产业链。创造有利于同一产业链延伸的市场环境，进一步实现位于纵向产业链条的海洋产业集聚。围绕支柱产业和优势产业带来的集聚效应，在核心增长极的周边地区布局一些关联产业，着力推动现代海洋渔业、海洋旅游业及海洋新能源产业等支柱型产业的发展。根据各自资源禀赋情况，依托科学技术，发展特色海洋产业。结合相关政策，发展具有绝对或相对优势的产业产品，实现资源在产业分工的有效配置和最佳效益，克服地区内产业或产品同质化现象。

利用海洋装备产业技术合作联盟的优势，产学研协同合作，进一步提高产业科技研发水平，突破技术瓶颈，实现向“工业智造”的转变，不断向高端装备制造迈进，逐步缩小与国际先进水平的差距，打造具有国际影响力的海洋工程装备产业集群。充分利用沿海位处风能丰富地区的地理优势，增加海上风电装机容量，发展离岸风电，形成千亿级风电产业集群，建设远海风电试点示范、多种能源资源集成的“海上能源岛”；构建海上风电设计、研发、建造和海上风电安装、运营及配套设施建设于一体的海上风电全产业链。发展海水淡化与综合利用技术及其产业，研发以风电、太阳能等清洁能源为动力的海水淡化和利用设备，促进海洋风电和海水淡化协同发展。加大对海洋生物医药业的研发投入，充分利用海洋丰富的资源，通过提取海洋鱼类、贝类、藻类中的有效成分，形成一系列的海洋生物制品和特色药物，积极引导生物医药龙头企业建设研发平台、孵化中心，推进海洋生物制品、海洋创新药物研发及产业化，建设全国重要的海洋药物和生物制品产业化示范基地，促进海洋生物医药蓬勃发展。

4. 加强蓝色经济与现代海洋产业体系的基础设施建设工程。完善海洋交通体系。沿海港口是远洋贸易的主要出海口，海洋交通运输业的发展不仅带动沿海地区的经济增长，更深远的意义是促进腹地对外贸易，带动内陆经济发展。港口和航道的不断新建完善，必然会带给海洋交通运输业带来新一轮的发展契机。进一步发展海洋交通运输业，统筹海、陆产业，重点加强基础设施与服务体系建设：第一，搞好海运、陆运、空运的衔接，建立信息资源共享机制。它不仅包括沿海各主要港口、运输部门，还应包括与毗邻的江河流域，并有专门的机构单位负责，这样不仅强化海陆运输产业链，还可以有利于应对突发事件。第二，加强对货物中转、仓储的管理和服务。要分门别类、划区而治，使货物能做到快进快出，提高海洋交通运输业的效率。统筹推进沿海、沿江港口一体化发展，重点支持深水海港建设，打造以海港为核心的陆海空一体化多式联运体系，大幅提高集装箱运输比例。第三，新建和扩建沿海城市铁路、公路、机场设施与服务。可以与港口的建设相呼应，完善交通网络，促进海、陆交通运输业的相互衔接与互动发展，让内陆地区主动接收沿海核心城市的辐射，更好地带动内陆地区。

——设计和推广标准车型、船型，加快港口车型、海洋船舶通导与安全装备配备升级，提升远洋交通运输技术标准。借助物联网、云计算等先进技术，推进海洋船舶通导、安全装备配备及升级改造工程。加强海洋执法装备设施建设，完善海洋监控系统、船舶电子标识、船舶身份识别终端、航运通讯、应急救助系统以及船位监测系统建设，完善卫星、短波、超短波和移动电话“四网合一”的安全通信网络；构筑海洋管理信息化综合平台，建立统一的海洋监测系统和数据处理中心。建立执法管理网络体系，提高执法的信息化和标准化水平，以保证执法体系能够达到指挥畅通、反应迅速和执法有力的标准。

——推进产品质量安全认证体系和品牌建设。按行政单位构建质量检测中心体系，推进重点产品质量检测体系建设。支持鼓励企业开展无公害产品、绿色食品的认定工作。加强产品质量安全管理和执法队伍建设，更新执法装备，加快现场快速检测技术的研究和应用。在大型批发市场建立快速检测点，提高现场执法技术水平，提升产品质量安全监管能力。

——推进产品质量安全源头监管体系建设。建立完善基层产品质量安全监管队伍，健全海洋产品产业体系的监管制度。借助信息技术实现对各环节的动态监管，完善联防联控的应急处理系统。完善产品产地准出、市场准入制度，推进质量安全可追溯体系的建设，落实产品质量安全抽检公告和黑名单工作。完善防疫站的检防疫体系，加强对基层养殖防疫人员和养殖从业人员的技术培训，提升对主要动物疫病的防控能力。推进苗种产地检疫和监督执法，加强重大动物疫病监测预警。完善疫情报告、种苗检疫、动物疫病监控预警等相关制度，构建重大动物疫情应急体系。推进生态环境修复工程，做好海洋经济物种和濒危物种、淡水经济物种和濒危物种的养护工作，因地制宜、合理扩大增殖放流规模，增加重要生物资源品种的苗种数量。在沿海地区加强对红树林等典型生态系统的保护，保护自然生物资源，通过合理规划，落实完善海洋保护区体系；对影响保护对象和保护区环境质量的用海活动进行严格限制，落实不同海域海水水质标准。

——构建海洋生产安全管理信息系统。加强灾害天气的监测，做好灾害的防御和应急处理。依托产品加工和运输物流体系建设，延长产业链，完善海洋物流供应链建设。全面配备卫星定位导航、防避碰等信息终端，完善安全监控系统和信息管理平台。整合灾害预报，完善预警和防灾减灾信息平台，建立灾害预测信息共享机制和防灾减灾应急预案。建立信息服务平台，构建大数据，加强数据互联和信息共享。鼓励企业利用信息技术、物联网技术建立自动化管理系统，做到实时监测和信息采集，通过现代化技术的应用，推进企业生产、流通、经营的现代化进程。构建现代电子商务系统。鼓励企业借助电子商务平台实现商业模式转型，利用整合互联网产品贸易信息资源，优化海洋产业布局，积极向供应链协同平台转型，完成线上线下无缝对接，提高企业现代生产、营销信息化水平。

——构建现代海洋产业技术体系。以优势产品、特色产业为基础，加大产业关键技术创新与攻关力度，合理配置产业链的科技资源和研发力量。强化龙头企业的技术创新主体地位，突出成果导向，重点依托现代海洋产业园区、专业镇、科技园、产学研合作示范基地、新型研发机构等载体，推进科技成果转化推广。完善技术服务培训制度，培养基层技术推广人才。加大对关键技术攻关的重视与投入。围绕健康养殖技术、优质苗种生产、生态环境保护、生物资源保护、海产品质量与安全等限制发展的关键技术，加强政产学研合作，加快科技成果转化，形成一批科技创新成果。落实沿海水域滩涂规划、生态红线划定、海岸带综合保护与利用规划，发展大水面生态养殖、海洋牧场立体养殖模式，建立一批标准化养殖示范基地。实施区域示范项目，对种养业废弃物进行资源化利用和无害化处理。

——建设以示范区为龙头，集镇为依托，产业为基础，集原材料供给、产品流通加工、物流仓储、特色餐饮、休闲旅游等功能为一体的海洋产业园区。加快培育高端要素，夯实海洋产业发展的要素支撑。聚焦海洋产业体系发展与融合所需要的技术、资金、人才、数据、海洋资源能源等各类要素发展需求，强化改革创新和政策支持力度，聚焦重点领域制度障碍。

——解决限制远洋运输、生产、贸易的关键性科技难题，突破远洋生产的主要核心科技瓶颈。建设深海产业生产平台，实现设施设备、运行生产、加工补给等多种作业模块相配套，形成规模化远洋生产体系，实现规模化生产，扶持平台装备建造，补贴远海生产，吸引多方参与，增加资金投入，促进建立稳定的生产运行模式。

——明确新时代海洋产业的内涵和外延。结合国家《海洋及相关产业分类》标准制定和统计规范调整工作，根据实际现状以及困难制定最新版本的海洋及相关产业分类标准和统计规范。特别是结合海洋产业发展最新实践和现实需求，将海洋信息业、海洋科技研发服务业纳入主要海洋产业中，使之更具体系性、完整性，为培育发展海洋物联网、海洋信息服务和海洋大数据服务等新兴战略产业的发展助力。

5. 健全蓝色增长的高技术人才培养机制。第一，发挥政府的引导作用，建立健全蓝色增长需要的企业高技术人才培养机制。制定适应蓝色技术企业稳定健康发展的税收优惠政策，改善配套蓝色技术产业发展的投融资环境，为蓝色技术产业的企业和人才营造积极有利的发展氛围；政府加大对蓝色技术产业的引进和支持，加强对空缺方向及发展程度较弱蓝色技术产业的扶持力度，制定各个规模层级的企业优惠政策以吸引更多蓝色技术企业在本地落地，提供给蓝色技术人才更多的岗位和就业机会。提高与蓝色技术产业相配套的基础设施，为蓝色技术产业的发展提供资金与技术支持。第二，政府协助蓝色技术企业发展，激励优质企业之间的并购重组。重点扶持围绕蓝色技术企业具有上下游关联的配套型企业集聚，发展集聚协调产业链与人才链之间的耦合机制，促进蓝色技术产业突破“平台期”，在产业发展上实现质的飞跃。同时注重引导增强蓝色技术企业的蓝色发展意识，提升蓝色技术企业的内部管理水平和经济实力。

6. 打造蓝色高端产业集群。第一，从推进海洋强国建设战略高度出发建设蓝色发展区，建设以环渤海、长三角、珠三角区域国家海洋工程装备制造业集群、海洋经济发展示范区、海洋技术创新示范区、海洋经济国际竞争力核心区，以上海、青岛、厦门、广州为中心的海洋生物技术和海洋药物研究中心，促进沿海中心城市产业集群化发展，打造万亿级的海上风电产业，推进天然气水合物产业化和海洋油气开采，发展高端智能海洋工程装备制造业，提升海洋生物产业的国际竞争力，建设全球领先的海洋公共服务业和海洋电子信息服务业。第二，健全现代海洋产业体系。在海洋电子信息产业方面，打造海洋电子信息集群化示范基地。在沿海城市规划布局新型海洋电子信息产业示范园区和孵化基地，培育一批涉海电子信息装备技术领先的龙头企业。在海上风电产业方面，建设一批海上风电科创金融基地、海上风电高端装备制造基地、海上风电运维和整机组装基地；在海洋生物产业方面，推进海洋生物医药重点领域研发及应用推广、搭建海洋生物产业服务平台、打造海洋生物产业集聚区。在海洋工程装备产业方面，打造高端海洋工程装备产业集群、搭建海洋工程装备产业科技创新平台、发展高端海洋工程装备产品。在天然气水合物产业方面，加快勘查开采先导试验区建设、加强核心工程技术攻关、建设基础设施配套基地。在海洋公共服务产业方面，推动海洋观测与监测服务、创新海岸带资源智慧管理服务、加强蓝色发展等科研。第三，科学选择蓝色高新产业群。蓝色高新产业群是促进海洋产业布局及结构优化、培育基于比较优势的综合产业竞争力、带动海洋经济发展并提升整体海洋经济效益的关键所在。课题组运用区位熵、灰色关联、聚类分析等方法进行蓝色高新产业群选择。

7. 重点扶持海洋高新产业、战略产业。第一，海洋高新产业发展重点：海洋能源、海水综合利用业、海洋生物制药业、海洋化工业、海洋仪器装备制造业、海洋新材料。第二，培育海洋战略产业：培育海洋环保、海洋新能源等战略产业；海洋电力业，加快风能、潮汐能等海洋能源的开发利用，推广发展海水源热泵技术、海上风电，开展波浪能利用的试验开发；可燃冰资源开采；海洋环保与社会服务业。第三，科学布局海洋产业空间区域。根据海域海洋自然属性的特点和海域资源的比较优势，结合蓝色经济社会发展水平，实施海域协调发展战略，统筹陆海规划布局，培育发展高新海洋产业，调整优化海洋产业空间结构，加强资源整合与产业互动，形成分工合理、优势互补、协调发展的蓝色经济新格局。

三、蓝色经济重点发展的对策

（一）强化蓝色产业体制机制建设工程

1. 完善对蓝色产业发展的精准扶持机制。研究推进蓝色产业立法工作，为加快海洋产业转型升级、促进蓝色经济高质量发展提供法律保障。加强产业链、创新链、人才链、教育链四方协同，制定适应蓝色产业发展的专项政策体系。尤其是产业需求政策、新兴技术扶持政策，研究制定蓝色产业重大技术发展战略，提出海洋信息、海洋科教、海洋新能源等重要领域关键技术创新路线图与高质量融合的领域。

2. 加大对蓝色产业创业投资计划的金融政策支持力度。简化股票和债券市场融资程序，探索多样化、专业化的金融支持蓝色产业发展模式，充分发挥财政资金引导作用，优化存量资金结构，强化产业专项资金与引导基金协同联动，提升基金管理团队专业化水平，实现“蓝色产业集群+专项基金”，建设国际风投、创投中心，撬动更多社会资本参与蓝色产业集群建设。更多通过资本市场解决蓝色产业发展的融资问题。

3. 制定产业与人才融合发展政策。加强海洋工程装备、海洋信息、海洋新能源、海洋生物等涉海学科建设，建立符合现代海洋产业特点的人才引进、培育与评价机制，面向全球重点引进海洋领域顶尖人才团队。开展高层次海洋人才引进培育，建设培养基地和实训基地。培养符合海洋产业和企业发展要求的各类人才，重组现有各类涉海研究机构和创新平台，按照专业领域组建一批国家级新型海洋基础研究机构。培养高水平研究队伍，聚焦基础研究和竞争前技术开发，建立高水平的国家海洋实验室。设立专业性海洋开发银行，加大对海洋战略性领域的政策性支持。政府和社会资本合作，设立海洋产业发展基金和风险补偿基金。

4. 在海洋对外开放高地试点降低永久居留权门槛、放宽签证期限、减免个人所得税，积极引进复合型、领军型国际海洋人才和团队归国或来华工作。着力推动蓝色产业重大技术突破与高质量融合，促进涉海数据流动和整合利用，不断提升要素质量。促进现代金融发展与蓝色产业需求紧密结合，培育形成数量庞大、配置合理、流动有序、支撑有力的科技、金融、人才、涉海数据等优质要素体系，为蓝色产业的提质增效提供强有力的要素支撑。

5. 健全现代金融服务机制和人力资源资本化机制。破除制约要素流动的障碍，优化要素配置，提升要素效率，发挥全过程创新生态链整体效应，围绕蓝色产业集群和未来产业发展需求，推动政产学研深度融合，建设一批概念验证中心、小试中试基地、公共技术服务平台。增强科技创新、现代金融、人力资本提升服务蓝色产业效能推动海洋装备修造、海水淡化、海洋新能源与海洋交通运输业、海洋电子信息产业、海洋科教服务业的高质量融合。

（二）着力构建蓝色产业深度融合体制

1. 进一步优化蓝色产业发展的宏观管理，激发产业发展活力。依托规模巨大、前景广阔的海洋经济发展需求和庞大国内市场，进一步深化市场准入和要素市场改革，构建较为合理的蓝色产业利益回报和薪酬增长机制，激发各海洋产业领域发展，推动不同市场主体平等进入、公平竞争的活力，让海洋产业领域创新创业氛围更加浓厚，有效的推动海洋装备修造、海水淡化、海洋新能源与海洋交通运输业、海洋电子信息产业、海洋科教服务业等领域不因要素分配等问题导致无法实现高质量融合，通过体制机制创新为蓝色产业供给结构优化和市场空间创造提供支撑保障，不断增强蓝色产业发展活力和竞争力。

2. 对外开放推动蓝色产业国际化发展。扩大开放和对外合作是现代海洋产业发展的必然要求，也是探索重点蓝色产业重点领域融合发展的重要路径。当今世界，围绕海洋经济发展制高点的竞争日趋激烈，现代海洋产业体系是开放合作共赢的产业体系。吸引各地海洋高科技领军人才和企业到中国投资兴业，提高海洋新兴产业的国际合作水平，推动产业深度融合的发展。

3. 树立品牌和生态环保意识。加大科研投入，将新技术应用于产业开发，提高产品附加值，推动产业链条向“微笑曲线”高附加值的两端延伸。通过资金引导、政策扶持，设立成果转化平台，促成企业和科研院所合作等，引导有一定技术基础的企业主动向高新企业方向发展。以海洋生物产业为例，产业内以本地资源的精深加工为基础，增加升级为海洋功能性保健食品、生物制品的生产企业并朝规模化方向发展。加强与高校、科研院所的密切合作，培育具有较强竞争力的海洋功能性保健食品、海洋生物制药名牌企业与名牌产品，从而提升海洋生物医药业对区域经济的贡献比率。按照建设海洋生态文明的要求，深化对蓝色生态文明的认识，尊重自然、顺应自然、保护自然，坚持可持续发展，把改善生态、保护环境作为海洋开发和海洋产业发展的重要内容，用最严格的制度、最严密的法治保护生态环境。推广绿色技术，加大对海洋经济绿色发展的金融支持力度，鼓励低耗能、低排放的海洋服务业、高技术产业和海岛太阳能、海上风能、潮汐能、波浪能等可再生能源的领域合作以及融合，大力推广海洋循环经济模式，着力构建海洋生态产业体系。适应市场需求变化，丰富海洋产业服务，提升海洋产业产成品品质，从而满足多样化、个性化市场需求。开发有利于消费者和社会市场发展的新产品。

（三）提升蓝色产业核心竞争力

第一，应对蓝色产业的上下游产业链进行优化分工，在构建一体化产业链发展格局的前提下，对现有海洋产业进行深度发展。全面整合高新技术与自然资源，促进优势产业转型升级。在产业转型升级的基础上，加强对近海环境资源进行合理规划布局，提高沿海产业发展质量，促进海洋产业由分散形态向集中形态转变，推动海洋产业向高质量、高水平发展。充分利用港口优势，瞄准世界航运市场，通过整合现有资源、优化布局、创新管理体系、开放合作、做大做强。发展海洋旅游业，利用独特的海滨旅游资源和海洋文化，将经济区建设成为具有地方鲜明特色的滨海旅游带和国际滨海旅游胜地。利用沿海滩涂湿地，重点发展湿地康养度假区，打造世界知名的湿地生态旅游目的地；培育邮轮游艇经济、海上运动、海岛观光等旅游休闲新业态，推动“滨海旅游”向“海洋旅游”跨越。

第二，重视海洋生态环境的可持续发展，大力发展绿色环保产业。将海洋产业从环境资源消耗型转向绿色发展型，推动海洋产业向绿色可持续发展方向转变。合理安排沿岸碱厂、盐化厂、造纸厂等的污水排放，同时加大污水处理技术研发投入力度，减少污染物的产生量与入海量，减少河流污染对于滨海旅游业及水产业带来的经济损失。提倡海洋工业企业实现生产的生态化、循环化，通过改造生产工艺来控制企业污染物的排放，进入良性循环状态，保护海洋生态环境。

（四）推进蓝色产业与城市融合建设

第一，加快高素质人才集聚。应在不断完善创新创业服务体系的前提下，积极搭建高新创业平台，开展与大数据、互联网相关海洋产业的创新创业活动。围绕现代海洋产业体系建立政策保障体系，保障各类人才能够源源不断地吸引到海洋经济发展的各个领域，实现创新资源快速汇聚。第二，加强宜居生态环境建设。对涉海相关基础设施进行升级改造，构建一个功能齐全的海洋产业园区基础设施体系，将海洋产业功能、城市功能、生态功能结合起来，增大环境保护力度，建设生态产业园区，形成有机园区产业网络。第三，打造智能海洋园区。基于云计算、互联网等信息基础设施打造园区通信枢纽，提供相应的公共服务平台，将物联网、云计算以及终端设备等信息技术应用于产业园区的智能化管理上，提高园区的管理质量与管理效率。第四，推进海洋产业与城市融合机制创新发展。遵循“以人为主体、以需求为导向”的方针，转变政府职能，通过完善基层自治来实现区域内高效的社会治理。

（五）推进蓝色产业人才队伍建设工程

大力引进蓝色技术的相关人才，推进涉海人才队伍建设，通过对现有海洋产业结构进行整合，建设涉海专业研究所，提高海洋产业科技创新能力，在保护海洋生态环境的前提下，对海洋资源有效利用提供技术支持。

1. 根据现有海洋类学校学科发展现状，整合现有学科体系，重点开设和发展海洋资源管理、港口建设、船舶知识和国际物流等相关专业，鼓励高校开展海洋类新兴、交叉学科的建设，逐步形成海洋科研人才培养体系。为弥补区域内涉海大学较少的缺憾，应扶持涉海大学加速发展。鼓励企业海洋人才与当地涉海高校和科研机构交流合作，支持人才到其他海洋经济发达的区域和国家进修，学习海洋产业先进的管理经验和科研技术。推动涉海企业和高校、科研所开展深层次合作，建设专业实践基地，实现产学研协同发展。

2. 制定一系列有利于产业融合与创新的奖励政策措施。在就业方面，鼓励参与到涉海行业就业中，吸引海洋科技人才大量流入沿海中心城市，营造出良性就业环境。为科研企业单位提供税收减免，对公共机构则提供更多的财政补助；支持国家级海洋科研机构在当地落户或建立分支，高水平建设一批海洋科技创新平台。鼓励和指导企业和科研单位参与国家级科研项目的立项，进行海洋相关知识的宣讲工作，向大众普及海洋知识。

3. 加大科研资金投入，提高海洋科研人员的综合素质。鼓励非国家科技经费预算以外的资金投入，引导非国家科技经费发挥更大的作用。人才培养要做到传统教学与现代教学相结合，教育培训应体现时代特征，应用现代教学方法和信息技术，为海洋产业相关企业的经营与发展提供人才保障和人才储备。在现有人才评价、遴选机制和标准的基础上，完善和充实人才的评价标准，加速选拔和培养人才。

4. 大规模培养蓝色科技人才。分析目前海洋产业人才需求存在的缺口，建设海洋特色人才数据库，使得高校及科研院所能够及时调整专业设置，实现定向培育，具有针对性地输送人才。加大对现代海洋产业发展所需的人才引进政策，对紧缺型人才给予优惠待遇，进一步在住房、培养培训、项目申报、职称评审等方面再给予一定程度的政策支持。

5. 推进海洋产业、技术创新型人才队伍建设工程。加紧产学研结合，依托科研院所和高等院校为科技创新平台，大力促进企业与科研院所的紧密合作，明确对重大海洋科技项目的目标要求，多方位共同管理，在技术和实践中培养和聚集海洋科技高端人才。

（六）掌握蓝色产业发展的特殊性

1. 蓝色产业的特殊性对劳动力比重变化趋势的影响。人类生存于陆地上，天然地不适宜在海洋水体中从事生产活动。同时，海洋资源的获取要比陆地上的难得多，涉海生产技术要比陆地要求更高。这两方面原因导致了资本和技术对蓝色产业发展起着决定性的作用，蓝色产业中需要集聚高新技术，而劳动力则显得相对次要。在海洋某些领域，由于海洋某些领域的资源开发活动不可能靠人自身来完成而只能由大机器设备来完成，因此劳动力与资本不再是相互替代的要素。蓝色产业不再是劳动力向机器转变的过程，而是落后机器向先进机器转变的过程，是机器技术不断革新的过程。这与陆地产业相比是截然不同的。因此，传统理论所讲的劳动力比重向“三、二、一”发展的趋势在海洋领域并不适用。随着社会生产力发展，劳动力不再具有规律性地在三次产业间转移，而是要受产业内在变化因素影响。由于海洋的特殊性，在海洋工业（尤指以海上或海中为作业场所的产业）中将只会存在资本、技术密集型的产业而不会出现劳动密集型的产业，也不会出现随生产力水平提高海洋第二产业劳动力比例占主导地位的阶段。在今后的很长一段时间里，海洋第一产业的劳动力比重都会占主导地位，而后，海洋第三产业——海洋服务业的劳动力比重会不断提高，最后很可能形成“一、三、二”或“三、一、二”的劳动力比重格局。

2. 海陆关系对蓝色产业生产总值变化趋势的影响。随着人口的极度膨胀和资源的不断衰竭，人类对于海洋资源的需求度不断提升，从最开始利用的渔业资源再到后来的海洋空间资源、能源资源等都可以看出人类在不断的从海洋汲取资源，目的只是补充陆地资源的不足。因此，蓝色产业发展必然与陆地产业有着千丝万缕的联系。传统产业的理论认为第二产业发展是以第一产业为基础的，第三产业的发展是以第一、第二产业为基础的。但在蓝色产业中，海洋第二产业发展不完全是以海洋第一产业为基础，海洋第三产业的发展也并不完全以海洋第一、第二产业为基础，很大程度上蓝色产业会以陆地相关产业为基础发展起来，并且与陆地的关联性越大其陆地的相关产业的基础性就越明显。

如海上交通运输业，一方面它与海洋产业的造船业有连带关系，另一方面它更与陆地的进出口贸易活动关系紧密；又如滨海旅游业，它的发展与内陆居民的收入水平、国民经济运行状况、国际国内社会的安全环境等因素都有直接关系，陆地环境的变化对于滨海旅游业的冲击巨大。这样与陆地关系密切的以海上运输业、滨海旅游业占主导的海洋第三产业会得到优先发展，造成第三产业产值比重会暂时虚高，但其科技含量并不是很高，也并不能说海洋第三产业产值占主导就说明海洋经济发展到一个较高水平了。随着涉海科技的发展，第一、第二产业产值比重会随之赶上，在某一发展阶段会超过第三产业比重，这就造成出现“三、二、一”比例后又出现“二、一、三”或“一、二、三”的阶段。这一状况无法用传统的三次产业演进理论进行解释。海洋三次产业产值比重会由于海陆依存关系出现复杂多变的演进路径。由于海洋特性和三次产业分类方法的应用特点，三次产业分类方法对蓝色产业来讲只是部分使用，传统的三次产业演进路径对蓝色产业来说也并不适宜。①

海洋资源开发的急需程度低、难易程度高，交错重叠地影响着海洋资源的开发活动。只有需求度而开发成本过高海洋资源不会被大量地开发；同样，只有开发成本较低，没有需求度也不会对海洋资源有过多的开发。只有在需求旺盛且开发成本较低的情况下开发活动才能快速的展开。由于不同的资源耗竭的速度、需求的增加速度、技术的革新速度都不尽相同，因此表现出的产业间的发展速度也是不尽相同的，单一产业不同发展速度的长期结果就构成了海洋产业的总体发展路径。这一路径代表的海洋资源开发的特点是：开始由于人口的急剧膨胀或是陆地相关资源的不断枯竭等原因造成的对于该海洋资源的需求度迅速增大，但这一海洋资源较难获得，要花费较高的成本才能获得，因此虽然开发动力很大，但阻力也很大，收益不明显，发展速度相对较慢，随后由于需求迅速增大所带来的影响，相应的研发技术也不断进步，使得开发成本不断降低，需求度还是以同样速度上升，此时该海洋资源开发活动表现出了加速发展的势头，这一路径主要以海洋第二产业中的海洋油气业为代表。随着人口膨胀和陆地油气资源的枯竭，人类对于油气资源的需求与日俱增，海洋中蕴涵着大量油气资源，但海上油气开发需要巨大开发成本，因此在技术不成熟成本较高

① 赵珍．我国海洋产业结构演进规律分析，渔业经济研究，2008（3）：53－57.

时，只有少数国家拥有开发能力，海洋油气发展缓慢，随着开发技术的不断革新，开发成本不断降低，海洋油气出现了加速发展的势头。

（七）完善相关产业政策

1. 保证这些资金有效投入蓝色产业建设相关项目中。加快组建国有海洋投资公司，设立蓝色经济发展专项资金，从中安排部分资金引导设立蓝色产业发展投资基金。采用母、子基金协同联动方式，引导更多的企业、社会、团体、个人资金投入蓝色产业发展，支持重大海洋基础设施和重点发展项目建设，发挥政府引导和市场在资源配置中的决定性作用；运用蓝色产业发展投资基金，聚焦重点涉海领域、扶持涉海优质项目，打造优势蓝色产业集群；降低与海洋产业有关的企业税收额度，通过营造宽松的税收环境来鼓励蓝色产业发展；对发展较差区域实行信贷政策进行帮助，通过与银行等金融机构的有效合作，让更多的资金投入到蓝色产业中去，鼓励企业发展与蓝色有关的重点产业和产品。通过政策引导，吸引民间资本注入蓝色产业，利用相关企业的短期债券、票据等金融工具实现与民间资本的合作。

2. 提升沿海产业一体化水平和区域海洋中心城市辐射力的政策支持。依托海洋中心城市资源、产业、技术优势，重点发展、海洋生物医药、海洋新能源海水综合利用等蓝色产业，在沿海港口城市高质量发展蓝色产业集群。围绕建设全球和区域性海洋中心港口的目标，着力提升港口综合服务能力，加快智慧港口、绿色港口建设，做好港城融合、发展临港经济文章，推动港口提质增效、转型升级。培育壮大蓝色产业，做强海洋高端装备制造产业，大力发展海洋旅游、海洋服务业、海洋生物医药、海洋牧场等战略性新兴产业，探索发展深海勘探等的综合利用产业。以沿海港口群为基础，以北部湾、珠江三角洲、长江三角洲、环渤海大湾区为依托，稳固发展海洋交通运输业和港口物流业，提升航运服务水平，船只货物搬运高度信息化，优化综合服务环境。

3. 制定科学有效的区域协调政策促进蓝色产业振兴。引导海洋生物医药龙头企业建设研发平台、孵化中心，推进海洋生物制品、海洋创新药物研发及产业化，建设全国重要海洋药物和生物制品产业化示范基地；建设海上风电设计、研发、建造、安装、运营及配套设施一条龙的海上风电产业链；建设千万千瓦级海上风电基地，推进深远海风电试点示范和多种能源资源集成的海上能源岛开发建设；培植壮大海洋电子信息装备、海洋生物资源利用装备等新型海洋工程装备制造业，以区域性海洋中心城市为重点，建设具有国际影响力的海洋工程装备产业集群；统筹推进沿海、沿江港口一体化发展。重点支持深水海港建设，打造以海港为核心的陆海空一体化多式联运体系，大幅提高集装箱运输比重；消除海洋产业经济活动中的行政壁垒，形成区域内统一的海洋经济市场、要素市场和服务体系，辐射带动区域协调发展。通过空间结构的对接来融合、协调沿海城市功能和布局，通过跨境基础设施与口岸协调来强化区域空间衔接，通过城市节点的规划建设来促成区域空间布局结构。加强海洋城市生态文明建设，完善海洋规划体系。建立常态化海洋城市生态环境保护协调合作机制，加强海洋污染综合防治和生态修复，不断增强海洋经济可持续发展能力。不断提升海洋综合管治能力，参与“一带一路”建设与海洋中心城市治理。保证海洋高端产业集群发展的人才措施。将人才发展规划贯彻落实到海洋高端产业集群发展中，建立一个符合海洋高端产业集群人才发展规划，健全人才培养的“内生性”政策，创造良好的人才综合环境。

4. 政府方面需要加强与蓝色相关企业的合作，通过政府采购或其他合作方式，带动当地蓝色企业的发展。成立蓝色产业发展基金会，由政府或投资机构拨付专项基金作为海洋产业创新或产业升级的启动资金。实施涉海产业扶持政策，为现代海洋产业重点项目提供标准化厂房租赁；根据重点项目管理展开相关工作，有效的保障当地用地用海的需求。有关蓝色产业的项目要严格遵守工业用地政策，凡被列入蓝色产业的重大项目对用地用海的指标享有优先权。如优先提供用地给集约发展的蓝色产业投资项目，在土地出让价格方面给予优惠支持。以高附加值的高端海洋服务业为重点，大力发展航运服务、涉海金融服务、海洋文化创意、海洋信息服务等行业，不断提升高端海洋服务业的核心竞争力。建立统一的海洋监测评估、海域使用动态监视监测、防灾减灾等工作体系；对海洋经济包含的22个海洋产业、6个海洋相关产业所涉及的行业管理部门，进行有效统筹、协调、管理。

5. 沿海城市多渠道增加蓝色科技投入，推动科技创新资源集聚。建设综合性海洋研究机构，搭建海洋科学与工程重点实验室、船舶及海洋工程设计研究院、深蓝产业创新中心等科技研发平台，加快建设产学研基地。在海洋交通运输、海洋工程装备、海洋船舶工业、海洋生物医药、滨海旅游等重点领域，投资一批科技含量高、具有较强带动力和影响力的项目，建成一批海洋领域创新载体，形成“企业 + 高校”的海洋创新体系。集聚高端船舶、海洋工程装备、耐盐植物综合利用等蓝色优势产业技术，集中突破一批核心技术、关键共性技术、先导性技术，提升涉海企业技术创新能力，鼓励涉海龙头企业牵头组建创新联合体，承担海洋领域的国家和省重大科技项目。

第四节　海洋智能产业发展趋势

一、海洋智能产业发展的方向

（一）现代海洋服务业各行业的智能融合

海洋服务业是生产或提供各种服务的海洋产业经济部门和各类涉海企事业的集合，它包括海洋交通运输业、海洋旅游业、海洋科研教育管理服务业等诸多行业。现代海洋服务业的主要特点是科技含量高、知识智力密集。发展现代海洋服务业，不仅能为其他海洋产业和部门提供生产性资料，增强海洋渔业和海洋制造业等海洋产业的科技含量和升级换代，促进海洋第一、第二产业的社会化与专业化水平提高，提升优化海洋产业结构，而且能够为人们提供生活资料，促进整个服务业市场发育和完善，缓解就业压力，从而促进整个海洋经济持续、快速、健康发展。现代海洋服务业各行业智能融合，主要包括以下 3 个方面。

1. 以科教先行带动海洋产业的优化升级。现代海洋服务业是知识和智力密集型行业，科技是发展的支撑，人才则是根本。因此，要加强海洋基础科学研究，增加科技储备，逐步建立海洋生产性服务业科技创新体系，加大海洋科学技术的应用，提升海洋产业的科技含量。

2. 促进行业内部实现智能转变。第一，实现由过去强调发展海洋渔业、海洋工业，向现在重视全面协调发展海洋第一、第二、第三产业，大力发展海洋物流、滨海旅游、海洋调查、海洋科研、海洋教育、海洋环境监测、海洋环保、海洋信息服务业等海洋服务业的智能转变。第二，实现由注重海洋资源消耗型、环境污染大的海洋传统产业，向注重科技含量高、资源环境友好型的海洋新兴产业的智能转变，努力提升海洋产业能级，建设低碳型海洋经济体系。

3. 实现“四业并举”。第一，按照“提升传统服务业、拓展现代服务业、兼顾生产服务业和政府公共服务业”并举的方针，推动现代海洋服务业的智能化发展。第二，在海洋服务业中广泛运用智能技术及管理方法，通过“锦上添花”提升现代海洋服务业，用“雪中送炭”改造传统海洋服务业，全面提高现代海洋服务业比重和优化升级海洋服务业的智能结构。

（二）海洋装备制造业各行业的智能融合

1. 建立现代涉海智能制造业体系。重点发展海洋环保用材料，推拓展环保建筑、能源净化等智能材料生产与服务行业；做强海洋高端装备产业，发展通航服务；加快引进公务机、小型支线飞机等航空智能制造项目，开展在海洋维权等方面的智能航空业务；开发各种海洋新材料的智能生产与服务行业。

2. 壮大一批有潜力的特色智能产业。第一，着力提升海洋生物医药产业，推动海洋生物制品与医药等新产品研发及产业化智能服务；重点开发抗肿瘤、抗病毒等系列海洋创新药物。第二，拓宽海洋新能源产品的智能生产与服务行业。第三，鼓励海洋可再生能源技术自主创新，扶持重点企业和科研机构进行海洋可再生能源利用的智能技术开发与服务。

3. 重点开拓涉海智能制造业的高科技、高成长型行业。第一，提升科技水平，提升利用海洋资源的智能开发运用能力，在高校设置海洋智能产业相关学科，提升基础研究能力，引导科研院所加大智能研发投入，提升智能研发能力；加大海洋工程装备的智能研发制造，加强创新能力。第二，把握政策导向，利用智能产业政策、融资政策，提高运用政策、开拓市场的能力；加快数字化改革，提升智能产业，在产业生命周期中实现高质量可持续发展。第三，在发展海洋智能制造业过程中，政府为智能企业提供必要的政策、资金等支持，营造良好的营商环境；企业应避免同质化竞争，发挥自身优势，壮大涉海智能制造业行业。

4. 促进海洋智能制造业与现代海洋服务业相融合。第一，海洋生物医药、海洋工程、涉海高端装备等海洋战略性新兴产业行业发展前景巨大，应大力培育海洋战略性新兴产业集群，结合现代海洋服务业，打通海洋生物医药、海洋工程等上下游智能产业链，形成经济的新增长点。第二，顺应海洋产业体系发展新趋势，加快建立海洋智能产业集群，推动海洋经济实现从量到质的跃升。第三，坚持存量变革与增量崛起并举，带动沿海产业向高端化、集群化、基地化、绿色化发展，培育具有国际先进水平的海洋智能产业集群，全面提升智能产业竞争力。

5. 着力提升海洋智能制造业的远海能力。拓展范围、提升层次、面向远海，向大洋要空间、要资源、要效益。选准突破重点，加快集成一批重大智能技术，抢占深海远洋装备制造产业发展的制高点。发挥数字技术与数字经济优势，提升海洋智能制造业与现代服务业发展水平促进融合。

（三）智能产业与现代海洋产业体系整合

1. 增强海洋智能产业与现代海洋产业体系的融合与整合功能。其重要路径和手段是大力发展海洋高新技术产业，实现跨越式发展。通过发展海洋高新技术产业，加强海洋智能制造业与海洋服务业的深度融合，推动海洋产业结构优化升级，构建海洋产业体系；鼓励海洋制造业企业服务外部化，培育出对产业发展具有引领作用的产业链龙头企业、行业骨干企业，从而带动不同类型主体，形成根植性强的产业生态圈，实现海洋产业的现代化发展；重心是加快构建海洋产业、科技创新、现代金融、人力资源协同发展机制，促进各类高端要素向海洋产业汇聚，形成推动海洋智能产业发展的强大动力。

2. 完善海洋服务业和制造业融合的智能技术支撑。智能制造业和现代服务业是互为依托、相互促进的，先进制造业是现代服务业发展的前提与基础，为生产性服务业发展创造需求。海洋先进制造业，主要是在不断吸收国内外高新技术成果，将先进制造技术、制造模式及管理方式，综合应用于研发、设计、制造、检测和服务等全过程，并在产业、技术、管理上处于先进水平而形成的现代海洋装备制造业。现代服务业，主要是依托现代信息技术、现代经营管理经验发展起来的信息、知识、技能相对密集的新型服务业，其中最具活力的是为生产企业提供服务的生产性服务业。现代服务业尤其是生产性服务业，其产出的相当比例是用于制造业部门生产的中间需求，是制造业提高核心竞争力的关键环节。中国沿海已进入工业化的新阶段，服务业与制造业在融合发展过程中已呈现出新的趋势：即制造业服务投入和产出的比重不断提升，制造企业向产业链上下游服务延伸拓展，新一代信息技术以及互联网的广泛应用，这些成为制造业与服务业融合的技术支撑。要按照“培育高端要素—构建协同机制—优化发展环境—促进四个协同—推动海洋产业结构高级化和产业高质量发展”的技术路线，加快构建科学完善的现代海洋产业体系。

3. 提升现代海洋产业的创新驱动、链条掌控和辐射带动能力。贯彻国家有关战略部署，以打造有效支撑海洋强国建设的现代海洋产业体系为目标，坚持以现代海洋产业为主体，强化体制机制创新，推动陆海资源统筹。加快汇聚数据信息等高端要素，顺畅要素自由流动机制，强化高端要素支撑，构建更加紧密的区域间产业分工合作机制，拉长、做精、做强以海洋产业为主导的产业分工协作链条。推动智能产业链纵向延伸、供应链的全球整合、价值链的高端提升，促进海洋产业向质量效率型、高端引领型、分工主导型转变，提升海洋智能产业的创新驱动能力、链条掌控能力和辐射带动能力。

4. 优化智能产业与现代海洋产业体系整合的空间布局。第一，继续推进供给侧结构性改革，调整优化智能产业与现代海洋产业整合的结构空间布局。重点控制污染、能耗大的企业产业规模，保护海洋生态环境，扩大沿海造林绿化面积，严格控制工矿企业布局数量与规模；在沿海各地科学布局第一、第二、第三产业，重点推广生态健康清洁、高效立体循环养殖模式和低碳工业循环生产模式。根据环境容量，减少近海养殖规模，保护滩涂生态环境，形成综合利用、水域及滩涂资源保护的新格局，促进近海水域生态环境修复，拓展外海空间，发展外海智能经济。第二，调整传统产业结构，加快生产能力向“一带一路”转移，优化国内外产业分工体系的智能化空间布局。加大对海外新资源的开发力度，延长和完善产业链，促进生产要素资源合理流动和可持续发展。第三，依托区域海洋中心城市较高的海洋产业智能化水平，形成智能产业融合的技术基础，推动工厂化集约化养殖、海产品加工流通、休闲渔业一体化，形成独具特色、绿色环保的现代海洋产业体系。

二、海洋智能产业发展的重点

（一）构建“一主两辅”的海洋智能产业结构体系

聚焦海洋智能产业体系发展与融合所需要的技术、资金、人才、数据、海洋资源能源等各类要素发展需求，推动海洋产业结构持续优化。结合海洋智能产业特色，依据全球智能产业发展方向及技术进步路径，建议中国海洋智能产业体系的构建体现“一个核心、两大支撑”。

1. 一个核心。指海洋主体产业群的智能化，包括海洋优势传统产业、海洋先进制造业、海洋现代服务业及海洋战略性新兴产业等四大主体产业的智能化。其中，海洋优势传统产业包括以高新技术和品牌改造提升的海洋渔业、海洋交通运输业、滨海旅游业等；海洋先进制造业包括海洋工程装备制造业、海洋船舶业、海洋化工业等；海洋现代服务业包括海洋信息服务业、海洋技术服务业、涉海金融业、航运服务业、海洋地质勘查业等；海洋战略性新兴产业包括海洋生物医药产业、海水综合利用产业、海洋新能源产业等高技术型的海洋新兴产业。其中，海洋战略性新兴产业的培育具有重要的战略意义和决定作用。为此，要聚焦海水淡化与综合利用、海洋新能源等重点领域，把握新一轮科技革命和产业变革机遇，发挥智能新技术、新业态、新服务对海洋新兴产业发展的引领带动，大力拓展智能海洋新业态、新模式，促进海洋智能产业融合发展，大幅提升海洋智能产业比重，推动海洋产业高级化。

2. 两大支撑。第一个是海洋产业发展的辅助系统智能化，包括海洋科研、海洋技术创新、海洋信息系统、海洋人才与教育、海洋基础设施等智能化；第二个是海洋产业发展环境支持系统智能化，包括海洋产业综合管理体制、海洋产业政策环境、海洋产业区域合作机制、海洋建设项目融资环境、海洋法制环境、海洋文化环境等智能化。

3. 围绕海洋智能产业体系建立政策保障体系，保障各类人才能够源源不断地吸引到海洋经济智能化发展的各个领域，实现创新资源加快汇聚，促进智能金融发展与海洋智能产业需求紧密结合，培育形成数量庞大、配置合理、流动有序、支撑有力的科技、金融、人才、涉海数据等优质要素体系，为海洋智能产业体系提质增效提供强有力的要素支撑。

（二）构建海洋智能产业集群

1. 在沿海中心城市建设海洋智能产业集群，提升海洋智能产业的整体层次。在促进海岸带综合保护与利用基础上，重点发展海洋工程装备、海洋电子信息、海上风电、海洋生物、天然气水合物、海洋公共服务等产业智能技术，发展新一代高端装备制造、绿色低碳、生物医药、数字经济、新材料、海洋能源等战略性海洋智能产业，打造现代化沿海智能经济带。

2. 提高海洋智能企业自主创新能力，确保海洋智能产业集群发展。对标国际先进海洋智能产业集聚创新资源，加强沿海中心城市的海洋智能基础研究、应用基础研究和原始创新、集成创新、应用创新，建设具有核心竞争力的海洋智能人才高地、海洋智能创新中心、海洋智能技术成果高效转化基地及产业基地。加快海洋智能产业集群发展的科技项目库建设，加大海洋智能成果转化扶持力度，推进海洋智能产业集群发展的科技管理规范化高效运转，加快实施知识产权战略，对标国际构建海洋智能产业集群科技创新体系。

3. 推进海洋智能产业试验区建设、海洋经济方式转变和海洋产业结构战略性调整，推动建立具有一流竞争力的海洋智能产业体系，促进沿海中心城市海洋电子信息、海洋工程装备制造、海洋生物、海洋可再生能源等新兴产业迈向智能化。

4. 增强海洋智能创新能力，提高关键领域核心产品、关键零部件的自给率。在海洋中心城市，以打造海洋智能产业集群为重点，完善海洋重大科技攻关的服务协调管理机制。完善海洋智能产业发展规划，体现全面性和系统性，涵盖海洋高新技术产业、海洋科教以及海洋空间、生态、文化和服务等领域。推进海洋智能产业集群科技创新管理体制机制改革，实施创新驱动发展战略，完善海洋智能管理体制机制，加强重点领域科技攻关，推动海洋智能协同创新，提升海洋智能产业科技进步对海洋经济发展的支撑能力。完善海洋智能产业集群科技推广机制，围绕加强研究开发、科技成果转移转化、产业化等环节，制定配套政策更好发挥政府引导作用。加快海洋智能服务网络建设，优化海洋智能创新环境。依托海洋智能基地和海洋智能经济创新示范区等平台，集聚海洋智能企业，形成海洋智能产业集群。

5. 统筹海洋智能产业链布局，形成海洋智能产业集群和规模效益。支持沿海区域中心城市建设高等级海洋中心城市，打造海洋智能产业集群。支持在资本与驱动能力建设上创新海洋智能金融产品，拓展海洋智能融资渠道，设立海洋智能金融机构，大力鼓励发展海洋智能航运，加大海洋智能金融人才培育力度为高等级海洋中心城市建设提供强大的资本保障。支持沿海区域中心城市建设全国海洋中心城市。保证海洋智能产业集群发展的资金措施。把握积极的财政政策与国家海洋智能产业集群规划，以项目为载体，充分挖掘海洋产业潜力。坚持创新推动、资本运作的理念，不断完善海洋智能产业集群优化机制，规范海洋智能产业集群项目运作平台，规范海洋智能产业集群投融资活动。

6. 完善海洋智能产业集群发展的组织措施。加强海洋中心城市区域组织协作，建立海洋中心城市组织合作机构促进城市间共同发展。组织区域海洋中心城市交流合作，带动海洋中心城市发展。坚持陆海统筹和海陆产业联动。以海洋中心城市海洋智能产业为重点，以海洋高新技术产业为核心，占领未来海洋中心城市产业制高点，通过产业链协同创新和产业孵化集聚创新，加快形成海洋高端智能装备及服务业产业集群。

（三）鼓励海洋制造企业服务外部化

1. 拓展海洋制造业内部的智能化分工体系。服务业的发展在很大程度上是以制造业为服务对象的，而制造业整体水平和产品品质的提升，依赖于智能服务的附加和服务业的整合。服务活动是每一家生产制造企业价值链中不可或缺的一环。要推动海洋生产制造企业进行智能创新，改造现有业务流程，将一些非核心的服务环节剥离为社会化的智能服务，加强产品开发、市场营销，逐步从加工生产制造环节向技术研发和市场拓展等服务环节延伸，变单纯的生产制造业集聚为集生产制造与服务功能的智能产业链集聚，形成新型的海洋智能产业链，促进海洋生产加工制造业与现代服务业有机融合发展。

2. 鼓励海洋制造企业服务外部智能化。服务外部智能化使以往由生产制造企业内部自行提供的服务逐渐分割给智能的服务企业，这些智能的服务企业能够向生产制造企业提供更多、更专业化和更高质量的智能服务，使生产制造企业可以集中力量培养和提高自身的核心部分，从而提高生产制造企业效率和盈利能力。

3. 支持海洋制造企业服务独立化。海洋制造企业服务外部智能化必将带来服务业的独立化，扩大现代海洋服务业的规模，加速海洋服务业的智能发展。随着海洋制造企业服务外部化发展起来的大多是新兴服务业，要支持这些新兴服务业逐步成为服务业中增长中的先导行业。

4. 加速现代海洋产业体系的国际化。以先进海洋制造业、现代海洋服务业相结合为基础，面向国际，推动现代海洋产业体系国际化发展。现代海洋产业体系是开放合作共赢的产业体系，要坚持国际化发展，瞄准全球技术、资金、人才和市场资源，积极吸引全球海洋高科技领军人才和企业到中国投资兴业。推动海洋新兴产业国际合作，通过多边、双边国际合作平台推动海洋新兴产业发展进程，提高海洋新兴产业国际合作水平。支持海洋智能产业龙头企业走出去，拓展国际合作空间，参与国际和区域涉海领域合作，融入全球海洋产业链、价值链、创新链、物流链，在扩大开放中拓展海洋智能产业的国际市场空间与全球资源配置能力。

（四）促进传统产业结构的转型升级

1. 优化传统海洋产业结构。通过海洋先进制造业和现代海洋服务业的融合，调整与优化传统海洋产业结构。以海洋药物与生物制品、海洋新能源、海水淡化、海洋工程装备、海洋新材料等海洋新兴产业为着力点，加大研发投入和政策支持力度，推动海洋新兴产业壮大发展。利用电子信息、互联网等现代技术改造提升传统海洋产业，推动海洋渔业、船舶修造、滨海旅游、涉海服务等传统海洋产业提质增效，提升产业技术含量和品牌附加值。把握海洋产业结构高级化发展趋势，大力发展现代海洋服务和海洋工程装备、海洋药物与生物制品、海洋新能源等海洋战略性新兴产业，不断提升海洋产业创新发展能力。拓展海洋智能服务业，不仅要完成对传统海洋服务业态的改造升级，提升服务效率，而且要结合海洋智能制造业，转变海洋服务业发展理念，将海洋服务业发展与价值增值过程相结合，创新海洋服务业发展模式。因为海洋智能服务业的充分发展，是现代海洋产业体系的标志性特征。

2. 发展核心技术、促进价值链升级。这是构建海洋智能产业体系的关键。只有人力资本雄厚、创新能力强大才能通过自主创新实现产业核心技术掌控，推动产品与服务的品质升级，增加中高端海洋产品和服务供给，推动更多企业进入价值链的智能环节，实现产业链、价值链分工的高端化。实施创新驱动发展战略，重视海洋科技投入，推进各类科技创新载体建设，强化海洋人才培养和引进，完善科技创新体系，提高海洋科技创新能力，构建有利于科技资源整合、科研成果转化的体制机制，发展先进海洋制造业，引导企业加大新型产品、高附加值产品的研发投入，提高先进技术对海洋新兴产业发展的支撑和驱动作用，以占领产业未来竞争的制高点，推动海洋产业结构优化，提升中高端行业在产业结构中的比重，实现从外延式、粗放型的发展模式向内涵式、集约型发展模式转变。大力推动海洋领域质量变革、效率变革、动力变革，加快构建创新引领、富有竞争力的现代海洋产业体系。

3. 健全高端要素协同导向机制。通过构建海洋智能产业体系的导向机制，聚焦重点领域制度性障碍，强化科技创新引擎机制，顺畅现代金融服务机制，健全人力资源资本化机制，破除制约要素流动的障碍，优化要素配置，提升要素效率，增强科技创新、现代金融、人力资本提升服务海洋产业效能，健全激励机制，引导行业收入分配机制向有利于海洋产业结构升级的方向调整，形成海洋产业与高端要素协同发展的高效机制。

4. 结合海洋智能技术产业园区建设，整合人力、物力资源，把握生态红线，以生态建设、人文发展带动海洋智能产业体系提升，扩大生产规模，增加产值效益。建设海洋产品精深加工基地，发展海产品精深综合加工，提高初级产品深加工能力，创建名牌产品，促进精深加工、高附加值产业的发展。

5. 完善港口、码头、交通运输、冷链物流、工厂园区等基础设施，加强海产品流通环节的畅通，利用海洋智能技术及时反馈供需信息，形成海产品分销网络与区域性产品物流中心，建立智能物流网络。充分利用区位、市场、资金以及人才等资源优势，依靠科技进步，利用物联网技术建立数字化设施系统。

（五）支持海洋智能产业相对均衡分布

1. 优化调整海洋智能产业组织、区域布局结构。以市场需求为主导，发展海洋药物技术、海洋电子信息等新兴产业；以高新技术支持传统产业，以传统产业的发展促进高新技术商业化，由此带动新兴产业商业化。

2. 扩大海洋智能产业投融资渠道。针对海洋智能生产总值较低，利用加大投融资的力度，重点建设沿海区域基础设施和重大项目。鼓励国外金融总公司在沿海地区设立分支机构，探索新型融资方式；设立政府创业投资引进资金，鼓励吸纳社会资金，扩大企业融资规模。

3. 建立各种海洋智能产业与服务园区，实现海洋产业与服务集群化。以沿海智能园区为依托，建设海洋智能产业集群、海洋新型产业集群、海洋生态资源保护产业集群、滨海旅游产业集群，整合共享集群内部科技、人才、信息及技术，重视各个港口的资源整合，确保海洋智能产业稳定有序发展。

4. 整合海洋科技资源。发挥海洋中心城市承北启南的枢纽作用，加强与周边地区的沟通，加强与各国港口合作以及其他基础设施对接；加大高校海洋学科建设和海洋产业人才的培养力度。形成一批支撑海洋智能产业发展的高科技实用型人才队伍。

5. 建立沿海产业与服务融合和一体化建设的组织协调与保障机制。统筹、协调和指导全省沿海产业与服务一体化融合、重要海洋产业建设规划和重大举措；建立务实的工作机制与定制会晤磋商制度，推进区域海洋产业链接、海产品优化升级、共同市场体建设、碳汇核算交易制度确立、重大事故处置与环保等重要领域合作；构建大中小型企业配套、中央和省市企业并举、高新技术和适用技术相结合的海洋智能产业体系；拉升海洋能源、装备制造、产供销服务、碳汇市场等系列产业，将沿海建设成为集群效应强、生产规模大、产业链长的海洋产业聚集地和区域经济新的增长中心。

（六）建设重大基础设施和重大项目

1. 充分利用沿海港泊优势，加快港泊升级，推动沿海港泊向大型化、专业化、深水化方向发展，着力打造临港产业集群。依托港区，结合产业结构调整升级，外引内联配套建设集群效应强、生产规模大、产业链条长的产业基地。利用沿海区位优势和产业基础，发展潮汐能、波浪、潮流能等其他具有发展潜力的海洋能源产业，提高国内外竞争实力，实现海洋能源产业的可持续发展。

2. 拓宽投融资渠道，健全重大产业投融资机制。加强公共财政支持，增加政府预算内资金。在沿海地区财政支出预算科目中，建立重大产业发展规划专项财政支出预算科目，提高政府财政对重大产业规划实施的支出。探索财政扶持政策，综合运用担保、贴息、保险等金融工具，带动社会资金投入重大产业发展。健全环保、科技等方面投入的正常增长机制，加强对相关专项资金的整合与统筹安排。发挥市场机制在重大产业发展中的基础作用，鼓励社会资本进入，完善投资主体多元化、资金来源多渠道、组织经营多形式的发展模式。完善重大产业项目金融服务体系，拓宽企业的融资渠道，降低融资风险。

3. 加强近海生态保护与监测，维护重大产业发展与生态环境平衡。实施生态环境保护工程，重点抓好相关海域、海岸带整治修复，以及涉海企业周边自然环境和生态系统保护，加强岸线资源的规划与自然保护区建设，改善近海生态环境，建设沿海生态示范区。强化环境监测能力建设，完善环境监测网络，对江河入海排污口、倾倒区、海湾、涉海工程项目等进行全面监测。加强重大事故防治，健全灾害应急机制。

4. 构建重大海洋产业科技创新体系，提高重大海洋产业科技创造能力。加大涉海大学相关学科专业、科研机构对高新技术产业开发区、海洋产业园区、特色产业基地等产业聚集区的科技服务，建成高效优质的科技服务体系，完善科技服务产业发展。以高新技术开发区为载体，鼓励高校和科研院所创办高新技术企业，或以技术入股形式进入企业，通过校企联合承接省级以上一批重大高新技术产业化示范工程，共建重大产业基地，提升科技创新能力。完善科技研发机制，加快科技成果转化。推进沿海各大高校、科研院所与国外其他高校科研院所与重点企业之间的交流合作，共同组建产学研平台；围绕重点领域开展科研攻关，形成一批国内领先的具有自主知识产权的科技成果；搭建绿色科技成果转化、产业化的重要平台和载体，熟化实验室成果，推进海洋高新技术产业化。

5. 健全蓝色公益服务体系，构筑蓝色产业社会服务平台。推进沿海产业一体化发展的社会服务体系建设，构建蓝色产业经济发展服务平台，为相关企业发展创造良好的发展环境。建立蓝色产业信息咨询服务和市场信息服务，促使蓝色产业信息咨询服务专业市场的形成；改变蓝色产业公共服务供给的技术手段，推进信息现代化建设，构筑立体观测网、生产运输管理体系等在内的蓝色产业物联网。创新蓝色产业经济核算与监测评估机制。建立蓝色产业经济核算与交易体系，完善蓝色产业碳汇经济核算指标体系与监测网络。开展蓝色产业普查，建立蓝色产业行业运行定期发布制度，提供蓝色产业经济运行数据和评估分析资料，为蓝色产业开发、交易、管理和社会公众提供服务。

三、海洋智能产业发展的策略

（一）共享智能技术与产业

目前海洋智能产业基础设施开始起步，围绕海洋环境监测、海上交通运输、海洋预报、海上安全等领域的海洋智能应用服务能力不断增强，但与发达国家和地区相比仍有较大差距。要实施海洋智能技术共享策略，推进智能海洋工程，以智能海洋带动海洋智能化市场化。第一，重点突破关键核心技术，提升海洋智能技术装备自主创新能力。第二，整合资源要素，提升海洋智能自主获取和自主共享能力。第三，搭建标准统一、开放兼容的海洋大数据云平台，构建海洋大数据资源体系。第四，加快互联网，云计算，大数据等信息技术与海洋产业深度融合，推进信息资源的统筹利用和共享。第五，通过全面实施智能海洋建设工程，编制智能海洋建设行动计划，将智能海洋建设纳入沿海海洋经济发展与智能化建设规划中去，统筹推进海洋经济统计核算体系、海洋环境监测与灾害防治体系、海洋智能化体系以及海洋产业智能化发展体系建设，打造智能海洋大数据共享平台。第六，重点推进海洋产业数字化行动，引导海洋智能产业化与海洋产业数字化、海洋制造业与新一代智能技术融合发展，搭建智能海洋、生态海洋、安全海洋、开放海洋、民生海洋等系列数字共享平台，培育基于数字化的海洋产业新业态、新模式与新技术，推动海洋产业数字化发展示范区建设。第七，变革海洋领域的生产与生活方式。新一代海洋智能技术快速发展，正在孕育海洋智能技术革命的新一波创新浪潮，利用当前新技术、新业态、新模式不断产生的时代红利，为构建海洋智能产业体系及海洋经济高质量发展创造条件。

（二）延伸产业与服务

按照“优化发展环境——培育高端要素——构建协同机制——推动海洋智能产业结构优化和高质量发展”的整体思路，加快构建海洋智能产业体系。

第一，以海洋智能产业集群为载体，构建更加紧密的区域性海洋智能产业分工协作机制。重点依托海洋经济发展示范区和海洋智能创新发展示范城市，发挥龙头企业在产业集群建设领头羊作用，推动相关企业、科研单位、金融机构、中介服务机构在特定空间有效集聚、分工合作、协同创新，引导海洋智能产业按产业链上中下游进行布局，提升集群资源配置能力、产业吸纳配套能力、综合成本消化能力和辐射带动能力，形成一批有影响力的海洋智能产业集群。

第二，推动海洋智能产业价值链升级。尽快改变海洋产业在国内外产业分工体系中的弱势地位，逐步提升海洋产业国际价值链地位。具体包括：提升自主创新能力，塑造产业核心竞争力，向海洋产业的研发、设计等技术密集型价值链环节渗透：通过自主品牌培育，分享销售环节利润：打造大型跨国海洋智能企业，培养其国际价值链整合能力，增强在海洋产业国际分工体系中的竞争力。

第三，以新兴产业培育为重点推动海洋产业结构智能化升级。以海洋药物与生物制品、海洋新能源、海水淡化、海洋工程装备、海洋新材料等智能化为着力点，加大研发投入和政策支持力度，推动海洋智能产业发展壮大。

（三）开发多功能产业产品

第一，着力提升海洋智能制造业技术水平。对海洋科技创新给予政策性支持，鼓励开展各种形式的产学研合作，针对关系海洋智能产业发展的核心技术与关键设备组织联合攻关。第二，以地区资源禀赋和比较优势为基础，优化海洋智能产业区域布局。逐步打破生产要素流动壁垒，建立一体化的区域场，逐步消除人为因素导致的产业“同构化”现象，以及由此带来的资源分散、市场分割等不良影响。第三，注重以产业链、产品链为载体在特定区域布局海洋产业门类，打造海洋智能产业集群，提高海洋智能产业体系的聚集度和融合性。第四，明确界定海洋智能产业的内涵外延，将适应时代要求的海洋信息产业等纳入其中。完善海洋智能产业的深远海水产养殖、海洋牧场、水产加工、远洋渔业、海洋生态修复等基础产业的融资担保制度及水产养殖保险体系。第五，加大对海洋智能产业的金融支持，通过政府和社会资本合作，设立海洋智能产业发展风险补偿基金，完善产业发展所需的融资担保、保险与再保险等制度安排。第六，加强海洋领域人才培养模式改革，培养适应海洋智能产业发展需求的高素质海洋领域专项人才。

（四）强化供应链管理与服务型制造

第一，加强供应链管理。海洋智能制造业应该从传统的模式转为质量发展、重新制定采购目标，强化战略性合作与签订框架协议等新模式上来。整合海洋资源是非常重要的工作任务，海洋智能制造企业学习国外先进采购供应商的管理经验，将工作重点与资源集中到市场情况分析、供应商管控等方面，从传统的操作型转为策略型。第二，发展服务型制造业。铸造海洋智能制造业与现代服务业融合发展的新型产业形态，促进海洋智能制造业转型升级，增强海洋智能产业竞争力，推动陆地制造业大国向智能制造业强国转变。

（五）加强现代金融服务

第一，大力发展海洋服务业有助于提高海洋产业的社会化和专业化程度优化海洋产业结构。海洋服务业是海洋经济的核心产业，综观世界海洋大国的崛起历程，金融在区域海洋服务产业的发展过程中起到了举足轻重的作用，为海洋服务业的健康持续发展提供了必要的资金支持。第二，以优化环境为重点促进高端要素向海洋经济领域汇聚。强化改革创新和政策支持力度，促进要素自由流动和价值释放，推动海洋产业重大技术突破。把金融活水引向海洋产业，推动现代金融发展与海洋产业需求紧密结合。第三，发挥政府对产业结构调整与转型升级的宏观调控作用。在市场化条件下，切实引导金融资源投向海洋服务业发展亟待补齐“短板”领域。第四，强化政策引导。明确金融的重点支持领域及主要的金融支持模式，落实相应的信贷、保险、财政贴息、税收减免等扶持措施，为全面构建海洋服务业金融支持体系提供政策保障。第五，发挥政策性金融的先导作用。在财政性建设资金大力发展港航服务业的基础上通过提供税收优惠和财政贴息等手段吸引商业银行加大对滨海旅游业、海洋新兴产业科技研发的扶持力度，挖掘海洋服务业新的增长点。通过政策性金融的先行介入吸引社会其他资金流入，以达到多渠道融资的目的。第六，实施差异化的金融资源配置。针对海洋服务业各细分行业的产业发展阶段与产业链环节的特点，提供差异化的金融支持政策，如海洋战略性新兴产业的科技研发融资，较适合发展风险投资的金融支持模式。同时，政府资金的运作必须按照市场规则进行完善相应的决策程序和监督评价机制，加强财政资金的管理，防止过度调控引起局部产业的过热发展。

（六）培育产业链龙头企业、行业骨干企业

第一，推进海洋智能制造业高端化、智能化、规模化、集聚化、国际化。高端装备制造业作为装备制造业的高端环节，且有技术密集、附加值高，成长空间大，带动作用强等特点，是衡量一个国家和地区海洋智能制造业发展水平和整体经济综合竞争实力的重要标志。顺应国际装备现代海洋制造业高端化、

智能化、规模化、集聚化、国际化的发展趋势，坚持“重点突破、示范带动”方针，以重大关键技术攻关、重大技术产业化和应用示范、重点骨干龙头企业培育为突破口，打造具有国际竞争力的海洋智能装备制造业产业基地。

第二，推进重大创新平台建设。组织实施一批重大创新平台项目，加大专项扶持力度，推动企业加大研发投入、加强核心技术自主创新和引进技术消化吸收再创新。支持重点企业依托科研院所提升关键技术研发水平，围绕高端能源装备、智能制造装备、海洋工程装备、关键基础件等领域建设一批国家重点实验室、国家工程技术中心和企业技术中心。支持重点企业收购兼并海外科技企业和研发机构，建立海洋智能研发基地。

第三，加强高端装备人才支撑。实施高端装备领域领军型人才引进计划，适时在高端装备制造业发达的国家和地区组织举办招才引智活动，引进符合产业导向、掌握关键核心技术、拥有自主知识产权的装备制造业领军人才、高层次创新人才和团队。实施人才培训计划，支持企业依托专业院校、行业协会、各种创新平台，培养各类专业技术人才和经营管理人才，深度推进产学研合作。支持高端装备制造企业多渠道、多方式开发利用外部人才智力资源。完善人才激励机制，推动企业通过持股、技术入股、提高薪酬等方式，吸引优秀企业家、经营管理人才和技术骨干。

第五节　海洋经济发展的潜在空间

一、南北极海洋资源利用

（一）开拓通往南北极的新航道

随着人类生存环境中不可再生资源日益削减，各国积极抢占南北极资源。为开发南北极蕴藏丰富的资源，各国在拓展通往南北极的新航道。普遍公认的北极航道主要有两条：一条是加拿大沿岸的“西北通道”，一条是西伯利亚沿岸的“东北航道”。新航道的开通极大地缩短了航行距离，也给我国在商品出口、勘探、开采资源提供了便利。与此同时，随着全球气候变暖、温室效应等一系列自然环境问题出现，国际社会正采取积极措施，通过科学研究来解决这些问题。南北两极是全球变化的驱动器，既是全球气候变化的冷源，也是人类居住地球与外星联系的重要窗口。南北两极是尚未被开发和污染的一块净土，蕴藏着无数的科学之谜和宝藏。我们必须参与开发、研发、拓展通往南北极的新航道，争取制高点。此外，从军事价值上看，两极具有着极其重要的军事战略意义，控制两极航道意味着控制了未来全球经济发展动脉和军事战略航标，从而能为自身争取更大的经济利益，维护世界和平。

（二）开发利用南北极海洋资源

随着地球人口剧增，全球所能承载的人口、资源出现了严重不协调。与此同时，全球化进程不断推进，各国交往与摩擦已深入到全球各地，越来越多的国家进入和开发南北极。南北极蕴藏的矿产资源极其丰富，目前已被勘探出的矿产种类约 220 种。北冰洋水域蕴藏占世界未开发油气资源 1/4 的石油和天然气，在南极海域和大陆架下的石油存储量高达 500 亿～1000 亿桶，天然气储量 30000 亿～50000 亿立方米，煤炭储量 5000 亿吨。还有丰富的鱼类、虾类和其他海洋生物资源，可以给人类带来巨大的生存能量和经济效益。

此外，南北极还具有很大的科学研究价值。南北极是影响全球气候的重要极点，作为宇宙场、地磁场和环闭地磁场的相互作用地，它控制着全球的气候变化，是全球气象要素的重要基地，在两极进行科学研发一直被国际看作是“科技强国”的指示器。21 世纪各国争先恐后对南北极资源进行开发，在两极冰雪大世界里攒动的是各国对南北极丰富资源的竞争与占领，不可避免产生诸多争端与分歧。在全球化驱使下，中国有必要了解各国对南北极存在的主权争端，以及自己在维护两极公共财产中应尽的权利与义务。作为一个敢于承担责任、有担当的大国，中国应积极参与南北极探索，妥善处理其分歧与争端。

中国作为负责任有担当的大国，对两极科学研究义不容辞。自 1984 年至今，中国在两极已建 3 个科学考察站，和 1 个内陆冰盖考察站——昆仑站。科学考察站分别是南极的长城站、中山站，北极的黄河站。1985 年 2 月 20 日建成长城站，1989 年 2 月 26 日建成中山站，2004 年 7 月 28 日建成黄河站，2009 年 1 月 27 日建成南极首个内陆冰盖最高点冰穹——昆仑站，这些科学考察站的建立标志着中国在两极科学考察中占有重要位置。其中 3 个科学实验站的建立，在研究全球气候变化、领先控制气候变化过程中发挥关键性作用。

目前中国已通过南极国际组织批准，建立了哈丁山特别保护区。该保护区的地理位置特殊，其特殊的地质构造，如冰川地貌、陨石沉积等，具备南极重大科学问题研究所要求的诸多天然条件，也具有重大美学价值和环境价值等。中国在该地区已开展地质、冰川、测绘、气候环境等多学科综合性考察。此外，还与俄罗斯、罗马尼亚、澳大利亚、印度等国共同协议倡导东南极拉斯曼丘陵为特别管理区，旨在通过协调各国在拉斯曼丘陵地区活动以保护该区域环境。

二、国际海底的开发利用

（一）国际海底资源利用的提出和中国海底资源开发

随着人类生产力与科学技术进步，人们对陆地的开采能力已到达顶峰。但在自然环境无法承载、自然资源中诸多资源不可再生的现实情形下，解决人口、资源、环境等诸多矛盾需要人类从高密度大规模开发陆地转向辽阔海洋。如海底蕴藏丰富的矿产资源，近来各国对这些资源充满了浓厚兴趣。继20世纪70年代联合国宣布国际海底及其资源为“人类共同继承财产”后，《联合国海洋法公约》（以下简称《公约》）提出并制定了国际海底制度，从此国际社会拉开了对国际海底资源、制度设计的序幕。国际海底——沿海国管辖范围以外的海底，约2.5亿平方千米，占地球表面积49%。国际海底矿产资源蕴藏储量极其丰富，分布在海底盆地的多金属结核，富含锰、铜、镍、钴等金属元素。分布在大洋中脊热液喷口附近的多金属硫化物，富含锌、金、银等。分布在海底山表面的富钴结壳，富含钴、铂、镍等。

1. 协调国际海底制度。发展中国家与发达国家从各自利益出发，在海底制度与海洋资源开发上针锋相对，互不相让。随着国际社会逐渐认同基本原则，海底问题的焦点趋向两个方面，即国际海底机构的形式和海底区域的疆界。在需要建立一个什么样的国际机构问题上，主要发达国家认为庞大的机构不利于管理主要由私人勘探开采的海底锰结核资源，国际机构主要任务是协调，希望建立一个较为松散的国际机构，机构的主要任务是注册勘探开采。而发展中国家坚持建立一个既经营海底资源又有严格发放执照制度的管制机构。[①] 由于发展中国家在数量上占有优势，发达国家出现内部分化，为了取得相互妥协的意见，双方确立了以国际组织和投资者平行开发机制为核心、以全面负责国际海底开发的国际海底管理机构为载体的国际海底资源管理开发制度，共同探讨以下关键性问题。（1）国际海底管理机构的业务制度性质。双方争执的焦点，是建立执照型管理局还是业务型管理局？发达国家担心强大的国际机构会限制他们的国际海底采矿业。发展中国家认为，国际海底管理局不仅是他们在海底资源获益的工具，而且是建立国际经济新秩序的新途径，希望借此机会改变南北双方不平衡的经济模式。随着国际形势不断发展，发展中国家所提倡的业务型管理局得到了广泛支持，但具体权利与义务权衡仍处于争论中，最终还需通过海洋法及国际社会共同商讨解决。（2）国际海底管理机构的组织设置。国际海底管理局理事会上选举产生权力机构过程中，一贯推行超级大国和霸权主义的美国在表决权机制上，反对发展中国家提出的平等表决权要求，主张实行加权投票制度，限制发展中国家在数额上的优势，给发达国家较大的比重投票表决权，遭到发展中国家的强烈抵制。目前国际社会尚未给出恰当办法来解决该问题。中国和其他发展中国家能做的是，是千方百计使自身不断强大起来，在国际事务中能强有力发声，成为一个真正起作用的大国。（3）国际海底管理机构是否有权管制海底锰结核矿物产量、价格。这是执照型和业务型之间分歧的延续。[②] 这个问题的复杂性，不仅涉及发达国家与发展中国家对海底资源的争夺，也涉及国际管理局管制影响市场对锰结核等资源的经济价值评估，是一个政治与经济并存的双重性问题。总的说来，目前国际上对国际海底开发、勘探、管理等相关制度尚未明确定义，但越来越多的国家和地区正在为这个“人类共同的财产”的开发、勘探朝着好的方向努力，有理由相信在不久的将来全球人类能找到基本满意的海底资源管理制度。

2. 国际海底疆界的划定。国际上对海洋疆界的划定已日趋成熟。如国际法规定，大陆架划分是一国陆地领土在海水下的自然延伸。第三次联合国海洋法会议上有关专属经济区规定：从测算领海基线量起200海里、在其领海以外

---

① ［加］Buzan，B. 海底政治［M］. 北京：生活·读书·新知三联书店，1981.

② 屈广清. 海洋法［M］. 北京：人民出版社，2005.

邻接其领海的海域所设立的一种专属管辖区。关于领海范围、毗邻区宽度的确定，《领海及毗邻区法》规定：领海基线采用直线基线划定，由各相邻基点之间的直线连接组成，其外部界限为一条其每一点与领海基线的最近距离等于12海里的线，毗邻区宽度是毗连为领海以外邻接领海的一带海域。毗邻区的宽度为12海里。上述通过大家公认而生效的国际法的规定，所有理事国在海洋上的合法权益都能得到维护。因此，随着“人类共同的财产”逐渐被人类认识、勘探，对国际海底疆界的划定也很有必要。然而，在划定初期遇到了许多困难。如，该问题与拉美沿海国对200海里界限问题相互交织，近海石油工业配额和海底锰结核经济价值的不确定等各种因素使这一问题更为复杂。

对国际海底疆界的划定经历了以下三个阶段：第一阶段，中美、加勒比各国提出“承袭海”概念，到1972年海底委员会第二次会议再次提出“从领海基线起宽度不超过200海里的称为承袭海的经济区”的建议。第二阶段，一些沿海国家建议非洲国家，如阿尔及利亚、喀麦隆、中非等，有权在其领海以外设立一个“经济区”，沿海国可开发、控制该区域生物资源、防止和管制污染等。这是对美洲国家提出“承袭海”主张的扩展。第三阶段，1972年肯尼亚在雅温得会议建议的基础上提交“关于专属经济区概念的条款草案”，对专属经济区制度作了全面说明，确定国家海底区域与国际海底区域疆界，将海底政治上升到海洋政治。

中国作为最大的发展中国家，有权利也有义务维护和开发“人类共同继承财产”，既彰显出大国风范，也能维护自身在公共财产中的主权利益。事实上中国是一个人均矿产资源占有量远低于世界人均水平的国家，尤其是锰、铜、钴、镍等金属资源占有量。[①] 中国政府提出并制定了开发国际海底多金属结核资源的相关提议，并组织有关部门相继开展海底资源的勘探、开采等活动。

（二）国际海洋局势变革背景下的中国海洋安全战略

为了使“人类共同的继承财产”更好地为全人类谋福利，《公约》规定国际海底资源的一切权利属于全人类，这个原则得到更好落实将体现在“平行

---

① 王斌．太平洋国际海底区域资源开发的海洋环境保护［J］．太平洋学报，2002（2）：85－94.

开发制”和管理局权力架构两方面。“平行开发制”，指国际海底一方面由管理局企业部开发，也允许缔约国或其企业开发。作为代价，缔约国或其企业不仅要为管理局提供资金、转让技术和分享利益，还要在取得每块矿区的同时给管理局一块勘查成熟、确定具有经济价值的矿区。1982 年，《公约》制定的国际海底制度遭到了以美国为首的发达国家联合抵制，从而使“人类共同继承财产”原则遭大打折扣。发达国家仍然掌控国际海底管理职能，主导海洋资源开发活动和市场经营，获取大部分超额利益。

当今国际海洋局势正在发生深刻变革，突出表现在世界主要海洋国家加强和调整海洋政策。据此中国必须制定明确的海洋政策和海洋安全战略，主要任务有：一是始终贯彻并落实“和平共处”的交往原则，完善中国海洋外交战略相关政策与体系制度。二是妥善处理与周围临海国的海域纠纷，切实维护中国海洋主权利益不被侵犯的大国形象。三是捍卫国家海洋权益，维护国家海洋安全。

随着国际海底区域资源开发不断拓展，对海洋环境保护成了中国海洋安全战略中的一项重要议题。中国既要履行保护海洋环境的国际义务和责任，又要保证海洋环境不对资源开发造成不利影响。如防止海上石油开采、海上航行溢油所造成的海洋环境污染等。[①] 国际社会日益重视海洋环境保护，《公约》第十二部分是关于保护或保全海洋环境，其中第 192 条提出“所有国家都负有保护或保全海洋环境的职责”，第 193、第 194 条对此有详尽规定，要求各国单独或联合地采取公约中提到的所有措施，防止、减少和控制来自各处的海洋污染。这些措施包括应处理所有海洋污染源，如排放的有毒有害物质，来自船舶或勘探开采设备的对海洋水域或底土自然环境造成影响的污染物等。第 209 条专门规定了应控制、防止和减少海底区域各种活动所造成的环境污染。[②]

目前中国在太平洋国际海底有 60 万平方千米的优先勘探权，中国大洋协会提出了富钴结壳矿区的申请，得到了国际海底管理局理事会的批准，至此中国在西北太平洋国际海底区域又增加了 3000 平方千米，具有专属勘探权和优先开采权的富钴结壳矿区。

---

① 杨文鹤．伦敦公约二十五年［M］．北京：海洋出版社，1999.

② 刘书剑．外国深海海底矿物资源勘探和开发法［M］．北京：法律出版社，1986.

主要参考文献

一、中文文献

马克思恩格斯选集（第一卷）[M]. 北京：人民出版社，1995.

马克思. 资本论 [M]. 北京：中国社会科学出版社，1983（根据马克思修订的法文版第一卷翻译）.

中共中央文献研究室. 中共党史参考文献 [M]. 北京：中央文献出版社，2001.

中共中央文献编辑委员会. 毛泽东选集 [M]. 第一至六卷，北京：人民出版社，1951.

中共中央文献编辑委员会. 邓小平文选 [M]. 第一至三卷，北京：人民出版社，1993.

中共中央文献研究室. 邓小平讲话实录（演讲卷）[M]. 北京：红旗出版社，2018.

中共中央文献编辑委员会. 江泽民文选 [M]. 第一至三卷，北京：人民出版社，2006.

中共中央文献编辑委员会. 胡锦涛文选 [M]. 第一至三卷，北京：人民出版社，2016.

中共中央文献编委会. 十一届三中全会以来党和国家重要文件选编 [M]. 北京：中共中央党校出版社，2008.

中共中央文献研究室. 江泽民论有中国特色社会主义 [M]. 北京：中央文献出版社，2002.

习近平. 习近平谈治国理政（第一卷）[M]. 北京：外文出版社，2014.

习近平. 习近平谈治国理政（第二卷）[M]. 北京：外文出版社，2018.

习近平. 习近平谈治国理政（第三卷）[M]. 北京：外文出版社，2020.

习近平．习近平谈治国理政（第四卷）[M]．北京：外文出版社，2022.

黄季焜，郜亮亮，冀县卿，等．中国的农地制度、农地流转和农地投资[M]．上海：格致出版社，上海三联书店，上海人民出版社，2012.

阿尔弗雷德·塞耶·马汉．海权论 [M]．北京：中国社会出版社，2019.

高新生．中国共产党领导集体海防思想研究 [M]．北京：时事出版社，2010.

杨兰．新中国成立以来中国共产党海洋战略思想研究 [D]．大连海事大学，2015.

彭克慧．中国共产党几代领导人海洋战略思想研究 [D]．武汉：武汉大学，2015.

[美] 约瑟夫·熊彼特．经济发展理论 [M]．上海：商务印书馆，1992.

威廉·配第．赋税论（全译本）[M]．武汉：武汉大学出版社，2011.

朱坚真．海洋经济学 [M]．北京：高等教育出版社，2010.

朱坚真．海洋环境经济学 [M]．北京：经济科学出版社，2010.

朱坚真．中国商贸经济思想史纲 [M]．北京：海洋出版社，2008.

田春暖．海洋生态系统环境价值评估方法实证研究 [D]．中国海洋大学，2008.

中华人民共和国国务院．全国海洋经济发展规划纲要 [Z]，国发〔2003〕13 号，2003.

刘彦随，龙花楼，王介勇，等．中国农业现代化与农民 [M]．北京：科学出版社，2014.

陈成文．论促进农村土地流转的政策选择 [J]．湖南社会科学，2012 (2).

联合国．千年生态系统评估计划（The Millennium Ecosystem Assessment），2005.

杨克平．试论海洋经济学的研究对象与基本内容 [J]．中国经济问题，1985 (1).

刘曙光，姜旭朝．中国海洋经济研究 30 年：回顾与展望 [J]．中国工业经济，2008 (11).

朱坚真．海洋管理学 [M]．北京：高等教育出版社，2017.

曹立，董振华．建设海洋强国 [M]．北京：中国青年出版社，2022.

刘笑阳．海洋强国战略研究　理论探索、历史逻辑和中国路径 [M]．上海：汉语大词典出版社，2019.

胡志勇．中国海洋治理研究［M］．上海：上海人民出版社，2020.

杨金森．海洋强国兴衰史略［M］．北京：中国海洋出版社，2023.

李明春，吉国．海洋强国梦［M］．北京：海洋出版社，2014.

刘应本，冯梁．中国特色海洋强国理论与实践研究［M］．南京：南京大学出版社，2017.

闫亮．海洋强国的脊梁［M］．北京：中信出版社，2019.

中央档案馆．中共中央文件选编［M］．北京：中共中央党校出版社，1983.

中共中央文献研究室．新中国成立以来重要文件选编［M］．北京：中央文献出版社，2011.

中共中央，国务院．粤港澳大湾区发展规划纲要［M］．北京：人民出版社，2019.

魏江．浙江海洋经济创新发展研究　以舟山为例［M］．杭州：浙江大学出版社，2019.

金永明．海洋治理与中国的行动　2022［M］．北京：社会科学文献出版社，2023.

孙吉亭．中国海洋经济，2018 年第 2 期　总第 6 期［M］．北京：社会科学文献出版社，2018.

王泽宇，韩增林，孙才志．区域海洋经济系统对海洋强国战略的响应［M］．北京：科学出版社，2017.

殷克东．中国海洋经济发展报告［M］．北京：社会科学文献出版社，2020.

王琪．新时代中国海洋软实力研究［M］．北京：中国社会科学出版社，2020.

彭克慧．新中国海洋战略发展史［M］．北京：人民出版社，2017.

［印］拉贾·梅农作．海上战略与大陆性战争［M］．济南：济南出版有限责任公司，2021.

栾维新，等．中国陆海统筹战略研究［M］．北京：科学出版社，2021.

马克思恩格斯文集：第 1 卷［M］．北京：人民出版社，2009.

顾全．大陆强国与海上制衡［M］．上海：上海人民出版社，2019.

胡细华，叶芳．中国古代海洋发展简述［M］．北京：冶金工业出版社，2020.

徐世球．蓝色海洋的变迁［M］．武汉：中国地质大学出版社，2019.

《学术前沿》编．海洋经略论．人民论坛·学术前沿，2022（17）：10－11.

侯毅．海洋文化建设的时代内涵与路径选择．人民论坛·学术前沿，2022（17）：51－56.

朱锋．海洋强国的历史镜鉴及中国的现实选择．人民论坛·学术前沿，2022（17）：29－41.

阿尔弗雷德·塞耶·马汉．海权论［M］．北京：中国社会出版社，2019.

高新生．中国共产党领导集体海防思想研究［M］．北京：时事出版社，2010.

［美］约瑟夫·熊彼特．经济发展理论［M］．上海：商务印书馆，1992.

杨金森．中国海洋战略研究文集［M］．北京：海洋出版社，2006.

张晶．十六大以来中国共产党海洋战略思想述评［J］．才智，2015（27）.

黄英明．基于海陆经济一体化视角的海洋产业布局研究［D］．东北师范大学，2019.

彭克慧．中国共产党几代领导人海洋战略思想研究［D］．武汉大学，2015（12）.

迟福林．探索建设中国特色自由贸易港及其司法体制改革［J］．金融经济，2019（11）.

黄思怡，康霖．海南海洋经济发展情况及对策研究［J］．新东方，2019（03）.

张峰．马克思恩格斯对海洋强国兴衰的规律性认识及其现实启示［J］．毛泽东邓小平理论研究，2023（03）.

秦立志，金永明，杨振姣，等．"中国建设海洋强国的安全环境与保障制度"笔谈［J/OL］．中国海洋大学学报（社会科学版），2023（9）.

陈杰，罗贤宇，黄登良．习近平关于海洋生态文明建设重要论述的生成逻辑、理论意涵与时代价值［J］．中共福建省委党校（福建行政学院）学报，2023（02）.

李靖宇，朱坚真，等．中国陆海统筹战略取向［M］．北京：经济科学出版社，2017.

董亚宁，顾芸．新时代海洋经济高质量发展的基础、瓶颈与路径［J］．观察与思考，2022（10）.

雷光英，刘欣然，陈绵润．我国海洋生态文明素养培育现状与发展对策［J］．海洋湖沼通报，2022，44（5）.

周斌．建设中国特色的海洋强国［J］．出版发行研究，2022（8）.

朱雄，曲金良．“共同体”视野下的中国“海洋强国”建设［J］．海交史研究，2022（2）．

谢茜，夏立平．中国特色海洋文化建设探析［J］．中国高校社会科学，2022（2）．

姚郁．面向海洋未来科技领军人才培养的智慧海洋学院建设研究［J］．高等工程教育研究，2022（2）．

李强华，席欢．基于文献计量分析法的近三十年我国海权问题研究评述［J］．海洋湖沼通报，2022，44（1）．

崔翀，古海波，宋聚生，等．“全球海洋中心城市”的内涵、目标和发展策略研究——以深圳为例［J］．城市发展研究，2022，29（1）．

余璇，沈满洪．海洋强国战略对沿海地区经济增长效应检验［J］．统计与决策，2022，38（1）．

林昆勇．中国海洋科技创新发展的历程、经验及建议［J］．科技导报，2021，39（20）．

唐刚．习近平法治思想中的全球海洋治理理论及实现路径［J］．中国海商法研究，2021，32（3）：12－20．

胡德坤，晋玉．新时代中国海洋观及其对国际海洋治理的影响［J］．国际问题研究，2021（5）．

杜俊华，李江博．习近平关于建设海洋强国重要论述探析［J］．观察与思考，2021（8）．

钟鸣．新时代中国海洋经济高质量发展问题［J］．山西财经大学学报，2021，43（S2）：1－5＋13．

张晓刚．习近平关于海洋强国重要论述的建构逻辑［J］．深圳大学学报（人文社会科学版），2021，38（5）．

刘巍．海洋命运共同体：新时代全球海洋治理的中国方案［J］．亚太安全与海洋研究，2021（4）．

侯毅．中国共产党海洋经略思想的历史演进与实践成就［J］．中国边疆史地研究，2021，31（2）．

张峰．中国共产党海洋观的百年发展历程与主要经验［J］．学术探索，2021（5）．

陈韶阳，郑清予．美国海洋思维剖析及对中国海洋强国建设的启示［J］．太平洋学报，2021，29（4）．

李志文，李耐．海洋强国战略下海上交通安全管理内涵的扩展［J］．社会科学战线，2021（3）．

李靖宇，张晨瑶．论中国主权海域经略大安全观的战略推进取向［J］．太平洋学报，2021，29（2）．

侯猛，代伟．海洋强国战略背景下的海事法院建设——从“三审合一”模式切入［J］．法律适用，2021（2）．

刘雅君．“一带一路”倡议对中国海洋经济发展的影响效应评估［J］．改革，2021（2）．

娄亚萍．马克思恩格斯的海洋强国兴衰理论及其时代价值［J］．当代世界与社会主义，2020（6）．

徐萍．新时代中国海洋维权理念与实践［J］．国际问题研究，2020（6）．

娄成武，崔野．海洋强国视域下的省级海洋行政机构改革：回顾与展望［J］．社会科学研究，2020（6）：54－62．

张旭华．从“海上福州”到海洋强国——中国海洋强国战略的实践探索与理论升华［J］．福建论坛（人文社会科学版），2020（10）：23－32．

吴士存．全球海洋治理的未来及中国的选择［J］．亚太安全与海洋研究，2020（5）：1－22＋133．

王琪，崔野．面向全球海洋治理的中国海洋管理：挑战与优化［J］．中国行政管理，2020（9）．

石源华，陈妙玲．简论中国海洋维权与海洋维稳的平衡互动［J］．同济大学学报（社会科学版），2020，31（4）．

陈杰．海洋命运共同体视角下的中国海洋公共外交［J］．太平洋学报，2020，28（7）．

周守为，李清平．开发海洋能源，建设海洋强国［J］．科技导报，2020，38（14）．

尤永斌．建设海洋强国的战略统筹与布局［J］．前线，2020（6）．

郝志刚，李娟．海洋强国建设背景下海洋非物质文化遗产价值体系构建［J］．齐鲁学刊，2020（3）：91－98．

刘大海，刘芳明．百年变局下中国的全球化海洋战略思考［J］．太平洋学报，2020，28（4）：2.

郭瑾．我国海洋文化产业内涵意蕴与发展方略［J］．山东社会科学，2020（4）：177－182.

戈峰．现代生态学［M］．北京：科学出版社，2008，150－171.

狄乾斌．海洋经济可持续发展的理论、方法与实证研究［D］．辽宁师范大学，2007.

卫梦星，殷克东．海洋科技综合实力评价指标体系研究［J］．海洋开发与管理，2009（8）.

戴桂林，谭肖肖．海洋经济与世界经济耦合演进初探［J］．经济研究导刊，2010（15）.

周秋麟，周通文．国外海洋经济研究进展［J］．海洋经济，2011（2）.

王敏，旋文．世界海洋经济发达国家发展战略趋势和启示［J］．中国与世界，2012（3）.

世界自然保护同盟，世界野生生物基金会合．保护地球：可持续生存战略［M］．北京：中国环境科学出版社，1992.

阿兰·兰德尔．资源经济学［M］．施以正，译．北京：商务印书馆，1989.

蔡守秋．环境资源法教程［M］．北京：高等教育出版社，2004.

楼东，谷树忠，钟赛香．中国海洋资源现状及海洋产业发展趋势分析［J］．资源科学，2005（9）.

孙湘平．中国的海洋［M］．北京：商务印书馆，1995.

荆公．联合增效，加快海洋信息产业的发展［J］．海洋信息，1998（5）.

王诗成．实施海洋信息产业化工程［J］．海洋信息，1998（7）.

蒋铁民．海洋经济探索与实践［M］．北京：海洋出版社，2008.

马吉山，倪国江．中国海洋技术发展对策研究［J］．中国渔业经济，2010（6）.

丛俊．钓鱼岛与南中国海主权争端的现状及前景［J］．东南亚研究，1994（6）.

［美］丹尼尔·格雷厄姆．高边疆——新的国家战略［M］．北京：军事科学出版社，1988.

联合国第三次海洋法会议．联合国海洋法公约［M］．北京：海洋出版社，2004.

向大洋进军，探海底宝藏［M］．北京：海洋出版社，2004.

王曙光．论中国海洋管理［M］．北京：海洋出版社，2004.

虞源澄．加强国际经济合作 促进海洋产业振兴［J］．海洋开发与管理，1998（2）.

国家制造强国建设战略咨询委员会．中国制造2025蓝皮书［M］．北京：电子工业出版社，2017.

论坚持推动构建人类命运共同体［M］．北京：中央文献出版社.2018.

刘明．陆海统筹与中国特色海洋强国之路［D］．中共中央党校，2014.

韩立民．海洋产业结构与布局的理论和实证研究［M］．青岛：中国海洋大学出版社，2007.

栾维新．海陆——一体化建设研究［M］．北京：海洋出版社，2004.

孙加韬．中国海陆一体化发展的产业政策研究［D］．复旦大学，2011.

李明春，吉国．海洋强国梦［M］．北京：海洋出版社，2014.

张锦．近年来中国在南海维权方式的转变及原因分析［J］．消费导刊，2015.

侯昂妤．经略海洋与战略统筹［J］．国防，2015（5）.

杨素云．周恩来经略海洋思想探析［J］．兰台世界，2013（16）.

朱坚真，海洋区划与规划［M］．北京：海洋出版社，2007.

曾贤刚．中国特色社会主义生态经济体系研究［M］．北京：中国环境出版集团，2019.

蔡泳．警惕人口分布“空心化”［J］．中国改革，2011（7）：10－12.

刘建伟．习近平生态文明建设思想中蕴含的四大思维［J］．求实，2015（4）：14－20.

苗丽娟，王玉广，张永华，等．海洋生态环境承载力评价指标体系研究［J］．海洋环境科学，2006（3）：75－77.

彭飞，韩增林，杨俊，等．基于BP神经网络的中国沿海地区海洋经济系统脆弱性时空分异研究［J］．资源科学，2015（12）：2441－2450.

秋乾斌，韩雨汐，曹可，基于PSR模型的中国海洋生态安全评价研究［J］．海洋开发与管理，2014（7）：87－92.

刘家沂．生态文明与海洋生态安全的战略认识［J］．太平洋学报，2009，10：68－74.

林加全，唐天勇．人海和谐海洋文化及其构建理路探究［J］．西安文理学院学报（社会科学版），2014（5）：1－4．

狄乾斌，韩雨汐．熵视角下的中国海洋生态系统可持续发展能力分析［J］．地理科学，2014（6）．

雷钦健．用好海洋资源实现人海和谐发展［J］．惠州日报，2017（12）．

杨国桢．人海和谐：新海洋观与21世纪的社会发展［J］．厦门大学学报（哲学社会科学版），2005（3）．

朱晓暄．关于我国海洋生态问题及战略性对策［J］．化工管理，2018（22）．

黄伟，等．海洋生态红线区划——以海南省为例［J］．生态学报，2016（1）．

刘慧，苏纪兰．基于生态系统的海洋管理理论与实践［J］．地球科学进展，2014（2）．

罗先香，朱永贵，等．集约用海对海洋生态环境影响的评价方法［J］．生态学报．2014（1）．

曾江宁，陈全震，等．中国海洋生态保护制度的转型发展——从海洋保护区走向海洋生态红线区［J］．生态学报，2016（1）．

薛永武．海洋生态视域下的海陆统筹发展战略［J］．山东师范大学学报（人文社会科学版），2015（5）：111－121．

纪玉俊．资源环境约束、制度创新与海洋产业可持续发展——基于海洋经济管理体制和海洋生态补偿机制的分析．中国渔业经济，2014（4）：20－27．

徐胜．海洋强国建设的科技创新驱动效应研究［J］．社会科学辑刊，2020（2）：125－134．

张瑞嵘，龙心刚．海洋强国梦的先声：晚清西方海防著作译介研究［J］．中国翻译，2020，41（2）：26－34＋187．

王世杰，杨世忠．全球海洋治理视域下海洋资源资产负债表探析［J］．海洋通报，2020，39（1）：52－60．

郑崇伟，李崇银．海洋强国视野下的“海上丝绸之路”海洋新能源评估［J］．哈尔滨工程大学学报，2020，41（2）：175－183．

廖民生，刘洋．新中国成立以来国家海洋战略的发展脉络与理论演变初探［J］．太平洋学报，2019，27（12）：88－97．

谢茜．新中国70年海洋强国建设［J］．当代中国史研究，2019，26（6）：147．

张艺，龙明莲．海洋战略性新兴产业的产学研合作：创新机制及启示［J］．科技管理研究，2019，39（20）：91－98.

谢茜．新中国70年海洋强国建设［J］．中国高校社会科学，2019（5）：23－30＋156.

杨晓斌，蔡勤禹．“新时代海洋强国理论与实践研讨会”综述［J］．中国高校社会科学，2019（5）：150－151.

林建华，祁文涛．民族复兴视域下海洋强国战略的多维解析［J］．理论学刊，2019（4）：109－118.

傅梦孜，陈旸．对新时期中国参与全球海洋治理的思考［J］．太平洋学报，2018，26（11）：46－55.

刘笑阳．海洋强国战略的理论分析［J］．太平洋学报，2018，26（8）：62－76.

贾宇．关于海洋强国战略的思考［J］．太平洋学报，2018，26（1）：1－8.

王历荣．中国建设海洋强国的战略困境与创新选择［J］．当代世界与社会主义，2017（6）：157－165.

王泽宇，梁华罡，张震．海洋经济系统对海洋强国战略适应性评价——以辽宁省为例［J］．资源开发与市场，2017，33（12）：1493－1498＋1528.

何友．加快发展海洋信息处理技术，为海洋强国提供科技支撑［J］．科技导报，2017，35（20）：1.

郑义炜．陆海复合特征下中国海洋战略的转型——兼论美国地缘战略的影响［J］．当代世界与社会主义，2017（5）：169－176.

刘亮，李昊匡．中国式现代化经济发展道路的理论积淀与实践探索［J］．上海经济研究，2023（4）：15－29.

张雷声，王坚．共同富裕的中国式现代化对资本主义悖论性贫困的超越［J］．湖南大学学报（社会科学版），2023，37（2）：127－133.

宁吉喆．正确分析当前经济形势为中国式现代化开好局起好步［J］．中国经济问题，2023（2）：1－5.

何自力，张俊．中国式现代化与中国经济学自主知识体系建构［J］．中国高校社会科学，2023（2）：46－56＋158.

胡博成．超越资本主义现代化：中国式现代化道路的历史探索及原创性贡献研究［J］. 宁夏党校学报，2023，25（2）：32－39.

石巧红，罗建文. 中国式现代化语境中全体人民共同富裕的三个维度［J］. 海南大学学报（人文社会科学版），2023，41（4）：26－32.

刘静，彭随缘. 海外对中国式现代化的探讨及启示［J］. 当代世界与社会主义，2023（1）：167－176.

于炎，汪勇. 共同富裕：中国式现代化的逻辑展开与未来图景［J］. 贵州社会科学，2023（2）：12－19.

贺智慧. 中国式现代化的国际认同：理念与路径［J］. 湖南社会科学，2023（1）：9－14.

姚修杰. 中国式现代化的理论内涵与实践向度——兼论对资本主义现代化的超越［J］. 长白学刊，2023（1）：12－20.

林毅夫，付才辉. 中国式现代化：蓝图、内涵与首要任务——新结构经济学视角的阐释［J］. 经济评论，2022（6）：3－17.

高波，吕有金. 中国式现代化道路：理论逻辑、现实特征与推进路径［J］. 河北学刊，2022，42（6）：110－118.

黄晓伟，卫帅. 论中国式现代化视域的全体人民共同富裕道路［J］. 北京航空航天大学学报（社会科学版），2022，35（5）：35－42.

常庆欣. 中国式现代化新道路的政治经济学分析［J］. 东南学术，2022（5）：1－12＋247.

吴忠民. 中国式现代化面临的若干外部环境风险及应对思路探析［J］. 当代世界与社会主义，2022（4）：52－58.

王鑫. 中国式现代化视域下的共同富裕：内涵、价值与路径［J］. 浙江工商大学学报，2022（3）：24－33.

梅荣政，朱莹. 中国式现代化视域下习近平关于共同富裕论述的解读［J］. 广西大学学报（哲学社会科学版），2022，44（1）：1－8.

董志勇，毕悦. 中国式现代化的发生逻辑、基本内涵与时代价值——基于文明新形态的视角［J］. 政治经济学评论，2021，12（5）：23－39.

胡博成. “要资本，不要资本主义”：中国式现代化道路的世界意义研究［J］. 河南大学学报（社会科学版），2023，63（5）：1－8＋152

毛磊，张今誉. 中国式现代化“中国特色”的政治经济学意蕴［J］. 社会主义研究，2023（4）：9－17.

邓海林，韩敏．中国式现代化视域中共同富裕的理论根基与实现路径［J］．江苏社会科学，2023（4）：9－17.

朱坚真．中国海洋安全体系研究［M］．北京：海洋出版社，2015.

段萌琦，李晓丹．中国式现代化视域下的共同富裕：价值向度、逻辑基础与实践路径［J/OL］．中国延安干部学院学报，2023（1）：1－15［2023－09－08］.

王立胜，段博森．论实现高质量发展是中国式现代化的本质要求［J］．江海学刊，2023（4）：5－15.

邢荣．中国式现代化对“资本逻辑”的超越［J］．理论视野，2023（6）：57－63.

孙琳，葛燕燕，姜姝．绿色发展理念驱动中国式现代化的辩证法研究［J］．南京农业大学学报（社会科学版），2023，23（3）：11－20.

赵畅，陈吉庆．中国式现代化进程中新发展理念的出场逻辑和原创性贡献［J］．中国矿业大学学报（社会科学版），2023，25（3）：27－38.

胡宏伟，陈一林，胡鑫怡．中国式现代化与民生保障研究——理论框架与路径阐析［J］．北京航空航天大学学报（社会科学版），2023，36（3）：94－105.

曹文泽，王静．浦东样本的制度逻辑探析——基于中国式现代化的视角［J］．华东师范大学学报（哲学社会科学版），2023，55（3）：22－30＋169.

张建华，文艺瑾．从全面小康到共同富裕：中国式现代化理论创新的新使命［J］．经济评论，2023（3）：3－13.

郑有贵．中国式现代化由全面小康向现代化强国的大跨越［J］．山西师大学报（社会科学版），2023，50（3）：12－19.

王明舜．中国海岛经济发展模式及其实现途径研究［D］．中国海洋大学，2009.

罗能生．产权的伦理维度［M］．北京：人民出版社，2004.

吴立新．建设海洋强国离不开海洋科技［J］．中国战略性新兴产业，2017（45）：94.

金永明．新时代中国海洋强国战略研究［M］．北京：海洋出版社．2018.

沈佳强，等．中国特色海洋强国建设理论探索［M］．北京：环境科学出版社，2019.

世界环境与发展委员会．我们共同的未来［M］．长春：吉林人民出版社，1997.

朱坚真．南海发展问题研究［M］．北京：海洋出版社，2013.

王历荣．中国建设海洋强国的战略困境与创新选择［J］．当代世界与社会主义，2017（6）.

郑义炜．陆海复合型中国“海洋强国”战略分析［J］．东北亚论坛，2018（2）：76－90.

李庆功，周忠菲，等．中国南海安全的战略思考［J］．科学决策，2014（11）：1－51.

胡波．中国海权策：外交、海洋经济及海上力量［M］．北京：新华出版社，2012.

华生．中国改革做对的和没做的［M］．北京：东方出版社，2012.

E. G. Ravenstein. The Laws of Migration，Journal of the Royal Statistical Society［J］．1889，Vol. 52，No. 2，p. 241－305（E. G. 列文斯坦的《人口迁移规律》）.

刘家强．人口经济学新论［M］．成都：西南财经大学出版社，2004，104.

蔡昉，林毅夫．中国经济：改革与发展［M］．北京：中国财政经济出版社，2003：81.

陈秀莲，樊兢．中国南海海洋战略资源安全的困境与合作对策［J］．世界地理研究，2018.

冯顺鑫，马文博．新常态下南海区域海洋经济发展的新思路探寻［J］．中国集体经济，2020.

蒙培元．人与自然：中国哲学生态观［M］．北京：人民出版社，2004，56.

方胜民，殷克东．海洋强国指标体系［M］．北京：经济科学出版社，2008. 11 第1版.

张根福，魏斌．习近平海洋强国战略思想探析［J］．思想理论教育导刊，2018（5）：33－39.

黄凤志，罗肖．关于中国引领南海战略态势的新思考［J］．国际观察，2018（2）：127－142.

葛红亮，鞠海龙．“中国—东盟命运共同体”构想下南海问题的前景展望［J］．东北亚论坛，2014（4）：25－34.

李庆功，周忠菲，苏浩，等．中国南海安全的战略思考［J］．科学决策，2014（11）：1－48．

杨金森，王芳．他国海洋战略与借鉴［J］．中国工程科学，2016，18（2）：119－125．

彭立春．习近平新时代中国特色社会主义海洋思想探析［J］．新西部，2018（4）：7－8．

陈秀莲，樊兢．中国南海海洋战略资源安全的困境与合作对策［J］．世界地理研究，2018，27（2）：55－64．

佘红艳．中国特色社会主义海洋战略观的历史演变［J］．管理观察，2015（35）．

冯梁．“加快建设海洋强国”下我国经略海洋重大战略问题［J］．亚太安全与海洋研究，2018（7）．

孙悦民，张明．海洋强国崛起的经验总结及中国的现实选择［J］．国际展望，2015（1）．

刘中民．中国海洋强国建设的海权战略选择——海权与大国兴衰的经验教训及其启示［J］．太平洋学报，2013（8）．

张海文，王芳．海洋强国战略是国家大战略的有机组成部分［J］．国际安全研究，2013（6）．

吴玉红，李诗悦．我国海洋强国建设的“新钻石模型”分析［J］．吉林师范大学学报（人文社会科学版），2018（4）．

冯梁．“加快建设海洋强国”下我国经略海洋重大战略问题［J］．亚太安全与海洋研究，2018（4）．

张俏．习近平海洋思想研究［D］．大连海事大学，2016（3）．

张平．习近平海洋经济思想初探［N］．中国海洋报，2017（10）：1－2．

从思想和实践上提升全民海洋意识——走向海洋、经略海洋、维护海权系列评论之三［N］．中国海洋报，2015（3）．

殷克东，方胜民．国家哲学社会科学成果文库——2015中国海洋经济周期波动监测预警研究［M］．北京：人民出版社，2016．

朱坚真，刘汉斌．我国海洋经济安全监测指标体系研究［J］．太平洋学报，2013，01：86－93．

曹忠祥，高国力．我国陆海统筹发展的战略内涵、思路与对策［J］．中国软科学，2015（2）：1-12.

张根福，魏斌．试析习近平新时代陆海统筹思想［J］．观察与思考，2018（6）：23-29.

莫晨宇．广西发展向海经济对策研究［J］．经贸实践，2018（9）：80.

肖琳．海陆统筹共进，构建“一带一路”［J］．太平洋学报，2014（2）.

陈秋玲，于丽丽．中国海陆一体化理论与实践研究动态［J］．江淮论坛，2015（3）.

涂永强．中国海洋经济安全的预警实证研究［J］．海洋经济，2013（1）：12-17.

刘中民，张德民．海洋领域的非传统安全威胁及其对当代国际关系的影响［J］．中国海洋大学学报社（社会科学版），2004（4）：60-64.

于谨凯，张亚敏．基于DEA模型的我国海洋运输业安全评价及预警机制研究［J］．内蒙古财经学院学报，2011（6）：68-72.

艾良友．海洋强国战略下船政文化产业跨界融合发展探讨［J］．海峡科学，2017（10）：32-37.

张耀光，刘锴，王圣云．关于我国海洋经济地域系统时空特征研究［J］．地理科学进展，2006（5）：47-56.

谭晓岚．论海洋经济竞争力评价理论框架、影响因素［J］．海洋开发与管理，2010（7）：67-71，1-9.

韩增林，刘桂春．海洋经济可持续发展的定量分析［J］．地域研究与开发，2003（3）：1-4.

狄乾斌，韩增林．我国海洋资源开发综合效益的评价探讨［J］．国土自然资源研究，2003（3）：16-18.

殷克东，方胜民．中国海洋经济形势分析与预测［M］．北京：经济科学出版社，2010.

于谨凯，李宝星．我国海洋产业市场绩效评价及改进研究——基于Rabah Ami模型、SCP范式的解释［J］．产业经济研究，2007（2）：14-21.

涂水强．中国海洋经济安全的预警实证研究［J］．海洋经济，2013（1）：12-17.

刘明．我国海洋经济安全现状与对策［J］．中国科技投资，2008（11）：52－54．

黄建钢．论习近平“一路”之战略思想［J］．当代世界与社会主义，2015（4）：42－48．

黄建钢．习近平“21世纪海上丝绸之路”论述研究［J］．党政视野，2015（6）．

黄建钢．互动和共进：中国海洋方略的内涵——从“21世纪海上丝绸之路”和“海陆统筹”的视角思考［J］．中共浙江省委党校学报，2016（1）：94－100．

李世杰，王成林．21世纪“海上丝绸之路”建设：经贸纽带与战略支撑［J］．海南大学学报（人文社会科学版），2015（2）．

曹秋菊，唐新明．开放经济下中国产业安全测度［J］．统计与决策，2009（17）：82－84．

曹文振，胡阳．“一带一路”战略助推中国海洋强国建设［J］．理论界，2016（2）：50－57．

李向阳．论海上丝绸之路的多元化合作机制［J］．世界经济与政治，2014（11）．

郑崇伟．21世纪海上丝绸之路：关键节点的能源困境及应对［J］．太平洋学报，2018（7）．

刘向东．邓小平对外开放理论的实践［M］．北京：中国对外经济贸易出版社，2001．

李占才．当代中国经济思想史［M］．郑州：河南大学出版社，1999．

陈东琪．1900－2000中国经济学史纲［M］．北京：中国青年出版社，2004．

中国国务院研究室．中华人民共和国经济管理大事记［M］．北京：中国经济出版社，1986．

朱坚真．中国西部开发论［M］．北京：华文出版社，2001．

李嘉诚．李嘉诚商业演讲录［M］．香港：嘉杰出版社，2003．

朱坚真．应全面评价1927～1937年的中国工业经济［J］．经济科学，1988（4）．

朱坚真．中国近代工业化新论［J］．经济科学，1989（4）．

朱坚真．抗战时期国民党政府的财政金融政策及经济统制措施（上）

[J]. 教学与研究, 1989 (2).

朱坚真. 抗战时期国民党政府的财政金融政策及经济统制措施 (下) [J]. 教学与研究, 1989 (3).

彭卫. 试论邓小平的对外贸易思想 [J]. 中共云南省委党校学报, 2005 (2).

蔡玮. 试论邓小平关于扩展对外贸易的战略思想 [J]. 上海党史与党建, 1998 (1).

朱坚真. 中国沿海港口交通体系与海上通道安全 [M]. 北京: 经济科学出版社, 2017.

周珊珊. 琼雷陆海统筹研究 [M]. 广州: 中山大学出版社, 2023.

米运生. 江泽民同志的国际经贸与科技合作观 [J]. 怀化师专学报, 2000 (3).

李松吉, 庄晓卉: 朱镕基的金融运行思想综述 [J]. 农金纵横, 1994 (5).

李林杰, 朱坚真. 中国农地与环境经济制度思想史论 [M]. 北京: 经济科学出版社, 2017.

杨洁篪. 推动构建人类命运共同体 [A]. 载于我们编写组. 党的十九大报告辅导读本 [C]. 北京: 人民出版社, 2017.

张继龙. 国内学界关于人类命运共同体思想研究述评 [J]. 社会主义研究, 2016 (6).

傅守祥. 人类命运共同体的中国智慧与文明自觉 [J]. 求索, 2017 (3).

吉姆·霍格兰. 人工智能消灭过时岗位, 第四次工业革命即将来临 [N]. 参考消息, 2017-11-24.

周珊珊. 琼州海峡通道产业合作与华南海洋产业基地建设研究 [M]. 北京: 经济科学出版社, 2019.

朱坚真. 中华经济圈与全球经济协作 [M]. 北京: 海洋出版社, 2018.

二、外文文献

Krutilla J V. Conservation reconsidered [J]. American Economic Review, 1967, 57 (4).

Farber S C, Costanza R, Wilson M A. Economic and ecological concepts for valuing ecosystem services [J]. Ecological Economics, 2002, 41 (3).

Stephen Broadberry and Kein O'Rourke, ed. , the Cambridge Economic History of Modern Europe (Volume 1: 1700 - 1870), Cambridge University Press, 2010.

ISO 14040. Environmental management life cycle assessment principles and framework [S]. 1997.

Modi, A. K. y I. A. Karimi, Design of Multiproduct Batch Processes with Finite Intermediate Storage. Computers and Chemical Engineering, 13, 127 - 139 (1989).

IRRI. IRRI studies role of ricefield methane in global climate change. The IRRI Report, 1991, 4: 1, 2.

Millennium Ecosystem Assessment. Ecosystems and Human Well being: A Framework for Assessment [M]. Washing DC: Island Press, 2003.

Robert W. Bamet Beyond. warjan's concept of Coperhensive National Security. [M]. Pergamon Brassey's International Defense Publishers, 1984.

Robert A. Pollard: Economic Security and the Origins of the Cold War 1944 - 1950 [J]. Diplomatic History, 1985 (3).

Sperling. James and Kirchner Emil: Economic Security and Problem of cooperarion in past-cold War comell Paperbacks, 1988.

Michael A. Barnhart: Japan Prepares for Total War: The Research Economic Security 1919 - 1941 [J]. comell Paperbacks, 1988.

Judith Kildow, Charles S Colgan. California's ocean economy. California: National Ocean Economics Program, 2005: 1 - 156.

Mark J. Valencia. In Response to Robert Beckman [J]. RSIS Commentaries, 2007 (6).

Millennium Ecosystem Assessment. Ecosystems and Human Well being: Synthesis [M]. Washing DC: Island Press, 2005.

How Sing Sii, Jin Wang, Tom Ruxton. Novel risk assessment techniques for maritime afety management system. International Journal of Quality Reliability Management, 2001, 18.

Managi Shunsuke, Opaluch James J, Jin Di, Grigalunas Thomas. A Forecasting energy supply and a pollution from the offshore oil and gas. Marine Resource Economics, 2004, 19 (3): 307 - 332.

Mikhail Kashubsky. Marine Pollution from the Offshore Oil and Gas Industry: Review of Maior Conventions and Russian Law (Part I). Maritime Studies, 2006 (31).

Pankov. V. Economic Security: Essence and Manifestations [J]. International Affairs, 2011, 57 (1): 192 – 202.

Wimbush S E, Tsereteli M. Economic security and national security: Connected in Georgia [R]. Centralasia – Caucasus Analyst, 2008.

Modarress B, Ansari A. The economic, technological, and national security risks of offshore outsourcing [J]. Joumnal of Global Business Issues, 2007, 1 (2): 165 – 177.

Stephen Broadberry and Kein O'Rourke, ed., the Cambridge Economic History of Modern Europe (Volume 1: 1700 – 1870), Cambridge University Press, 2010, p. 104.

Millennium Ecosystem Assessment. Ecosystems and Human Well being: A Framework for Assessment [M]. Washing DC: Island Press, 2003.

Bertollo P Assessing landscape health: A case study from northeaster Italy [J]. Environ Manag, 2001, 27 (3): 349 – 365.

How Sing Si, Jin Wang, Tomruxton. Novel risk assessment techniques for maritime safety management system. International Journal of Quality & Reliability Management, 2001, 18 (9): 982 – 1000.

Cooper (Cooper, Philip). socio – ecological accounting: DPSWR: DPSIR amodified DPSIR framework and its application to marine ecosystems [J]. Eeonomies, 2013, 7 (10): 106 – 115.

Alla Kalinina, Anna Borisova. The monitoring of the e – government projects realization in the South of Russia [J]. NETNOMICS: Economic Research and Electronic Networking, 2013, 143.

Kirsten Thompson, Renee Van Eyden, Rangan Gupta. Identifying an index of financial conditions for South Africa [J]. Studies in Economics and Finance, 2015, 322.

Exploring stakeholder perceptions of marine management in Bermuda. Sarah E.

Lester, 2017.

Marine Governance in a European context: Regionalization, integration and co-operation for ecosystem – based management. Katrine Soma, Jan van Tatenhove, Judith van Leeuwen, 2015.

Confronting the implementation of marine ecosystem – based management within the Common Fisheries Policy reform. Raúl Prellezo, Richard Curtin, 2015.

Management of the marine environment: Integrating ecosystem services and societal benefits with the DPSIR framework in a systems approach. Jonathan P. Atkins, Daryl Burdon, Mike Elliott, Amanda J. Gregory, 2011.

Adapting Management of Marine Environments to a Changing Climate: A Checklist to Guide Reform and Assess Progress. Colin Creighton, 2016.

Fisheries management in Central Maluku, Indonesia, 1997 – 1998. Irene Novaczek, Juliaty Sopacua, Ingvild Harkes, 2001.

Sumine Yoshikawa: China's Maritime Silk Road Initiative and Local Government, Journal of Contemporary East Asia Studies, 2016, Vol. 5 (2), p. 79 – 89.

Deepa M. Ollapally, Understanding Indian Policy Dilemmas in the Indo – Pacific through an India – US – China Maritime triangle Lens, Maritime Affairs: Journal of the National Maritime Foundation of India, 2016, Vol. 12 (1), p. 1 – 12.

Oliver Brauner: Harmonious Ocean? Confrontation and Cooperation in the Maritime Strategy of the People's Republic of China, Zeitschrift für Außen – und Sicherheitspolitik, 2011, Vol. 4 (2), p. 217 – 226.

Oliver Brauner: Wenn Du einen Schritt machst, dann mache ich zwei—Chinas maritime Strategie im Ost – und Südchinesischen Meer, Zeitschrift für Außen – und Sicherheitspolitik, 2014, Vol. 7 (4), p. 441 – 450.

Krupakar: China's Naval Base (s) in the Indian Ocean—Signs of a Maritime Grand Strategy? Strategic Analysis, 2017, Vol. 41 (3), p. 207 – 222.

Sandra Cassotta, Kamrul Hossain, Jingzheng Ren, Michael Evan Goodsite, Climate Change and China as a Global Emerging Regulatory Sea Power in the Arctic Ocean: Is China a Threat for Arctic Ocean Security? Beijing Law Review, 2015, Vol. 06 (3), p. 199 – 207.

Dhara P. Shah, China's Maritime Security Strategy: An Assessment of The White Paper On Asia - Pacific Security Cooperation, Maritime Affairs: Journal of the National Maritime Foundation of India, 2017, Vol. 13 (1), p. 1 - 13.

Alexandr Burilkov, Torsten Geise: Maritime Strategies of Rising Powers: Developments in China and Russia, Third World Quarterly, 2013, Vol. 34 (6), p. 1037 - 1053.

Singh, Maritime Strategies of China and Southeast Asia, Strategic Analysis, 2015, Vol. 39 (1), p. 88 - 91.

Mohan Malik, Myanmar's Role in China's Maritime Silk Road Initiative, Journal of Contemporary China, 2018, Vol. 27 (111), p. 362 - 378.

Jean - Marc F. Blanchard: China's Maritime Silk Road Initiative (MSRI) and Southeast Asia: A Chinese "pond" not "lake" in the Works, Journal of Contemporary China, 2018, Vol. 27 (111), p. 329 - 343.

Mohd Aminul Karim: China's Proposed Maritime Silk Road: Challenges and Opportunities with Special Reference to the Bay of Bengal Region, Pacific Focus, 2015, Vol. 30 (3), p. 297 - 319.

An international program on silk Road Disaster Risk Reduction—a belt and Road initiative (2016 - 2020).

Leonard K. Cheng. Three questions on China's "Belt and Road Initiative". China Economic Review, 40 (2016) 309 - 313.

Timothy R. Heath. Dispute Control: China Recalibrates Use of Military Force to Support Security Policy's Expanding Focus. JSPES, Vol. 43, No. 1 - 2 (Spring - Summer 2018), p. 33 - 77.

Timothy R. Heath. To Protect Overseas Interests, China Likely to Rely More on Contractors and Host Nation Forces Than Its Own Military. RAND Corporation, March 27, 2018.

Timothy R. Heath. China's Pursuit of Overseas Security. Published by the RAND Corporation, Santa Monica, Calif. 2018.

Timothy R. Heath. Chinses Political and Military Thinking Regarding Taiwan and the East and South China Seas. Published by the RAND Corporation, Santa Monica,

Calif, 2017.

Sperling. James and Kirchner Emil: Economic Security and Problem of cooperarion in past - cold War comell Paperbacks, 1988.

Michael A. Barnhart: Japan Prepares for Total War: TheResearch Economic Security 1919 - 1941 [J]. comell Paperbacks, 1988.

White House. The National Security Strategy of the United States [R]. Washington: Government Printing. 1994: 1 - 3.

White House. A National Security Strategy for a New Century [R]. Washington: Govemment Printing Office, December 1999: 1 - 2.

Theodore H. Moran. American Economic Policy and National Security [M]. New York: Council on Foreign Relations Press, 1993: 70 - 81.

Vincent Cable. What is International Economic Security? [J]. International Affairs, 1995 (71).

Mamoon D Economic security, well - functioning courts and a good government [J]. International Journal of Social Economics, 2012, 39 (8): 587 - 611.

Raskisits C. G. P. Pakistans twin interrelated challenges: economic development and security [J]. Australian Journal of International Affairs, 2012, 66 (2): 139 - 154.

Mark J. Valencia. In Response to RobertBeckman [J]. RSIS Commentaries, 2007 (6).

IMB. Intemational Maritime Bureau 2011 Global Piracy Report: Successful Piracy Attacks Decreasing [EB/OL]. http://www. noonsite. com/general/piracy/piracyRepors2012.

Wemer Draguhn, Robert Ash. Chinas Economic Security. St Martinspress 1999 (11): 23 - 4.

David K Tse, Dongsheng Zhou, Shaomin Li. The Impact of FDI on theproductivity of Domestic Firms: The Case of China International Businessreview, 2002 (11): 465 - 484.

Koen De Backer, Leo Sleuwaegen Does Foreign Investment Crowd OutDomestic Entrepreneurship. Review of Industrial Orgaanization, 2003 (22): 67 - 84.

Aslidemirguc - kunt, EnricaDetragiache. The Determinants of Banking Crises in

Developing and Developed Countries [J]. IMF Staff Papers. 1998, 45 (1): 81 -109.

Brixi H P, Schick A. Fiscal risks and the quality and fiscal adjustment in Hungary [R]. Policy Research Working Paper, 1999.

Bergh J, Verbruggen H. Spatial sustainability, trade and indicators: an evaluationof the ecological footprint [J]. Ecological Economics, 1999. 29: 61 -72.

Polackova H, Shatalor S, Zlaoui L. Managing fiscal risk in Bulgaria [R]. Policy Research Working Paper, 2000.

Koyuncugil A S, Ozgulbas N. Financial early warning system model and data mining application for risk detection [J]. Expert Systems with Applications, 2012, 39 (6): 6238 -6253.

Colin Woodard. Oceans End Travels Through Endangered Seas [M]. New York: Bassic Books, 2001.

Managi Shunsuke, Opaluch James J, Jin Di, Grigalunas Thomas A. Forecasting energy supply and apollution from the offshore oil and gas. Marine Resource Economics, 2004 (3): 307 -332.

Judith Kildow, Charles S Colgan. california's ocean economy. California: National Ocean Economics Program, 2005: 1 -156.

Mikhail Kashubsky. Marine Pollution from the Offshore Oil and Gas Industry: Review of Major Conventions and Russian Law (Part I). Maritime Studies, 2006 (31).

Douglas D. Ofiara, Joseph J. Seneca. Biological effects and subsequent economic effects and losses from marine pollution and degradations in marine environment: Implications from the literature [J]. Marine Pollution Bulletin, 2006 (52): 844 -864.

K Nittis, L. Perivoliotis Operational monitoring and forecasting for marine environmental applications in the Aegean Sea. Environmental Modelling Software, 2006 (21): 243 -257.

Kildow J. T. , Mcllgorm A. The importance of estimating the contribution of the oceans to national economics [J]. Marine Policy, 2010, 34 (3): 367 -374.

Isaac C. Kaplan, Jerry Leonard. From krill to convenience stores: Forecasting the economic and ecologicaleffects of fisheries management on the US West Coast

[J]. Marine Policy, 2012 (36): 947 -954.

Nicolas Kalogerakis, Johanne Arff. The role of environmental biotechnology in exploiting, monitoring, preserving, protecting and decontaminating the marine environment. New Biotechnology, 2015 (32): 157 -167.

Madan Mohan Dey, Kamal Goshb. Economic impact of climate change and climate change adaptation strategies for fisheries sector in Solomon Islands: Implication for food security. Marine Policy, 2016 (67): 171 -178.

Biliana cicin - sain, Robert W. Knecht. The Future of u. s. Ocean Policy: Choices for the New Century [M]. Washington: Island Press, 2000.

Bueger C. What is maritime security? [J]. Marine Policy, 2015 (53): 159 -164.

Germond B. The geopolitical dimension of maritime security Marine Policy, 2015 (54): 137 -142.

Ostrander C E The US National Ocean Policy: Priorities, Benefits, and Limitations in the Insular Pacific [M]. //self - determinable Development of Small Islands. Springer Singapore, 2016: 221 -231.

Shumchenia E J, Guarinello M L, Carey D A, et al. Inventory and comparative evaluation of seabed mapping, classification and modeling activities in the Northwest Atlantic, USA to support regional ocean planning [J]. Journal of Sea Research, 2015 (100): 133 -140.

Torres H, Muller - karger F, Keys D, et al. Whither the US National Ocean Policy Implementation Plan? [J]. Marine Policy, 2015 (53): 198 -212.

Edmunds Anton. Carbbean Maritime Economic Security Program [EB/OL].

Hooker R D, Understanding Us Grand Strategy [J]. orbis, 2015, 59 (3): 317 -330.

Ikeshima T. Japan's role as an Asian observer state within and outside the Arctic council's framework [J]. Polar Science, 2016.

Vince J, Smith A D M, Sainsbury K J, et al. Australia s Oceans Policy: Past, present and future Marine Policy, 2015 (57): 1 -8.

Murphy L, Meijer F, Visscher H. A qualitative evaluation of policy instruments used to improve energy performance of existing private dwellings in the Netherlands

[J]. Energy Policy, 2012 (45): 459 -468.

Dunn W N. Public policy analysis [M]. Routledge, 2015.

Sabatier P, Mazmanian D. The conditions of effective implementation: A guide to accomplishing policy objectiveslj [J]. Policy analysis, 1979: 481 -504.

Paramio L, Alves F L, Vieira J A C New Approaches in Coastal and Marine Management: Developing Frameworks of Ocean Services in Governance [M]. // Environmental Management and Governance Springer International Publishing, 2015: 85 -110.

Miller A M M, Bush S R, van Zwieten P A M. sub - regionalisation of fisheries governance: the case ofne Western and Central Pacific Ocean tuna fisheries [J]. Maritime Studies, 2014, 13 (1): 1.

Stel J H. Ocean Space and Sustainability [M]. //Sustainability Science. Springer Netherlands, 2016: 193 -205.

Birkland T A. An introduction to the policy process Theories, concepts and models of public policy making [M]. Routledge, 2014.

Rowe G, Frewer L J Public particpation methods: A framework evalution [J]. Science technology & human values, 2000, 25 (1): 3 -29.

Stoll J S, Johnson T R. Under the banner of sustainability: the politics and prose of an emerging US federal seafood certification [J]. Marine Policy, 2015, 51: 415 -422.

Suarez - de Vivero J L, Mateos J C R. Changing maritime scenarios. The geopolitical dimension of the EU Atlantic Strategy [J]. Marine Policy, 2014, 48: 59 -72.

Vince J. Integrated policy approaches and policyfailure: the case of Australia's Oceans Policy [J]. Policy Sciences, 2015, 48 (2): 159 -180.

Green M J, Shearer A. Defining US Indian ocean strategy [J]. The Washington Quarterly, 2012, 35 (2): 175 -189.

Jianyue Ji, Huimin Liu, Xingmin Yin, Evaluation and regional differences analysis of the marine industry development level: The Case of China, Marine Policy, Volume 148, 2023.

Wenhan Ren, Research on dynamic comprehensive evaluation of allocation efficiency of green science and technology resources in China's marine industry, Marine Policy, Volume 131, 2021.

Fuzhu Li, Wenxiu Xing, Meng Su, Juan Xu. The evolution of China's marine economic policy and the labor productivity growth momentum of marine economy and its three economic industries, Marine Policy, Volume 134, 2021.

Lili Ding, Zhongchao Zhao, Lei Wang, Exploring the role of technical and financial support in upgrading the marine industrial structure in the Bohai Rim region: Evidence from coastal cities, Ocean & Coastal Management, Volume 243, 2023.

Xintian Liu, Suisui Chen, Has environmental regulation facilitated the green transformation of the marine industry, Marine Policy, Volume 144, 2022.

Kedong Yin, Kai Zhang, Chong Huang, Institutional supply, market cultivation, and the development of marine strategic emerging industries, Marine Policy, Volume 139, 2022.

Baiqiong Liu, Shengjie Zhang, Min Xu, Jing Wang, Zaifeng Wang. Spatial differences in the marine industry based on marine - related enterprises: A case study of Jiangsu Province, China, Regional Studies in Marine Science, Volume 62, 2023.

HeDan Ma, LiXia Li. Could environmental regulation promote the technological innovation of China's emerging marine enterprises? Based on the moderating effect of government grants, Environmental Research, Volume 202, 2021.

Sheng Xu, Yuhao Liu. Research onthe impact of carbon finance on the green transformation of China's marine industry, Journal of Cleaner Production, Volume 418, 2023.

Xuemei Li, Xinran Wu, Yufeng Zhao. Research and application of multi - variable grey optimization model with interactive effects in marine emerging industries prediction, Technological Forecasting and Social Change, Volume 187, 2023.

David Doloreux, Yannik Melançon. Innovation - support organizations in the marine science and technology industry: The case of Quebec's coastal region in Canada, Marine Policy, Volume 33, Issue 1, 2009, p. 90 - 100.

Laurie Jugan, Anna Kate Baygents. Case study: Marine Industries Science and Technology (MIST) Cluster, Editor (s): Liesl Hotaling, Richard W. Spinrad,

Preparing a Workforce for the New Blue Economy, Elsevier, 2021, p. 357 - 364.

Gen Li, Ying Zhou, Fan Liu, Airui Tian. Regional difference and convergence analysis of marine science and technology innovation efficiency in China, Ocean & Coastal Management, Volume 205, 2021.

Kedong Yin, Kai Zhang, Chong Huang. Institutional supply, market cultivation, and the development of marine strategic emerging industries, Marine Policy, Volume 139, 2022.

Tao Xu, Jingxuan Dong, Dan Qiao. China's marine economic efficiency: A meta - analysis, Ocean & Coastal Management, Volume 239, 2023.

Tangredi J S. Chinese Maritime Power in the 21st Century: Strategic Planning, Policy and Predictions [J]. United States Naval Institute. Proceedings, 2020, 146 (12).

Hikaru O. Chinese Maritime Power in the 21st Century: Strategic Planning, Policy and Predictions [J]. Comparative Strategy, 2020, 39 (6).

Political Science - International Relations; New International Relations Research from Institute of History Discussed (The Emergence of China as a "Great Maritime Power") [J]. Politics & Government Week, 2020.

Kenderdine T. Hu Bo, (Trans. Zhang Yanpei; Ed. Geoffrey Till) Chinese Maritime Power in the 21st Century; Strategic Planning, Policy and Predictions [J]. Journal of Chinese Political Science, 2020, 25 (4).

Li X K, Lin K, Jin M, et al. Impact of the belt and road initiative on commercial maritime power [J]. Transportation Research Part A, 2020, 135 (C).

Mórton P. US Naval Strategy and national security: the evolution of American maritime power [J]. Defense & Security Analysis, 2020, 36 (1).

Mercogliano R S. To Be a Modern Maritime Power [J]. United States Naval Institute. Proceedings, 2019, 145 (8).

Technology - Green Technology; Studies Conducted at Shanghai Maritime University on Green Technology Recently Reported (Alternative Maritime Power Application As a Green Port Strategy: Barriers In China) [J]. Journal of Engineering, 2019.

Chemistry; Reports Summarize Chemistry Study Results from Chongqing University (The Realization Mode of Tv News Public Opinion Guiding Function On the Road of China's Marine Power) [J]. Chemicals & Chemistry, 2019.

Grove E. US Naval Strategy and National Security: The Evolution of American Maritime Power [J]. The Mariner's Mirror, 2018, 104 (3).

Strategic Approaches are Necessary to Shipping and Port industry to become a Maritime Power [J]. KMI International Journal of Maritime Affairs and Fisheries, 2017, 9 (2).

Bruns, Sebastian. US Naval Strategy and National Security: The Evolution of American Maritime Power. vol. 59, Routledge, Abingdon, Oxon; New York, NY, 2019.

Kennedy, Greg, Harsh V. Pant, and Greg Kennedy. Assessing Maritime Power in the Asia - Pacific: The Impact of American Strategic Re - Balance. Ashgate, Farnham, Surrey, UK, England, 2015.

Sakhuja, Vijay, and Institute of Southeast Asian Studies. Asian Maritime Power in the 21st Century: Strategic Transactions: China, India, and Southeast Asia. Pentagon Press, Dew Delhi, 2012.

Strootman, Rolf. Empires of the Sea: Maritime Power Networks in World History. Edited by Floris vanden Eijnde, et al. vol. 4, Brill, Berkeley, 2019, doi: 10.1163/j.ctv2gjx041.

Dorman, Andrew M. , M. L. R. Smith, and Matthew Uttley. The Changing Face of Maritime Power. Macmillan, New York; Houndmills, Basingstoke, Hampshire, 1999.

Martin, Christopher. The UK as a Medium Maritime Power in the 21st Century: Logistics for Influence. Palgrave Macmillan UK, London, 2016, doi: 10.1057/978 - 1 - 137 - 01237 - 1.

Hill, J. R. Maritime Strategies for Medium Powers. vol. 11, Routledge, an imprint of Taylor & Francis Group, New York, 2021.

Kennedy, Greg, and Harsh V. Pant eds. Assessing Maritime Power in the Asia - Pacific, 2015.

Kirchberger, Sarah. Evaluating Maritime Power: The Example of China. Edited by Enrico Fels, Jan - Frederik Kremer, and Katharina Kronenberg eds. , 2012.

Cole, Bernard D. Asian Maritime Strategies: Navigating Troubled Waters. Naval Institute Press, Annapolis, Maryland, 2013.

Moore, David, Matthias Heilweck, and Peter Petros. Aquaculture: Ocean Blue Carbon Meets UN - SDGS. Springer International Publishing, Cham, 2022, doi: 10. 1007/978 -3 -030 -94846 -7.

Chanda, Abhra, Sourav Das, and Tuhin Ghosh. Blue Carbon Dynamics of the Indian Ocean: The Present State of the Art. Edited by Abhra Chanda, Sourav Das, and Tuhin Ghosh. Springer International Publishing AG, Cham, 2022, doi: 10. 1007/978 -3 -030 -96558 -7.

Hazra, Somnath, and Anindya Bhukta. The Blue Economy: An Asian Perspective. Edited by Somnath Hazra, and Anindya Bhukta. Springer International Publishing AG, Cham, 2022.

Armstrong, Chris. A Blue New Deal: Why we Need a New Politics for the Ocean. Yale University Press, New Haven, 2022.

Kuwae, Tomohiro, and Masakazu Hori. Blue Carbon in Shallow Coastal Ecosystems: Carbon Dynamics, Policy, and Implementation. Edited by Tomohiro Kuwae, and Masakazu Hori. Springer Singapore Pte. Limited, Singapore, 2018; 2019.

The Blue Compendium: From Knowledge to Action for a Sustainable Ocean Economy. Edited by Jane Lubchenco, and Peter M. Haugan. Springer Nature, Cham, 2023, doi: 10. 1007/978 -3 -031 -16277 -0.

Mitra, Abhijit, and Sufia Zaman. Blue Carbon Reservoir of the Blue Planet. Springer (India) Private Limited, New Delhi, 2015; 2014.

Ismail, Azman, Wardiah M. Dahalan, and Andreas Öchsner. Advanced Maritime Technologies and Applications: Papers from the ICMAT 2021. Edited by Azman Ismail, Wardiah M. Dahalan, and Andreas Öchsner. vol. 166、167, Springer International Publishing AG, Cham, 2022.

Morrison, W. S. G. Technology Upgradation and Human Resources Development in the Maritime Industry. Edited by Vinayshil Gautam eds, and Uddesh Kohli, 1988.

Johnson, Kate, Ian Masters, and Gordon Dalton. Building Industries at Sea:

"Blue Growth" and the New Maritime Economy. Edited by Kate Johnson, et al. Routledge, Aalborg, 2018; 2022; 2017.

Yates, Katherine L., and Corey J. A. Bradshaw. Offshore Energy and Marine Spatial Planning. Routledge/Tayor & Francis Group, Oxon, [UK], 2018.

Froholdt, Lisa L. Corporate Social Responsibility in the Maritime Industry. Edited by Lisa L. Froholdt. vol. 5, Springer International Publishing AG, Cham, 2018.

Benamara, Hassiba, Jan Hoffmann, and Vincent Valentine. The Maritime Industry: Key Developments in Seaborne Trade, Maritime Business and Markets. Edited by Kevin Cullinane ed., 2011.

Marine Pollution – Monitoring, Management and Mitigation. Edited by Amanda Reichelt – Brushett. Springer Nature, Cham, 2023.

Ismail, Azman, Wardiah M. Dahalan, and Andreas Öchsner. Design in Maritime Engineering: Contributions from the ICMAT 2021. Edited by Azman Ismail, Wardiah M. Dahalan, and Andreas Öchsner. vol. 167, Springer International Publishing AG, Cham, 2022.

Rampelotto, Pabulo H., and Antonio Trincone. Grand Challenges in Marine Biotechnology. Edited by Pabulo H. Rampelotto, and Antonio Trincone. Springer International Publishing AG, Cham, 2018.

Marine Plastics: Innovative Solutions to Tackling Waste. Edited by Siv M. F. Grimstad, Lisbeth M. Ottosen, and Neil A. James. Springer Nature, Cham, 2023.

Konstantopoulos, Charalampos, and Grammati Pantziou. Modeling, Computing and Data Handling Methodologies for Maritime Transportation. Edited by Charalampos Konstantopoulos, and Grammati Pantziou. vol. 131, Springer International Publishing AG, Cham, 2017.

Honneland, Geir, et al. Marine Resources, Climate Change and International Management Regimes. Edited by Olav S. Stokke, Andreas Østhagen, and Andreas Raspotnik. Bloomsbury Academic, London, 2022.

South China, East Vietnam or West Philippine Comparative Framing Analysis of Regional News Coverage of Southeast Asian Sea Disputes (Bradley C. Freeman 2017).

后记与鸣谢

进入21世纪以来，我们在研究当代中国海洋经济发展现实问题的同时，一直没有放弃对中国古代、近代、现代海洋经济发展历史及其评述的研究工作。21世纪是海洋世纪，随着第四次海洋浪潮的不断深入推进，中国与其他海洋国家经济技术合作交流日益密切。在此背景下中国大陆与各国学术交流加强，对海洋社会经济发展过程中的共性认识不断增强，这种趋势迫使中国学者对中国海洋经济发展历史及其论述，特别是对近现代中国海洋经济史进行重新审视与评价。由于社会制度和意识形态的差异，中国大陆学者对近现代中国海洋经济史的了解和认识存在很大的差距。为此，本团队通过花大力气整合近现代中国海洋经济思想史研究，将其作为振兴中华文化支柱、建设海洋强国战略目标的尝试。围绕近现代中国海洋经济史的主线及海洋经济活动内容进行了广泛探讨。在充分吸收中国大陆及港澳台地区学者已有研究成果的基础上，对中国近现代海洋经济史的主线和主要海洋经济活动进行了归纳总结，比较注重不同时期主要海洋经济活动产生的历史性与现实性，将他们放在世界历史长河中来考察，着重分析他们对历史的贡献与进步作用，而不是单纯的政治、伦理化的评价标准。为此，我们对许多重要问题进行了多次研讨，在一些问题上达成了一致性看法，也在一些问题上保留着不同的观点。

为此，从2020年开始，广东海洋大学海洋经济与管理研究中心、经济学院、管理学院、广东省海洋发展规划研究中心专门成立《全球海洋经济浪潮对中国发展历史进程的影响与作用研究》项目组，由中国海洋发展研究中心资深研究员、广东海洋大学原副校长、广东省人文社科重点研究基地首席专家朱坚真教授任组长，组织协调有关单位科研进展。近年因工作变动，改由广东海洋大学管理学院副教授周珊珊博士任组长，组织协调所有工作。其间，有部分研究人员工作变动，但科研工作正常进行。主要成员有：中信总公司北京分公司刘雨慧、中国财经出版传媒集团朱大霖、广东省海洋发展规划研究中心杨伦庆副研究员、李绪滨副研究员、刘强研究员，南方报业传媒集团茂名记者站站长、中共茂名市委宣传部副部长、中国社会科学院在读博士生刘俊，广东海洋大学经济学院陈伟教授、周奇美副教授、刘汉斌助理研究员、李君尧讲师，还有广东海洋大学管理学院杜军教授等，并征求其他相关单位专家学者意见建议进行分工撰写，2020 年底收集各专题书稿字数共 84 万字，经过反复锤炼，减少到 40 万字左右。为了节省编辑出版成本再减至 35 万字左右。参加书稿最后定稿工作的人员有：周珊珊、朱坚真、刘俊、杨伦庆、李绪滨、刘强、刘汉斌、李君尧、周奇美。海南大学商学院院长孙鹏教授、岭南师范学院党委组织部林颂迪、广东辰海渔业科技有限公司陈振宏、广西北部湾大学经济管理学院副院长占金刚教授，浙江海洋大学经济管理学院贺义雄教授、广州工商学院管理学院院长乔鹏亮教授、深圳海洋大学（筹建）周斌教授等帮助完成部分资料收集工作，中国财经出版传媒集团朱大霖、中信总公司北京分公司刘雨慧，以及广东海洋大学老干部处许国炯、余欣、何兴等参与了部分书稿的注释与校对工作。在最后成书过程中，中国财经出版社责任编辑给作者提出了许多具体建议，把握了政治分寸。经过大家近几年不懈的共同努力，终于完成了呈现在读者面前的此项浩大工程。

本研究团队主要依托广东海洋大学经济学院、管理学院、广东海洋经济与管理研究中心、广东省海洋发展规划研究中心及深圳海洋大学的专家学者，团队在研究过程中认真听取中国海洋大学、上海海洋大学、浙江海洋大学、大连海洋大学、辽宁师范大学及中国历史研究院相关领域、科研机构专家学者的意见建议，从国家图书馆、国内外涉海类综合性大学和科研院所（中心）图书馆，沿海省、自治区、直辖市图书馆，以及党和国家相关部委办局、中国社科院历史研究院、沿海省市区党政综合部门和新闻媒体，获取相关的资料和数据等，结合境外正相关的典型资料评论数据等，对相关历史资料信息数据进行分类整理归纳，为课题研究提供充分资料信息数据支撑。参考文献资料的选择主要依据课题研究内容关键词以及相关理论基础，包括海洋经济学、区域经济学、历史学、逻辑学、哲学等学科的相关理论，研究团队通过中国知网、万方数据知识服务平台、维普期刊资源服务平台、谷歌学术平台、sciencedirect 等网络工具进行检索搜集，借助国内外涉海类综合性大学和研究院（中心）图书馆数据库资源收集相关专著和刊物等。对搜集到的电子期刊按照关键词、发表时间、文献形式等分类，建立电子文献资料库，为撰写研究报告和书稿奠定了基础。

在此，课题组对所有提供材料和方便的部门、单位和有关同仁表示衷心感谢！对中共中央外事委员会办公室、中华人民共和国自然资源部、中国海洋发展研究会、中国海洋大学、中国财政经济出版社等部门和单位的领导、专家、学者、编辑，对广东海洋大学及经济学院、管理学院，广东省海洋经济与管理研究中心，广东省海洋发展规划研究中心及兄弟院校同仁，特别是中国财政经济出版社给予本课题研究写作出版支持，表达最诚挚的谢意。